装备科技译著出版基金

Shock Wave – Boundary-Layer Interactions

激波边界层干扰

【英】 霍格尔·巴宾斯基 （Holger Babinsky） 著
约翰·K·哈维 （John K. Harvey）

白菡尘 译

国防工业出版社

·北京·

著作权合同登记　图字:军-2015-205号

图书在版编目(CIP)数据

激波边界层干扰/(英)巴宾斯基(Babinsky,H.),(英)哈维(Harvey,J.K.)著;白菡尘译. —北京:国防工业出版社,2023.11 重印

书名原文:Shock Wave – Boundary-Layer Interactions

ISBN 978-7-118-10556-8

Ⅰ.①激… Ⅱ.①巴… ②哈… ③白… Ⅲ.①边界层—激波干扰 Ⅳ.①O357.4

中国版本图书馆 CIP 数据核字(2015)第 270187 号

This is a translation of the first title published by Cambridge University Press:
Shock Wave – Boundary-Layer Interactions by Holger Babinsky, John K. Harvey 2011©
ISBN 978-0-521-84852-7

This translation for the People's Republic of China (excluding Hong Kong, Macau and Taiwan) is published by arrangement with the Press Syndicate of the University of Cambridge, Cambridge, United Kingdom.
© Cambridge University Press and National Defense Industry Press 2015.

This translation is authorized for sale in the People's Republic of China (excluding Hong Kong, Macau and Taiwan) only. Unauthorised export of this translation is a violation of the Copyright Act. No part of this publication may be reproduced or distributed by any means, or stored in a database or retrieval system, without the prior written permission of Cambridge University Press and National Defense Industry Press.

※

*国防工业出版社*出版发行

(北京市海淀区紫竹院南路 23 号　邮政编码 100048)
北京虎彩文化传播有限公司印刷
新华书店经售

*

开本 710×1000　1/16　印张 26¼　字数 572 千字
2023 年 11 月第 1 版第 2 次印刷　印数 2001—2500 册　定价 198.00 元

(本书如有印装错误,我社负责调换)

国防书店:(010)88540777　　书店传真:(010)88540776
发行业务:(010)88540717　　发行传真:(010)88540762

译 者 序

在超声速和高超声速飞行器上,激波—激波干扰、激波—边界层干扰是很常见的复杂流动现象,在飞行技术的发展史上,这些干扰现象曾充分展示其破坏性,轻者降低部件性能和整机气动性能,重者往往造成灾难性后果。利用这些干扰现象中潜在的有益方面,帮助实现高性能气动方案,是业界的另一个期望。

使设计人员、科研人员掌握激波—激波干扰、激波—边界层干扰的机理、规律,在预研和设计阶段就充分考虑这些干扰现象的影响,正确使用计算与试验设计工具,正确修正计算与试验数据,对于促进基础技术进步、提高飞行器型号设计效率、确保部件性能和结构的安全性具有特别重要的意义。

帮助空气动力学、飞行器设计、各类发动机设计专业的研究生掌握这些理论、机理,建立物理现象与数学描述之间的关联思维,特别是掌握最新的研究成果,熟悉国际上该领域各方面专家的思维方法、了解他们从学术和工程应用角度所关注的问题、学习解决问题的思路,对于提高国防工业预备劳动力的培养质量及其未来工作质量具有重要意义。

本书是剑桥大学出版的激波—边界层干扰主题的第一部专著,由国际上从事激波—边界层干扰实验、计算和分析研究的多名专家共同撰写,其特点是从理论分析、实验验证、数值模拟预测等不同角度,尽可能清楚地解释相关流体机制,说明现有工具、技术的能力与不足,科学地解释现有理论及其应用方法。该书包含了截至 2010 年的最新成果,全书内容全面,囊括了跨声速、超声速、高超声速、层流、转捩、湍流边界层等各种条件下的干扰现象与机理分析。非常难得的是,书中给出大量实验数据,并从理论层面给出明确解释。译者希望这些素材对国内同行有所帮助。

感谢我的历任老师和学术前辈——南京航空航天大学的郭荣伟教授,中国空气动力研究与发展中心的黄志澄研究员、高树椿研究员、高东哲研究员、张志成研究员、王喜荣研究员、张涵信院士与乐嘉陵院士,俄罗斯科学院西伯利亚分院理论与应用力学研究院(ITAM)的 М. А. Гольдфельд(M. A. Goldfeld)教授,感谢他们在职业素养培育方面给予的教诲和帮助,是这些素养成就了本书的翻译工作。

感谢同事谢昱飞、范周琴、王兰、李锦、邓小兵、石义雷、李中华等在一些技术术语翻译方面给予的帮助,感谢同行郑日恒、黄伟民、符松等在一些专用词语翻译方面给予的有益讨论,感谢孙思邈女士帮助调整参考文献格式并校对,感谢同事杨波在试读后给予的一些修改意见,感谢同事陈二云、杨晓昆、蒋安龄在商务方面给予的帮助。特别感谢我的丈夫孙国海先生在本书翻译过程中承担了大部分家务并精心呵护我的健康。

感谢装备科技译著出版基金和中国空气动力研究与发展中心人才基金的资助,感谢国防工业出版社提供的大力支持和帮助。

经原书作者 Holger Babinsky 与 John K. Harvey 核准,译本对原书多处(未必所有)疏误做了校正,而第 10 章作者已故,其中疏误难以校正,但不影响其启示功能。另外,尽管译稿几经校对,但难免有粗陋之处,恳请同行阅读后给予指正。

特别感谢中国空气动力研究与发展中心超高速空气动力研究所的胡延超、唐明智、周文丰,他们在使用第一次印刷版本过程中发现一些疏误,反馈给译者,第二次印刷版本做了修订。译者代表未来读者,对他们表示衷心感谢。

白菡尘
2023 年 10 月
中国空气动力研究与发展中心超高速所
高超声速冲压发动机技术重点实验室

目 录

第1章 序言 ··· 1
- 1.1 本书结构 ··· 2
  - 1.1.1 关于 George Inger 教授 ··· 3
- 1.2 读者对象 ··· 4

第2章 物理本质 ··· 5
- 2.1 激波—边界层干扰的重要性 ··· 5
- 2.2 超声速流中的间断现象 ·· 6
  - 2.2.1 激波 ·· 6
  - 2.2.2 激波极曲线表达法 ·· 7
  - 2.2.3 激波干扰与 Edney 分类 ·· 10
  - 2.2.4 激波、阻力与效率——Oswatitsch 关系 ····················· 15
- 2.3 边界层的流动结构 ··· 17
  - 2.3.1 边界层中的速度分布 ·· 17
  - 2.3.2 多层结构 ··· 21
  - 2.3.3 边界层对快速压力变化的响应 ································· 22
- 2.4 激波与边界层的抗衡 ··· 22
  - 2.4.1 几种基本的二维激波—边界层干扰 ·························· 22
  - 2.4.2 边界层与激波压升的抗衡 ·· 24
- 2.5 无分离的弱干扰流动 ··· 27
  - 2.5.1 入射—反射激波干扰 ··· 27
  - 2.5.2 斜楔诱导的激波干扰 ··· 30
  - 2.5.3 正激波与跨声速干扰 ··· 31
  - 2.5.4 上游影响范围 ··· 32
- 2.6 产生边界层分离的强干扰流动 ·· 33
  - 2.6.1 入射激波诱导的分离 ··· 33
  - 2.6.2 斜楔诱导的分离 ·· 38
  - 2.6.3 正激波诱导的分离(跨声速分离) ······························· 41

2.7 超声速流中的分离与自由干扰过程 ·· 43
　　2.7.1 自由干扰理论 ·· 43
　　2.7.2 入射激波诱导的湍流分离 ·· 47
2.8 激波与转捩边界层的干扰 ·· 47
2.9 高超声速干扰的独特特征 ·· 49
　　2.9.1 激波系与流场结构 ··· 49
　　2.9.2 壁面温度影响 ··· 51
　　2.9.3 高超声速干扰中的壁面热流 ·· 52
　　2.9.4 熵层效应 ··· 53
　　2.9.5 真实气体效应对激波—边界层干扰的影响 ···························· 54
2.10 三维干扰流动简介 ·· 55
　　2.10.1 三维流动分离 ··· 55
　　2.10.2 三维干扰的拓扑结构 ·· 58
　　2.10.3 再议二维干扰 ··· 61
2.11 强干扰的不稳定性质 ··· 62
2.12 激波—边界层干扰的控制 ··· 64
　　2.12.1 控制机制 ·· 64
　　2.12.2 控制技术简介 ·· 65
2.13 要点总结 ·· 67
附录 A 超声速流中的间断与 Rankine–Hugoniot 方程 ··························· 68
参考文献 ·· 69

第3章 跨声速激波—边界层干扰 ··· 72

3.1 跨声速干扰简介 ·· 72
3.2 跨声速激波—边界层干扰应用及相关性能损失 ····························· 72
　　3.2.1 跨声速机翼与叶栅 ··· 73
　　3.2.2 超声速发动机进气道 ·· 77
　　3.2.3 内流 ··· 79
3.3 正激波与边界层干扰详解 ·· 79
　　3.3.1 附着流干扰 ·· 80
　　3.3.2 激波诱导的初始分离 ·· 87
　　3.3.3 有分离的激波—边界层干扰 ··· 90
　　3.3.4 影响跨声速激波—边界层干扰的其他因素 ···························· 96
　　3.3.5 正激波—边界层干扰的大范围不稳定性 ······························ 100
3.4 跨声速激波—边界层干扰的控制 ··· 104
　　3.4.1 激波控制的原理 ··· 104

3.4.2　激波控制的方法 ·· 107
　　3.4.3　边界层控制的方法 ·· 111
参考文献 ··· 114

第4章　理想气体超声速激波—湍流边界层二维干扰及其数值模拟　116

4.1　引言 ··· 116
　　4.1.1　问题与方向 ·· 117
　　4.1.2　计算流体力学 ··· 117
4.2　二维湍流干扰 ·· 120
　　4.2.1　正激波—湍流边界层干扰的流动模式与初始分离准则 ··· 121
　　4.2.2　正激波—湍流边界层干扰数值模拟实例 ··············· 126
　　4.2.3　压缩与压缩—膨胀拐角绕流结构及其数值模拟实例 ··· 128
　　4.2.4　初始分离准则、干扰模式与相似律 ······················ 134
　　4.2.5　压缩与压缩—膨胀拐角绕流的热流与湍流度 ·········· 142
　　4.2.6　压缩与压缩—膨胀拐角绕流的不稳定性及其数值模拟 ··· 145
　　4.2.7　斜激波—湍流边界层干扰 ································ 158
4.3　结论 ··· 166
参考文献 ··· 167

第5章　理想气体超声速激波—湍流边界层三维干扰及其模拟　174

5.1　引言 ··· 174
5.2　三维湍流干扰 ·· 174
5.3　三维分离流特征 ··· 175
　　5.3.1　简介 ··· 175
　　5.3.2　尖前缘非后掠支板的激波—湍流边界层干扰 ·········· 177
　　5.3.3　尖前缘后掠支板与半锥的干扰模式及相似律 ·········· 195
　　5.3.4　后掠压缩斜楔干扰及其模拟 ····························· 201
　　5.3.5　双尖前缘支板干扰 ·· 207
5.4　结论 ··· 223
参考文献 ··· 225

第6章　高超声速激波—边界层干扰实验研究　230

6.1　引言 ··· 230
6.2　二维与轴对称高超声速激波—层流边界层干扰 ············· 234
　　6.2.1　简介 ··· 234
　　6.2.2　高超声速激波—层流边界层干扰的特征 ··············· 234

  6.2.3 激波—层流边界层干扰的边界层模型 ……………………… 238
  6.2.4 早期的 Navier–Stokes 程序验证研究 …………………………… 241
  6.2.5 高超声速激波—边界层干扰的近期 Navier–Stokes 与
     DSMC 程序验证研究 ………………………………………… 244
 6.3 湍流与转捩流中的激波—边界层干扰 ………………………………… 246
  6.3.1 简介 …………………………………………………………… 246
  6.3.2 二维构型的激波—湍流边界层干扰特性 …………………… 247
  6.3.3 高超声速激波—湍流边界层干扰的
     Navier–Stokes 预测 …………………………………………… 251
  6.3.4 轴对称构型高超声速激波—湍流边界层干扰的
     计算与实验比较 ……………………………………………… 252
  6.3.5 超声速与高超声速后掠与扭转激波—湍流边界层干扰 …… 255
  6.3.6 轴对称/凹陷形头部构型上激波与转捩边界层的干扰 …… 260
 6.4 激波—激波—边界层干扰区特征 ……………………………………… 262
  6.4.1 简介 …………………………………………………………… 262
  6.4.2 层流、转捩和湍流中的激波—激波干扰加热 ……………… 263
  6.4.3 层流测量数据与 Navier–Stokes 及 DSMC 预测的比较 …… 265
 6.5 膜冷却与发汗冷却壁面的激波—边界层干扰 ………………………… 266
  6.5.1 简介 …………………………………………………………… 266
  6.5.2 膜冷却壁面的激波干扰 ……………………………………… 267
  6.5.3 发汗冷却壁面的激波干扰 …………………………………… 268
  6.5.4 发汗冷却前缘的激波—激波干扰 …………………………… 270
 6.6 真实气体效应对黏性干扰现象的影响 ………………………………… 272
  6.6.1 简介 …………………………………………………………… 272
  6.6.2 真实气体效应对美国航天飞机控制面气动
     热特性的影响 ………………………………………………… 276
 6.7 结论 …………………………………………………………………… 279
参考文献 ……………………………………………………………………………… 280

第7章 高超声速激波—边界层干扰数值模拟 ………………………………… 284

 7.1 引言 …………………………………………………………………… 284
 7.2 高超声速激波—边界层干扰的物理特征 ……………………………… 285
  7.2.1 高马赫数条件下的激波—层流边界层干扰 ………………… 285
  7.2.2 高超声速压缩拐角流动 ……………………………………… 287
  7.2.3 高超声速激波—激波干扰 …………………………………… 289
 7.3 高超声速激波—边界层干扰流动数值方法 …………………………… 292

  7.4 验证CFD程序的双锥流动 ·········· 295
  7.5 结论 ·········· 299
  参考文献 ·········· 300

第8章 上层大气高超声速激波—边界层干扰 ·········· 303

  8.1 引言 ·········· 303
  8.2 稀薄流的预测技术 ·········· 303
  8.3 稀薄流特征 ·········· 305
    8.3.1 稀薄流中的非平衡性 ·········· 305
    8.3.2 稀薄流中的流场结构变化 ·········· 305
  8.4 稀薄流高超声速激波—边界层干扰实例 ·········· 309
    8.4.1 简介 ·········· 309
    8.4.2 中空柱—裙体上的激波—边界层干扰 ·········· 309
    8.4.3 速度滑移与温度跃升效应 ·········· 314
    8.4.4 尖双锥体上的激波—边界层干扰 ·········· 317
    8.4.5 含有化学反应的流动 ·········· 322
  8.5 结论 ·········· 326
  附录A 动力学理论与DSMC方法 ·········· 327
  参考文献 ·········· 332

第9章 激波—湍流边界层干扰中的激波不稳定性 ·········· 335

  9.1 引言 ·········· 335
  9.2 无分离流动 ·········· 335
  9.3 分离流动 ·········· 337
    9.3.1 简介 ·········· 337
    9.3.2 远下游反馈影响下的分离流 ·········· 337
    9.3.3 无远下游反馈影响的分离流 ·········· 338
  9.4 结论——不稳定性及其频率的分类 ·········· 349
  参考文献 ·········· 350

第10章 激波—边界层干扰的分析方法 ·········· 354

  10.1 引言 ·········· 354
    10.1.1 在计算机时代做分析研究的动机 ·········· 354
    10.1.2 本章的研究范围 ·········· 355
    10.1.3 内容组成 ·········· 355
  10.2 激波—边界层干扰的定性特征 ·········· 355

  10.2.1 层流与湍流的高雷诺数行为 355
  10.2.2 无分离激波—边界层干扰的一般情形 356
  10.2.3 干扰区的基本结构 358
10.3 三层结构的详细分析特征 360
  10.3.1 中间层 360
  10.3.2 内层 363
  10.3.3 中间层与内层的匹配 367
  10.3.4 外层无黏压力与流动偏折的关系 369
  10.3.5 三层的综合匹配 370
  10.3.6 尺度特性总结与标准的三层方程形式 373
10.4 在层流干扰中的应用 376
  10.4.1 超声速绝热流动 376
  10.4.2 高超声速非绝热流动 382
  10.4.3 跨声速流 386
  10.4.4 三维干扰 387
10.5 在湍流干扰中的应用 388
  10.5.1 渐近理论中的超声速/高超声速干扰 388
  10.5.2 渐近理论中的跨声速流动 392
  10.5.3 三维效应 394
10.6 三层方法的局限性 396
  10.6.1 层流 396
  10.6.2 湍流 397

附录 A 壁面滑移边界条件 397
附录 B 边界层剖面积分和相关问题的评估 399
  B.1 层流干扰理论中的极限表达 399
  B.2 层流 I_m 的评估 400
  B.3 湍流 I_m 的评估 400
附录 C 层流尺度关系中的常数 401
  C.1 超声速—高超声速流动 401
  C.2 绝热无激波跨声速流动 401
附录 D 本章符号说明 402
  D.1 基本符号 402
  D.2 角标 404
  D.3 特殊符号 405

参考文献 405

第1章 序 言

Holger Babinsky, John K. Harvey

当一道激波与边界层相遇时就会发生激波—边界层干扰现象,几乎在所有的超声速流动中都能够发现激波和边界层的存在,这种干扰现象非常常见。生成这种干扰现象最简单的方法是由外部产生一道激波,使之入射到一个有边界层的壁面上;当一个物面的斜度发生变化、迫使物面附近的气流产生急剧压缩时,也能产生这种干扰现象,例如在一个斜面或尾裙的起始处、贴壁物体(如垂尾)前的起始处,如果气流是超声速的,这种压缩往往生成一道起始于边界层内的激波,这种情况对黏性流的影响与外源性入射激波的情况是一样的。在跨声速范围,激波生成于超声速区的下游边缘,当这些激波靠近壁面时,就会出现激波—边界层干扰现象。

无论哪种原因产生的激波—边界层干扰,激波都给边界层施加了一个强逆压梯度,使边界层变厚,并可能产生分离,两种结果都会增加气流的黏性耗散。激波—边界层干扰往往还是引起流动不稳定的原因,所以这种干扰现象的出现总是在某些方面产生有害的影响。在跨声速机翼上,激波—边界层干扰使阻力增加,并有可能引起气流的不稳定和机翼的颤振;在燃气涡轮发动机中,激波—边界层干扰使叶栅损失增大;在超声速进气道中,激波—边界层干扰破坏了进入压缩机的气流,直接或间接地降低进气道效率。为减小激波—边界层干扰带来的损失,必须使用复杂的边界层控制系统,这些系统增加了飞机的重量、消耗了发动机的能量。在高超声速飞行中,激波—边界层干扰可能是灾难性的,因为在高马赫数条件下有可能引起强烈的局部加热,这种加热可以严重到使飞行器损毁。在超声速燃烧室冲压发动机设计中,进气道和内流道中的激波—边界层干扰会带来非常严重的问题,使飞行器利用这种发动机飞行的范围显著缩小。还有更多负面影响的例子,这里无法一一罗列。

撰写本书的目的是尽可能说明这些流动中的物理现象,使读者对发生在激波—边界层干扰区内及其周围的空气动力学过程建立一般性的理解。对于各种情况,都尽量解释决定其流动结构的诸因素,说明这些因素如何影响干扰流场的其他区域,说明受影响的参数,如阻力、壁面热流分布以及物体绕流的宏观流场;试图了解什么情况导致干扰的形成、如何评估其影响、一旦发生这种干扰如何管理,示范如何从实验、计算流体(CFD)方法以及分析方法方面获得目前的理解。由于对许多实际应用都有重要意义,数十年来激波—边界层干扰一直是大量研究工作的关注点,因而关于该主题有大量文献可查,但我们不想对所有文献信息进行总结,我们的目的是从这些文献中提取必要的信息,以达到本书的写作目的。

1.1 本书结构

本书第 1 章解释有关激波—边界层干扰问题的基本空气动力学概念,后续各章更细致地研究特定马赫数范围的干扰问题,从跨声速流开始,然后是超声速流,最后是高超声速流和稀薄流。在各章中,引用了很多实例来说明激波—边界层干扰的性质如何随马赫数变化。由于涉及非常多的知识和原理,我们不可能独自完成本书,后面将列出对本书成书有重要贡献的本领域国际知名专家,我们只是要求他们在有关激波—边界层干扰的重要实验、计算和分析问题上贡献出自己在各自领域的观点。本书中的 6 章是由其他作者完成的,我们衷心感谢他们的帮助。尽管我们编撰了他们提供的这些素材,但没有统一写作的风格,而是尽可能保留作者们各自的特色。

第 2 章解释所有马赫数范围激波—边界层干扰的基本空气动力学概念,由法国 ONERA 空气动力学部前主任 Jean Délery 教授编写。虽然我们不是要写一本传统意义上的教科书,但本章风格却与教科书近似,总结了有关激波—边界层干扰的众多空气动力学背景知识。在写作本章时,Délery 教授强调对流动中物理过程的解释,这些内容对于后续章节的写作是一个非常好的预备平台。

第 3 章介绍跨声速流的激波—边界层干扰。该主题与现代飞机广泛使用的超临界机翼、燃气涡轮发动机的叶栅设计特别相关,我们与 Délery 教授共同完成本章的写作。本章内容收纳了该速度范围激波—边界层干扰的最新结果。本章仍然强调对干扰现象中发生的物理过程的理解,因为,如果想减小有害影响、设计高效控制方法,这是必要的先决条件。

第 4 章和第 5 章介绍超声速流的激波—边界层干扰及其数值模拟。第 4 章集中讨论二维激波—边界层干扰,第 5 章讨论三维激波—边界层干扰,这两章均由美国新泽西州 Rutgers 大学的 Doyle D. Knight 教授和俄罗斯西伯利亚 Khristianovich 理论与应用力学研究院的 Alexander A. Zheltovodov 教授编写。这两章详细描述了若干基本流场,解释了激波—边界层干扰的结构如何随参数范围的变化而变化。将这些基本流场中的一种或多种结合起来分析就可以理解更复杂的流场,特别是,通过与第 4 章的等价二维情况相比较,得出对三维激波—边界层干扰的解释。这两章还介绍了 CFD 在预测这些复杂超声速流动方面的能力。

之后的 3 章都是高超声速激波—边界层干扰问题。由于对飞行器设计有重要影响,预测激波—边界层干扰在这个速度范围内何时以及如何发展非常重要。第 6 章由美国纽约州布法罗 CUBRC 的 Michael Holden 博士编写,数十年来他被公认为该领域水平最高的实验专家,在本章中他给出大量结果,并从中详细研究了高马赫数条件下激波—边界层干扰对飞行器空气动力学的影响,以及在多大程度上可以预测这些结果。

第7章和第8章主要介绍数值模拟,包括真实气体效应、稀薄效应、化学反应对激波—边界层干扰的影响。美国明尼苏达州立大学的 Graham V. Candler 教授是第7章的作者。本章说明,尽管在预测高超声速流动方面现代先进计算方法获得了成功,但准确模拟激波—边界层干扰仍然是一个主要的挑战。本章讨论了高超声速激波—边界层干扰流动的物理过程,重点说明对物理过程的理解如何影响数值模拟结果的有效性。第8章介绍上层大气层非常低的环境密度如何影响飞行器上包括激波—边界层干扰现象的流动情况,在稀薄情况下,传统的 Navier - Stokes 方法不再适用,必须使用粒子模拟方法,特别是直接模拟蒙特卡罗(DSMC)方法作为有效预测的工具。从第8章引用的高超声速流结果,可以用于评估稀薄和化学反应对激波—边界层干扰的影响。

本书结尾两章的主题分别是激波—边界层干扰引起的流动不稳定性和分析方法的使用问题。第9章由法国 d'Aix - Marseille 大学 Institut Universitaire des Systèmes Thermiques Industriels 的 Jean - Paul Dussauge 博士、P. Dupont 博士及 J. F. Debiève 撰写,该章讨论跨声速以及低超声速范围的湍流干扰,探索激波—边界层干扰区内的流动结构及外部激励(如上游湍流度、声学扰动)如何导致流动的不稳定性以及下游扰动。

1.1.1 关于 George Inger 教授

George Inger 教授撰写了最后一章,但在本书出版前,教授于 2010 年 12 月 6 日去世,对此我们非常悲痛。George Inger 教授的贡献在于提供了其个人的独到观点,描述了那些他认为分析方法可能奏效的激波—边界层干扰问题。我们由衷地感谢 George Inger 教授,并认为应该完整收录这些材料,因为这些材料囊括了 George Inger 教授毕生发展的渐近展开方法及其在流体力学研究中的应用总结。Lighthill、Stewartson 以及 Neiland 在 20 世纪 70 年代后期发明了"三层结构"方法,George 教授继承并扩展了这些学术思想,其成就远远超越了这些早期学者的贡献。比如,本章介绍的含有湍流干扰的激波—边界层干扰分析方法,其内容迄今尚未发表。George Inger 教授热衷于分析方法的研究,坚信分析方法是实验和数值方法的重要补充和必要辅助,是研究流动物理机制、提高认识水平的有效工具。对于激波—边界层干扰这样的复杂流动问题,这些方法虽然有很多局限性,但仍然能够为所观察到的现象提供有价值的解释,并在很宽的条件范围内预测流动行为。为此,能够将 George Inger 教授的贡献收录于本书,我们感到非常高兴。

George Inger 去世时是弗吉尼亚工学院和 Blacksburg 弗吉尼亚州立大学的访问教授,20 世纪 70 年代他就在那里任教,在成为格林墨菲的总工程师之前,在衣阿华州立大学任气动热力学领域研究员、教师、顾问 30 多年。

进入学术界之前,他在空天工业单位工作,包括 McDonnell – Douglas,Bell Aircraft 以及 GM 研究实验室。他是气体高温化学反应流动和空间推进领域的先驱,在整个职业生涯中公开发表过很多文章。

1.2 读者对象

本书适用于工业单位、研究机构、大学中的技术人员、研究人员以及高年级学生。我们的目的是提供一个涉及激波—边界层干扰所有方面的知识广博的专题综述,在准备本书的过程中,我们尽可能清楚地解释相关流体机制,确保本书素材能够为尽可能多的读者所理解,但读者应具备有关流体机制与可压流的基本知识。这是该主题的第一部专著,收集了最新的研究结果和未曾公开发表过的研究内容。

第2章 物理本质

Jean Délery

2.1 激波—边界层干扰的重要性

激波—边界层干扰对流动的影响是多方面的,往往也是决定飞行器或推进系统性能的关键影响因素。激波—边界层干扰可以发生在内流或外流的壁面上,干扰流场的结构也是很复杂的。一方面,边界层承受着激波产生的强逆压梯度,另一方面,激波必须穿过无黏和有黏的多层流动结构;如果流动不是层流的,则湍流被强化,黏性耗散被放大。如果激波—边界层干扰发生在机翼上,机翼阻力会显著增加;如果激波—边界层干扰发生在发动机内,则叶栅性能恶化、内流损失增加、发动机效率降低。逆压梯度使边界层速度剖面变形,变得更不饱满(即形状因子变大),也使排挤效应增大,相邻无黏流体受到的影响增大。通过黏性流层与无黏流的相互作用,激波—边界层干扰会严重影响跨声速机翼或进气道的流动。当激波很强、导致边界层分离时,这些问题就更加严重,可以使整个流场结构发生巨大改变,形成强涡或者复杂的激波系结构,而不再是相对简单、以无黏无分离为主的流动结构。此外,激波诱导的分离可以诱发大范围的不稳定性,导致机翼的颤振、进气道的喘振或者尾喷管的侧向不稳定载荷。所有这些情况,都可以限制飞行器的性能,如果强度足够大,还可以导致结构的破坏。

从某个方面看,激波诱导的分离可以看成是无处不在的流动分离现象的可压缩表现,于是,可以简单地把激波看作次要的外来因素。从黏性流的观点看,边界层的分离行为基本上与不可压流是一样的,总体拓扑结构也是一样的。但激波诱导的分离流最明显的特征是,与相邻无黏外流中伴生的激波系结构有关,这些激波在整个流场结构中占据着重要地位,实际上很难完全将激波—边界层干扰从激波间相互作用(称为激波—激波干扰)的现象中分离出来。从跨声速到高超声速,激波与边界层的干扰可以发生于任何马赫数条件。但最近的观点认为,在高超声速范围,由于激波强度更大,激波对干扰的影响特别强烈。

激波—边界层干扰(或者更一般地说,激波—剪切层干扰)的影响并非都是负面的。激波—剪切层干扰使气流的脉动水平增加,在高超声速冲压发动机燃烧室内可以借此增强燃料与空气的混合,或者可以用来加速危险气流(如机翼尾涡)的瓦解;由于干扰中发生流动分离,可以使激波系因分叉而弱化,这个现象可以用于减小与激波有关的波阻(这一点说明,激波—边界层干扰的物理机制十分微妙)。激波还可因压缩波的汇聚而形成于不稳定可压缩流中,就像火箭燃烧室内或者高速列车进入隧道引起压缩时产生的非线性声学效应那样。极端的例子是爆炸或者爆轰的情况,在爆炸波扫过后,沿地面(或壁面)发展出边界层,激波—边界层干扰就发生于紧靠爆炸波后的边界层内。

激波—边界层干扰是在激波入射点遭到突然阻碍的边界层与外部超声速流动(通常是无黏的)紧密耦合的结果,由于这种阻碍作用,流动可以受到边界层增厚的严重影响。尽管在许多情况下这些流动可以用现代计算流体力学(CFD)有效地计算,但计算使用的方法并不可靠,特别是用于分离流动时。因此必须清楚地理解决定这些现象的物理过程,可以根据这些理解提出更好的气动装置方案,避免这些干扰的负面影响,或者难度更大一点儿,利用这些干扰潜在的益处。这种理解必然来自于对无黏流与边界层的透彻分析,因而下节将总结激波理论的基本结果、描述边界层流动以及激波—激波干扰现象的有关特性。

2.2 超声速流中的间断现象

2.2.1 激波

超声速流中的间断现象有若干种形式,包括剪切层、滑移线以及激波。本章附录 A 给出了各控制方程以及描述激波和其他间断现象的 Rankine – Hugoniot 方程。联立这些方程,可以得到以下结果(当研究的实际空气动力问题涉及激波—边界层干扰时,这些结果非常重要)。当流动跨过一道激波时,会经历以下变化:

(1) 流动速度间断,即速度突然减小。

(2) 压力突升产生两方面的实际后果:①壁面上的边界层被激波撞击,遭遇强逆压梯度而变厚,可能产生分离;②飞行器结构承受局部高载荷作用,如果激波是振荡的,载荷也是脉动的。

(3) 气流温度增加,特别是在高马赫数时温升显著,因而使飞行器壁面暴露于局部高热流环境中,在高超声速时,这种壁面加热非常强烈,流体可能发生离解,开始发生化学反应,激波下游还可能发生电离。

(4) 熵增,等价于滞止压力(总压、驻点压力)的减小,这是阻力的一个主要来源,引起效率下降(即最大压力恢复下降)。

Rankine – Hugoniot 守恒方程提供了一个描述间断(无论是一道激波,还是一道滑移线)的无黏方法,但这种分析掩盖了一个事实,即在滑移线或者激波内部实际上是黏性在发挥作用。"间断"是一个流动特性快速变化的区域,但厚度非常小,只有来流分子平均自由程的 10~20 倍。这个事实能够解释通过激波的熵增现象,即在绝热且无反应的流动中,黏性是熵生成的唯一原因。

2.2.2 激波极曲线表达法

关于与激波—边界层干扰有关的激波系结构,用激波极曲线[1]可以获得有价值的物理理解,激波极曲线是斜激波 Rankine-Hugoniot 方程的一种图解方法。以一个马赫数为 M_1、压力为 p_1 的超声速均匀流为例,气体沿平直的壁面流动,按照惯例将流动方向记为 φ_1,沿平直壁面流动时 $\varphi_1 = 0°$,如图 2.1(a)所示。在 A 点,壁面发生转折,$\Delta\varphi = \varphi - \varphi_1 = \varphi$,只要这个转折不太大,$A$ 点就是一道平面斜激波的起点,该斜激波将上游流动状态(1)与下游状态(2)分割开,状态(2)与状态(1)由 Rankine-Hugoniot 方程相联系,激波极曲线(Γ)是给定上游状态(1)时的激波状态轨迹,所以激波极曲线的形状取决于上游马赫数 M_1 和比热比 γ。在各种表达方法中,最方便的形式是激波压升(或压比 p_2/p_1)与过激波的气流速度方向转折角 φ 的关系图,这样定义的激波极曲线是关于轴 $\varphi = 0°$(如果 $\varphi_1 = 0°$)对称的封闭曲线,如图 2.2 所示。在原点,即激波极曲线的交叉重叠点,代表激波消失(即只有马赫波)条件。给定一个转折角 φ,有两个可能的解(1)和(2),第三个解是过激波后压力降低的解,不满足热力学第二定律,不可接受。解(1)对应比较小的压升,称为弱解,解(2)是强解。对于 $\varphi = 0°$,强解是正激波,即激波极曲线上方的顶点(4)。

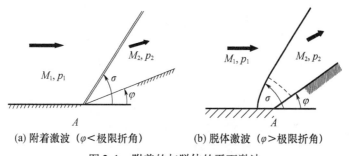

(a) 附着激波(φ<极限折角)   (b) 脱体激波(φ>极限折角)

图 2.1 附着的与脱体的平面激波

存在一个最大转折角 φ_{max},超过该转折角后,A 点不能形成附着激波。如果由斜楔形成的转折角 φ 大于 φ_{max},则在 A 点上游的壁面处形成脱体激波(图 2.1(b)),这时激波下游的流动在极曲线上不是一个特定的点,而是一段从正激波点(对应壁面处激波根部的波后状态)开始的弧线,弧线的另一个点代表激波在远离壁面处的波后状态。极曲线上另一个特别的点代表激波后为声速的条件,该点转折角略小于最大转折角,是激波后超声速与波后亚声速两种条件的分界点。对应每一个上游马赫数,都存在一条激波极曲线,图 2.3 是若干极曲线的实例。激波极曲线的原点斜度定义为 $(dp/d\varphi)_0$,上游马赫数为 $M_1 = \sqrt{2} = 1.414$ 的极曲线原点斜度最小 $(dp/d\varphi)_{min}$;$M_1 > \sqrt{2}$ 时 $(dp/d\varphi)_0 > (dp/d\varphi)_{min}$,$M_1 < \sqrt{2}$ 时也是 $(dp/d\varphi)_0 > (dp/d\varphi)_{min}$。所以当 $M_1 > \sqrt{2}$ 时,随着马赫数的增加,极曲线的位置向上方移动;

$M_1 < \sqrt{2}$ 时反之,较低马赫数的极曲线位于上方(图 2.4)。当涉及在边界层中有一定穿透深度的激波时,这个结果具有重要价值(参考 2.5 节)。

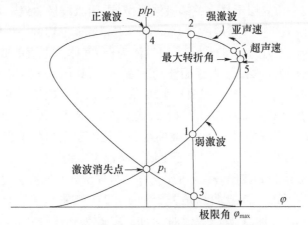

图 2.2　流动方向与压升关系激波极曲线

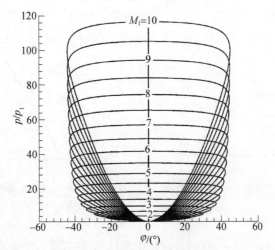

图 2.3　上游不同马赫数条件的激波极曲线($\gamma = 1.4$)

任何平衡态的气体,从已知的滞止条件进行等熵变化时,只需两个独立变量(压力 p 和方向 φ)就完全决定了流动的状态,而且在矢曲线(hodogruphic plane)平面[φ, p]上有唯一的点与之相对应。而经过一道激波,流动的熵会发生变化,导致矢曲线平面[φ, p]上的图像点发生跳跃,新的点必须位于相应上游状态的激波极曲线上。矢曲线平面[φ, p]的一个重要特性是,由滑移线分开的两个相邻流动具有相同的图像点,因为按照 Rankine – Hugoniot 方程,这两股流动的匹配条件是压力和流动方向相同。类似地,一个简单的等熵膨胀或者等熵压缩,可以用矢曲线平面[φ, p]上的一条等熵极曲线描述,对于量热完全气体的平面二维流动,该曲线由以下特征方程确定:

$$\omega(M,\gamma) \pm \varphi = 常数 \tag{2.1}$$

式中:$\omega(M,\gamma)$ 为 Prandtl – Mayer 函数。

$$\omega(M,\gamma) = \sqrt{\frac{\gamma+1}{\gamma-1}} \arctan\sqrt{\frac{\gamma-1}{\gamma+1}(M^2-1)} - \arctan\sqrt{M^2-1} \tag{2.2}$$

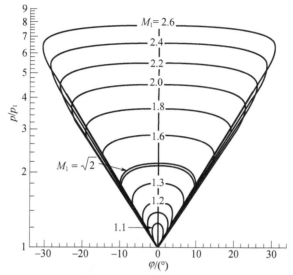

图 2.4 激波极曲线的相对位置($\gamma = 1.4$)

图 2.5 给出了自相同马赫数开始的等熵压缩极曲线和激波极曲线。从图中可看出,两条曲线在原点上是三阶重合的,所以在比较大的转折角时它们还能够很接近。在中等马赫数条件下,弱激波解可以看作近似等熵的过程,上游马赫数约小于 2.34 时,等熵极曲线位于激波极曲线下方;在高于该马赫数时,等熵极曲线则位于激波极曲线的上方。

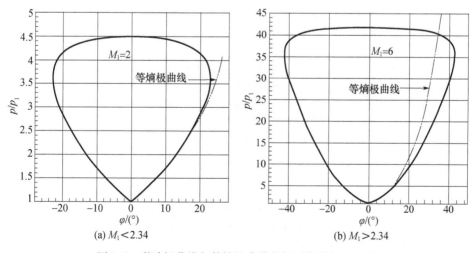

(a) $M_1 < 2.34$ (b) $M_1 > 2.34$

图 2.5 激波极曲线与等熵极曲线的相对位置($\gamma = 1.4$)

9

2.2.3 激波干扰与 Edney 分类

激波诱导分离的重要特征是在邻近边界层的无黏流中产生什么样的激波系结构,波系结构是干扰过程中边界层行为特征变化的结果。Edney 对两道激波相交或相互干扰时产生的激波系结构进行了分类[2],即众所周知的六类激波干扰,当然某些情况下也可能存在与此不同的激波系结构。这些干扰类型可以用间断理论及激波极曲线进行解释。

Ⅰ类干扰发生于异族(来自两个相对的方向)斜激波相交时,参考图 2.6(a),两道激波相交于点 T。激波 C_1 引起一个压升(从 p_1 到 p_3),气流向上偏折 $\Delta\varphi = \varphi_1$;激波 C_2 也引起一个压升(从 p_1 到 p_2),气流向下偏折 $\Delta\varphi = \varphi_2$。一般情况下,$C_1$ 下游的流动 3 与 C_2 下游的流动 2 是不匹配的,因为两股流动的压力与方向都不相同,于是流动 3 与流动 2 必须转向到具有相同的方向,即 $\varphi_5 = \varphi_4$,而这一条件是在两道

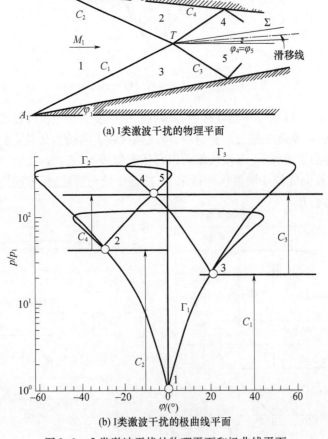

(a) Ⅰ类激波干扰的物理平面

(b) Ⅰ类激波干扰的极曲线平面

图 2.6 Ⅰ类激波干扰的物理平面和极曲线平面
($M_1 = 10, \varphi_1 = 20°, \varphi_2 = -30°$)

透射(起自 T 点)激波 C_3、C_4 后达到的；经透射激波 C_3、C_4 后，压力也分别从 p_3 增加到 p_5、从 p_2 增加到 p_4。由于流动 4 和 5 必须匹配，即 $p_4 = p_5$，因而激波 C_3 和 C_4 就唯一确定了。图 2.6(b)还反映了激波极曲线表达的交点 T 周围的情况。在上游条件为流动 1 的极曲线 Γ_1 上的点 2 和点 3，分别对应物理平面的流动 2 和 3；激波 C_3 和 C_4 由上游条件为流动 2、3 的极曲线 Γ_2、Γ_3 表示，为使压力和流动方向相等，状态点 4 和 5 必须是极曲线 Γ_2、Γ_3 的交点。一般情况下，激波 C_1 和 C_2 强度是不等的，所以过激波 $C_1 + C_3$ 和 $C_2 + C_4$ 后的熵增也不同；相应地，流动 4 和 5 具有不同的滞止压力，由交点 T 发出的滑移线 Σ 将两股流动分隔开，跨滑移线的流体参数是间断的(参见附录 A)。

Ⅱ类激波干扰是两道较强的异族斜激波相交的干扰。如果激波 C_2 的强度增大，激波极曲线 Γ_1 上的点 2 向左移动，随着流动 2 的马赫数 M_2 减小，极曲线 Γ_2 的尺寸也缩小。相应地，Γ_1 与 Γ_2 先是相切，然后不再相交，Ⅰ类干扰的解就不再出现，整个流动重组，满足新的兼容条件。由于兼容条件点 4 和 5 已经不存在，必须出现介于 4 和 5 中间的状态，使流动适应新的激波系结构，参见图 2.7(a)，这个结构称为

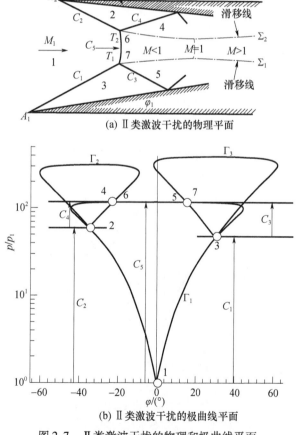

(a) Ⅱ类激波干扰的物理平面

(b) Ⅱ类激波干扰的极曲线平面

图 2.7　Ⅱ类激波干扰的物理和极曲线平面
($M_1 = 10$, $\varphi_1 = 30°$, $\varphi_2 = -35°$)

Ⅱ类干扰。图 2.7(b)是Ⅱ类干扰的矢曲线图解,极曲线 Γ_2、Γ_3 与 Γ_1 相交于其强激波解部分,该强激波部分是上游条件为流动 1 的一道近似正激波 C_5,形成于三波交点 T_1 和 T_2 之间。在极曲线 Γ_1 上,C_5 是状态点 4 和 5 之间的一段弧线;激波 C_5 是一道强斜激波,且在 T_1 和 T_2 之间其强度是变化的。

Ⅲ类干扰是一道弱激波与一道很强的近正激波相交的结果,图 2.8(a)和图 2.8(b)分别是其物理平面与矢曲线平面。在这种情况下,极曲线 Γ_2 与极曲线 Γ_1

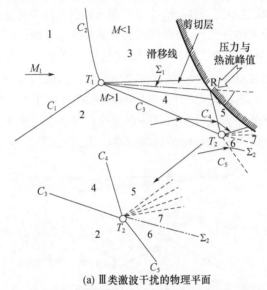

(a) Ⅲ类激波干扰的物理平面

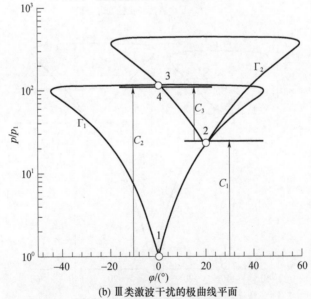

(b) Ⅲ类激波干扰的极曲线平面

图 2.8　Ⅲ类激波干扰的物理和极曲线平面
($M_1 = 10, \varphi_1 = 20°$)

的强激波部分相交,由于C_2下游条件的作用被强制形成强激波解,所以Ⅰ类干扰的解是不可能出现的。激波C_3造成从状态2到状态4的跳跃,状态4位于极曲线Γ_1与Γ_2的交点处。在两道弱斜激波C_1、C_3的下游,流动4仍是超声速的,而流动3却是亚声速的,于是始于三波点T_1、分割流动3和流动4的滑移线Σ_1两侧存在速度的强间断。图2.8(a)给出的是一个更复杂的情况,其中的滑移线Σ_1撞击到附近的壁面上,在高马赫数流动条件下,在撞击区会出现很高的压力和热流峰值。

Ⅳ类激波干扰的特征是两个亚声速区之间存在超声速射流(图2.9(a)和图2.9(b))。直到4区前,流场结构与形成剪切层的Ⅲ类干扰类似,4区以激波C_4结束。在激波C_4的下游,流动还是超声速的,两条滑移线将一道超声速射流包裹

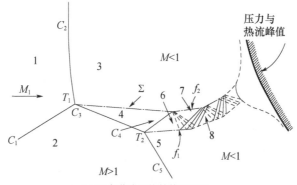

(a) Ⅳ类激波干扰的物理平面

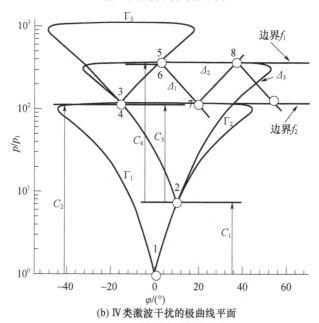

(b) Ⅳ类激波干扰的极曲线平面

图2.9 Ⅳ类激波干扰的物理平面与极曲线平面

($M_1 = 10, \varphi_1 = 10°$)

其中,这两条滑移线形成了射流边界 f_1 和 f_2。射流被等压的亚声速气流包围。与Ⅲ类干扰类似,流动中也形成 T_1 和 T_2 两个三波点,为维持压力的连续性,激波4撞击到边界 f_2 时,必须形成中心膨胀,来抵消过激波 C_4 后的压升,该膨胀被对面边界 f_1 反射为压缩波,该压缩波又被对面边界 f_2 反射为膨胀波,如此往复。

Ⅴ类激波干扰是两道同族斜激波干扰的情况。当入射斜激波 C_1 与 C_2 在 C_2 的强斜激波区相交时,如图2.10所示,形成非常复杂的流场结构,流场中也形成两个类似于Ⅱ类干扰的多波点 T_1 和 T_2,但此时的干扰流场由 T_2 发射出的是一股超声速射流,而不是一条简单的滑移线。这个复杂流动结构也可以用激波极曲线解释。但Ⅴ类干扰非常少见,这里就不再赘述。

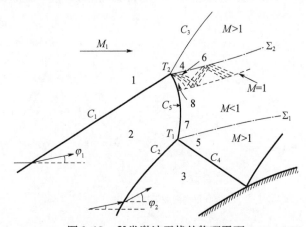

图2.10　Ⅴ类激波干扰的物理平面

Ⅵ类激波干扰是同族弱斜激波干扰的结果。激波 C_1 和 C_2 相交于两者的弱激波区域时,相应的结构见图2.11(a),形成的流动结构比前面几种都简单。两道激波 C_1 和 C_2 相遇于三波点 T,从该点出发形成激波 C_3,引起从状态1到状态3的跳跃,达到条件 $[p_3,\varphi_3]$。在 C_2 下游是状态4,状态3与状态4不匹配,因而必须生成中间状态6,通过膨胀波与状态4衔接,如图2.11(a)和图2.11(b)所示。在中等

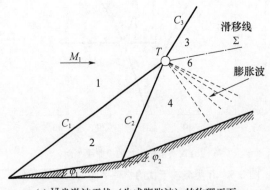

(a) Ⅵ类激波干扰(生成膨胀波)的物理平面

14

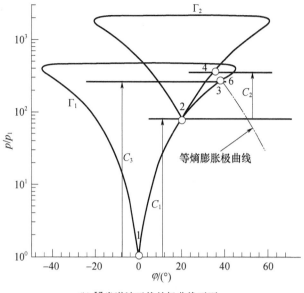

(b) Ⅵ类激波干扰的极曲线平面

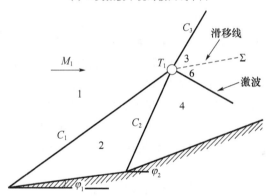

(c) Ⅵ类激波干扰（生成激波）的物理平面

图 2.11　Ⅵ类激波干扰的物理平面与极曲线平面
（$M_1=10, \varphi_1=20°, \varphi_2=35°$）

超声速马赫数条件下(即最大马赫数接近2)，状态6与状态4之间的过渡可以通过一道激波实现，而激波的强度往往也是非常小的，参见图2.11(c)。

2.2.4　激波、阻力与效率——Oswatitsch 关系

Oswatitsch 建立了一个联系飞行器阻力、流动中的熵与总焓(滞止焓、驻点焓)增量的关系式[3]。如果用 V_∞ 代表均匀来流的速度，T_∞ 代表上游流动的温度，s 代表流体的比熵，h_{st} 代表总比焓，$\mathrm{d}q_m(=\rho \boldsymbol{V} \boldsymbol{n} \mathrm{d}s)$ 是微元的质量流量，那么，飞行器在阻力方向上的合力 $\boldsymbol{F}$(在一个比较大范围的控制体表面上的受力)与熵及滞止焓

之间存在以下关系:

$$F = \frac{1}{V_\infty} \iint_{(s)} \left[T_\infty (\delta s) - (\delta h_{\text{st}}) \right] \mathrm{d}q_m \qquad (2.3)$$

式中:δs 与 δh_{st} 分别为控制体表面比熵和总比焓相对于均匀上游状态的变化。

推进系统的目标是将总焓"注入"到流动中而产生推力,以补偿所产生的熵增,使积分的结果等于零或者改变其符号(即推力超过阻力)。如果我们仅关注阻力,则有

$$D = \frac{1}{V_\infty} \iint_{(s)} T_\infty (\delta s) \, \mathrm{d}q_m \qquad (2.4)$$

于是马上就证明了阻力与熵密切相关。相反,如果流动是绝热的,流体处于平衡态,那么以比熵为变量写成的能量方程为

$$\rho T \frac{\mathrm{d}s}{\mathrm{d}t} = \tau_{ij} \frac{\partial u_i}{\partial x_i} \qquad (2.5)$$

式中:τ_{ij} 为剪切应力张量;$\mathrm{d}/\mathrm{d}t$ 为全微分。

方程(2.5)表明,熵的唯一来源是黏性(式中通过剪切应力体现其作用),这些关系式建立了阻力、熵增与黏性之间的关系。由于在速度急剧变化的区域黏性很大,所以无论是流动的间断(如激波和滑移线)还是靠近物体壁面处的边界层(边界层中形成特殊的滑移线)都是产生阻力的原因。边界层中因熵增生成的阻力称为"摩擦阻力",激波中因熵增生成的阻力称为"波阻"。由于阻力与熵增直接相关,激波就成为高速流中阻力的主要来源。首先,在高马赫数时波阻在总阻力中可以占很大份额,以马赫数2飞行的超声速运输机,波阻约占20%,高超声速飞行器上波阻的比例更大;其次,激波与边界层的干扰可以使熵增增加,因而摩擦阻力增加。激波—边界层干扰控制的目标就是从这两个方面采取措施,试图减小飞行器的阻力。

在内流空气动力学中,流动的改善用效率和压力损失来表述。超声速进气道设计的主要目标就是使激波系和边界层中的总压(滞止压力)损失降低到最小程度,这样发动机入口截面(2)处的压力恢复就可以最大,这个事实通过以下效率系数表述:

$$\eta = \frac{p_{\text{st},2}}{p_{\text{st},\infty}} \qquad (2.6)$$

即发动机入口的(平均)滞止压力 $p_{\text{st},2}$ 与上游滞止压力 $p_{\text{st},\infty}$ 的比值,即追求的最大压力恢复。对于量热完全气体,比熵表达为

$$s = c_p \ln T_{\text{st}} - r \ln p_{\text{st}} \qquad (2.7)$$

式中:c_p 为比热;r 为气体常数。

由于流动的滞止温度(总温)不变,过激波的熵增与滞止压力存在以下关系:

$$\Delta s = s_2 - s_1 = r \ln \left(\frac{p_{\text{st},2}}{p_{\text{st},1}} \right) \qquad (2.8)$$

于是,有

$$\frac{p_{\text{st},2}}{p_{\text{st},1}} = \exp\left(-\frac{s_2 - s_1}{r}\right) \tag{2.9}$$

式(2.9)表明,效率的损失也是与熵增(即黏性)直接相关,所以,内流空气动力学中的这些损失与外流阻力的生成机制是等价的。压力恢复不是进气道设计唯一关心的指标,进入发动机的流动品质也是极其重要的,要求均匀性好或者畸变小,意味着不要有大的湍流涡结构、漩涡或者流动间断,特别是不要有由激波—边界层强干扰引起的上述现象。激波—边界层干扰还可以是流动不稳定性(如进气道喘振)的罪魁祸首,而流动不稳定性对于发动机是非常有害的,可以造成发动机熄火,或者在极端条件下引起结构破坏。

2.3 边界层的流动结构

2.3.1 边界层中的速度分布

层流平板边界层中的速度分布由经典 Blasius 解给出,原则上 Blasius 解只对不可压流适用,但对于高马赫数也能提供很好的速度分布表达(该方程的可压缩流解是存在的,但为了本章目的,没有必要考虑可压解)。对于大多数情况,Blasius 剖面近似线性,与湍流的剖面分布有明显差别,特别是在边界层速度较低的部分;假设边界层的温度分布符合 Crocco 规律,马赫数分布就可以确定下来,其中的声速点位置也就确定了,图 2.12 中标示出了声速点的高度,并与绝热流的湍流边界层剖面进行了对比。

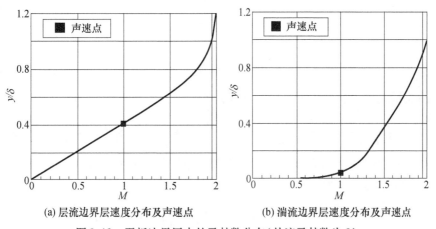

(a) 层流边界层速度分布及声速点　　(b) 湍流边界层速度分布及声速点

图 2.12　平板边界层中的马赫数分布(外流马赫数为 2)

湍流边界层的结构更复杂,由非常薄的贴壁黏性层(或层流层)、其上的对数层、具有尾迹样速度分布的外层组成,各部分的相对重要性取决于若干因素,主要是雷诺数和外部强加的压力梯度。图 2.13 给出的是高雷诺数条件下平板上形成的完全发展湍流边界层的结构,图中增加的"过渡区"是为了流动参数能够从对数层到层流层连续变化。

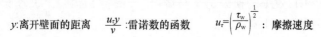

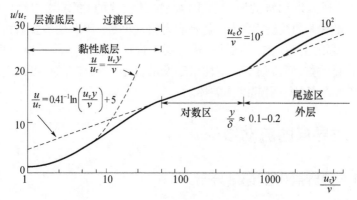

图 2.13 完全发展平板湍流边界层结构

利用 Coles 提出的分析关系式[4],能够很方便地给出湍流边界层速度分布:

$$\frac{\bar{u}}{u_e} = 1 + \left(\frac{1}{k}\right)\left(\frac{u_\tau}{u_e}\right)\ln\left(\frac{y}{\delta}\right) - \left(\frac{\delta^*}{\delta} - \frac{u_\tau}{k\bar{u}_e}\right)\left[2 - w\left(\frac{y}{\delta}\right)\right] \quad (2.10)$$

该关系式综合描述了对数律和尾迹律(但不适用于靠近壁面的区域)。式中,δ^* 是边界层位移厚度,u_τ 是摩擦速度,且

$$\frac{u_\tau}{u_e} = \sqrt{\frac{C_f}{2}} \quad (2.11)$$

$k = 0.41$ 是冯·卡门常数,C_f 是摩擦系数,$w(y/\delta)$ 称为尾迹分量,且

$$w\left(\frac{y}{\delta}\right) = 1 - \cos\left(\pi\frac{y}{\delta}\right) \quad (2.12)$$

该关系式可以表达为更方便的形式:

$$\frac{\bar{u}}{u_e} = 1 + \left(\frac{1}{0.41}\right)\sqrt{\frac{C_f}{2}}\ln\left(\frac{y}{\delta}\right) - \left(\frac{\delta^*}{\delta} - \frac{1}{0.41}\sqrt{\frac{C_f}{2}}\right)\left[2 - w\left(\frac{y}{\delta}\right)\right] \quad (2.13)$$

将"不可压"摩擦系数 $C_{f,i}$ 替换 C_f,Coles 关系式即可用于可压缩流,不可压与可压摩擦系数的关系为

$$C_{f,i} = C_f\left(1 + \frac{\gamma-1}{2}M_e^2\right)^{\frac{1}{2}} \quad (2.14)$$

式中:M_e 为边界层外缘的马赫数。

由于边界层对激波作用的响应在很大程度上与速度分布有关,引入不可压速度剖面的形状因子有利于对此问题的理解。不可压速度剖面的形状因子定义为

$$H_{i} = \frac{\delta_{i}^{*}}{\theta_{i}} \tag{2.15}$$

式中:δ_i^* 与 θ_i 分别为不可压位移厚度和动量厚度,其定义为

$$\delta_{i}^{*} = \int_{0}^{\delta}\left(1 - \frac{u}{u_{e}}\right)\mathrm{d}y, \quad \theta_{i} = \int_{0}^{\delta}\frac{u}{u_{e}}\left(1 - \frac{u}{u_{e}}\right)\mathrm{d}y \tag{2.16}$$

参数 H_i 表征速度剖面的形状,比可压缩形状因子 H(用可压缩或者真实的积分厚度计算出的形状因子)更常用。有时也使用可压缩形状因子,但可压缩形状因子是马赫数的强函数,所以作为通用参数不太实用。图 2.14 所示是 Coles 湍流剖面的不可压形状因子 H_i 增加时速度剖面的变化情况。

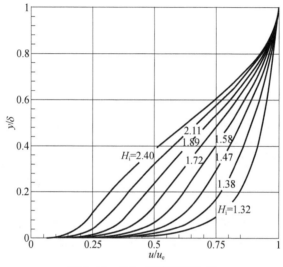

图 2.14　Coles 湍流速度分布

随着 H_i 的增加,速度剖面逐渐发生畸变,速度的量值也减小,特别是边界层下面的部分,这种变化是边界层遭受逆压梯度作用的典型特征。如图 2.15 所示,湍流边界层的不可压形状因子与主流马赫数呈弱相关关系,且随雷诺数的增加缓慢减小。与类似的层流边界层计算结果的比较表明,湍流边界层中的声速点非常靠近壁面,主流(边界层外的流动)为中等超声速马赫数时也是一样(图 2.12);在湍流的速度剖面中,从壁面到声速线的距离是形状因子的函数,图 2.16 所示是两个马赫数、不同壁温比(壁面温度与主流滞止温度的比值)的不可压形状因子,实际上更精确的壁面热条件应该用壁面温度 T_w 与绝热壁恢复温度 T_r 的比值来表示(绝热壁恢复温度即在零换热率时壁面流体所达到的温度,恢复温度小于主流滞止温度,但相差不多)。对于平板边界层 $H_i \approx 1.3$ 的情况,在中等超声速马赫数条件下,声速点很靠近壁面;对于冷壁条件($T_w/T_r < 1$),因为声速值更低,所以声速点更靠近壁面;一旦壁面被加热($T_w/T_r > 1$),边界层内声速点的位置很快就会远离壁面。

边界层对逆压梯度的响应还取决于黏性力,通常黏性力用壁面剪切或者摩擦

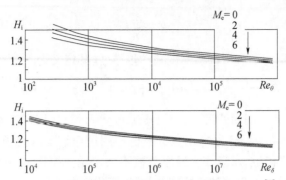

图 2.15 平板湍流边界层不可压形状因子(Cousteix[6])

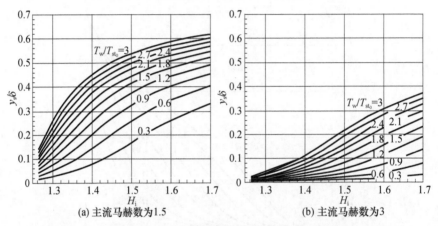

(a) 主流马赫数为1.5　　　　(b) 主流马赫数为3

图 2.16 平板湍流边界层中的声速线高度(主流滞止温度 1000K)

力系数表征。如图 2.17 所示,平板湍流边界层的壁面摩擦力系数是马赫数的强函

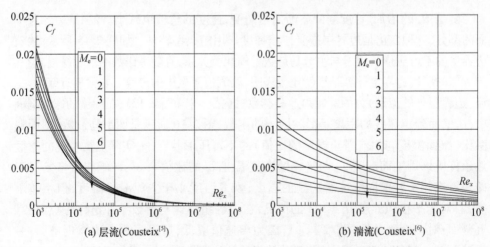

(a) 层流(Cousteix[5])　　　　(b) 湍流(Cousteix[6])

图 2.17 平板边界层的壁面摩擦系数(主流滞止温度 3000K,绝热壁)

数,且随雷诺数的增加急剧下降,由于剪切力总是与激波的阻滞作用相抵抗,所以可以推断,层流边界层对外来压力梯度的抵抗能力会随雷诺数的增加而减小;湍流边界层情况更复杂,后面将会详细讨论。

2.3.2 多层结构

沿固壁的流动可以看作一个三层结构(图 2.18)。

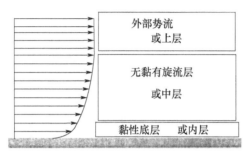

图 2.18　干扰流动的多层结构或三层结构
(Lighthill[7],Stewartson – Williams[8])

(1) 外部无黏层,通常是无旋流动(即等熵流动),这层流动遵循欧拉方程或势流方程。但也有例外的有旋流情况,如钝前缘上游形成弯曲的激波,在弯曲激波的下游形成一个称为"熵层"的流层;在跨声速机翼上形成的接近正激波的弯曲激波下游也会生成类似的有旋流层。

(2) 靠近壁面、到边界层深部的中间层,是边界层的外侧部分,在若干倍边界层厚度的流向距离上,流动可以看作无黏有旋的,而黏性被反映为熵增与涡量,按照 Crocco 方程,无黏流中熵梯度与旋转向量之间的关系为

$$T \overrightarrow{\mathrm{grad}\, s} = - \boldsymbol{V} \times \overrightarrow{\mathrm{rot}\, \boldsymbol{V}} \tag{2.17}$$

简单地说,该层是滞止压力和滞止温度变化的区域。由于流动被看作无黏的,熵是被输运量,滞止条件沿流线不变;跨边界层(即法向)的静压不变,所以该层的流动特征像无黏流,速度(或马赫数)从边界层边缘($y = \delta$)的外流马赫数 M_e 稳定下降,向壁面的零速度趋近。

(3) 第三层是贴壁层,是上述区域与固壁之间的过渡层,该层内黏性起重要作用。必须引入该黏性层,才能避免矛盾,因为无黏流不可能在静压不增加的情况下使其速度下降。在壁面上,滞止压力等于静压(即速度等于零,无滑移条件)。

这里描述的边界层结构是 James Lighthill 爵士[7]在其 1953 年发表的著名论文中最先提出的。1969 年,Stewartson 和 Williams[8]针对层流边界层给出了更严格的证明,证明时采用了一种渐近展开方法;引入"三层"(triple – deck)的术语来命名这种结构,"外层"是外部无旋流动,"中层"是无黏有旋流层,"内层"是贴壁的黏性层。这种表述只适用于黏性力不改变边界层流线熵值的情况(内层除外),意味

着使用该方法时任何现象的时间尺度必须很小,要小于黏性项发挥作用的时间尺度。这正是激波—边界层干扰的情况,即激波给流动施加一个突然的阻滞。对于快速加速的情况,该模型也是有效的,如飞行器底部的中心膨胀波区域。在湍流边界层中,中层占据了边界层的绝大部分,即使在中等超声速情况下也一样,所以在大部分区域,干扰的行为可以用理想流体模型描述。但这种无黏模型不适用于近壁面部分的流动,因为在靠近壁面处必须考虑黏性作用。

2.3.3 边界层对快速压力变化的响应

在激波—边界层干扰的初期,流动的绝大部分(包括边界层的大部分)是无黏流动,在 Navier–Stokes 方程中,压力和惯性项起支配作用,黏性项作用比较小。所以边界层响应的很多特征可以用理想流体进行解释,并且只需考虑边界层的平均特性。对边界层行为的这种描述称为"快速干扰",激波—边界层干扰一般都是快速干扰,即重要的变化都发生在很短的流向距离内,层流干扰的范围一般是边界层厚度 δ 的 10 倍量级,湍流干扰的范围更小。对于这种干扰有几个主要的结论:

(1) 流向导数与壁面法向导数的量级相当,而在经典边界层中流向导数的量级比较小。这个事实还影响到湍流生成的机制,在这种情况下,雷诺应力法向分量起的作用与湍流剪切应力相当,而一般情况下湍流剪切应力是唯一需要考虑的量。

(2) 在通过压力梯度改变平均流动的过程中,湍流雷诺应力不是立刻起作用的。在干扰的初始阶段,存在湍流响应的滞后,平均速度场和湍流场之间还没有建立关系。相应地,速度场受剪切应力的影响很弱,黏性作用被限制在贴壁的一个薄层内。在之后的干扰阶段,湍流度增大,如果发生分离则达到很高的湍流度。这就是针对激波—边界层干扰问题难以设计合理湍流模型的原因,尤其是干扰初始阶段的模型。

无黏流动分析解释了干扰流动的基本特征。但是,若考虑整个干扰范围,则黏性力不可忽略,所以无黏分析并不完全正确。在贴壁流层内,黏性项必须保留,否则将面临矛盾。但不管怎样,忽略黏性对于描述激波在边界层内的穿透现象是合理的。后面还会讨论到,有些情况,激波并不穿透到边界层内,如跨声速干扰或激波诱导的干扰(非常高马赫数的情况除外),这时黏性有足够的时间影响流动的特征,甚至影响到近壁层之外的流动。大分离区干扰情况也是一样,流动取决于其黏性特征,黏性特性决定干扰的纵向范围。

2.4 激波与边界层的抗衡

2.4.1 几种基本的二维激波—边界层干扰

在二维流动中,有 5 种基本的激波—边界层干扰:入射斜激波的反射、斜楔绕流、正激波干扰、强加的压力跃升、前向台阶诱发的斜激波干扰。

以下详细介绍这些干扰流动。

(1) 一道斜激波在平板上反射时(图2.19(a)),马赫数为 M_1 的超声速来流经入射激波 C_1 而偏转一个角度 $\Delta\varphi_1$;为使下游流动平行于壁面(即无黏流体的欧拉类条件或滑移边界条件),需要形成一道反射激波 C_2,流经反射激波时,气流偏折一个角度 $\Delta\varphi_2$,且 $\Delta\varphi_2 = -\Delta\varphi_1$。在混压型超声速进气道中存在这种激波结构,或者靠近壁面的障碍物生成的激波入射到壁面时,就形成这种激波结构。

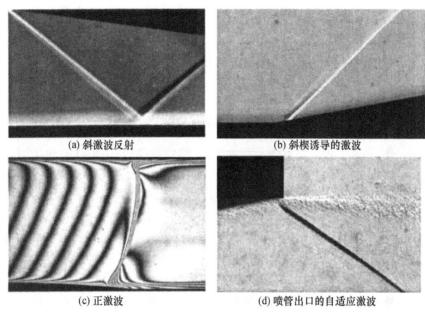

(a) 斜激波反射　　(b) 斜楔诱导的激波
(c) 正激波　　(d) 喷管出口的自适应激波

图2.19　激波—边界层干扰的基本类型(ONERA 文献)

(2) 在斜楔绕流中(图2.19(b)),在壁面斜度突变的地方生成一道激波,气流经激波后的转折角 $\Delta\varphi_1$ 等于斜楔角 α。超声速进气道的压缩面上、飞行器控制面处产生这种激波,只要壁面方向发生突然的压缩性变化,就会产生这种激波。

(3) 在超声速流中,用一个背压可以强迫气流变成亚声速,这时可以产生一道正激波。在管流中,如果有两个喉道系统(如在超声速风洞中),当下游发生壅塞时,需要制造一个总压损失来满足质量流量守恒,这时会形成一道正激波。正激波的特征是气流减速时速度矢方向无需变化,波后气流变成亚声速。但在大多数实际情况下,激波不是理想的正激波(例如图2.19(c)的干涉照片),而是满足 Rankine - Hugoniot 方程强解的一道斜激波,在跨声速流动中即使激波强度很弱,也是强解。在这些情况下,过激波后气流速度方向的变化非常小,所以可将激波称为"正激波"。正激波和近正激波广泛存在于内流中(例如在涡轮机械的叶栅中、进气道中、超声速扩压器中)、激波管内;在跨声速翼型上,局部超声速气流区在一道近正激波处结束。当下游流动是完全(或部分)亚声速时,干扰会引发一些特殊问题,这些问题特别重要,因为此时的下游扰动可能影响激波,并启动一个互动干扰过程,这个干扰过程可能会形成影响整个流场的大范围不稳定性(如机翼的跨声速颤振、进气道中的喘振)。

(4) 如果超声速气流遇到一个压力的变化(如在过膨胀喷管的出口),就会形成一道斜激波,这时压力的间断使气流转向(图2.19(d))。而在情况(1)和(2)中,压力间断是气流转向造成的,它们是二元(转向与压升)镜像问题。

(5) 当流动遇到一个障碍物时,如前向台阶,气流在台阶的上游分离,分离区范围直接与台阶高度呈函数关系;当流动为超声速时,在分离处形成一道激波。

关于边界层对激波的响应,所有上述情况都没有差别,只是情况(4)的干扰流动还会与外部大气环境相互影响。所以在以下各节讨论黏性流的行为特征时,只区别有无分离,而不对上述具体的干扰情况进行区别。

2.4.2 边界层与激波压升的抗衡

激波—边界层干扰可以看作变参数气流(即边界层,其中黏性力起作用,或者已经起了作用)与突然的压升之间的抗衡。这种抗衡的结果取决于压升的幅度与边界层特性,一般按照遭遇激波的边界层性质来区分,分为层流干扰和湍流干扰。如果考虑平均的湍流流动(即雷诺平均或Favre平均的流动,滤掉了脉动分量),则两类流动在总的物理性质和拓扑结构方面没有根本差别,只要做必要的修正,就可以将对其中一种干扰的描述应用于另一种干扰。所以在后续各节中,在对层流和湍流干扰作总体考察时,选择更具一般性的湍流干扰来描述。但如果涉及定量特性,则层流与湍流流动差别很大,需要给入流边界层性质赋予必要的参数,主要差别在于流向长度的尺度,层流干扰比湍流干扰的流向长度尺度要大得多,后续讨论会解释其原因。

稳态流动的边界层流向动量方程为

$$\rho u \frac{\partial u}{\partial x} + \rho v \frac{\partial u}{\partial y} = \frac{\partial}{\partial x}(\rho u^2) + \frac{\partial}{\partial y}(\rho uv) = -\frac{\mathrm{d}p}{\mathrm{d}x} + \frac{\partial \tau}{\partial y} \quad (2.18)$$

式中:ρ为密度;u和v分别为x方向和y方向的速度分量(y垂直于壁面);p为压力;τ为剪切应力。

方程(2.18)的中间部分是流动动量的流向导数,可以看到逆压梯度趋向于使边界层的流向动量减小。在平板边界层中,靠近壁面处剪切应力近乎为常数,朝边界层边缘方向剪切应力稳定地减小。所以,在干扰的初始阶段,在激波诱导的压力梯度和剪切应力的综合作用下,边界层流动被阻滞;在靠近壁面的区域因为流动的动量低,这种阻滞作用的影响更严重。其结果是,在速度剖面上出现一个拐点,该点以内导数$\partial \tau/\partial y$为正,该点以外导数$\partial \tau/\partial y$为负,于是,通过将动量从外部高速区输运到内部的低速区(图2.20),在边界层靠内的部分,剪切应力抵消了压力梯度的作用。

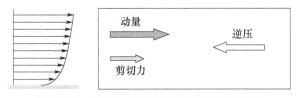

图 2.20 在激波—边界层干扰中起作用的力

还可做更简单的分析,忽略法向速度分量的贡献,即将边界层看作一个平行流动,则

$$\rho u \frac{\partial u}{\partial x} = \frac{\partial}{\partial x}(\rho u^2) = -\frac{\mathrm{d}p}{\mathrm{d}x} + \frac{\partial \tau}{\partial y} \quad (2.19)$$

在靠近壁面的下边界 δ_i 与边界层外缘之间进行积分,获得以下关系:

$$\frac{\mathrm{d}}{\mathrm{d}x} \int_{\delta_i}^{\delta} \rho u^2 \mathrm{d}y = -\frac{\mathrm{d}p}{\mathrm{d}x}(\delta - \delta_i) + (\tau_\delta - \tau_{\delta_i}) \approx -\frac{\mathrm{d}p}{\mathrm{d}x}(\delta - \delta_i) \approx -\frac{\mathrm{d}p}{\mathrm{d}x}\delta \quad (2.20)$$

在方程(2.20)中,剪切应力被忽略,假设内边界非常靠近壁面($\delta >> \delta_i$)。于是,方程反映的是湍流边界层的情况,即剪切应力在边界层大部分中的作用很小。这个简化关系突出了流动动量与压力梯度之间的抗衡关系。当然,如果法向分量 v(或者更准确地说是其导数 $\partial v/\partial y$)以及剪切应力不可忽略,这个分析就是错误的,即该分析不适用于湍流边界层的内层和层流边界层近乎全部厚度的情况。当激波诱发边界层分离时,情况也不同(下节讨论),这时黏性起重要作用。

层流与湍流存在差别的主要原因是边界层的速度分布。在干扰过程中,流动的行为特征取决于边界层对激波诱导压升的抵抗能力。很明显,湍流边界层"饱满"的速度分布携带了更多的动量,受影响会较小;而层流边界层的速度剖面远不饱满,受影响会较大。平板上层流与湍流边界层的速度剖面见图2.12。不可压形状因子 H_i(参考2.3.1节,图2.14)表征边界层剖面饱满程度,较小的形状因子代表更饱满的速度剖面,对于平板边界层,层流的 H_i 接近2.5,湍流的 $H_i = 1.3 \sim 1.4$。当边界层受到逆压梯度作用时,阻滞作用使形状因子增大,这种阻滞作用在低速流层内影响更大。此外,干扰机制与边界层亚声速部分的厚度有关,在相同外流马赫数条件下,层流边界层的亚声速层更厚,而湍流边界层的亚声速层比较薄,所以两者的响应也不同。

边界层速度分布可能是影响干扰流动的最重要因素,但不是唯一因素。剪切力也起作用,因为剪切力抵抗着激波的阻滞作用,对于层流边界层,剪切力的作用更是支配性的,称为"黏性主导的流动"(viscous-dominated flow)。随着雷诺数的增加,黏性力的相对量减小,所以层流边界层对激波影响的抵抗能力在高雷诺数时比低雷诺数时小(参考2.7.1节)。在湍流边界层中剪切力的影响不明显,干扰对雷诺数一般不敏感,即对于完全发展的湍流区,实际上雷诺数是没有影响的(不像层流干扰那样)。在湍流流动中,雷诺数主要通过对不可压形状因子的影响起作用,雷诺数决定着干扰起始点的H_i,所以雷诺数是一个"历史"参数,其影响通过进入干扰区之前的边界层发展来体现。其他因素可能也有"历史"作用,如之前的干扰(可能使边界层剖面已经产生畸变)、逆压梯度(使其速度分布"空化")、壁面加热,或者边界层控制措施(参考 2.12 节)。

干扰区内或上游的壁面温度也是重要的影响因素,通过几种机制对流动产生影响。特别是高超声速流动,壁面温度与外流滞止温度相差很大,壁面温度水平(或者更准确地说,是壁面温度T_w与恢复温度T_r的比值)是一个重要影响参数。多数实验表明,边界层的速度剖面几乎都与壁面温度无关,但由于壁面温度对跨边界层的声速分布有影响,所以,边界层内的马赫数分布受到壁面温度的影响,在冷壁上,声速比较低,因而在靠近壁面区域马赫数就比较高。图 2.21 是马赫数 10、滞止温度 3000K 条件下湍流边界层中声速点的位置随壁面温度的变化,可以看到当壁面温度小于恢复温度时,声速点的位置快速下降,同时密度增加,于是动量增大、壁面剪切应力因黏性的减小而减小。壁面冷却的总影响是使边界层的抵抗能力更强,反之,壁面加热使边界层更脆弱、干扰区扩大。

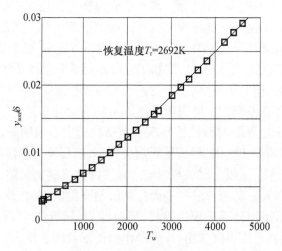

图 2.21　马赫数为 10 时湍流边界层声速点位置随壁面温度的变化(滞止温度 3000K)

很明显,湍流在干扰结构的形成中起决定性作用,因为湍流涡是动量的输运者,将边界层外部高速流的动量输运到内部的低速部分,所以湍流对激波的抵抗能力比较强,分离区(如果形成分离)范围会比较小。对于转捩类干扰,即从层流到湍流的转捩发生在干扰区内的干扰,上述解释也适用。

尽管边界层响应由压升强度(更准确地说是压力梯度)决定,不管压升的原因是什么,总的流场结构(不仅是边界层区域)在很大程度上取决于激波的生成方式与马赫数,所以,如果马赫数增加到高超声速范围,由于激波强度很大、激波相对于速度矢量的角度很小、外流焓值很高,所发生的干扰现象会完全不同。本章只做简要讨论,详细讨论见第 6 章。

2.5 无分离的弱干扰流动

2.5.1 入射—反射激波干扰

1. 流动的总体结构

图 2.22 所示的纹影流动显示照片反映的是一道斜激波在湍流边界层上反射引起的干扰流场,与层流边界层的干扰也会形成类似结构,但干扰区的流向范围会更大。照片上的入射激波明显比较厚,因为激波也与实验段窗口的侧壁边界层干扰,激波的真实位置是照片上所绘流线的转折处。图 2.23 是对这种流场结构的详细描述,入射激波 C_1 穿透到边界层的无黏有旋部分,由于当地马赫数的减小而逐渐弯曲,激波强度相应地减小,直至在边界层声速线处消失。同时在入射激波 C_1 与壁面交点(无边界层时的入射点)的上游,流动就已经感受到了过激波 C_1 的压升。

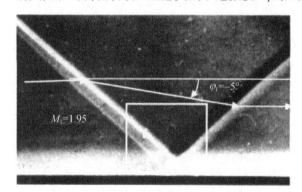

图 2.22 马赫数为 1.95 的斜激波反射纹影照片(ONERA 文献)

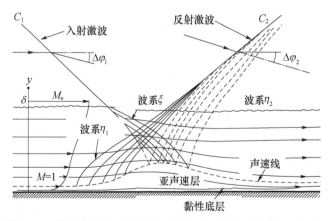

图 2.23 激波在湍流边界层上反射的流动结构示意图(无分离)

这种对上游产生影响的现象，主要是无黏机制的作用。激波引起的压升通过边界层的亚声速部分传播到上游，所以，与纯粹的无黏解相比，壁面压升需要一段距离（与边界层厚度的量级一致）才能实现，而不是形成无黏流那样的突跃。如图2.24所示，在无黏流产生压力跃升的上游，压力就开始上升，此后压力水平持续增加，逐渐达到下游的无黏压力水平。这种情况下，黏性（或真实的）解并未远离纯粹的无黏解，考虑黏性影响仅仅需要对无黏解进行一种修正，就能够获得接近真实的解，这种情况称为"弱干扰过程"，意思是流动受黏性影响很弱。如果流动是湍流，其主要部分，即边界层靠外侧的超声速流层，会感受到亚声速区的扩张。亚声速区扩张的作用类似于一个斜楔，制造出压缩波系（η_1、η_2），该压缩波系汇聚为反射激波 C_2。亚声速层的厚度取决于速度分布，所以一个比较饱满的剖面（对应比较薄的亚声速流层），产生的上游影响距离也比较小。此外，速

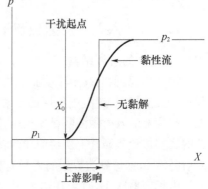

图 2.24　与图 2.23 对应的压力分布示意图

度亏损小的边界层剖面含有更高的动量，对逆压梯度阻滞的抵抗能力就更强。

2. 激波在有旋层内的穿透

对于入射—反射激波的情况，Henderson[9]在理想流体条件下详细研究了激波在边界层内穿透的机制，他的分析对于湍流情况更适用，因为即使在中等主流马赫数条件下，边界层速度剖面也非常饱满，声速线靠近壁面（前面讲到过），边界层的大部分更像无黏有旋流，且沿每条流线是等熵的。为简单起见，Henderson 将边界层分为 N 层，各流层相互平行且压力相等，每流层内假设是均匀流，但每流层的马赫数不同。用激波极曲线方法分析了激波的传播（图2.25），入射激波在有旋层内的穿透导致产生一系列透射激波（即入射激波系）与反射的膨胀波，随着流层逐渐靠近壁面，流层内的上游马赫数降低，透射激波的激波角增大，入射激波发生弯曲、

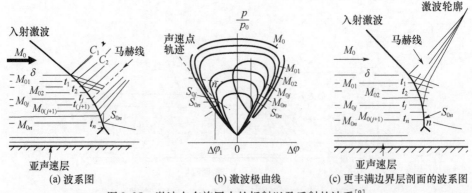

图 2.25　激波在有旋层内的折射以及反射的波系[9]

变得更陡,直到在声速线处消失。

激波在湍流边界层内的传播,是用理想流体有旋特征线方法计算和描绘的。计算提供了高准确度的结果(激波位置相符),描绘了超声速流中波的传播图画。用 Coles 分析表达式(参考 2.3.1 节)计算了主流马赫数为 4 的湍流速度分布,边界层内马赫数小于 1.8 的部分被除去(即离开壁面特定距离范围内的流动被去掉了,这样做是为了避免产生奇异激波反射),黏性底层也被省略(对于高马赫数的中等激波强度是合理的)。计算表明,激波在平直壁面上反射后,流动在无旋主流中产生一个向下方的 $-6°$ 偏折。图 2.26 的特征线网格表明,穿过有旋层的激波发生弯曲,在反射点下游壁面产生了一套波系。图 2.27 的壁面压力分布表明,在入射点压力先跃升到中间水平,然后逐渐升高,最后达到马赫数 4 均匀流中激波反射后的压力平台。在高马赫数条件下观察到的这个现象,可以用无黏流理论解释。在较低马赫数时(低于 2.5),观察到壁面压力分布存在一个过冲,无

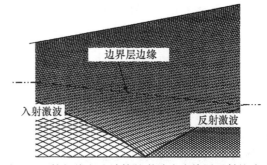

图 2.26 特征线方法计算的激波在有旋层反射的波系
(湍流边界层剖面;上游马赫数为 4,主偏折角为 $-6°$)

法用有旋流效应简单地解释,这时,靠近壁面的亚声速层以及黏性内层的影响不可忽略,纯粹的无黏分析只能捕捉到部分解。图 2.28 的等值线图表明,从外流到壁面,激波后静压是下降的。Henderson 的分析和特征线方法的计算是有益的,因为这些工作描述了激波穿过边界层的有旋无黏层时的复杂波系结构。但上述方法描述的流场中,没有考虑到通过边界层亚声速部分向上游的传播,以及相应而生的压缩波系,正是这些压缩波汇聚为那道反射激波。

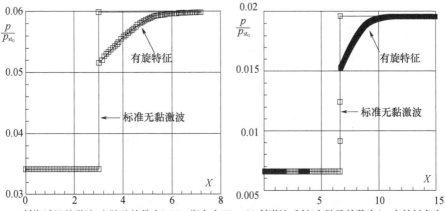

(a) 斜楔诱导的激波(上游马赫数为 2.85,楔角为 6°)　(b) 斜激波反射(上游马赫数为 4,主转折角为 $-6°$)

图 2.27 特征线方法计算的激波在有旋层反射的压力分布(熵梯度对壁面压力分布的影响)

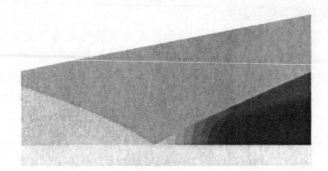

图 2.28　特征线方法计算的激波在有旋层反射的静压等值线图
（湍流边界层剖面，上游马赫数为 4，主转折角为 -6°）

2.5.2　斜楔诱导的激波干扰

在斜楔绕流的激波—边界层干扰流场中（图 2.29），斜楔产生激波 C_1 而引起压升，沿着边界层的亚声速流层，压升传播到 A 点（即斜楔的起点）的上游，造成亚声速流层膨胀，进而在邻近的边界层超声速部分生成压缩波系 η，实际上激波 C_1 是这些压缩波合并的结果，所以随着离开壁面距离的增加，C_1 的强度持续增大，一直增加到无黏解的激波强度。但在高马赫数时，亚声速流层对整个干扰结构的影响非常小，其中的大多数物理现象可以用无黏过程来解释（就像入射激波诱导的干扰那样）。图 2.30 很好地说明了这个问题，图中给出的是马赫数 2.85 气流中的斜楔绕流干扰流场，入流边界层是湍流。关于激波特征，有旋流特征线计算预测了激波通过有旋流层时的弯曲，获得的主要流动结构信息与阴影流动显示结果（图 2.31）非常符合，图 2.27(a) 的压力分布与图 2.32 的静压等值线都表明了相同的激波弯曲特征。

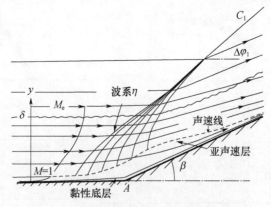

图 2.29　斜楔诱导的激波干扰流动结构
示意图（无边界层分离）

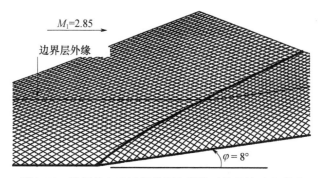

图 2.30　特征线方法计算的斜楔激波干扰的波系和激波
（湍流边界层速度剖面；上游马赫数为 2.85，斜楔角为 8°）

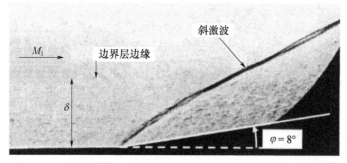

图 2.31　马赫数 2.85 斜楔诱导激波干扰的阴影显示（Settles[10]）

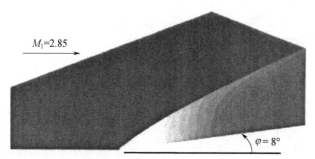

图 2.32　特征线方法计算的斜楔诱导激波干扰静压等值线
（湍流边界层剖面，上游马赫数为 2.85，斜楔转角为 8°）

2.5.3　正激波与跨声速干扰

在跨声速流动中，大多数激波是 Rankine – Hugoniot 方程的强斜激波解（尽管激波的强度可以很小，如在跨声速机翼上）。如图 2.33 的干涉显示照片和图 2.34 的流场结构所示，跨声速干扰中向上游传播的机制与前面两种情况（2.5.1 节和

2.5.2节)的传播机制相同,增厚的亚声速层诱导的压缩波系合并为近正激波 C_1。由于干扰区较低部分(除了贴壁的黏性底层)的压缩几乎是等熵的,所以该区域每条流线上的熵都小于距壁面一定高度处激波后的熵。

于是,在激波穿透到边界层深处之前的高度上,越靠近壁面马赫数越高,所以波后或多或少会存在一个超声速的区域。在干扰的下游,从某个高度开始,正激波后的滞止压力先是下降;然后,在穿过干扰较低部分的那部分流线上,滞止压力又会升高,那里的压缩实际上是等熵的;最后在靠近壁面、穿透到边界层内层时,滞止压力快速下降。在考虑对激波—边界层干扰实施控制时,这种典型的滞止压力(或者压力损失)分布是非常重要的。

由于主流中部分流动是亚声速的,跨声速激波—边界层干扰具有特殊的性质,亚声速部分会引起与下游条件相关的流动现象。而纯粹的超声速干扰不会受下游条件影响,无黏主流的超声速性质起到"保护"作用,阻止扰动向上游传播,当然在边界层靠近壁面的亚声速内层中存在类似的传播现象。当然,在湍流边界层中,向上游传播的距离是很短的。

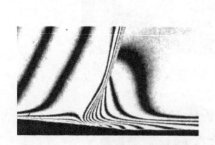

图2.33 无分离正激波干扰流场的干涉显示图(ONERA文献)

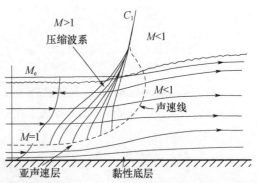

图2.34 无分离正激波干扰的流场结构示意图

2.5.4 上游影响范围

上游影响长度 L_0 可定义为干扰起始点(即壁面压力开始上升的位置)距无黏流激波根部的距离(图2.35),是边界层引起的干扰扩散程度的度量。

可能影响 L_0 的主要参数包括(Green[11]):

(1) 上游马赫数 M_0。

(2) 雷诺数 Re_{δ_0}。

(3) 激波强度,比如,对于斜激波,以气流转角 $\Delta\varphi_1$ 表示。

(4) 入流边界层厚度 δ_0。

(5) 入流边界层不可压形状因子 H_i,可能比雷诺数还重要。

如果我们推测,典型的流向长度 L_0 可以用入流边界层厚度(或者其位移厚度)无量纲化,则影响干扰的物理参数只剩3个,即 M_0、Re_{δ_0} 和 $\Delta\varphi_1$。如果仅关注无量纲长度 L/δ_0 的情况,当给定 Re_{δ_0} 时,有以下结论:

（1）马赫数 M_0 不变时,L/δ_0 随 $\Delta\varphi_1$ 的增加而增大。

（2）$\Delta\varphi_1$ 不变时,L/δ_0 随马赫数 M_0 的增加而减小。

（3）对于层流边界层,L/δ_0 随 Re_{δ_0} 的增加而增大。

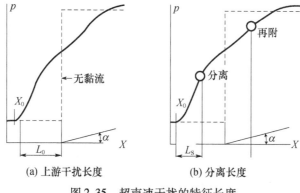

图 2.35　超声速干扰的特征长度

对于湍流边界层,雷诺数对 L/δ_0 的影响还不是很清楚。但公认的是,在中等雷诺数条件下 L/δ_0 随 Re_{δ_0} 的增加而增大,在较高雷诺数时 L/δ_0 随 Re_{δ_0} 的增加而减小。两种不同趋势的变化点在 $Re_{\delta_0} \approx 10^5$ 附近。实际上,雷诺数可以是一个引起误解的参数,因为它表征着两个相互矛盾的影响。以平板湍流边界层为例,高雷诺数意味着黏性力的重要性降低,所以边界层对逆压梯度的抵抗能力减小,干扰长度因而会增大;而另一方面,如图 2.15 所示,高雷诺数代表着更饱满的速度剖面(即比较小的 H_i),所以边界层流动的动量比较大,亚声速流层的厚度也减小,因而干扰长度应该缩短(Settles[10])。从黏性力角度看,雷诺数决定着当地流动的特性;而从速度剖面角度看,雷诺数表征着流动的"历史"效应。

2.6　产生边界层分离的强干扰流动

2.6.1　入射激波诱导的分离

1. 流动的总体结构

在边界层中,越靠近壁面,流动中的滞止压力越低。但至少存在一个很短的距离,可以认为,沿其中每条流线的滞止压力是相等的。忽略可压缩性(当然这是过度简化),可以写出每条流线的 Bernoulli 方程为

$$p_{st} = p + \frac{\rho}{2}V^2 \tag{2.21}$$

所以，静压 p 的任何增加都会在滞止压力 p_{st} 最低的区域（即边界层内层）引起更大的阻滞，当受到一个逆压梯度作用时，在一定条件下可以使近壁面的流动停滞或者反向，于是就形成了分离区。

一道入射激波很容易用这种方式诱发分离，例如，图 2.36 的纹影照片所显示的马赫数 2 流动中的入射激波干扰（照片中激波很厚，是纹影同时收集了实验段侧壁窗口处干扰流场信息的结果）。图 2.37 是这种干扰的详细流动结构，分离点 S 的下游是一个由分离流线 (S) 所包围的回流"泡"，分离流线从分离点 S 开始、在再附点结束，将回流流动与流向的流动（从上游流向下游无穷远）分割开。从 S 点生成的脱体剪切层内发生着强混合作用，造成机械能的输运，外部高速流的机械能被输运到分离区内，于是分离流线 (S) 上的速度 U_S 持续增加，直到再附过程开始才减速。

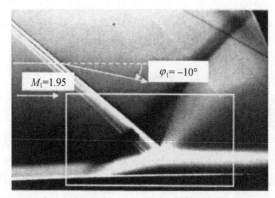

图 2.36 马赫数 1.95 激波入射—反射干扰的纹影显示（ONERA 文献）

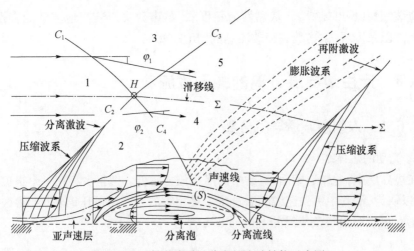

图 2.37 反射激波诱导分离的流动结构示意图

透射激波 C_4 穿透分离的黏性流层,由于分离泡内压力几乎不变,C_4 反射为膨胀波;于是引起剪切层朝壁面偏折,剪切层最终在 R 点再附,分离泡也在该点消失;分离流线(S)上的流动减速,直到在 R 点停滞,这个过程伴随着一系列压缩波的出现,压缩波系在主流中合并为再附激波。后面会更详细描述上述激波结构。图 2.38 所示是该流动结构的壁面压力分布,可以看到,在干扰刚开始时,压力呈现陡峭的爬升,与分离有关;然后是一个压力平台,是分离流的典型特征;在再附过程中,压力第二次出现爬升,只是比第一次爬升平缓。这种流场结构与纯粹的无黏流有明显不同,激波反射形成的是"强黏性—无黏干扰",意味着预测流动时必须充分考虑黏性的影响,黏性不再是对接近正确无黏解的简单调整,而是决定流动解(或流动结构)的核心因素。当然存在一个递进的变化过程。

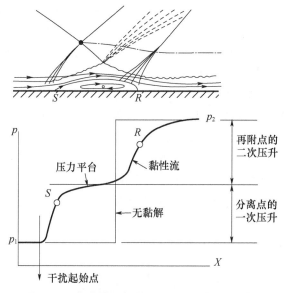

图 2.38 激波诱导分离流动的压力分布示意图

2. 外部无黏流结构

上述分离流动结构可以等价于某种理想流体的流动,其中流动的黏性部分被一个等压区(压力为 p_2)所替代。在真实流场中,一条滑移线(剪切层)将黏性区与外部超声速气流分割开;而在等价流场中,黏性区边界被简化为一个等压边界(图 2.39)。这种表达方法有益于理解分离的边界层与外部流动的强耦合关系,这种强耦合导致产生特殊的激波结构。如果分离区足够大,其中的压力可等价于自由干扰理论(参考 2.7.1 节)的压力平台,分离压升和干扰初始部分长度不依赖于下游条件(跨声速也一样),下游条件的影响决定分离的位置,而不是分离的性质特征。

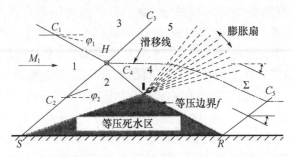

图 2.39　反射激波诱导分离的无黏模型流动结构示意图

由于平台压力 p_2 高于上游压力 p_1，所以，起始于"无黏"分离点、限定等压区范围的等压区边界 f（即滑移线）迎风面边界具有某个角度，并生成分离激波 C_2；分离激波 C_2 与入射激波 C_1 在 H 点相交，入射激波 C_1 发生偏折（或折射），变成透射激波 C_4，分离激波 C_2 类似地变成激波 C_3；激波 C_4 在 I 点遭遇等压边界，为保证压力的连续性，激波 C_4 引起的压升必须由一组从 I 点出发的中心膨胀波相抵消，这些膨胀波使等压边界 f 发生偏折，转向壁面，并在"无黏"再附点 R 处与壁面相遇；于此处 R 点，气流产生一个新的偏折，形成再附激波 C_5。另外，由交点 H 出发形成一道滑移线。理想流体的斜激波反射只由一道入射激波与反射激波组成，而在这种情况下，流场是一个由 5 道激波组成的复杂结构。

由激波 C_1、C_2、C_3、C_4 构成的激波系结构是典型的 Ⅰ 类 Edney 激波干扰（参考 2.2.3 节），用激波极曲线可以获得最好的理解。如图 2.40 所示（均匀来流的马赫数为 2.5），过分离激波的流动偏折角由湍流分离准则给定，也就确定了分离激波

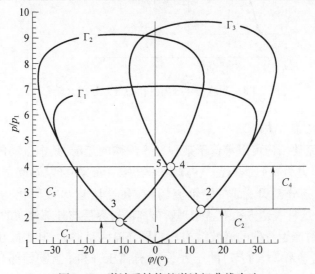

图 2.40　激波系结构的激波极曲线表达
（上游马赫数为 2.5，分离激波偏折 14°，入射激波偏折 −10°）

的波后马赫数(参考2.7.2节),该偏折角约为14°,与引起分离的激波强度无关。对应上游状态1的极曲线Γ_1代表由状态1形成的激波,入射激波标示为C_1,其下游流动状态3的图像在Γ_1上是点3,由C_1产生的偏折为负(即速度向壁面偏折);上游条件为状态1的分离激波C_2也由Γ_1表示,其下游流动状态2在该曲线上对应点2,偏折角$\Delta\varphi_2$是朝上的;H点下游的情况由原点为点3的极曲线Γ_3与原点为点2的极曲线Γ_2的交点表达,该交点代表具有相同压力($p_4=p_5$)和相同流向角($\varphi_4=\varphi_5$)的状态4和状态5,满足Rankine-Hugoniot方程;系列激波C_1+C_3与C_2+C_4不同,流动经过每对激波系列时的熵增也不同,于是状态4和状态5具有不同的速度、密度、温度以及马赫数(但压力相同),于是在状态4和状态5的流动之间形成滑移线Σ。在实际流动中,沿Σ形成的是剪切层,以保证流动参数从状态4到状态5是连续变化的。在流场的无黏部分、流经H点下方的流体需经过3道激波,即C_2、C_4及再附激波C_5,流体最后的熵值低于流经纯粹无黏流场(即流体仅流经一道入射激波和一道反射激波)的熵。在无分离干扰情况下,在离开壁面一定距离后,流动接近无黏模型,所以分离型激波干扰中,过激波系的流体熵增小于无分离干扰或者无黏模型情况。该结论已应用于控制技术,用以减小机翼的阻力或降低内流的效率损失。

如果给定上游马赫数,使入射激波强度增大到一定程度,则两条极曲线Γ_3、Γ_2将不再相交,激波C_1与C_2相遇时发生Ⅱ类Edney干扰,即在两个三波点T_1与T_2之间形成一道接近正激波的马赫杆(盘),见图2.41。图2.42所示是这种奇异激波反射的极曲线图,上游马赫数为2.5,由分离准则确定的分离激波转折角为14°,增大入射激波偏折角就可获得马赫反射的极曲线表达。在流动的物理流场结构图中,下游的状态4和状态6,即激波极曲线Γ_1与Γ_2的交点,被滑移线Σ_1分割,下游的状态5和状态7,即激波极曲线Γ_1与Γ_3的交点,被滑移线Σ_2分割。马赫杆(盘)C_5下游的亚声速流层在相邻超声速流层的影响下重新加速,形成一个声速喉道,在喉道之后加速到超声速(图2.41)。这种情况下,干扰在外流部分形成了一种完全不同

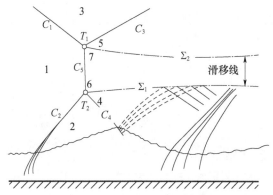

图2.41　反射激波奇异干扰(或马赫杆现象)的物理流场结构

的复杂激波结构,与无黏激波反射的简单激波结构差别很大。在高超声速进气道中,马赫杆(盘)现象是非常有害的,因为正激波后的总压损失远大于斜激波后的总压损失。

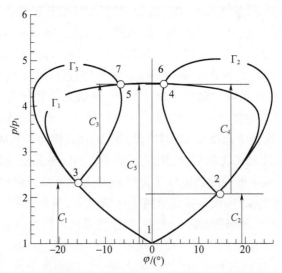

图2.42 反射激波奇异干扰(或马赫杆现象)的激波极曲线表达
($M_1=2,\varphi_1=-16°,\varphi_2=14°$)

2.6.2 斜楔诱导的分离

图2.43和图2.44所示分别是斜楔诱导分离流动的流动显示照片和流动结构图。斜楔迫使气流偏折α角度而形成激波,如果激波强度超过了边界层对于压缩的承受能力,边界层就会在斜楔尖点上游的S点分离。像激波反射诱导的分离一样,分离过程产生的系列压缩波汇聚成分离激波C_1,在S点下游边界层靠近壁面的流层会产生回流,分离泡的拓扑结构与2.6.1节讨论的情况相同;分离泡在斜楔上的R点发生再附,生成再附激波C_2,因为流动方向改变、分离激波下游马赫数也比较小,激波C_2的斜度比分离激波小。

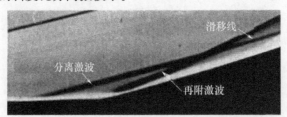

图2.43 斜楔诱导层流分离的纹影显示(ONERA文献)
($M=5,a=15°,Re_L=1.5\times10^5$)

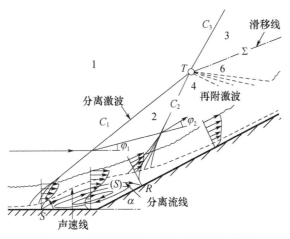

图 2.44 斜楔诱导分离的流动结构示意图

图 2.45 所示是这种情况的等价无黏流表达,这是比较简单的两激波系统,由起自无黏分离点的分离激波和起自无黏再附点的再附激波组成。如果马赫数足够大,两道激波相遇的交点更靠近壁面,形成Ⅵ类干扰,如图 2.45 所示。在激波极曲线图 2.46 上表示了两道激波 C_1 与 C_2 交点 T 的情况,交点 T 的解由以下部分组成:斜楔激波远离壁面的部分 C_3、压力相同的状态 3 和状态 6、物理平面上分割状态 3 和状态 6 的滑移线 Σ。极曲线 Γ_1 和 Γ_2 是各自独立的,所以在状态 2 和状态 6 之间必须形成中间状态 4。在图 2.44 所示的情况中,极曲线 Γ_2 位于 Γ_1 之上,下游的两个兼容状态 6 和 3 位于极曲线 Γ_1 和极曲线 Δ_1 的交点上,极曲线 Δ_1 代表从状态 4 开始的等熵膨胀过程,在这种情况下从三波点 T 生成一个中心膨胀波扇、且朝壁面方向延伸出去,在壁面上又会反射为一组新的膨胀波扇,这是最常见的情况。但在低超声速条件下(极限是马赫数 2 左右,参考 2.2.3 节),极曲线 Γ_2、Γ_1 的相对位置发生改变,在所关心的区域 Γ_2 位于 Γ_1 之下,这时流场的兼容匹配由第四道激波 C_4 完成,但这道激波很弱,C_4 从 T 点生成、朝壁面方向延伸出去。

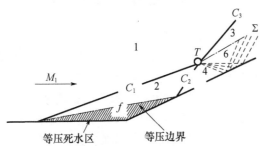

图 2.45 斜楔诱导分离的无黏模型流动结构示意图

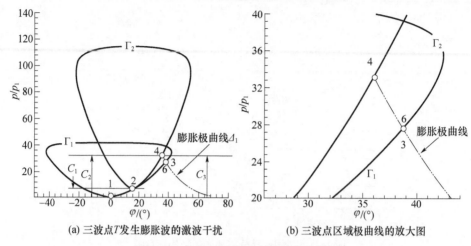

(a) 三波点T发生膨胀波的激波干扰　　(b) 三波点区域极曲线的放大图

图 2.46　与图 2.45 对应的激波极曲线图
($M_1=6, \varphi_1=16°, \varphi_2=36°$)

从边界层的角度看,无论是入射激波诱导的分离,还是斜楔诱导的分离,或者是一道正激波诱导的分离,都没有本质的区别。所有情况下,不管是什么原因提供的压升,边界层以相同的方式给予响应。如果总压升一致,在斜楔诱导与激波反射造成的分离流动中,壁面压力分布几乎也是相同的。图 2.47 所示是相同上游马赫数条件下的层流边界层计算结果,这些结果证明了上述结论。

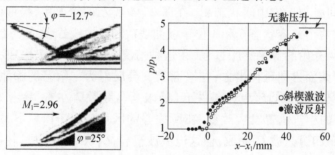

图 2.47　反射激波与斜楔诱导的湍流边界层分离 Navie–Stokes 方程求解结果[12]

如果总的气流转角相同,则斜楔绕流与激波反射干扰造成的壁面压力分布也是相似的。在本例中,斜楔绕流的气流偏折角是 25°,激波反射造成的气流转折角是 $2\times12.27°$(即总转折角为 24.54°),观察到相似的跨声速干扰,壁面压力分布和边界层特性都是相似的。从边界层的角度看,仅仅是遭遇了一个强逆压梯度,该逆压梯度诱发了分离;之后是否会发生再附,取决于干扰下游的流动情况,例如在过膨胀喷管中多数情况下不会发生再附。所以在研究具体特性时,需依据分离的过程,而不是分离流的宏观结构,分离流的宏观结果是与整个外流场耦合的结果。在依据不同标准的多种分类中,从某些方面看,激波诱导的分离可以看作超声速或跨声速条件下边界层分离的可压缩情况,激波仅仅是次要的外来因素,但造成某种具体现象和流场结构差别的还是与边界层干扰的激波结构,这是需要特别注意的。

2.6.3 正激波诱导的分离(跨声速分离)

图 2.48 所示的纹影照片是内流中激波诱导分离的跨声速干扰流场,流场的特征包括一道近正激波、分离引发的斜激波、起自分离点的剪切层以及延伸到干扰远下游区域的湍流涡的发展。图 2.49 给出的是相应的流场结构,在分离激波 C_1 之后是一个超声速区,该超声速区的末端是一道近正激波 C_2,与前例不同的是,无法将激波与再附相联系;流场中的确存在两道激波的相遇、且由交点处生成滑移线 Σ。对于外部超声速流来说,分离区的上游部分像一个黏性斜楔,因而诱导出一道斜激波,波后仍是超声速流动。斜激波 C_1 与引发分离的正激波 C_3 相交于 T 点,形成类似于 VI 类 Ed-

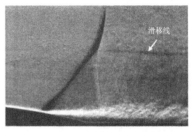

图 2.48 分离型跨声速干扰纹影显示照片

ney 激波干扰的流动结构。在图 2.50 所示的激波极曲线上表达了 T 点的情况,T 点下游的兼容匹配条件要求形成"结尾"激波 C_2,在激波极曲线上由始于状态 2 的 Γ_2 表达,兼容状态 3 和 4 由滑移线 Σ 隔开。在跨声速条件下,即上游马赫数为 $M_0 = 1.4 \sim 1.5$ 时,C_1 下游的流动是弱超声速($M_2 = 1.2 \sim 1.1$),激波 C_2 满足斜激波方程的强解,但激波强度非常弱。在 C_2 的下游,流动可以是亚声速的,也可能是马赫数接近 1 的超声速流动(有时被称为"超声速舌"),虽然在该区域常会观察到小激波现象,但其中的压缩是近似等熵的,流动光滑过渡到亚声速。激波 C_2 后的超声速区尺寸取决于当地和下游边界条件。这种跨声速激波诱导分离的典型激波系结构称为"λ"激波结构。等压分离区下游部分的形状更容易推测,因为再附过程取决于与外流的耦合作用,而外流以亚声速为主。

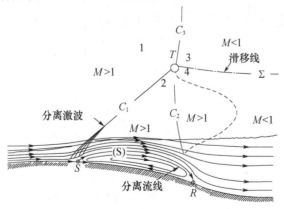

图 2.49 正激波干扰流场结构示意图

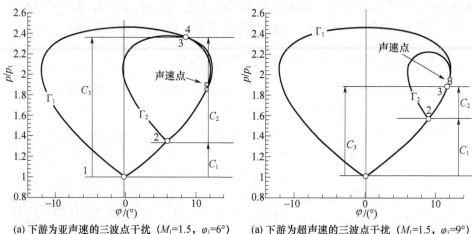

(a) 下游为亚声速的三波点干扰 (M_1=1.5, φ_1=6°)　　(a) 下游为超声速的三波点干扰 (M_1=1.5, φ_1=9°)

图2.50　跨声速分离诱导的激波—激波干扰极曲线图("λ"激波结构)

在内流中也遇到强正激波干扰,如在进气道和导弹/空间运载器的过膨胀喷管内。图2.51所示是一个平面超声速喷管中过膨胀流动的纹影流动显示照片,纹影照片的曝光时间极短。由于一些尚不能完全理解的原因,虽然几何结构是对称的,但分离流呈现非对称结构(这里不讨论这个问题),照片中上壁面的分离比下壁面发生得早,每个壁面上的分离都是超声速性质的,干扰区的初始马赫数接近1.6。本例中两道斜分离激波相交产生奇异激波干扰结构,即马赫反射。上壁面较大的分离区导致一个较大的"λ"激波结构,结尾激波 C_3 后的流动仍保持超声速(图2.52);下壁面的分离区较小,产生一个较小的"λ"激波结构。分离激波 C_1 与 C_2 相交产生Ⅱ类干扰,生成一个马赫反射,马赫盘是两个三波点 T_1、T_2 之间的一道近正激波 C_5;从 T_1、T_2 产生滑移线 Σ_1 与 Σ_2,在两个超声速流层之间包围出一个亚声速流层,由于附近超声速区流动条件的存在,该亚声速流层加速,直到在喉道处

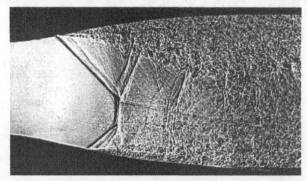

图2.51　平面超声速喷管中的非对称激波诱导分离纹影照片
(纹影照相采用极短曝光时间,ONERA 文献)

(最小面积处)达到声速,之后该流层的横截面增大,流动以超声速继续膨胀。激波 C_3 穿透到分离的剪切层内,反射出一组膨胀波,该膨胀波系又由滑移线Σ_1反射为一组压缩波(压缩波可汇聚为一道波),这些波系再被接近等压的分离区反射为膨胀波。这个过程在一段距离内反复出现若干次。在接近下壁面处也观察到类似现象。以上实例表明,由于流动被限制,分离区与无黏流动区域的耦合作用产生复杂的流动结构。超声速扩压器、压气机叶栅以及推进喷管中都存在这种类型的管内流动。

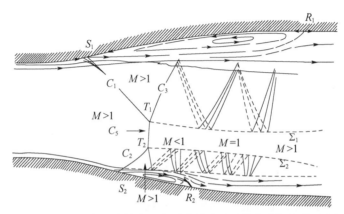

图 2.52　平面超声速喷管中的非对称激波诱导分离流场结构示意图

2.7　超声速流中的分离与自由干扰过程

2.7.1　自由干扰理论

超声速分离是当地自诱导的边界层与无黏外流之间的自由干扰过程,Stewartson 与 Williams[8]在 1968 年发表了一个精妙理论,称为"渐近展开技术"(asymptotic expansion technique)。在 20 世纪 50 年代,Chapman[13]用一个简化的分析描述了干扰流动,这一事件值得纪念,因为该工作对于理解超声速流分离的物理机制产生了重要作用。该分析所使用的第一个方程是边界层动量方程:

$$\rho u \frac{\partial u}{\partial x} + \rho v \frac{\partial u}{\partial y} = -\frac{\mathrm{d} p}{\mathrm{d} x} + \frac{\partial \tau}{\partial y} \tag{2.22}$$

式中:u 和 v 分别为 x 方向和 y 方向的速度分量;x 和 y 分别为流向和法向坐标;p 为压力,τ 为剪切应力(包括湍流应力贡献)。

式(2.22)应用于壁面($y=u=v=0$),可给出以下流向压力梯度和法向剪切力梯度之间的准确关系:

$$\frac{\mathrm{d} p}{\mathrm{d} x} = \left(\frac{\partial \tau}{\partial y}\right)_w \tag{2.23}$$

从干扰起始点 x_0 沿 x 方向对式(2.23)进行积分,得

$$p(x) - p(x_0) = \int_{x_0}^{x} \left(\frac{\partial \tau}{\partial y}\right)_w \mathrm{d}x \tag{2.24}$$

为使各物理变量成为无量纲量,引入以下标度量:
(1) 动压 q_0 为压力的无量纲标度量;
(2) 在干扰起始点的壁面剪切应力 $\tau_{w,0}$ 为剪切应力的无量纲标度量;
(3) x_0 处的边界层位移厚度 δ_0^* 为纵坐标的无量纲标度量;
(4) 干扰流向范围的典型长度 L 为横坐标的无量纲标度量。

经无量纲变换产生以下变量:

$$\bar{\tau} = \frac{\tau}{\tau_{w,0}}, \quad \bar{y} = \frac{y}{\delta_0^*}, \quad \bar{x} = \frac{x - x_0}{L} \tag{2.25}$$

引入 x_0 处的摩擦力系数

$$C_{f,0} = \frac{\tau_{w,0}}{q_0} \tag{2.26}$$

定义无量纲函数

$$f_1(\bar{x}) = \int_{\bar{x}_0}^{\bar{x}} \left(\frac{\partial \bar{\tau}}{\partial \bar{y}}\right)_w \mathrm{d}\bar{x} \tag{2.27}$$

于是获得表达边界层对压力响应的第一个方程:

$$\frac{p(\bar{x}) - p(\bar{x}_0)}{q_0} = C_{f,0} \frac{L}{\delta_0^*} f_1(\bar{x}) \tag{2.28}$$

第二个方程,是联系边界层增厚与附近无黏流压力变化的方程,由超声速简单波结构的压力和流动方向关系获得:

$$\frac{\sqrt{M^2-1}}{\gamma M^2} \frac{\mathrm{d}p}{p} - \mathrm{d}\varphi = 0 \tag{2.29}$$

其线性化形式为

$$\frac{\sqrt{M_0^2-1}}{\gamma M_0^2} \frac{\Delta p}{p_0} = \Delta\varphi \tag{2.30}$$

根据排挤概念确定流动方向,即外部无黏流流线沿着有效壁面流动,而有效壁面为固体壁面形状加上边界层位移厚度,于是得到

$$\Delta\varphi = \varphi = \arctan\left(\frac{\mathrm{d}\delta^*}{\mathrm{d}x}\right) \cong \frac{\mathrm{d}\delta^*}{\mathrm{d}x} \tag{2.31}$$

引入无量纲量,获得无量纲函数

$$f_2(\bar{x}) = \frac{\mathrm{d}\bar{\delta}^*}{\mathrm{d}\bar{x}} \tag{2.32}$$

简单变换后得到第二个独立的方程

$$\frac{p(\bar{x}) - p(\bar{x}_0)}{q_0} = \frac{2}{\sqrt{M_0^2-1}} \frac{\delta_0^*}{L} f_2(\bar{x}) \tag{2.33}$$

引入关系式

$$F(\bar{x}) = \sqrt{f_1(\bar{x})f_2(\bar{x})} \tag{2.34}$$

将方程(2.28)与方程(2.33)相乘,得到表达干扰过程压升的关系式

$$\frac{p-p_0}{q_0} = F(\bar{x})\sqrt{\frac{2C_{f,0}}{(M_0^2-1)^{1/2}}} \tag{2.35}$$

无量纲函数 $F(\bar{x})$ 表明,初始的压升很陡峭(从干扰起始点到分离点,见图 2.53),随后是一个比较缓慢的攀升,最后渐近地达到等压分离区所对应的压力平台值。

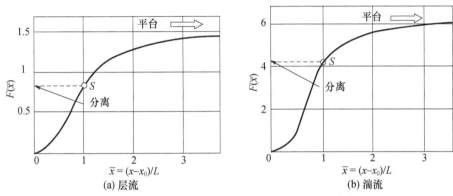

图 2.53 自由干扰理论表达的分离过程压升关系

自由干扰理论得到了实验的验证,不同条件下的分离点压升分别由层流和湍流两个函数关联(图 2.53),表 2.1 给出了分离点的 $F(\bar{x})$ 值和分离区下游的平台值。

表 2.1 层流与湍流分离点与平台区的 $F(x)$ 值

	分离点 $F(\bar{x})$	平台 $F(\bar{x})$
层流	0.8	1.5
湍流	4.2	6

可以看到,湍流的 $F(\bar{x})$ 比层流大得多,说明层流特别容易分离。这个分析建立了一个概念,即边界层的压升遵循以下方式:

$$\frac{p-p_0}{q_0} \propto (C_{f,0})^{1/2}(M_0^2-1)^{-1/4} \tag{2.36}$$

在高超声速流动中,$(M_0^2-1)^{-1/4} \approx M_0^{-1/2}$,又由于 $q_0 = \frac{\gamma}{2}p_0M_0^2$,所以得到

$$\frac{p-p_0}{p_0} \propto (C_{f,0})^{1/2}M_0^{3/2} \tag{2.37}$$

常采用流向长度 $L = x_s - x_0$(即干扰起始点到分离点的距离),用式(2.28)除

以式(2.33),且分离点位置处 $\bar{x}=1$,则有

$$1 = \frac{C_{f,0}\sqrt{M_0^2-1}}{2} \frac{L^2}{(\delta_0^*)^2} \frac{f_1(1)}{f_2(1)} \qquad (2.38)$$

由此,获得干扰长度 L 的关系式

$$L \propto \delta_0^* (C_{f,0})^{-1/2}(M_0^2-1)^{-1/4} \qquad (2.39)$$

式(2.39)提示,分离点的压升 Δp_S 和干扰初始部分的长度只与干扰起始点的流动参数有关,而与下游条件无关,特别是与激波强度无关。在干扰的初始部分,流动是当地边界层与相邻无黏流相互影响的结果,或者说是耦合的结果,而不是干扰进一步发展的结果,所以这种现象被称为"自由干扰"或者"自由分离过程"。这个重要的结论被实验所验证,能够解释许多激波诱导分离的干扰特征。

干扰的一个主要结果是将激波造成的压升 Δp_T 分解为分离点与激波 C_1 相关的初始压缩的压升 Δp_S 和再附点的第二次压缩压升 Δp_R,总压升为两者之和 $\Delta p_S + \Delta p_R = \Delta p_T$(图2.54)。分离区范围取决于始于分离点 S 的剪切层抵抗再附压升的能力,这种能力与再附过程开始时气流携带的动量呈函数关系。在这个分析中,分离压升与下游条件无关,所以,如果边界层承受的总压升(或者入射激波的强度)增加,则要求在再附点产生更大的压升,只有使分离流线上的最大速度 $(U_S)_{max}$ 增加才能达到这个目的,

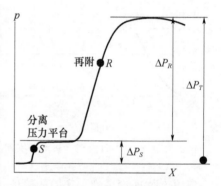

图2.54 干扰压缩过程中划分的分离和再附两部分压升

于是需要增加剪切层长度,进而能够从外流输运更多的动量进来。于是,分离区长度随再附压升的增大而增大,分离点也向上游方向移动。

由于随雷诺数的增加,黏性力的相对重要性减小,所以自由干扰理论预测,随着雷诺数的增加,干扰范围增大、总压升减小。无论是层流还是湍流情况,结果都是在较低雷诺数时需要更强的激波(与高雷诺数相比),才能使边界层分离。实验证实,无论层流还是湍流情况,只要雷诺数 $Re_\delta < 10^5$,上述结论成立。超过这个界限,趋势相反,雷诺数增加时干扰区收缩,湍流边界层抵抗分离的能力更强。这一矛盾不难理解,回忆一下干扰过程,边界层行为是惯性力和黏性力共同作用的结果(参考2.4.2节),自由干扰理论更重视黏性力,因为黏性力只涉及壁面摩擦系数。很显然,在层流中或者在低雷诺数湍流情况下,黏性力起主导作用;而在高雷诺数时,在与激波的干扰过程中,边界层完成的动量传输成为主控因素,且随雷诺数的增大,边界层剖面变得更饱满,所以边界层抵抗激波阻滞作用的能力增强。

2.7.2 入射激波诱导的湍流分离

因为应用的需要,确定激波诱导分离的起始点的工作受到特别的重视,也就是说,掌握无分离边界层所能承受的最大激波强度非常重要。表达这个极限最常用的方法是两个变量的组合,即斜楔角(或总压升相同条件下的激波反射等价偏折角)和雷诺数,需要对应每个上游马赫数 M_0 做出不同的曲线,因为当雷诺数不变时,随马赫数的增加,分离所需激波强度也增大(Délery 和 Marvin[14])。当上游马赫数不变时,使湍流边界层分离的激波强度先是随雷诺数的增加而减小,到 $Re_\delta \approx 10^5$ 时,趋势反转,分离时的激波强度随雷诺数的增加而增大,但两者的依赖关系变得很弱(近乎不存在依赖关系)。

有若干准则可以预测超声速气流中激波诱导的初始分离,广泛使用的是以下3个:

(1) 从自由干扰理论推导出的准则,表述为分离后压力 p_1 与上游参数之间的关系:

$$\frac{p_1}{p_0} = 1 + 6\frac{\gamma}{2}M_0^2 \sqrt{\frac{2C_{f,0}}{(M_0^2-1)^{1/2}}} \qquad (2.40)$$

该方法将雷诺数影响考虑为摩擦力系数的作用。

(2) Zhukoski 提出的标准[15](该方法中未考虑雷诺数的影响):

$$\frac{p_1}{p_0} = 1 + 0.5M_0 \qquad (2.41)$$

(3) 针对火箭发动机喷管中的气流分离,使用最多的是 Schmucker[16] 准则:

$$\frac{p_1}{p_0} = (1.88M_0 - 1)^{0.64} \qquad (2.42)$$

对跨声速干扰应给予特别的关注,因为正激波诱导分离的极限条件对于机翼设计、理解不稳定现象机制(如颤振、进气道喘振)都非常重要(参考 2.11 节)。湍流的初始分离发生在激波上游马赫数接近 1.3 时,与边界层的不可压形状因子 H_i 几乎没有关系,这似乎与以前的讨论相悖。实际上,由于较高的 H_i 使干扰区扩展,因而逆压梯度减弱,分离延迟;而 H_i 较小时,压力梯度是比较强的。这两个相反的趋势相互影响和抵抗,产生的结果是,激波诱导初始分离的条件实际上只与上游马赫数有关。

2.8 激波与转捩边界层的干扰

高高度飞行的高超声速飞行器,因环境密度很低,在高马赫数与低雷诺数综合作用下,遇到的完全是层流边界层与激波的干扰。但再入时,随着高度的降低,雷诺数将增加,到一定程度,流动就可发生转捩,当然转捩首先出现在远下游处,并逐渐向激波—边界层干扰区靠近。也存在其他实际情况,雷诺数刚好使转捩发生在激波—边界层干扰区内的某处(如压气机叶栅上或者在层流机翼上)。

转捩与激波边界层干扰是复杂的两方面问题。一方面,激波扮演着扰动触发者的角色,使边界层提前发生转捩,如果没有激波的触发,转捩应该发生在激波入射点远下游的位置上;另一方面,当转捩发生在干扰区内时,不稳定性的发展(有向湍流转变的趋势)使流层间动量交换增加,因而对干扰流场结构产生极大影响。虽然具有重要的实际应用意义,但激波与转捩的干扰是非常棘手的问题,远未得到全面解释,对这种干扰现象的理解大多数基于实验证据。

为描述转捩流动如何随雷诺数增加而逐渐发展变化的问题,首先研究激波在完全层流边界层中的反射情况,这时边界层转捩发生在干扰区远下游,见图 2.55(a)。随着雷诺数的增加,或者随着激波强度的增大,转捩逐渐向上游移动,直到进入干扰区,更准确地说,移动到再附点附近,见图 2.55(b)。同时,因为入流边界层还是层流,在高雷诺数时对分离的抵抗能力很弱(参考 2.7.1 节),分离区的范围也增大。随着转捩继续向上游推进,进入到激波入射点附近,流动能够容忍更陡的再附压升。转捩向上游的移动获得双重效果:①再附区的流向尺度收缩,相应的压升被放大,伴随着压力梯度的增大;②分离区的总长度增大。

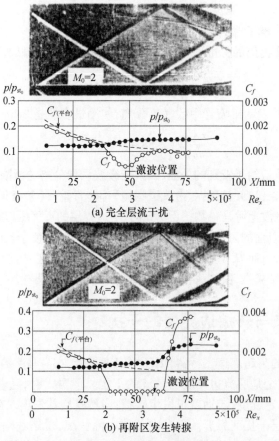

图 2.55 反射激波引起的转捩干扰(Hakkinen 等[17])

图 2.56 表示出了这种变化过程,其中的反射激波强度不变,给出了雷诺数增加的影响。从完全层流干扰(图 2.56(a))开始,雷诺数 Re_L 增加引起转捩向上游移动,直到转捩到达再附区(图 2.56(b)),峰值压力和峰值热流显著高于完全层流干扰,同时也看到随雷诺数变化关系的反转以及分离区随雷诺数 Re_L 增加而减小的情况。转捩首先在再附区停留下来,直到 Re_L 继续增大到达某个极限,超过该极限之后,转捩突然向分离区运动,见图 2.56(d)。随着雷诺数进一步增大,转捩出现在干扰区上游,严重影响了流动的结构,见图 2.56(e),比如,激波强度不再足以使边界层分离,分离区可能会消失。在干扰区存在转捩的流动阶段,如果在高超声速流动中,再附区的峰值热流可以高于完全湍流的情况(图 2.56(c)),在平板边界层转捩中也观察到这种"过冲"现象。"过冲"是因为存在大范围的"有序"结构(well-organized structures),是湍流建立之前输运机制得到强化的一种流动状态。之后,当湍流建立时,这种流动结构会破碎为较小尺度的涡。所观察到的"层流高超声速干扰",实际上大多数是转捩状态的干扰,因为分离剪切层对于扰动的极端敏感性,在整个干扰区维持层流状态是非常困难的。转捩制造了一种混合型干扰,其中的"分离"具有层流的特征(即热流降低),而"再附"则呈现出湍流的特征(即具有更高的压力峰值和热流峰值)。

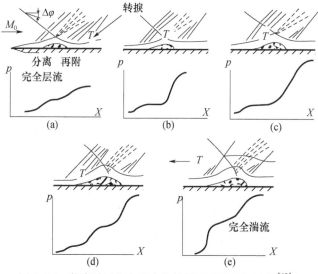

图 2.56 激波诱导分离流中的转捩区移动(Gadd 等[18])

2.9 高超声速干扰的独特特征

2.9.1 激波系与流场结构

尽管第 6 章将详细讨论高超声速激波—边界层干扰问题,这里还是简要介绍

一下这种干扰的一般物理特性。高超声速的典型特征是气流焓值很高,高焓条件对激波—边界层干扰在3个方面产生直接重要的影响:

(1) 当壁面温度远远低于外流滞止温度时,即冷壁条件,对干扰特性有很大影响;

(2) 换热过程呈现出特别的重要性,尤其在分离流条件下,再附剪切层撞击壁面,会引起非常高的热流;

(3) 激波对气流的强烈加热导致真实气体效应,该效应使流体(最常见的是空气)的热力学特性和输运特性发生变化,这种变化对干扰产生影响。

前面我们已经看到,如果入流边界层是湍流,声速点会很靠近壁面;如果入流马赫数增加,声速点更向壁面靠近。所以在高超声速条件下,边界层的亚声速流层非常薄(参考图2.16),因而任何扰动引起的上游传播距离都非常短。在分离和再附点附近,流动偏折形成的压缩波很快就汇合为激波,该汇合过程位于边界层深处,看上去激波似乎起源于壁面。由于这些波与流线的夹角非常小,激波结构的大部分可能被埋在边界层内,如图2.57所示。分离激波与再附激波的干扰往往产生Ⅵ类激波干扰结构(参考2.6.2节),从三波点 T 生成中心膨胀扇,该膨胀扇在壁面附近存在的证据是再附点压升之后压力急剧下降。图2.58所示是斜楔绕流干扰流场的壁面压力分布,图中给出了壁面压力分布随斜楔角的变化。Ⅵ类激波干扰还可能生成一个高速流体射流,射流沿壁面方向流动,因而会导致再附点下游热流的增加。

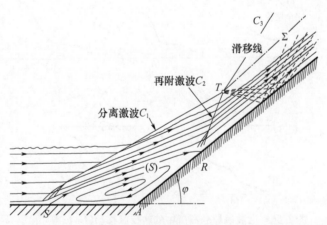

图2.57 高马赫数时斜楔诱导分离的流动结构示意图

图2.58所示的壁面压力分布也表示出了2.7.1节解释的流动行为,当斜楔角足够大,能够诱发分离时,分离处的压升被认为与该角度不再相关,当斜楔角的增加导致激波强度增加时,产生的影响是使分离点向上游方向移动,同时,再附点压升增大,以获得斜楔偏折角所要求的压力水平(需经过一个"过冲",前面解释过,见2.8节)。

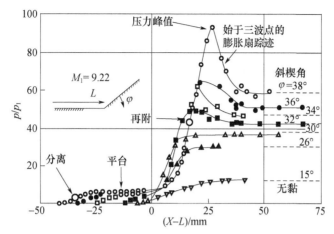

图 2.58　高超声速斜楔绕流的壁面压力分布随斜楔角的变化（Elfstrom[19]）

2.9.2　壁面温度影响

高马赫数层流斜楔诱导干扰的实验表明，与绝热壁相比，壁面冷却（$T_w/T_r < 1$）使干扰区收缩，见图 2.59（Lewis 等[20]）。在湍流干扰实验中观察到相同趋势，壁面冷却使分离距离或上游干扰长度减小（Spaid 及 Frishett[21]）。在热壁（$T_w/T_r > 1$）上的激波-边界层干扰结果很少见，因为这种情况很少遇到（但高超声速飞行器在低高度飞行时，会将再入早期轨道高速飞行时储存的热量释放出来，就可能发生这种情况），结果表明壁面加热导致干扰区长度增加，证实了与冷壁结果相反的结论（Délery[22]）。关于 L_s/δ_0 随壁面温度降低而减小（或者随壁面温度的增加而增大）的事实，还没有一个统一的解释，但这一趋势却与自由干扰理论相符（参考 2.7.1 节），因为壁面温度降低使壁面摩擦力系数增加、边界层位移厚度减小（边界层密度增大），所以 L_s 会减小。不过，观察到的随壁面温度的变化关系超出了自由干扰理论的预测能力。干扰区的收缩还是边界层亚声速流层变薄的结果（参考图 2.16），因为声速降低，边界层内层部分的马赫数增大。对于加热壁面结果的解释是相反的，声速增加、边界层内层部分的马赫数减小。

壁面温度还通过对入流边界层状态（层流或湍流）的影响，而对干扰产生更复杂微妙的影响。从斜楔绕流实验获得

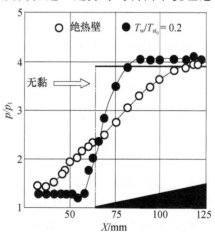

图 2.59　壁面温度对层流高马赫数干扰的影响（Lewis 等[20]）

的壁面压力分布表明,与绝热壁相比,模型冷却时分离区范围扩大、在斜楔起点远上游就出现压力平台(Délery 与 Coët[23]),同时斜楔上的压缩范围扩大。乍看上去,这些趋势似乎与前面的结论相悖,实际上应该归因于转捩,这时,在干扰区内发生了从层流到湍流的转捩。由于壁面冷却有使转捩延迟的趋势,在冷壁模型上发展起来的边界层更偏"层流"性质(与绝热壁相比)。所以,在转捩流动中,当边界层被冷却时,分离区更大。

2.9.3 高超声速干扰中的壁面热流

高超声速干扰的突出特点是干扰区内的高热流,特别是在发生分离的情况下[24],这一问题对于确定这类干扰所在飞行器局部的热防护层尺寸极其关键,所以得到大量研究,包括对层流和湍流的研究。

图 2.60 所示是两个压缩楔在马赫数为 9.22 时的湍流干扰纹影照片。图 2.60(b) 所示是分离流动,清楚地显示了从分离区上边缘发展起来的剪切层如何以很陡的角度撞击到斜楔面上。再附区附近的热流特别强,热流的剧烈增加与来自分离点的剪切层在 R 点的速度滞止有关(参考图 2.57)。在某些方面,R 点的情况类似于头部滞止,不同的是,这里不是靠一道正激波压缩气流,而是靠分离点和再附点的一系列斜激波压缩气流,所以平均的滞止压力比头部滞止高很多,平均滞止温度与外流一致,换热过程非常高效,造成比较高的热流。

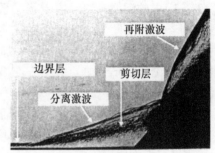

(a) 无分离的干扰　　　　　　　　(b) 有分离的干扰

图 2.60　马赫数为 9.22 的斜楔湍流流动阴影照片(Elfstrom[19])

描述壁面加热最常使用的无量纲参数是 Stanton 数:

$$St = \frac{\dot{q}_w}{\rho_\infty U_\infty (h_{st,\infty} - h_w)} \tag{2.43}$$

式中:$\dot{q}_w$ 为壁面热流(W/m^2);ρ_∞、U_∞ 分别为上游流动的密度和速度;$h_{st,\infty}$ 为上游滞止焓;h_w 为壁面处的气流焓值。

图 2.61(a) 所示是一个层流干扰的热流分布,是二维斜楔诱导分离的 $M_\infty = 10$ 测量结果,以模型尖前缘到斜楔尖点的距离 L 计算的雷诺数为 $Re_L = 2.3 \times 10^6$,用半对数曲线是为了强调干扰起始部分的现象。在圆柱上游部分热流缓慢下降,与

高超声速强/弱黏性干扰理论一致(Hayes 及 Probstein[25]);从分离起始点位置开始热流快速下降,这是层流中激波诱导分离的典型现象,热流在分离区经历一个最小值,随后在再附过程中增大,在再附点下游达到峰值。

图 2.61(b)所示是斜楔湍流干扰流动的结果,条件是 $M_\infty=5$、$Re_L=10^7$。热流最开始是增长的,随后,在干扰区上游,入流边界层发生了从层流到湍流的转捩,因而热流缓慢衰减;热流的第二次剧烈增加发生在分离位置,这个现象与层流中观察到的不同,是典型的激波诱导湍流分离的特征,这个现象可以用分离点附近及其下游区域湍流度的放大来解释;从该点往后,流动"离开"壁面,发展出大涡结构,增强了壁面区域与外部高焓流动的交流,导致换热率增大;再向下游,热流在再附过程中急剧增大,并且在再附点下游达到峰值。

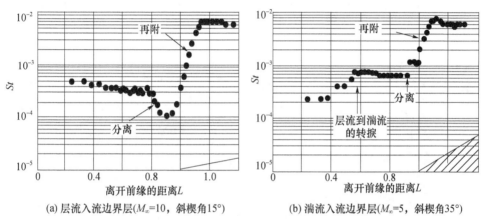

(a) 层流入流边界层(M_∞=10,斜楔角15°)　　(b) 湍流入流边界层(M_∞=5,斜楔角35°)

图 2.61　斜楔干扰流动的壁面热流分布(Délery 与 Coët[23])

2.9.4　熵层效应

某些情况下,在干扰的上游(例如钝前缘物体,图 2.62)激波发生弯曲,当气体流经弯曲的激波时,外部无黏流是有旋的,且其中存在熵梯度。熵变区的存在,使区分边界层与外部无黏流发生困难,因为(前面讨论过)在快速干扰过程中,湍流边界层中的大部分像一个无黏有旋的流动。这时"三层"的分解方法就有问题了,实际上只存在两个流层。

为减小附着区的热流,大多数高超声速飞行器都是钝头的,控制面、机翼前缘也被钝化,在这些钝化部件的前方形成脱体激波,产生一个包覆飞行器的熵增区,称为

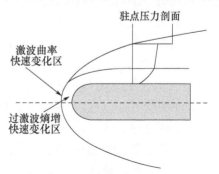

图 2.62　高马赫数流动中的熵层

"熵层",熵层呈无黏特性。在高马赫数流动中,因为激波脱体区的激波角变化非常快、气流经强激波后熵增很大,所以熵层特别显著,对下游的激波—边界层干扰产生严重影响。图 2.63 所示是马赫数为 10 斜楔诱导干扰的壁面压力系数和斯坦顿数(St)分布测量结果,所选择的滞止条件令边界层在干扰起始点保持层流。壁面压力分布受到斜楔上游平板前缘钝度的严重影响,与尖前缘情况相比,由于马赫数减小,平板前半部分的压力升高,而斜楔上的压力水平则降低。前缘钝化时,再附点处的峰值热流减小为尖前缘热流的 1/10,分离区尺寸缩小,分离区起点(热流明显下降处)向下游移动。该熵层效应与前缘脱体激波后的总压损失有关,前缘钝化引起的滞止压力变化导致当地雷诺数下降,根据自由干扰理论(参考 2.7.1 节),流动对分离的抵抗能力增强,弥补了当地马赫数降低的负面影响。另外,雷诺数下降使气流可以在整个干扰区保持层流状态,而尖前缘时干扰区内存在转捩。

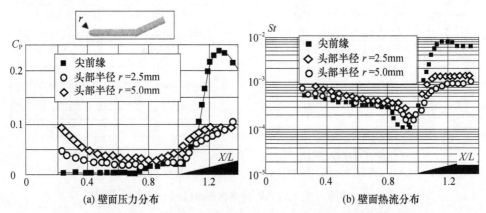

图 2.63　斜楔诱导分离流动中的熵层效应[26](马赫数为 10,斜楔角为 15°)

2.9.5　真实气体效应对激波—边界层干扰的影响

在高超声速,流经强激波后的空气中出现离解、化学反应和电离,所以飞行器上的气流呈现出真实气体效应。这些过程可以吸收或释放大量的热,使流体的热力学平衡发生改变。在激波管内或者爆炸产生的极强激波后也存在这种效应。在这种组分、物理特性都不同于无离解平衡态气体的气流中,激波—边界层干扰的流动结构也会不同,这时存在真实气体效应与黏性—无黏复杂干扰的耦合作用。如果将量热完全气体(即整个流场中比热比为常数的气体)作为比较的标准,真实气体效应体现在以下两个方面:

(1) 由于热力学性质不同,导致流动无黏部分的结构发生改变;

(2) 离解与化学反应影响输运特性(即黏性、热传导与扩散系数),导致流动的黏性部分发生改变。

所以在高焓条件下,非平衡振动激发、化学反应与电离通过改变激波角、入流边界层的剖面与厚度而影响分离区的尺寸。

与完全气体情况相比,真实气体对激波—边界层干扰影响的实验结果极少,由于需要高焓设备(世界上高焓设备少且运行费用高),组织基础实验非常困难。另外,也很难在这样的设备上进行参数化研究,因为使设备提供不同焓值时,也带来其他气流参数(即上游组分和热力学参数、马赫数与雷诺数)变化的问题。所以,用实验难以描绘真实气体效应本身对干扰影响的清晰图画。在很大程度上,信息来自于计算,但正如第7章所述,在高效CFD求解方法中计入这些影响非常困难,目前只能在完全层流干扰条件下以某种不确定度给出结果,但还是获得了一些结果。对于斜楔绕流干扰,假设离解空气处于化学平衡态,计算结果表明,真实气体影响因激波较弱,所以分离区变小,因温度下降导致热流降低[27]。对于入射—反射激波干扰,考虑化学非平衡效应,获得了空气的干扰结果。结果提示,在低雷诺数条件下,真实气体效应对干扰仅有很弱的影响[28],而且,只能假设当地比热比为常数,才能获得一定的计算精度。如果发生奇异反射(即发生马赫反射现象),这一假设无效,必须对相邻的无黏流动进行准确计算。而在高雷诺数条件下,化学反应将导致壁面压力和热流分布的显著变化,热流水平也增大。在无催化和催化壁面条件下产生的主要差别是可以预知的,因为在催化条件下,分离区内发生高能释放,将严重影响干扰结构,催化效应使分离泡扩张(类似于热壁上的分离区扩张),壁面热流剧烈增加。

2.10　三维干扰流动简介

2.10.1　三维流动分离

在二维流动中,分离流定义为存在分离泡,在分离泡内围绕一个公共点 D 形成系列封闭流线,其边界是分离流线(S),分离流线起于分离点 S、止于再附点 R。对于三维流动,这种描述是不恰当的,分离泡不再是图2.64(a)所示的封闭形状,而是图2.64(b)所示的开放形式,流线不再是封闭的曲线,而是围绕公共点 F 的螺旋形曲线,且于 F 点消失。在 F 点,流动从侧向逃逸。质量守恒(或拓扑连续)要求起于分离点的流线 S 与滞止于再附点 R 的流线 A 是不同的流线。在三维流中,边界层可以发展出横向速度剖面,如图2.65所示。在边界层内,速度矢量可以转向,从外部的流动方向转为在壁面上与"极限流线"(limit streamline)相切的方向。所以,流动在开始时可以是二维的(如,平板上发展起来的边界层),当遇到逆压梯度时,气流可以横向逃逸。壁面摩擦力也是矢量,一套壁面摩擦力矢量构成"壁面摩擦线"的轨迹场,可以证明,壁面摩擦线与壁面的极限流线是重合的。

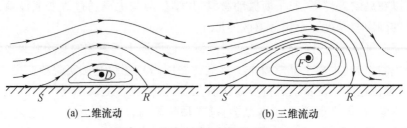

图 2.64　分离与分离流的简单概念图

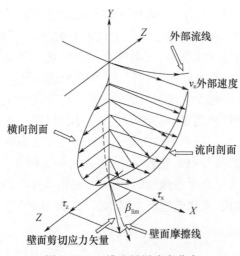

图 2.65　三维边界层速度分布

由于上述原因,有必要重新考虑三维物体绕流的分离定义,定义采用临界点理论(critical point theory,Legendre[29])。该理论研究的是物体上的壁面摩擦线(与当地摩擦力相切),更准确地说,是零壁面摩擦力点附近的壁面摩擦线特征。零摩擦力点称为"临界点",根据该点附近壁面摩擦线的行为特征,临界点可以是"结点"、"鞍点",或"焦点",见图 2.66。这些临界点有以下性质。

(1) 结点:所有的壁面摩擦线都通过结点(图 2.66(a)),根据流动的方向,可以是分离型结点或再附型结点。再附结点发生于物体壁面摩擦线的起点,分离结点位于这些摩擦线的终点。在一个结点上,除一条摩擦线外,所有壁面摩擦线共有一条切线。

(2) 等向结点:在"等向结点"上,壁面摩擦线的切线各不相同(图 2.66(b)),是轴对称型的再附结点或分离结点。

(3) 鞍点:只有两条壁面摩擦线穿越"鞍点"S,其他壁面摩擦线绕开 S 点,形成双曲线形状(图 2.66(c)),这些特殊的壁面摩擦线称为"分割线",根据附近流动的行为特征,可以是分离型或再附型。

（4）焦点：在"焦点"，所有壁面摩擦线形成螺旋式围绕，并且这些壁面摩擦线在焦点消失（图2.66(d)），焦点是"旋风涡"的壁面迹线，也是三维分离流的重要特征。

（5）中心点：如果流动是二维或轴对称的，焦点就演化为"中心点"（图2.66(e)）。

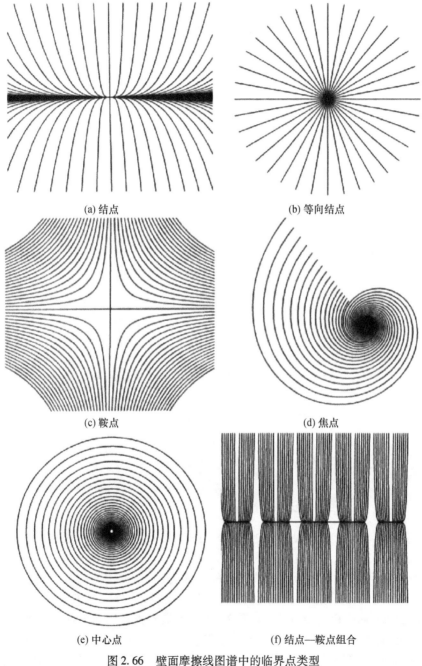

(a) 结点　　　　　　　　　(b) 等向结点

(c) 鞍点　　　　　　　　　(d) 焦点

(e) 中心点　　　　　　　　(f) 结点—鞍点组合

图2.66　壁面摩擦线图谱中的临界点类型

临界点理论还可用于速度场,是合理描述三维流动拓扑结构的有力工具。在这个理论框架内,如果壁面摩擦线图谱包含至少一个分离鞍点(即有一条分离线通过的鞍点),流动就是分离的。图2.67(a)所示是分离鞍点附近的流动情况,壁面摩擦线朝向鞍点汇聚,在这里壁面摩擦线分为两簇,沿"分离线"行进。越靠近分离线,壁面附近流线的抬升就越高,边界层最内层的流体向上流入外部区域。分离线是分离流面在壁面上的迹线,而分离流面是向上卷起并形成三维分离流典型涡结构的流面。在再附过程中,壁面摩擦线的方向相反,首先沿"再附线"行进,然后从鞍点离开(图2.67(b)),同时外部流动向壁面形成潜流。再附线是再附流面在壁面上的迹线。

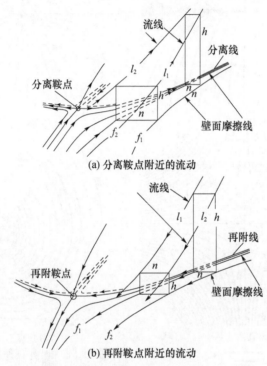

(a) 分离鞍点附近的流动

(b) 再附鞍点附近的流动

图2.67 分离与再附附近的流动特征(Délery[30])

2.10.2 三维干扰的拓扑结构

基本的三维激波—边界层干扰的实例包括后掠斜楔流动、有攻角的尖前缘支板、钝支板、后掠钝支板,如图2.68所示。

以垂直于壁面的钝支板在零攻角时的绕流为例,这种构型的绕流包含了三维激波诱导分离的大多数物理细节。在本例中,上游马赫数为1.97,平板上的边界层为湍流(Barberis和Molton[31])。图2.69所示是支板对称面所在垂直平面内的流动结构纹影照片和流动结构图,钝前缘促使边界层在支板远前方分离,在流场的无黏部分形成三维"λ"激波结构。可以在对称面上做出分离激波C_1、结尾激波C_2

和激波 C_3 的投影(图 2.69(b)),这些激波在三波点 T 相交,由该三波点生成一片剪切层,剪切层向支板方向流动并撞击到支板前缘。壁面流动显示(即壁面摩擦线图谱,见图 2.70)提供了干扰的拓扑结构信息,在物体前方出现分离鞍点 S_1,主分离线(S_1)通过该点,将始于上游的壁面摩擦线与始于再附结点 N_1 的(位于 S_1 之后)摩擦线分割开;在 S_1 下游形成第二个鞍点 S_2,产生第二条分离线(S_2),由于拓扑结构的原因,再附线 A_1 起始于结点 N_1,将流向(S_1)的壁面摩擦线与流向(S_2)的壁面摩擦线分割开;第三条分离线(S_3)位于靠近支板处。图 2.71 所示是对称面上的流动拓扑结构(为清楚起见,垂直方向的尺度被放大很多倍),外部流动的主分离线(S_1)起始于分离点 S_1,围绕焦点 F_1 形成螺旋式环绕;再附线 A_1 止于壁面半鞍点(与结点 N_1 重合),介于(S_1)与 A_1 之间的流动消失于焦点 F_1。在分离线(S_2)和(S_3)附近存在两个类似的拓扑结构。三个焦点 F_1、F_2 和 F_3 是环绕物体发展的三个马蹄涡(图 2.71(b))在该对称面上的踪迹,这些涡以螺旋型分离流面Σ_1、Σ_2 和 Σ_3 为标记,物面上的三条分离线分别与这些螺旋型分离流面相关。在垂直于(S_1)的各平面内,流动的拓扑结构是相似的,区别在于,这些线是投影线,不是实际流线。

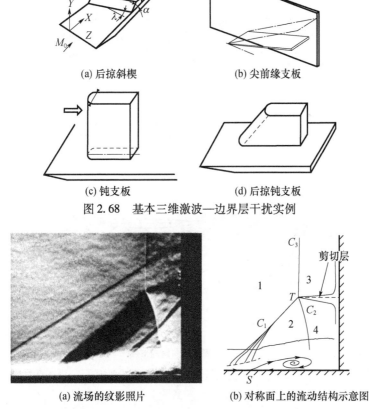

(a) 后掠斜楔   (b) 尖前缘支板

(c) 钝支板   (d) 后掠钝支板

图 2.68 基本三维激波—边界层干扰实例

(a) 流场的纹影照片   (b) 对称面上的流动结构示意图

图 2.69 马赫数为 1.97 时钝支板诱导的分离(Barberis and Molton[31])

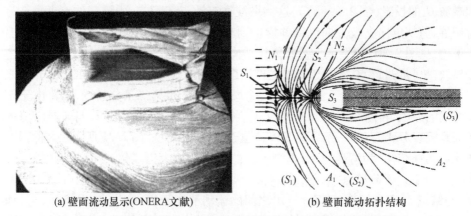

(a) 壁面流动显示(ONERA文献)　　(b) 壁面流动拓扑结构

图 2.70　马赫数为 1.97 时钝支板诱导分离的壁面流动拓扑结构

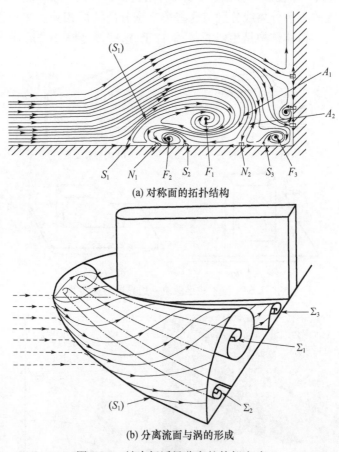

(a) 对称面的拓扑结构

(b) 分离流面与涡的形成

图 2.71　钝支板诱导分离的外部流动
拓扑结构(马赫数为 1.97)

2.10.3 再议二维干扰

在一般意义上,二维分离可以看作三维分离的特例,其分离线由无限多相同的鞍点—结点组合构成,如图 2.66(f)所示,分离点是二维流动所在平面与该线的交点。这种情况在三维流动中是不可能出现的,即使是二维几何体、上游均匀边界条件下也是不可能的。不论从宏观还是微观角度看,分离流总是三维结构。在平面二维管流中,壁面摩擦线图谱往往具有宏观的组织结构,如图 2.72 所示,在实验段的对称面上存在鞍点 S_1,分离线 (S) 通过该点,然后卷入焦点 F_1 与 F_2;再附线 A 通过再附鞍点 S_2,沿再附线 A 发生再附。如果实验段的宽度与入流边界层厚度的比值不够大,壁面流动图谱可以是高度三维的,如图 2.72 所示。对于轴对称构型,流动不太呈现三维效应,如果的确存在三维效应,应有周期性条件施加于流动结构上,流动结构中有限数量的临界点(结点或者鞍点)依次分布于再附线上(图 2.73),这种图谱可以理解为 Görtler 涡的壁面踪迹,而 Görtler 涡的起始位置不详。剪切层再附导致的凹形曲面效应会强化上述结果。如果用入流边界层厚度来衡量,这些"微观结构"对总体流动结构仅有微弱影响,所以,在实际情况下,呈现这些结构的流动不会太偏离理想的轴对称形式。但二维构型上的平面流动一般不会这样。

(a) 壁面流动显示（IMP-Gdansk文献）　　(b) 壁面摩擦线拓扑结构

图 2.72　名义二维流的宏观三维流动结构

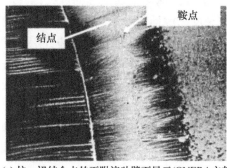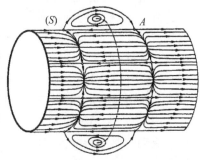

(a) 柱—裙结合点的再附流动壁面显示(ONERA文献)　(b) 分离—再附流动的壁面摩擦线拓扑结构

图 2.73　轴对称流动的三维流动结构

2.11 强干扰的不稳定性质

激波—边界层干扰的不稳定性质是被重点关心的问题,因为这种不稳定性可能对飞行器性能和结构造成危险。应该区分影响整个流场的大范围不稳定性和仅影响干扰区及其附近流动的小范围脉动,这些不稳定现象对于理解湍流干扰的物理实质是有意义的,因为它们与湍流边界层的脉动性质之间存在密切的关联。当流动不稳定性存在时,相当于干扰激波遭遇了变化的入流流动,这种遭遇相应地对不稳定流动产生反作用。于是引出与干扰有关的若干问题,湍流与被诱导的激波振荡之间的关系特征是什么?是否可能因为这种机制而影响从外流到湍流流层的能量交换、进而增强湍流度?如果是这样,没有计入这种机制的经典湍流模型是否还有效?必须回答这些问题,而且回答这些问题需要成熟的实验技术和先进的理论方法。

干扰区的脉动水平可以通过脉动压力测量或者用高速摄像机来探测,人们发现流动分离时脉动水平增大。以激波反射干扰为例,如果在马赫数 2.3 诱导了分离,从图 2.74 可以区分出 3 个区域。干扰远上游部分似乎是入流边界层湍流发生高频脉动的源头;随着分离泡的发展,在分离点生成剪切层,从剪切层脱落出大涡,脉动场逐渐被低频控制,这些涡的尺寸随分离区尺寸呈比例性

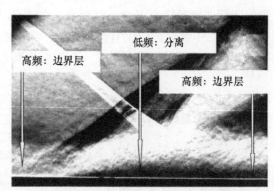

图 2.74 反射激波诱导分离的瞬时阴影照片
(入流马赫数为 2.3,入射激波偏折 8°,Dupont 等[32])

增长;当再附过程开始时,逐渐恢复为一个新的边界层结构,流场脉动的主控频率随之增加。分离泡(可能是不稳定的)的出现导致流场不稳定性的放大,通过 2.4 节解释过的机制,不稳定性向上游传播,这种反馈过程使整个流场的脉动水平普遍增大。在激波诱导分离中观察到这一现象,激波的运动范围与入流边界层厚度保持同等量级。此外,在激波根部形成大涡,大涡向下游流动、发射出压力波。在跨声速干扰中,压力波可以向上游传播,对激波面向下游的波面造成影响,用火花纹影照相可以显示出这些波(图 2.75)。这种激励造成激波振荡,激波振荡又促进大涡结构的生成,决定大涡结构发射出的压力波频率。这种耦合作用引起的反馈机制是跨声速流动的典型特征。在跨声速流动中,下游信息向上游传播的可能性大于高马赫数。

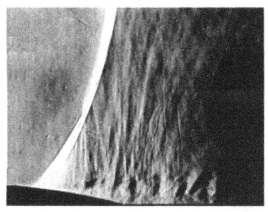

图 2.75 湍流涡发射压力波的跨声速干扰瞬时阴影照片

在某些条件下,上述机制可以被严重放大,这时整个流场受到大范围脉动过程的影响,而大范围脉动可以是周期性或非周期性的,取决于条件。这种流动现象在跨声速机翼上很常见,当正激波运动范围覆盖弦向很大部分时,分离泡反复出现和消失,造成跨声速机翼的颤振。图 2.76 描述的就是这种周期性不稳定性,图中是 Navier‐Stokes 方程的计算结果。在图 2.76(a)中,激波占据着下游位置,但正在向上游移动,由于激波速度与流动速度叠加,相对于激波的流动速度是增大的,如果相对速度的马赫数超过 1.3,就会发生分离(参考 2.7.2 节),由于机翼后部空气

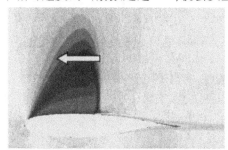

(a) 激波向上游运动并诱导分离

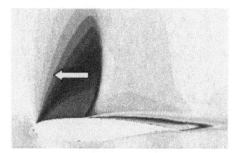

(b) 激波到达最上游位置

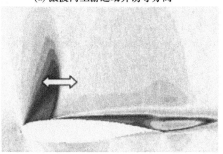

(c) 激波停止并开始向下游运动

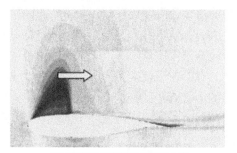

(d) 激波向下游移动不诱导分离

图 2.76 翼型跨声速颤振形成过程(Furlano 的 Navier‐Stokes 计算结果[33])

被压缩而形成一个大分离泡,该分离使有效气动倾角减小,激波继续向上游移动时强度变弱,直到激波停下来;在激波停下的同时分离泡达到最大(图2.76(c)),此后开始收缩;分离区的收缩使有效气动倾角增大,激波向下游移动,激波的相对强度减小,激波根部的分离被抑制(图2.76(d));当激波慢下来时,又发生分离,激波开始向上游移动时分离尺寸开始增加。

超声速进气道喘振也有类似的情形发生,这时的不稳定性是激波系的大范围周期性运动,激波诱导的分离是触发因素。实际上,进气道喘振有两个可能的原因:①激波诱导分离(称为Dailey模式);②外罩激波与压缩斜楔激波相交产生Ⅳ类干扰,干扰产生的滑移线被吞入(称为Ferri模式)。过膨胀喷管也受到非对称激波诱导分离和不稳定性的影响,这种不稳定性是启动过程中出现瞬时高侧向载荷的元凶。

旋转机械(如压气机、涡轮、直升机旋翼)中也出现大幅度振荡,是设备本身诱发了激波振荡,出现的一个重要问题是这种物体的运动与激波—边界层干扰振荡频率之间的耦合作用,包括与湍流振荡频率的相互作用。结构(如压气机叶片)的气动弹性响应中也发现类似的耦合机制,结构变形诱发激波位移,进而改变压力载荷,导致一种不收敛过程,或者称为颤振的过程。

2.12 激波—边界层干扰的控制

2.12.1 控制机制

由于通常难以回避气流中激波—边界层干扰的有害影响,在可压缩流体力学发展的初期,很快就出现了控制这种现象的想法,方法是在干扰过程出现之前或在干扰过程中,对流动进行适当"处置"(Regenscheit[34],Fageand Sargent[35])。控制技术的主要目标是防止激波诱导的分离,或者当激波在自然情况下发生不稳定现象时设法使激波稳定下来。激波对上游的影响、湍流边界层抵抗分离的能力主要取决于动量(参考2.4节),所以限制激波影响的一个方法就是在与激波发生干扰之前增加边界层的动量,采用适当的边界层处置技术可以实现这一目的。例如:

(1)质量注入(或边界层吹除),在激波起始点或入射点上游,通过一个或多个缝隙注入质量。

(2)在干扰区上游一个特定的边界层长度范围内,布置分布式抽吸,减小边界层的形状因子,制造一个更饱满的速度剖面。

(3)在干扰区内或略上游的位置,采用缝隙强抽吸方法,将边界层的低速部分除去。

(4)在激波上游使用涡流发生器,将动量从外部高速流输运到边界层内,从而加强边界层低速区的能量,增强边界层抵抗逆压梯度的能力。

(5) 在干扰附近或干扰区内,组织局部抽吸。

控制干扰的一个关键是确定分离线(S)上的气流速度,任何使之发生变化的措施都会影响干扰、改变剪切层的再附(参考 2.6 节)。如果通过壁面抽走部分流体,就会产生如图 2.77(b)所示的流动拓扑结构,在再附点驻止的流线(S_2)是更加远离壁面的流线,其速度$(U_S)_{max}$大于图 2.77(a)基本流场的$(U_S)_{max}$,因而提高了流动承受更大压缩的能力,干扰区也显著收缩。以低速实施流体注入方法时,如图 2.77(c)所示,由于流线(S_2)在速度剖面上位于比较低的位置,流线(S_2)上的气体速度也降低,其效果是使分离泡被拉长;如果注入的质量流量增加,会起到相反的作用,如果注入到分离区的流体超过一定阈值,剖面较低位置的速度增加,特别是$(U_S)_{max}$增大。

通过对发生干扰的壁面实施冷却,可以使干扰区收缩,因为在冷却的壁面上边界层抗分离能力增强(参考 2.3 节)。该控制技术对于使用低温燃料的飞行器(如高超声速飞机或空间运输器)应该是实用的。

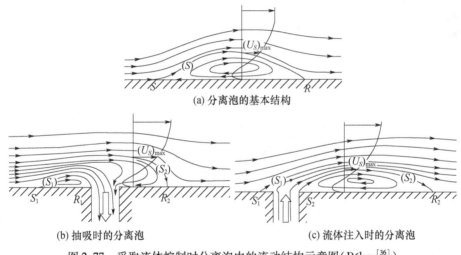

(a) 分离泡的基本结构

(b) 抽吸时的分离泡　　　　　　(c) 流体注入时的分离泡

图 2.77　采取流体控制时分离泡内的流动结构示意图(Délery[36])

2.12.2　控制技术简介

当考虑激波—边界层干扰控制时,必须明确目的。控制可用于防止分离和/或稳定管道(或喷管)中的激波,对于这一目的,边界层吹除、抽吸或壁面冷却是很奏效的。如果控制的目的是跨声速机翼减阻,情况就比较复杂,因为阻力是熵增的产物(参考 2.2.4 节),激波和边界层都产生熵增,激波产生波阻,边界层产生摩擦阻力。在内流(如进气道)中具有类似的问题,效率的损失也是过压缩激波系统和边界层后产生熵增的结果。

1. 主动控制

通过去除边界层的低能部分,上游传播机制被抑制,边界层增厚得到缓解,跨声速流动行为趋向于正激波的理想流体解,即正激波的范围向靠近壁面处扩展。所以任何给边界层增加能量的措施都能使激波增强,因为干扰引起的激波分叉范围减小。图2.78(a)和图2.78(b)所示是跨声速干扰有无缝隙抽吸控制措施的比较,用来说明该效应。图2.78(b)采用了抽吸控制,通过激波的熵增大,所以波阻变大;与之相反的是,由于下游边界层剖面变饱满,边界层内的动量损失减小。

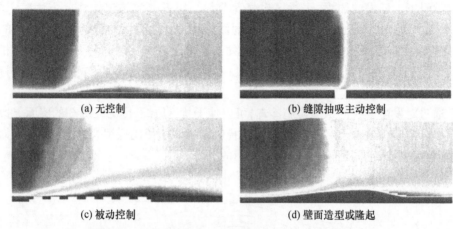

(a) 无控制　　　　　　　　(b) 缝隙抽吸主动控制

(c) 被动控制　　　　　　　(d) 壁面造型或隆起

图2.78　跨声速流的激波边界层控制(Stanewsky 等[37])

2. 被动控制

如2.6节所述,当发生分离时,干扰造成压缩过程的拆解、激波系的分叉,所以,因激波造成的波阻和效率损失降低;但分离的边界层内动量损失远大于附着流,所以分离引起阻力或总效率损失的增加。由于分离对减小波阻起了正面作用,可以设想将无分离干扰的一道强激波替换为分离流(或人造分离流)若干道弱激波的结构,以获得较低的波阻。被动控制方案就是这种概念的应用,试图在拆分激波系的同时尽量减小边界层厚度(理论上),以综合利用两者的优点。最常用的被动控制方法是用多孔平板封闭的凹槽替代部分壁面,多孔平板应位于干扰的激波区域内,通过凹槽形成一个自然的回流区(从干扰下游的高压部分向上游低压部分回流)。上游的"发汗"引起边界层位移厚度的增加,因而产生一道斜激波(之前记为 C_1),情况类似于自然激波诱导的分离(参考2.6.3节),这样就将一道强正激波替换为物面附近的两道斜激波,波阻因之降低;多孔平板的下游部分产生抽吸作用,限制了边界层增厚的负面影响。被动控制的效果见图2.78(c),跨声速激波的分叉弱化、边界层的增厚清晰可见。被动控制方法可以有效稳定激波,但从减阻的角度讲,其优越性尚被质疑。被动控制的概念可以改进,如在被动控制凹槽的下游增加抽吸缝,这种装置集合了被动控制能够降低波阻和抽吸方法摩擦损失比较小的优点。

3. 壁面造型

由于被动控制产生的摩擦阻力一般不可接受,同时流体抽吸需要使用一个能源,会抵消控制措施产生的经济效益,所以产生了利用当地壁面造型制造人工分离流结构的方法。如,用双楔形状的隆起,可以获得像激波反射干扰那样(参考2.6.1节)的黏性分离流动特性。在跨声速流中,在凸起型面的上游部分采用更平缓变化的曲面,可获得一个近乎等熵的压缩,由于在产生激波的位置处(图2.78(d))减小了正激波的强度,所以效率更高。这种方法在显著减阻的同时,对边界层只有轻微影响。

2.13 要点总结

由于在高速流中存在激波,激波—边界层干扰是不可避免的产物。激波在边界层的局部造成突然性压缩,边界层对这种压缩做出响应而形成干扰结构。激波—边界层干扰通常形成非均匀流,其中的黏性与惯性力起着错综复杂的综合作用,最严重的后果是激波造成的压力不连续性的传播,因而与无黏流相比,影响波及更上游的位置;当激波足够强、可以令边界层分离时,干扰对边界层发展、相邻的无黏流场结构都产生非常大的影响,形成含激波—激波干扰的复杂激波结构,干扰的性质取决于马赫数和主激波的生成方式(激波反射、斜楔或正激波)。在这些情况中,激波诱导分离最独特的特征可能不是边界层的行为,而是所产生的激波系结构(尽管激波结构是与干扰过程相关的二级现象)。边界层行为或多或少与其他常规分离相像,实际上与亚声速流中的分离特征相同,无论激波如何产生,都遵循用激波总压升强度描述的特定规律。这些干扰的一个显著特征是,激波对相邻无黏超声速流产生不可抗拒的影响,在内流中这种影响非常严重。尽管流动的基本拓扑结构相同,但层流与湍流干扰有明显不同的特性,原因是湍流边界层抵抗流动阻滞与分离的能力更强。高超声速主流的高焓条件,赋予高超声速干扰以独特的特征。

激波—边界层干扰的有害影响是造成流动的不稳定性,当激波足够强、诱发分离时,这种不稳定性的强度很大。当与湍流脉动和/或分离泡不稳定性相关时,这种不稳定性可以是高频的;其他情况下,振荡运动可以覆盖整个流场(如跨声速颤振、进气道喘振),不稳定性是低频的,这种大范围不稳定性似乎是跨声速干扰的特征,下游的亚声速条件使扰动能够向上游传播,进而激励了激波的运动。在完全的超声速干扰中,外流较高的马赫数倾向于将干扰区与下游扰动隔离,这种干扰不大可能发生大范围不稳定性。

可以认为,对二维完全气体激波—边界层干扰的物理实质获得了很好的理解,但不值得骄傲,因为几乎所有实际情况都是三维的,而在理解三维流动结构、获得一致的流场拓扑结构描述方面存在困难,同时对三维流分离的定义也非常复杂,不像二维那样清晰(二维流中,壁面摩擦系数减小到零就是分离的标志)。在研究与描述三维激波—边界层干扰时,必须首先考虑这个基本问题,于是出现了临界点理论。

预测湍流干扰仍然受到限制,因为理论家面临湍流模型这个棘手的问题,只要形成明显的分离区,常用的两输运方程模型就不好用。干扰流动中的湍流涉及许多方面的问题,包括时间平均方程中的可压缩项、激波—湍流干扰、历史效应、流动不稳定性、强各向异性以及输运过程,这里列出的只是比较重要的因素,对于高超声速流动,还应增加湍流与化学反应耦合问题。使用雷诺应力方程模型输运完全雷诺应力张量,或采用雷诺应力张量的非线性显式展开模型(雷诺应力张量被展开为应变和涡量张量,Boussinesq定律是该展开式的第一项),已经取得一些实质改进;或者在使用基于捕捉行进中的不稳定大涡的模拟方法中,即大涡模拟(LES)和脱体涡模拟(DES),通过为激波—分离区提供更可靠的湍流行为表达方法,使情况有了明显改善。当理论预测与实验结果不相符时会得出过分悲观的结论,但必须注意,许多现存结果对理解干扰的物理实质是有益的,但从程序验证与评估角度看并不能令人满意,因为流动条件不明确、存在非期望的枝节影响、干扰过程中发生非期望的转捩等原因,而且这些现存结果之间往往存在矛盾。

附录A 超声速流中的间断与 Rankine – Hugoniot 方程

用气体动力学和压缩波传播理论可以解释激波的起源,但不是本书的主题。在无黏流理论中,假设流动遵循欧拉方程,激波被看作一个间断面,在过该间断面时流体特性参数发生突然变化。为满足守恒方程,用 Rankine – Hugoniot 方程将激波上、下游的流动参数相联系。一般情况下,采用方括号"[ ]"形式标记过一个面 Σ 的物理量的跳跃,n 是垂直于面 Σ 的单位向量,V 是速度矢量,ρ 是密度,h_{st} 是滞止比焓(单位质量的焓值)。

质量守恒关系为

$$[\rho V \cdot n] = 0 \qquad (2.\text{A}.1)$$

动量方程为

$$[V]\rho V \cdot n + [p]n = 0 \qquad (2.\text{A}.2)$$

能量方程为

$$[h_{st}]\rho V \cdot n = 0 \qquad (2.\text{A}.3)$$

若干类型的间断都满足上述方程,并非激波独有性质。考虑几种可能性:

(1) 如果 $V \cdot n = 0$,则垂直于面 Σ 的速度分量为零;在 Σ 切平面上,动量方程为

$$[V]\rho V \cdot n = [V_t] \times 0 = 0 \qquad (2.\text{A}.4)$$

表明任何情况下都存在与间断面 Σ 相切的速度分量。动量方程的法向形式为

$$0 + [p] = 0 \qquad (2.\text{A}.5)$$

意味着间断面 Σ 两侧的压力必须相同。类似地,能量方程为

$$0 \times [h_{st}] = 0 \qquad (2.\text{A}.6)$$

所以$[h_{st}]$是任意的,温度和密度以及熵都是任意的。这样的面是一个涡面(vortex sheet),或者在二维流动中称为滑移线(slip line)。

(2) 如果$V_t = 0$,可以获得一维非稳态流动中的接触面(contact surface)的特殊情况。

(3) 如果$\boldsymbol{V} \cdot \boldsymbol{n} \neq 0$,法向速度分量不为零,通过该面存在一个质量通量,即激波类型的间断。这时得到$[V_t] = 0$,即通过激波的切向速度分量不变;而法向分量的动量方程为$[V_n]\rho V_n + [p] = 0$。此时能量方程给出$[h_{st}] = 0$,即过激波的滞止焓保持不变。

必须通过热力学第二定律,给 Rankine - Hugoniot 方程补充关于过激波熵增$(s_2 - s_1)$的条件:

$$s_2 - s_1 \geqslant 0 \tag{2.A.7}$$

采用这个总条件,可以避免调用 Navier - Stokes 方程,Navier - Stokes 方程用耗散项(包括黏性和热传导)赋予熵变化正确的意义。激波结构分析(应用于垂直于x方向的激波)导出过激波区(即流动参数快速且连续变化的区域)的熵通量表达式(Délery[38]):

$$m(s_2 - s_1) = \int_{-\infty}^{+\infty} \frac{1}{T^2} \left[\frac{4}{3}\mu T \left(\frac{\mathrm{d}u}{\mathrm{d}x}\right)^2 + \lambda \left(\frac{\mathrm{d}T}{\mathrm{d}x}\right)^2 \right] \mathrm{d}x \tag{2.A.8}$$

式中:s为比熵;$m = \rho u$为不变的质量流量(单位面积);μ为分子黏度;λ为热传导系数;x为流向坐标;u为x方向的速度分量;T为温度。

由于μ和λ是正的(即强制满足热力学第二定律的条件),则积分量严格为正。于是 Navier - Stokes 方程预测的过激波熵增就与热力学第二定律相符。

参 考 文 献

[1] Shapiro A H. The Dynamics and Thermodynamics of Compressible Fluid Flow[M]New York:The Ronald Press Company,1953.

[2] Edney B. Anomalous Heat Transfer and Pressure Distributions on Blunt Bodies at Hypersonic Speeds in the Presence of an Impinging Shock[J]. Aeronautical Research Institute of Sweden,FFA Report 115,Stockholm,1968.

[3] Oswatitsch K. Der Luftwiderstand als Integral des Entropiestromes(Drag Expressed as the Integral of Entropy Flux). Presented by Ludwieg Prandtl,Kaiser - Wilhelm Institute for Research,1945.

[4] Coles D E. The Law of the Wake in the Turbulent Boundary Layer[J]. Fluid Mech. ,1956,2:191 - 226.

[5] Cousteix J. Couche Limite Laminaire. CCpadubs - Editions,Toulouse,1988.

[6] Cousteix J. Turbulence et couche limite. CCpadubs - Editions,Toulouse,1989.

[7] Lighthill M J. On Boundary Layer Upstream Influence. Part II: Supersonic Flows without Separation [J]. Proc. Roy. SOC. A,478 - 507,1953,217.

[8] Stewartson K,Williams P G. Self - Induced Separation[J]. Proc. Roy. SOC. ,A,1969,312:181 - 206.

[9] Henderson L F. The Reflection of a Shock Wave at a Rigid Will in the Presence of a Boundary Layer. J. Fluid Mech. ,1967,30(4):699 - 722.

[10] Settles G S. An Experimental Study of Compressible Boundary – Layer Separation at High Reynolds Number. Ph. D. Thesis, Princeton, NJ: Princeton University, 1975.

[11] Green J E. Interaction Between Shock Waves and Turbulent Boundary Layers. Progress in Aerospace Science, 1970, 11: 235 – 340.

[12] Shang J S, Hankey W L Jr, Law C H. Numerical Simulation of Shock Wave/Turbulent Boundary – Layer Interaction. AIAA J., 1976, (14) 10: 1451 – 1457.

[13] Chapman D R, Kuhen D M, Larson H K. Investigation of Separated Flows in Supersonic and Subsonic Streams with Emphasis on the Effect of Transition. NACA TN – 3869, 1957.

[14] Dclery J, Marvin J G. Shock Wave/Boundary Layer Interactions. AGARDograph 280 (1986).

[15] Zhukoski E E. Turbulent Boundary – Layer Separation in front of a Forward – facing Step. AlAA J., 1967, 5 (10), 1746 – 1753.

[16] Schmucker R H. Side Loads and Their Reduction in Liquid Rocket Engines. TUM – LRT TB – 14, 24th International Astronautical Congress, Baku, USSR, October 7 – 13, 1973.

[17] Hakkinen R J, GreberI, Trilling L, et al. The Interaction of an Oblique Shock Wave with a Laminar Boundary Layer. NASA Memo 2 – 18 – 59W (1959).

[18] Gadd G E, Holder D W, Regan J D. An Experimental Investigation of the Interaction Between Shock Waves and Boundary Layers. Proc. Roy. SOC. A, 1954, 226: 226 – 253.

[19] Elfstrom G M. Turbulent Hypersonic Flow at a Wedge Compression Corner. J. Fluid Mech., 1972, 53 (1): 113 – 129.

[20] Lewis J E, Kubota T, Lees L. Experimental Investigation of Supersonic Laminar Two – Dimensional Boundary Layer Separation in a cCompression Corner with and without Cooling. AIAA Paper 67 – 0191. Also AIM J., 1967, 6 (1): 7 – 14.

[21] Spaid F W, Frishett J C. Incipient Separation of a Supersonic, Turbulent Boundary Layer, Including Effects of Heat Transfer. AIAA J., 1972, 10 (7): 915 – 922.

[22] DClery J. Etude Exptrimentale de la Rtflexion d'une Onde de Choc Sur une Paroi Chauffte en Prtsence d'une Couche Limite Turbulente (Experimental Investigation of the Reflection of a Shock Wave on a Heated Surface in Presence of a Turbulent Boundary Layer). La Recherche Atrospatiale, 1992 – 1, pp. 1 – 23 (French and English editions), 1992.

[23] DClery J, Coet M – C. Experiments on Shock Wavelboundary Layer Interactions Produced by Two – Dimensional Ramps and Three – Dimensional Obstacles. Workshop on Hypersonic Flows for Reentry Problems, Antibes, France, 1990.

[24] Holden M. Shock Wavelturbulent Boundary Layer Interaction in Hypersonic Flow. AIAA Paper 77 – 0045, 1977.

[25] Hayes W D, Probstein R F. Hypersonicflow Theory, Vol. 1: Inviscid Flows, New York Academic Press, 1966.

[26] Coet M – C, DClery J, Chanetz B. Experimental Study of Shock Wavelboundary Layer Interaction at High Mach Number with Entropy Layer Effect. IUTAM Symposium on Aerothermochemistry of Spacecraft and Associated Hypersonic Flows, Marseille, France, 1992.

[27] Grasso F, Leone G. Chemistry Effects in Shock Wavelboundary Layer Interaction Problems. I UTA M Symposium on Aerothermochemistry of Spacecraft and Associated Hypersonic Flows, Marseille, France, 1992.

[28] Mallinson S G, Gai S L, Mudford N R. High Enthalpy, Hypersonic Compression Corner Flow. AIAA J., 1996, 34 (6): 1130 – 1137.

[29] Legendre R. Lignes de Courant en Tcoulement Permanent: Dtcollement et Stparation (Streamlines in Permanent Flows: Detachment and Separation). La Recherche Atrospatiale, No. 1977 – 6, Novembre – DCcembre, 1977.

[30] Dtlery J, Legendre Robert, Werlt Henri. Toward the Elucidation of Threedimensional Separation. Ann. Rev Fluid Mech. ,2001,33:129 – 154.

[31] Barberis D, Molton P. Shock Wave/Turbulent Boundary Layer Interaction in a Threedimensional Flow. AIAA Paper 95 – 0227,1995.

[32] Dupont P, Haddad C, Debiève J – F. Space and Time Organization in a Shock Induced Boundary Layer. J. Fluid Mech. ,2006,559:255 – 277.

[33] Furlano F. Comportement de Modèles de Turbulence pour les Écoulements Décollés en Entrée de Tremblement (Behaviour of Turbulence Models for Buffet Onset in Separated Flows). Ph. D. Thesis, Ecole Nationale Supérieure de l'Aéronautique et de l'Espace,2001.

[34] Regenscheit B. Versuche zur Widerstandsverringerung eines Flügels bei hoher Machscher – Zahl durch Absaugung der hinter dem Gebiet unstetiger Verdichtung abgelösten Grenzschicht. ZWB, Forschungsbericht #1424, English translation. NACA TM No. 1168,1941.

[35] Fage A, Sargent R F. Effect on Aerofoil Drag of Boundary – Layer Suction Behind a Shock Wave, ARC R&M 1913,1943.

[36] Dtlery J. Shock – Wavelturbulent Boundary – Layer Interaction and Its Control. Progress in Aerospace Sciences, 1985,22:209 – 280.

[37] Stanewsky E, DClery J, Fulker J, et al. EUROSHOCK: Drag Reduction by Passive Shock Control. Notes on Numerical Fluid Mechanics, Vol. 56, Vieweg, Wiesbaden,1997.

[38] DClery J. Handbook of Compressible Aerodynamics. ISTE – WILEY & Sons,2010.

第3章 跨声速激波—边界层干扰

Holger Babinsky, Jean Délery

3.1 跨声速干扰简介

根据定义,跨声速激波—边界层干扰流场内既有超声速流动也有亚声速流动,这种干扰的一般特征是:在激波上游是超声速流,在激波下游是亚声速流。正是这种混合流动的特征,使跨声速干扰流动明显有别于超声速或高超声速干扰。

跨声速干扰与其他速域激波—边界层干扰的重要差别是激波后存在亚声速流动,稳定的亚声速流中不会形成波(如激波、膨胀波),流动条件总是渐变的,而超声速流中流动条件会发生突变。这种特征给干扰区的激波结构强加了限制条件,因为下游流动条件可以向上游反馈,可以影响诱发该干扰区的原激波的强度、形状和位置。跨声速激波—边界层干扰区周围的流动必须满足控制方程所要求的超声速和亚声速限制条件,干扰还对通过亚声速区向上游传播的下游干扰十分敏感;而在超声速干扰流场中,边界层外的超声速流动"屏蔽"了这些现象。

由于跨声速干扰被定义为激波后有亚声速的流动,所以本章仅限于讨论正激波或斜度很小的近正激波。当激波斜角较大时,过激波的流动是超声速的,读者可从第4章、第5章获得对二维甚至是三维超声速干扰的较好理解。

一般情况下,典型的跨声速激波—边界层干扰就是正激波与边界层的干扰,而正激波在所有马赫数条件下都可以存在,但在中等超声速的速度范围,正激波—边界层干扰更普遍,在实际应用中,跨声速干扰主要发生在低于马赫数2的条件下。

3.2 跨声速激波—边界层干扰应用及相关性能损失

跨声速激波—边界层干扰最常见的例子是跨声速机翼上的干扰,即机翼上激波与边界层的相互干扰(图3.1)。相近的例子是跨声速涡轮与压气机叶栅内的干扰,局部超声速流动区域以激波为界,激波与叶片上的边界层产生干扰。在超声速飞机的发动机进气道内也观察到跨声速激波—边界层干扰现象,进入进气道的超声速流被压缩而减速到亚声速。在工业设备(如内流管路、扩压器)的流动中,也观察到跨声速激波—边界层干扰。

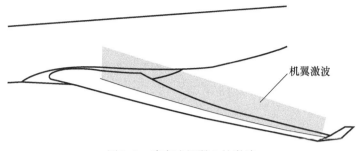

图 3.1 跨声速机翼上的激波

3.2.1 跨声速机翼与叶栅

一个机翼的翼型置于速度接近声速的自由流中时,在翼型上形成若干局部超声速区域。在机翼和涡轮机械的叶栅上(图 3.2 和图 3.3),这些超声速区域一般生成于吸力面,即低压、高速流动为主的一侧。在这些区域内,当地流动与翼型壁面的曲线形状有很强的依赖关系。由于型线往往是凸起的,绕流时产生膨胀波,膨胀波使当地压力进一步降低,当地马赫数进一步提高;当膨胀波到达超声速区边界(即声速线)时,向反方向反射为等强度的压缩波(因为声速线实际上起着一个等压边界的作用)。以下解释其原因。

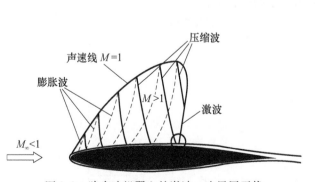

图 3.2 跨声速机翼上的激波—边界层干扰

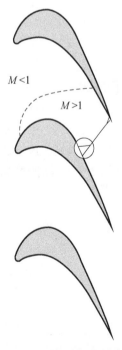

图 3.3 涡轮叶栅中的跨声速激波—边界层干扰

在超声速区外、远离边界层与黏性尾迹的地方,流动是等熵的(即在声速线上游没有激波)。在等熵流动中,压力只是总压与马赫数的函数,遵循式(3.1):

$$\frac{p}{p_0} = \left(1 + \frac{\gamma-1}{2}M^2\right)^{-\frac{\gamma}{\gamma-1}} \tag{3.1}$$

由于来流中的总压到处都是一样的,在声速线上马赫数都为1,所以声速线上的压力是固定不变的。

对波反射的另一种更物理的解释是,在超声速与亚声速区的边界上,可能存在压力的不"匹配"。在外流的亚声速区中,压力由整个流场确定,受来自所有方向的影响;而在超声速区,压力信息只向下游传播(沿着波面),所以在两者边界上就可能形成压力的不匹配,这种不匹配只能靠形成波来解决,即将入射的波反射回去。

返回翼型表面的压缩波又被固壁反射为压缩波,除非被生成于凸型壁面的膨胀波抵消。压缩波不可能到达声速线,Shpiro 在其经典教科书[1]中对此有精辟解释。实际上,超声速区内的压缩波一个追赶一个,而形成一道激波(正激波或近正激波),超声速区在该激波处终止;所形成的激波在机翼壁面上与边界层相干扰,形成典型的跨声速激波—边界层干扰。

在跨声速翼型或涡轮机械叶栅上形成的超声速区范围决定着激波的位置,也间接影响激波的强度。一般情况下,超声速范围越大,紧邻激波的上游处气流马赫数就越高,所以激波—边界层干扰的严重程度一般取决于机翼剖面的造型、自由流马赫数以及攻角。翼型越厚、翼型曲度越大、自由流马赫数越高、攻角越大,生成的激波就越强。在飞机机翼上,通过设计,可以在设计工况(马赫数 1.1~1.2)保持相对低的激波强度,但在非设计条件下很可能会遇到比较强的激波。

以下讨论跨声速机翼的激波损失。

跨声速机翼上生成的激波使总压降低,而总压的降低直接与阻力的生成有关。所以跨声速机翼的波—压剖面实际上来源于激波引起的压力损失和翼型上的黏性阻力(图3.4)。激波对总阻力的贡献即通常所说的"波阻"。

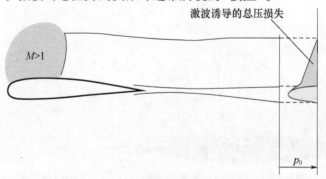

图3.4　总压损失与波阻的关系

波阻往往被认为是一种无黏流动现象。但在绝热流动中,任何总压的损失都与熵增相关,过激波的熵增是黏性在微观尺度上作用的结果,所以波阻是黏性作用引起的(即 d'Alembert"纯粹无黏流中无阻力"的说法是正确的),因而,将波阻划归为无黏阻力是不对的。那么,为什么还广泛使用这一术语?原因之一是,可以用数值方法求解无黏欧拉方程(欧拉方程对激波的模拟是正确的)获得波阻,或结合其他分析技术求解 Rankine – Hugoniot 激波方程(辅以热力学第二定律的强制熵增条件)获得波阻。在使用这些方法时,黏性项是明确被忽略的。

可以通过过激波的总压损失积分来评估波阻的量值。这些损失沿激波是不均匀的,因为上游马赫数(也就是激波强度)在远离壁面处逐渐减小。一般情况下,在靠近翼型壁面处观察到最大损失,离开机翼壁面越远激波强度越小,在声速线处流动变为等熵的,这里的流动不再产生总压损失。如果想用过激波的当地熵增形式评估总压损失,可参考第 2 章的 Oswatitsch 关系式,该关系式很好地描述了阻力与熵增之间的关系。

为计算波阻,必须知道激波上游的马赫数分布,在实际情况下,往往缺乏这些信息。Lock[2]推导了一个波阻近似方程,根据激波生成处的当地机翼壁面型线的曲率半径、自由流马赫数、激波根部马赫数 M_S,评估壁面到声速线之间的马赫数变化,再计算波阻。导出的机翼激波阻力方程为

$$c_{\mathrm{DW}} = \frac{0.243}{c\kappa_\mathrm{w}} \left(\frac{1 + 0.2 M_\infty^2}{M_\infty} \right)^3 \frac{(M_S - 1)^4 (2 - M_S)}{M_S (1 + 0.2 M_S^2)} \quad (3.2)$$

式中:κ_w 为激波处的壁面曲率。

该方程假设,壁面曲率半径为常数,激波上游的流线是同心的。实际上,沿机翼型面的曲率是变化的,马赫数分布与 Lock 方程所假设的理想条件结果不同,由于压力损失的大部分产生在靠近壁面、激波最强的地方,所以由该假设带来的误差一般非常小。Lock 发展了一些改善评估的策略,更多考虑了机翼的实际形状。读者可以参考其文章[2],获得更多信息。

机翼的激波—边界层干扰给壁面边界层强加一个很大的逆压梯度。一旦激波足够强,将导致当地边界层分离和下游的再附;或者完全破坏原来的流动,流动分离一直延续到机翼尾缘。后者通常称为"激波失速",这时升力突然消失,阻力大大增加。

但这不是激波—边界层干扰引起流动分离的唯一机制。在多数翼型上,激波与尾缘之间是亚声速流动,该亚声速流动中存在一个很大的逆压梯度区,激波的出现使边界层增厚、边界层对逆压梯度更加敏感,因而间接地影响该区域的流动。由以下逆压梯度的无量纲相似参数可以观察出上述机制:

$$\frac{\delta^* \, \mathrm{d}p}{q \, \mathrm{d}x} \quad (3.3)$$

式中:q 为动压。

从式(3.3)可以看出,位移厚度 δ^* 增大,可以有效增加逆压梯度效应,使边界层更容易分离。于是,即使激波根部的边界层尚未分离,激波也有可能在尾缘附近间接引起流动的分离。

按照分离起始点的位置,Pearcey[3]将跨声速机翼的流动分离划分为两类,如图3.5所示。在模型A中,流动首先在激波下方分离,之后很快再附,因而形成很小的分离泡;随着激波强度的增加(因自由流马赫数增加或攻角增加而引起),该分离泡增大,最后破裂,造成从激波根部到尾缘的大范围分离。在模型B中,激波及其逆压梯度对尾缘影响的综合作用,导致流动首先在上表面后部分离,随着激波强度的增加,尾缘分离范围增大,最后形成从激波根部到尾缘的大范围分离。按照分离泡是否位于激波下方,Pearcey进一步建议将模型B分为3个子类,文献[3]对此有详细介绍。

一般情况下,激波下方的小分离泡不会使主要性能降低,而尾缘分离则导致附加阻力和升力损失,这些阻力和升力损失反过来影响激波的位置和强度。一旦在激波与尾缘之间形成完全发展的流动分离,流动就已经崩溃,对升力和阻力产生严重影响,这个结果的反作用是使激波向上游移动、超声速区收缩。当整个流动受到分离的严重影响时,就可能发生激波诱导的颤振。

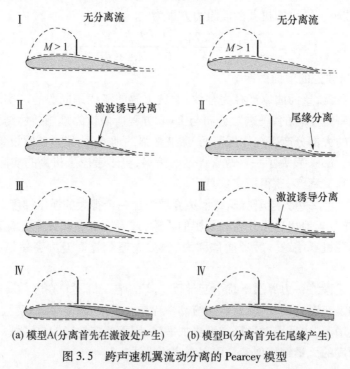

图3.5 跨声速机翼流动分离的Pearcey模型

跨声速机翼上阻力的增加取决于激波强度,通过两个机制起作用:①因激波造成总压损失而导致的波阻;②因分离导致更大的黏性阻力。

尽管习惯上(但不正确)将机翼阻力分为黏性阻力和波阻两部分,但最好把各种阻力的根源都归结为摩擦阻力和压差阻力。波阻可通过翼型转化为压差阻力,因为过激波的总压损失使机翼后部的壁面压力减小;类似地,分离(激波或其他原因)也改变了机翼上的压力分布,因而造成压力阻力。摩擦阻力还受边界层状态的影响,如果能够在大部分机翼上维持层流边界层状态,就可以降低摩擦阻力。

在现代超临界机翼的精细设计中,为避免激波—边界层干扰和波阻的负面影响,严格限制了激波的强度。随着飞行马赫数的增加,与这两者影响相关的问题也快速增加,为此,与激波有关的问题是巡航马赫数或巡航升力系数的主要限制因素。对于民航跨声速飞机,典型的跨声速巡航马赫数范围是 1.1~1.2,也有必要保留足够的裕度,以避免造成严重的负面影响(如激波失速或颤振)。更好地理解激波—边界层干扰、更好地控制其负面影响,是改善跨声速机翼性能的关键。

减小激波强度有一个方法,即利用从声速线反射的系列压缩波。这些波使超声速区的马赫数降低,也就减小了激波马赫数,这个过程通常称为等熵压缩,以区别于激波压缩。理论上可以获得无激波的等熵机翼[4],超声速区末尾部分的压缩完全由压缩波完成,但实际上非常困难,因为压缩波总是要汇合为激波。

3.2.2 超声速发动机进气道

以超声速飞行的喷气式飞机需要让迎面而来的空气在进入发动机之前减速并压缩到亚声速,这一要求通过进气道实现。最简单的方法是通过皮托进气道前方的一道正激波压缩,但这种方式造成很大的总压损失,所以这种进气道在马赫数超过 2 就不实用了。更好的方法是利用一系列斜激波进行压缩,先让气流通过系列斜激波增压、减速,最后才通过一道近正激波的结尾激波使流动变为亚声速。对于给定的入流马赫数,与采用一道正激波相比,系列斜激波带来的熵增较小,所以损失也较小。按照斜激波形成于内流道的外部还是内部进行区分,将进气道称为"外压缩"或"内压缩"进气道(图 3.6、图 3.7)。实际上,结尾激波一般是一道强解斜激波,为简单起见,称之为"近正激波"。

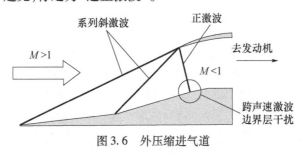

图 3.6 外压缩进气道

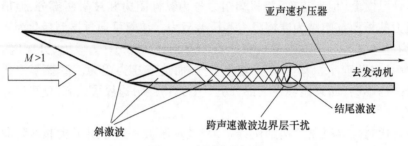

图 3.7　内压缩进气道

无论哪种情况,激波都与飞机或进气道壁面上增长的边界层产生干扰,大多数是斜激波干扰,干扰的上下游均为超声速气流(参考第 4 章)。但在两种进气道方案中,都有一道结尾激波(近正激波),使流动从超声速变为亚声速,这时的干扰是跨声速激波—边界层干扰。一般情况下,这些跨声速结尾激波强度较大(与跨声速机翼或涡轮机械中的激波相比),上游马赫数范围在 1.3~2。尽管进气道设计时希望采用更弱的结尾激波,但系统总体尺寸的限制决定了斜激波系统的压缩量。

如此强的干扰给进气道效率带来许多很大的问题:①强度较大的正激波或近正激波造成可观的熵增和总压损失,即直接造成系统性能的损失。②边界层已经在前面的斜激波干扰中经历了多次逆压梯度区,当边界层遇到结尾激波时更容易分离,流动分离对进气道性能产生明显的负面影响,不仅造成更大的总压损失,还使气流在进入亚声速扩压器或发动机时具有很大的不均匀性(流动畸变),见图 3.8。由于在亚声速扩压器的入口处发生流动分离,会造成更大的逆压梯度,逆流区一般延伸到远下游,在发动机入口形成很强的流动畸变,这种畸变往往是进气道设计者特别关注的问题,因为这种畸变不仅使性能严重下降,而且事实证明对发动机运行是非常有害的。

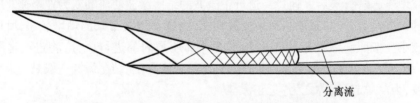

图 3.8　内压缩进气道结尾激波处开始的分离流

最后,流动分离还可以在气流中引起很大的不稳定性,导致发动机上产生不可接受的动载荷。如果结尾激波振荡范围很大,波及进气道的收缩部分,结尾激波就会失稳。从这时开始,结尾激波快速向上游运动,进气道内部更大范围的流动变为亚声速,直到结尾激波从进气道吐出,造成进气道的不启动,如果该现象呈周期性则称为喘振,见图 3.9。进气道不启动与跨声速机翼的激波失速或激波诱导颤振相当,这种极端后果对于发动机是破坏性的。

第3章 跨声速激波—边界层干扰

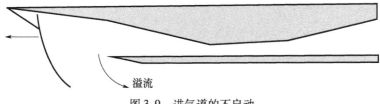

溢流

图3.9 进气道的不启动

为避免进气道内出现较强的跨声速激波—边界层干扰的相关问题,设计者利用流动控制使边界层即使遇到强激波也能处于稳定的附着状态。最常用的控制方法是边界层抽吸或吹除,后面会详细讨论对跨声速激波—边界层干扰的流动控制。需要强调的是,现代进气道不能没有激波—边界层干扰控制措施,否则进气道不能高效工作。

3.2.3 内流

在内流中,跨声速激波—边界层干扰出现在超声速流动减速为亚声速时,如扩压器流动(图3.10)或者强过膨胀状态的喷管流动(喷管出口压力远低于环境压力的状态,图3.11)。在某些工业应用中,也会遇到管内超声速流。

壅塞效应是管内流动的一个特殊问题,是流动受有限面积的限制所造成的问题,这时边界层占据了管道面积相当大的部分,其中可能遇到一串连续的激波,即激波串(参考3.3.4节)的情况。

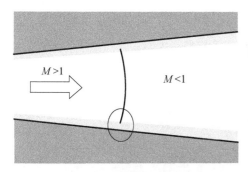

图3.10 扩压器流动中的跨声速
激波—边界层干扰

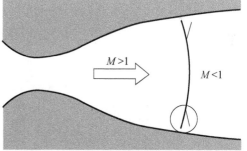

图3.11 喷管中的跨声速激波—边界层干扰

3.3 正激波与边界层干扰详解

在多数实际情况下,跨声速激波—边界层干扰附近的壁面曲率比较小,相对于来流的方向,激波几乎是正激波,即使在拱形的机翼或涡轮叶栅上,在激波区也应避免设计大曲率壁面。所以,可以通过研究平板边界层与正激波干扰的理想情况,来理解这类干扰的特性。关于壁面曲率的影响以及三维或后掠影响,将在3.3.4节讨论。

在多数实际情况下,跨声速激波—边界层干扰发生在湍流边界层条件下。原则上,层流边界层与湍流边界层的跨声速激波干扰流动结构是相似的,但由于湍流边界层剖面更饱满,与层流边界层情况相比,造成的上游干扰区更小,干扰区尺寸也更小,层流边界层抵抗逆压梯度的能力很弱,所以很少看到附着状态的层流边界层跨声速干扰。

3.3.1 附着流干扰

本节考虑的基本情况是平板边界层与正激波的干扰,如图3.12所示。根据定义,激波上游的流动是超声速的,过激波后的流动是亚声速的。如果将激波看作无黏事件,可以近似地将流动分为无黏的外流区和靠近壁面的黏性区。

如果是这样,在自由流中激波造成压力的突然跃升;忽略激波很小的厚度(激波厚度只有几个分子平均自由程的量级),则逆压梯度无限大。由于边界层分离主要取决于逆压梯度,而不是压力跃升的幅值,如果激波无变化地延伸到边界层内,边界层必将分离。但实际情况不是这样,原因是激波与边界层的干扰。

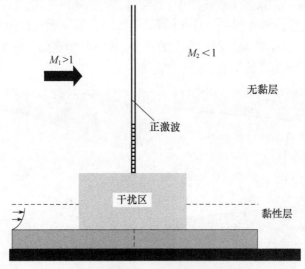

图3.12 正激波—边界层干扰的无黏
模型流动结构示意图

实际情况是,在边界层内部,有一条"声速线",将边界层的超声速区与亚声速区分开。在声速线下面,压力信息可以向上游传播,将压升传递到激波上游。在响应过程中,边界层根据遇到的逆压梯度改变其剖面,边界层形状因子增大,位移厚度增加。在声速线上方,超声速气流向远离壁面的方向偏折,因而此处产生压缩波系;在压缩波系的作用下,当地边界层外缘压力增加,增加的压力反过来又影响边界层的发展;压缩波系还使激波上游的马赫数降低,激波强度减弱。这种相互作用的最后结果是使气流进入自己的平衡状态,图 3.13 给出了马赫数 1.3 时正激波—湍流边界层干扰的纹影照片和流场结构图。

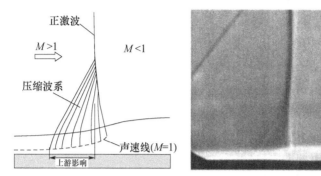

图 3.13　无分离的正激波—边界层干扰($M_S = 1.3$)

压缩波系形成于入流边界层的超声速部分并向外流延伸,在边界层的这个超声速区域,流动的行为几乎与无黏超声速非均匀入流(有旋的无黏非均匀流动)的流动一样。黏性对流动发展影响甚微,因为干扰过程发生在很短距离内(与边界层厚度相当),黏性力作用时间非常短,只有在非常靠近壁面的地方,黏性力才显示出作用。当然,黏性力首先造成入流的不均匀。

在边界层边缘,激波弱化为一系列压缩波,产生系列影响:①激波诱导的沿壁面的压升是在一定流向距离内实现的,所以边界层承受的压力梯度减小;②气流经过离散弱化的激波根部时,经历的是近似等熵的压缩,仅有很少的激波压缩(如果有的话),在跨声速干扰中,经常观察到主激波在边界层边缘退化为一道声波的现象;③主激波上游的流线向远离壁面方向偏折(沿着位移厚度线偏折)。图 3.13 所示纹影照片中主激波的形状就是气流偏折的表现,在靠近边界层边缘处,主激波略向后弯曲(但相对于当地气流方向仍是近正激波)。

在激波根部,更多的激波成分被压缩波所代替,越靠近壁面,因残余激波成分造成的压升越低。在边界层边缘上,激波几乎完全衰变为马赫波,壁面压力接近声速条件的临界压力($p/p_0 = 0.528$)。外流条件总压升的剩余部分由波后的亚声速流动完成,由于波后是亚声速的、也没有波,流动参数的变化比较温和。总的结果是,超声速部分的干扰压升(压升曲线的起始段)比亚声速部分(压升曲线后半段)的压升快。图 3.14 所示是壁面压力分布偏离正激波压力分布的情况。在受限流动中(即管道流动),壁面压力爬升到无黏值需要很长时间。

由于激波根部弱化为压缩波系,所以波后压力随离开壁面的距离而变化。图 3.15 所示是等熵压缩后跟随一个激波压缩过程的压力—偏折角关系,该图用于说明这种变化情况。气流的马赫数条件是 1.3,处于无分离湍流干扰的高马赫数一端。

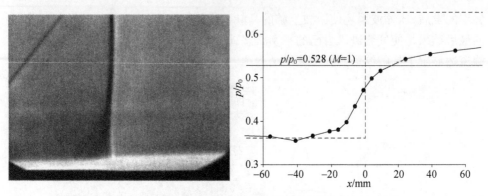

图 3.14 正激波—边界层干扰区的壁面压力分布(M_s = 1.3)

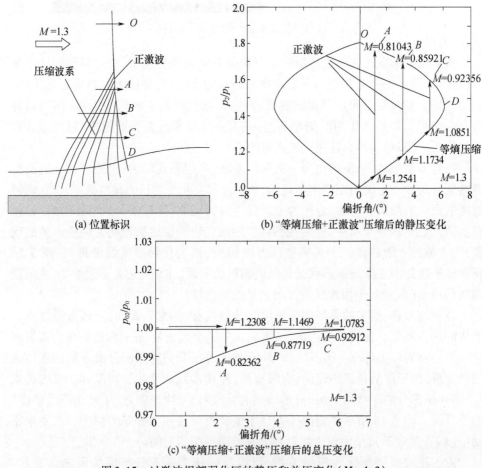

(a) 位置标识

(b) "等熵压缩+正激波"压缩后的静压变化

(c) "等熵压缩+正激波"压缩后的总压变化

图 3.15 过激波根部弱化区的静压和总压变化(M = 1.3)

在远离壁面处,气流经过一道正激波(标记 O),产生相应的压升;在位置 A,主激波上游只有少量压缩波,所以激波强度略有减小;随着向壁面靠近(到 B 点和 C

点),更多的激波成分被压缩波系替代,对总压升、当地流动方向(相对于壁面更陡)都产生严重影响;在边界层边缘(标记 D),实际上只有等熵波系的压缩,压力略高于正激波无黏压升(O 点)的 1/2。波后压力的这种变化在壁面法向造成很强的压力梯度,该区域的流线必须拱起,以适应这种压力梯度(图 3.16)。

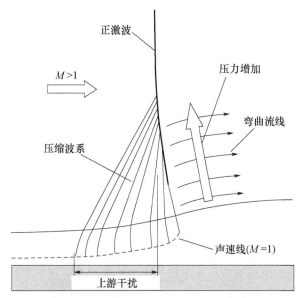

图 3.16 激波根部后的压力梯度与流线弯曲

在弱化的激波根部下游,其他流动参数(如马赫数、总压)也是变化的(图 3.15),由图 3.17 的测量数据可以很清楚地看到这种变化。在弱化的激波系下游,总压大于自由流主激波后的值;在边界层边缘处,总压几乎与入流总压相等,证实边界层边缘处的压缩几乎是等熵的。

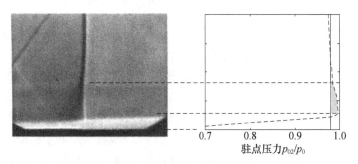

图 3.17 激波根部后的总压分布

由于在无黏流中也能感受到黏性干扰的影响,气流通过无黏区域的弱化激波根部后,黏性干扰使其总压损失减小。所以需要强调,边界层内的黏性力只是激波—边界层干扰黏性效应的一部分。因此,无黏预测方法不能正确计算激波—边界层干扰,用无黏方法预测的激波损失(或者机翼上的波阻)会过大。

由于边界层边缘的气流速度接近声速,在激波根部下游很可能形成二次超声速区。前面提到,此区域流线需要拱起才能适应法向压力梯度;干扰使波后流线偏向了远离壁面的方向,此后,需要折回到水平方向。类似于跨声速机翼情况,凸起曲面和近声速条件的综合作用可以导致产生超声速区(即"超声速舌"),超声速区壁面上产生的膨胀波系在声速线反射为压缩波系;与跨声速机翼的超声速区类似,二次超声速区往往终止于若干弱的二次激波,二次超声速区的尺寸与强度取决于激波后流动的弯曲程度(受限条件下该效应增强)、边界层位移面的曲率、替代主激波的压缩波系所覆盖的范围(与激波上游边界层增长速率有关)。如果超声速区占据的流向距离比较短,二次终结激波会出现在流线曲率连续的一个区域内;也可能观察到其他更小的超声速区,伴随更多更弱的终结激波,于是在弱化的激波根部下游会出现一串越来越弱的"小激波"。在图3.18中给出了一张对比度增强的纹影照片,突出显示了这些特征。

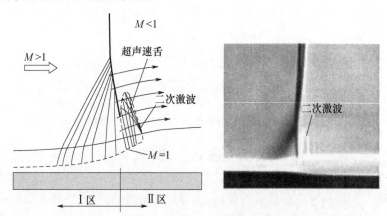

图3.18　有超声速舌和二次小激波的无分离正激波—边界层干扰

边界层上超声速舌的主要影响是延迟激波下游的压升,激波下游压力需要经历相当长的距离才能升高到无黏波后压力。这些并排的超声速舌,造就了一个松弛周期,经过这一松弛周期,边界层剖面恢复到典型的平板条件。图3.19所示是马赫数为1.3时正激波—边界层干扰的沿程边界层主要参数变化情况(对应前面几张照片的流动),用非接触的激光多普勒测速仪(LDV),在一系列垂直于壁面的横截面上,获得了这些详细的测量数据。尽管多普勒测速技术能够提供很好的空间分辨率,但要求流动是稳定的,所以这些数据并不能完全反映精细尺度上的所有细节。例如,能够探测到典型的超声速舌,但无法观察到每一个小激波。

正如图3.18所示,干扰区作为一个整体,可以划分为两个区域,Ⅰ区是上游的超声速区,Ⅱ区是波后的亚声速区(超声速舌部分除外)。

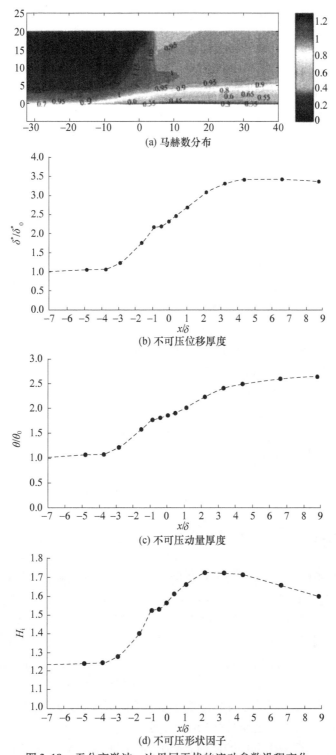

(a) 马赫数分布

(b) 不可压位移厚度

(c) 不可压动量厚度

(d) 不可压形状因子

图 3.19 无分离激波—边界层干扰的流动参数沿程变化

1. 主激波上游的Ⅰ区

除了很靠近壁面处，这个区域的流动是完全超声速的，流动的发展情况主要由上游条件决定；经过超声速压缩波系，壁面压力快速增加，边界层流动减速迅速，流动参数变化的大部分发生在靠近壁面处，造成壁面摩擦力快速下降、边界层形状因子快速增加，边界层位移厚度的增长与无黏机制的压升直接相关。流动变化的幅度及覆盖的长度范围，由上游边界层和激波马赫数决定，正如自由干扰理论所描述的(参考第 2 章)，在实际应用所覆盖的条件范围内，有通解存在，通常Ⅰ区始于主激波上游几个边界层厚度的位置(即上游干扰长度)，结束于边界层外缘马赫数为 1 的位置(根据速度和壁面压力判断)。

2. 主激波下游的Ⅱ区

在激波下游，流动变化要缓慢得多，压升是在亚声速条件下完成的(超声速舌的作用仅仅是使压升速率变小)，所以在压力分布曲线的 $p/p_0 = 0.528$ ($M = 1$) 位置上存在一个趋势上的变化[5]，即压力梯度 $\mathrm{d}p/\mathrm{d}x$ 减小，表征着流动由超声速转变为亚声速。边界层参数的变化速率也大幅减小，因而逆压梯度大幅降低，边界层可以缓慢恢复到平衡态，这个过程首先在靠近壁面处发展，在这一阶段，流动加速、壁面摩擦力增加，有时还观察到形状因子下降、位移厚度减小。在这一区域，流动的发展情况受到下游压力和几何因素(如壁面曲率、堵塞)的强烈影响。一般情况下，Ⅱ区比Ⅰ区大，需经历数十倍的边界层厚度之后才能恢复到平衡态。

3. 边界层内形状因子的影响

由于Ⅰ区的流动仅受上游流动特性影响，可以对干扰区尺寸做出一般性的观察。干扰区的流向范围取决于上游影响区尺寸，边界层上方弱化的激波根部的高度由上游影响区长度和边界层内流动的马赫角决定，所以上游影响区长度是干扰结构的关键尺寸。

在上游影响区和入流边界层的形状因子之间存在明显的依赖关系。一个比较饱满的边界层剖面表征靠近壁面的流速比较大，亚声速层比较薄，上游影响范围小；而不太饱满的入流边界层的亚声速层比较厚，造成的上游干扰范围一般比较大。

如果关注Ⅰ区，可以将上游干扰长度 L^* 定义为干扰起始点(即壁面压力开始攀升的位置)与当地压力达到临界值 p^* (马赫数为 1) 的流向位置之间的距离。图 3.20 的曲线反映的是无量纲干扰长度 L^*/δ_0^* 随上游马赫数、雷诺数(以边界层位移厚度 δ_0^* 计算)以及形状因子 $H_{i,0}$ 的变化关系，可以看到，对于给定的形状因子 $H_{i,0}$，入流边界层位移厚度正是衡量干扰长度的尺度。此外，比值 L^*/δ_0^* 对上游马赫数不敏感，当 M_0 接近 1.3 时出现的数据散布表明流动接近分离状态(参考 3.3.2 节)。L^*/δ_0^* 不随上游马赫数变化是可以理解的，因为上游马赫数增加时干扰强度增大，干扰有向上游传播的倾向，同时决定上游影响区的边界层亚声速部分变得更薄，有抵御干扰上传的倾向，这两个相互抵消的机制导致 L^*/δ_0^* 几乎不受上游马赫数影响。

图 3.20 的数据还表明,干扰长度与不可压形状因子之间存在强依赖性,随着 H_{i0} 从 1.2 增加到 1.4,无量纲上游影响范围 L^*/δ_0^* 几乎翻倍,证明边界层的速度剖面强烈影响着边界层对激波干扰的响应。

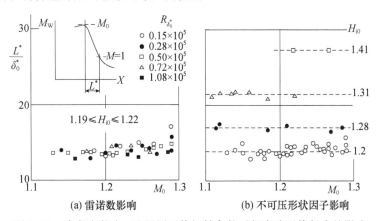

图 3.20 跨声速激波—边界层干扰初始条件对超声速干扰长度的影响

3.3.2 激波诱导的初始分离

正如前面讨论的,一旦出现强激波,层流边界层就会分离。而湍流边界层(更具有实际意义的情况)可以抵抗相当大的压力增长,特别是,干扰使激波根部离散、弱化,于是边界层感受到的压力梯度降低。在平板表面的名义二维流动中,一般在激波马赫数达到 1.3~1.5 范围时,才观察到激波诱导的湍流边界层分离(图 3.21),分离马赫数不是一个定值,因为分离与若干参数有关。

虽然根据直觉认为,当边界层剖面不太饱满时,如在粗糙壁面上或者在逆压梯度作用下,边界层更容易分离,但这种流动造成的上游影响范围的确最大,所以激波离散弱化的程度也最大,于是逆压梯度下降,在一定程度上抵消了流动对压升敏感性的增长。在非常饱满的边界层剖面中,比较大的抗分离能力几乎被更大的压力梯度(源于干扰区缩短)完全抵消,所以分离起始点对于形状因子的变化相对不敏感,似乎是干扰流动调整了所产生的逆压梯度,使之与入流边界层相匹配。与其他流动分离(如不可压流动)相比,跨声速干扰中分离对于边界层形状因子的敏感性大大降低。

大量研究工作涉及了对初始分离点的一般性预测,多数工作基于第 2 章介绍的自由干扰理论,根据该理论,当过激波的压升超过式(3.4)预测的平台压力时,就会发生分离。

$$\frac{p}{p_\infty} = 1 + kM_\infty^2 \frac{\sqrt{C_f}}{(M_\infty^2 - 1)^{1/4}} \tag{3.4}$$

其中,参数 k 与自由干扰理论中使用的无量纲因子 F 相关:

$$k = F(x)\frac{\gamma}{\sqrt{2}} \tag{3.5}$$

对于实际应用,k 等价于 F。很多研究者建议了发生分离时的 k 或 F 的数值,在建立数据库的大量研究中,Zeltovodov 等[6,7]总结出 k 的取值范围为 6~7.4,证明通过比较过正激波的理论压升与自由干扰理论评估的压力平台,可以预测出间歇性分离的起始点。如图 3.22 所示,正激波的理论压升 ξ 与自由干扰理论 $k=6$~7.4 的压升交点,正是实验获得的间歇性分离的起始点(即激波马赫数约为 1.25 的位置)。

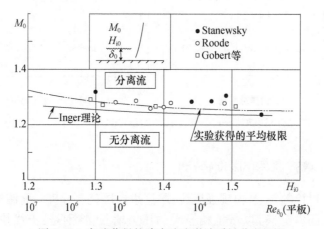

图 3.21 实验获得的跨声速流激波诱导分离极限

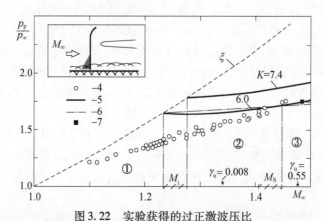

图 3.22 实验获得的过正激波压比
①—无分离流;②—间歇性分离;③—完全发展的分离流(参考第 4 章图 4.4)。

由于干扰效应,过激波的实际壁面压升往往小于过正激波的理论压升。图 3.22 还给出了实验测量的一个激波马赫数范围内的波后壁面压力,实测的壁面压力表明,当压力达到自由干扰理论 $k=6$ 预测的压升时,出现了完全发展的分离。

在实际应用中,需要在没有可参考的实际壁面压力数据的条件下,预测初始分离是否发生。前面谈到过,在紧贴激波根部的下游,边界层边缘的流动接近声速条件,图3.23将图3.22的波后壁面压力与按照声速条件计算的压力($p = 0.528p_0$)进行了比较,计算声速条件时假设总压不变(等于波前自由流总压),由于主激波弱化为等熵压缩波系,该假设是合理的。可以看到,预测的压力值与实验数据非常符合。在马赫数很小时两者存在偏差,是因为激波根部的完全弱化假设这时不再合理;在激波马赫数比较高时,较大分离区的出现也使该简单模型失效。若激波强度接近分离条件(如湍流边界层),就可以通过上述方法(令达到声速条件的理论压升等于自由干扰理论获得的平台压力),确定是否发生初始分离或确定初始分离的位置。对于$\gamma = 1.4, k = 6$,给出的条件为

$$\frac{p}{p_\infty} = 0.528\ (1 + 0.2M_\infty^2)^{3.5} = 1 + 6\frac{M_\infty^2 \sqrt{C_f}}{(M_\infty^2 - 1)^{1/4}} \tag{3.6}$$

为获得分离时的实际激波强度,必须给出壁面摩擦系数C_f与M_∞、Re的关系式(参见文献[8])。自由干扰理论很强调干扰边界层内的黏性力作用,上式中黏性力通过壁面摩擦系数起作用;而惯性力(即动量)也可以在湍流边界层内起主导作用。按照自由干扰理论,当流动的黏性比较小时(即雷诺数增加时),抵抗分离的能力下降,受黏性力控制的层流边界层很好地证明了这一点。

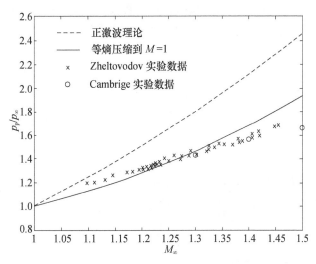

图3.23 与实验获得的过正激波压比的比较
①—无分离流;②—间歇性分离;③—完全发展的分离流(根据第4章图4.4)。

相反,在湍流边界层中,当雷诺数比较大时,边界层剖面更饱满,即使壁面摩擦减小,抗分离能力也是更大的。于是,随着惯性力作用逐步超过了黏性力而占据主导地位,出现了相反的趋势。尽管在实验观察所涉及的雷诺数范围内,上述方程给出了合理(且有用)的一致性结果,但并不能正确捕捉该参数的影响。实际上,根

据 Green 的观察[9]，该式预测的趋势是错误的。

对于一般的目的，我们可以假设，平板上的激波诱导湍流分离始于激波马赫数 1.3~1.5 范围。在实际情况下，如在跨声速机翼上，由于存在壁面曲率和三维效应，情况变得复杂，本章后面将讨论这两个因素的影响。

3.3.3 有分离的激波—边界层干扰

一旦激波足够强、能够使边界层分离，就会观察到不同的流动结构，如图 3.24 所示。在平板上，分离的范围通常是有限的，即在激波下游某个距离处存在一个再附点，分离流形成一个泡。后面会谈到，流动的跨声速性质实际上对再附过程的形成是有帮助作用的，在多数情况下，再附使分离泡得以保持相对较小的尺寸。

分离产生的第一个影响是上游影响长度明显增加，因为激波下方的回流使压升向上游传播更方便。在分离点，边界层被向壁面外侧排挤，使边界层位移表面突然变形，因而压缩波系在分离点周围被"束紧"。在离开边界层边缘一定距离处，这些压缩波系汇聚为一道斜激波。回流区上方的分离剪切层无法抵御很大的压力梯度，所以在分离点后压力即刻变得相对均匀，剪切层也相对平直。

通过这些初始的压缩波系或斜激波后，压力还不足以匹配过主激波的全部压升，于是形成第二道激波（后支激波）结构，后支激波是倾斜的，如图 3.24 所示。因为后支激波与过前支激波后的气流要保持近似垂直，后支激波、前支激波与主激波在三波点相遇，这种激波结构因与希腊字母"λ"相像，所以一般称为"λ 激波结构"。

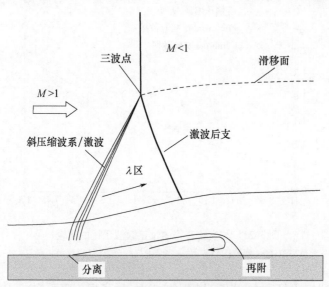

图 3.24 分离型跨声速激波—边界层干扰

流动通过分叉的"λ 激波"后，熵增小于流经主激波的熵增量，所以在激波系下游，三波点上下方的流动条件不同，于是在三波点形成一个滑移面，将两股流动分开。滑移面两侧的静压和流动方向相同,但速度、密度、马赫数和总压都有差别。

在激波系下游,流动经历亚声速和超声速过程的复杂相互作用,边界层再附和流动转平过程(其上游情况是流动向壁面外侧偏折),使流线弯曲、凸起,从而形成明显的垂直压力梯度。再加上"λ区"流动的不均匀性,后支激波的强度随离开壁面的距离而变化。后支激波在边界层边缘一般是最弱的(有时激波还彻底消失),越靠近三波点强度越大,所以激波方向也是逐渐变化的。在三波点,后支激波几乎是一道正激波,而越靠近边界层边缘,激波强度越小,激波也越向马赫角倾斜。

分离剪切层不能承受很强的逆压梯度,如果后支激波入射到该剪切层上,就会反射出一个膨胀波扇,所以在"λ区"后一般会出现一个超声速舌。在亚声速条件下,下游流动条件对该区有强烈影响,会造成波后压力场随下游条件的变化,也能改变后支激波根部的形状和强度。图3.25给出了这种流动结构的示意图、$M_s = 1.5$时分离型激波—边界层干扰的纹影照片、实验获得的壁面压力以及速度的测量结果,图中信息表明,过干扰区的壁面压升远低于正激波的理论压升,只有到远下游才能渐近到正激波的理论压升。

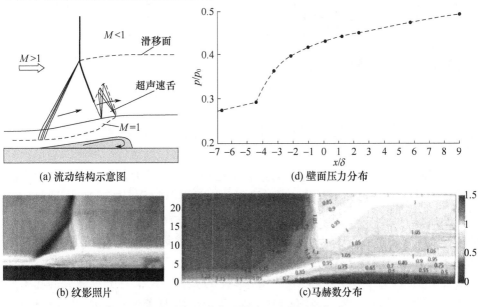

图3.25 轻微分离的跨声速激波—边界层干扰($M = 1.5$)

在激波系下游,由于亚声速流中压力的持续增加,流管膨胀,反而促进再附过程的发生。如果分离泡相对比较长,往往在再附点周围观察到更快的压升,于是分离型的激波—边界层干扰往往以两个压升台阶和为特征,包括分离线上游的快速压升、分离泡下方接近等值的压力平台、再附点附近开始的第二个压升过程(但不如超声速区的压升陡)。这种"两台阶"增压过程与附着流干扰壁面压力分布明显不同,因此,有时仅从压力测量就可以判断分离。但如果分离泡很小,这些特征"收缩"到一起,两台阶变得十分模糊,这时就难以从压力分布曲线上区分是分离流还是附着流。

在分离型的激波—边界层干扰中,"λ激波结构"的存在显著影响总压损失,如图 3.26 所示,激波根部形成若干个弱激波,导致压力损失减小。在边界层边缘和滑移面之间,存在一个明显的总压增加的区域,实际上该区域很小,一般只有几个边界层厚度的高度,所以对整个流场的影响甚微。尽管如此,"λ激波结构"可以减小损失的原理却是进行激波控制(3.4 节)的理论基础。

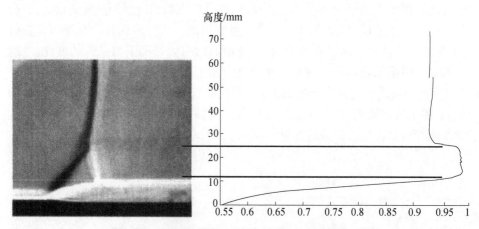

图 3.26　分离型激波—边界层干扰下游的总压分布

用一个典型实例,可以更好地描述湍流边界层的行为特征,这个典型实例是略微扩张管道内的正激波干扰。图 3.27(a)给出了干扰区内边界层边缘的马赫数分布,其中流向距离用干扰区起始点的边界层位移厚度进行无量纲处理。在紧靠激波的上游,流动马赫数最高(为 1.4),形成一道足以引起分离的正激波;通过激波后,马赫数首先在分离过程中呈现快速下降趋势,之后在分离区形成一个几乎等值的区域(对应压力平台区);在再附过程中,马赫数进一步降低,但降低的速率减小。

在干扰起始位置,位移厚度 δ^*(图 3.27(b))急剧增加,在分离激波的起始点产生一个"黏性斜楔",所以,在分离泡的发展过程中,显著增长的 δ^* 几乎呈线性,直到再附过程开始时,由于边界层速度剖面"饱满"起来,才开始减小。

图 3.27(c)所示是动量厚度 θ 的变化情况,代表着流动的动量损失,也就是阻力的增加或效率损失。在分离点压力开始攀升处(图 3.27(c)的横坐标零点),动量厚度 θ 经历一个适度增加的初始阶段;在随后的第一个区域,是一个几乎等压的分离区,所以动量厚度 θ 维持一个常数;在再附过程中因边界层增厚、再附压力攀

升、分离和再附自由剪切层中的湍流发展迅速,动量厚度 θ 急剧增加。同时,在分离区,不可压形状因子 H_{inc} 达到很高值,标志着速度剖面的极大改变,此处包含着逆向流动;当再附过程开始时,H_{inc} 快速减小,回到平板边界层的典型数值,这个区域因此特征而被称为边界层的"复原"过程。

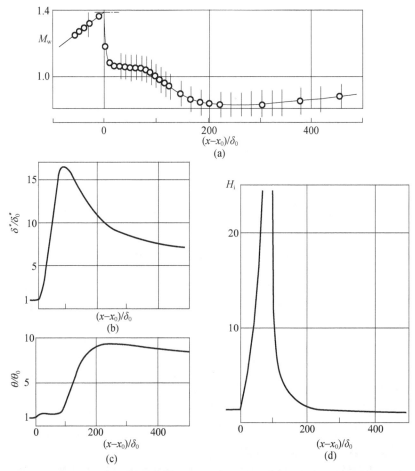

图 3.27 分离型跨声速激波—边界层干扰中的边界层参数变化

最大湍流动能沿流向的变化以及边界层内剪切应力的变化情况见图 3.28。图 3.28(b)给出了每个流向位置的最大水平和垂直湍流强度(u'、v'),所有湍流特性都以边界层内流动的驻点条件声速 a_{st} 无量纲化。

湍流行为的特征是干扰的第一部分发展出很强的各向异性,在分离过程中 $\overline{(u')^2}$ 比 $\overline{(v')^2}$ 增长快很多。在开始阶段,雷诺应力的 $\overline{(u')^2}$ 分量有很大增长,可以用 $\overline{(u')^2}$ 输运方程中的生成项解释。此处简单地写成不可压流形式(即忽略了跨声速马赫数范围的可压缩效应),该生成项 $P_{u'}$ 为(上横线表示平均值,x 是流向坐标,y 是垂直于壁面的坐标):

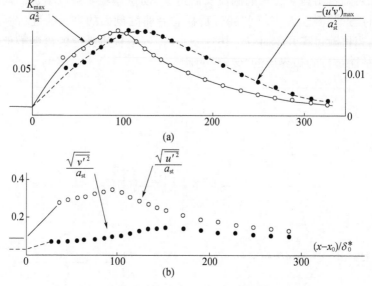

图 3.28 分离型跨声速干扰中湍流特性的流向变化

$$P_{u'} = -2\,\overline{u'v'}\frac{\partial \overline{u}}{\partial y} - 2\,\overline{u'}^2\frac{\partial \overline{u}}{\partial x} \tag{3.7}$$

在干扰第一阶段,作为流动快速阻滞的结果,$\overline{u}$ 的流向导数与应变率项 $\partial \overline{u}/\partial y$ 一样大小(符号也相同),所以 $P_{u'}$ 是两个大的正项的总和。而 $(\overline{v'})^2$ 分量的生成机制可以表达为

$$P_{v'} = -2\,\overline{u'v'}\frac{\partial \overline{v}}{\partial x} - 2\,(\overline{v'})^2\frac{\partial \overline{v}}{\partial y} \tag{3.8}$$

导数 $\partial \overline{v}/\partial x$ 处处都很小,而 $\partial \overline{v}/\partial y$ 等于 $-\partial \overline{u}/\partial x$(对于弱可压缩流,两者接近相等),于是在干扰的第一部分,第二项趋向于使 $(\overline{v'})^2$ 的生成项减小(其中 $\partial \overline{u}/\partial x$ 是负的)。在更下游位置(向再附点接近过程中),黏性层一直增长的部分因剪切应力而加速,也就解释了 $(\overline{v'})^2$ 随后的增长。

在干扰的初始阶段,很大的湍流各向异性倾向于促进湍流动能 k 的生成。对于不可压流,k 输运方程的生成项可以写成以下形式(忽略导数 $\partial \overline{v}/\partial x$):

$$P_k = -\overline{u'v'}\frac{\partial \overline{u}}{\partial y} - ((\overline{u'})^2 - (\overline{v'})^2)\frac{\partial \overline{u}}{\partial x} \tag{3.9}$$

测量表明,在 5 倍于初始边界层厚度的流向距离上,因法向应力的生成量与因剪切应力的生成量一样大。这个区域大致与流向压力梯度最陡的区域一致,流动总体上被阻滞。在更下游,法向应力的贡献可以忽略。

在强干扰中,湍流行为的第二个特征是在湍流流场和平均流场之间存在一种滞后,导致显著的非平衡性。用一个"相平面"可以说明这个特征,描述"相平面"的是通过干扰区和下游恢复区的以下两个变量。

(1) 湍流剪切应力系数的平方根 $\sqrt{C_\tau}$,定义是

$$C_\tau = -\frac{2\,(\rho\,\overline{u'v'})_{\max}}{\rho_e \overline{u}_e^2} \tag{3.10}$$

式中: $-(\rho\,\overline{u'v'})_{\max}$ 为每个流向位置测量的最大湍流应力。

(2) "平衡"形状因子 J,定义为

$$J = 1 - \frac{1}{H_i} \tag{3.11}$$

采用该参数的好处是,当分离区的垂直范围增大时(即 H_i 倾向于无穷),该值是有限的。经验的关联定律[10]表明,以下熟知的 Clauser 参数变成常数:

$$G = \frac{H_i - 1}{H_i \sqrt{0.5 C_\tau}} = \frac{J}{\sqrt{0.5 C_\tau}} \tag{3.12}$$

对于最平衡的湍流边界层流动,该值等于 6.55,等于完全发展的平板边界层的数值(参考第 2 章)。依照以下方程:

$$1 - \frac{1}{H_i} = 6.55\sqrt{0.5 C_\tau} \tag{3.13}$$

在图 3.29 中绘出一条直线,代表着平衡边界层,即湍流度与平均速度场随时匹配的边界层。

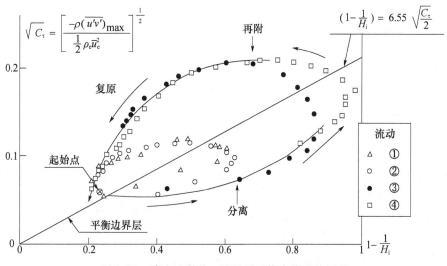

图 3.29 跨声速激波—边界层干扰中湍流的历程

图 3.29 的数据覆盖了 4 个强度递增的跨声速干扰,包括激波诱导大尺寸分离的情况,所有干扰都呈现以下趋势:

(1) 在相平面 $[J, \sqrt{C_\tau}]$ 上,干扰流动的轨迹(或图像)都起始于靠近平衡态的一个共同点,所以,所有干扰流动的上游边界层都是接近平衡态的。刚开始,轨迹

向平衡态下方移动,表征边界层在激波根部区域经历一个快速干扰过程,此处严重偏离平衡态,以剪切应力的滞后为特征,湍流没有时间调整,无法跟随平均速度的快速变化。当激波足够强时,就在干扰过程的这个部分发生分离。

(2) 之后,特别是分离型流动,剪切应力和形状因子继续一同增加,以一种自由剪切层的发展方式增加;这种与"混合"相像的行为可以继续发展,直到 $J=1$(即 $H_i \to \infty$)。在快速干扰过程中,正在分离的边界层经历势不可挡的扰动,初始条件(即初始边界层特性,假设是完全湍流)不能对自由剪切层的发展造成显著影响,湍流生成继续,且正比于分离位置附近形成的大尺度结构的增长。

(3) 在某个位置,形状因子 J 达到峰值,开始下降,这种反向表征着分离流再附过程的开始。在干扰的这个阶段,剪切应力继续增加,直到在某个流向位置达到最大值,该位置几乎与再附点重合。在再附过程中,相平面轨迹弯转,在某一点横跨平衡态轨迹。随分离区尺寸的增加,该点距原点的距离增大。

(4) 在再附点下游,在没有任何附加失稳影响因素的条件下,轨迹回转,朝平衡线上的终点发展。在此松弛过程中,流动位于平衡线以上;在某一点,第二次出现最大偏离平衡态状态。进一步向下游发展,流动轨迹重合到朝平衡线转折的公共轨迹上。

3.3.4 影响跨声速激波—边界层干扰的其他因素

1. 受限效应(管流)

正如前面章节所介绍的,由于壁面法向流动条件的变化以及流线的弯曲,紧靠正激波—边界层干扰的下游可能形成二次超声速区。在管内(或者风洞内)发生的干扰,流动受到固壁的限制,上述影响会更加强烈。由于对称面(或圆截面的轴线)上的流线必须平直(忽略瞬时非对称流动),边界层边缘与中心线(面)之间的流线曲率变化比非受限流快得多,于是壁面法向的流动变化被强化,超声速舌的尺寸增大;此外,由于边界层在干扰过程中快速增长,位于边界层边缘与管流中心之间的核心流显著收缩,使激波后的亚声速流加速,也会促进二次超声速流的形成。图3.30(b)描绘出了这种影响。

如果堵塞很严重,来自各方向的超声速舌有可能汇聚为一片横跨整个管流的二次超声速区,伴随一道结尾激波,如图3.30(c)所示,结尾激波下游是若干超声速区及若干结尾激波。当形成连续的系列超声速区和二次激波时,这种结构被称为"激波串",见图3.31,"激波串"给跨声速内流造成很大的流动损失。损失机制包括两个方面:①核心流经历一系列激波,虽然每道激波很弱,但每道激波都造成一次总压损失;②边界层遭遇一系列激波干扰,引起边界层快速增长。但反复地再加速到超声速,使沿壁面的压力梯度降低,需要很长的流向距离才能使压力达到平台值。比流动损失更重要的往往是激波串的非均匀性和不稳定性质,可能会造成有害的结果(例如,进入发动机的气流),所以建议应尽量避免这种现象。

一般情况下,是否出现激波串取决于边界层位移厚度与管道高度的比值(或排挤面积与管道面积的比值)。典型情况下,一旦位移厚度比超过几个百分点,就会形成多个激波。建立一般性的经验准则非常困难,因为受限流动的临界受限参数与入流马赫数和雷诺数都有关系。对于马赫数约为1.6的这种流场有详细的描述,读者可以参考 Om 和 Childs[11]、Carroll 和 Dutton[12] 的圆截面和矩形截面管流的实验研究,两项研究都观察了受限比 δ^*/H(H是管道的半高或半径)为 4%~6% 时的激波串。而当受限比下降到小于 2%,只能形成一道激波。已经观察到,产生激波串所需的受限比随着马赫数的增加而减小,因为随着激波强度的增加,边界层的增长加速。

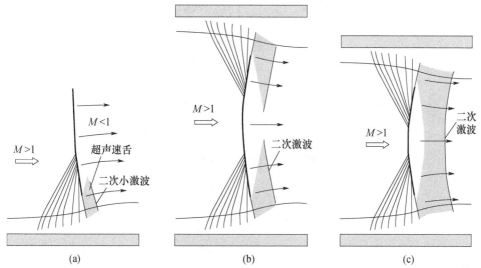

图 3.30 受限因素对跨声速激波—边界层干扰的影响

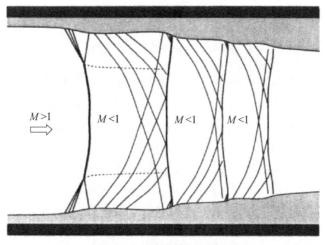

图 3.31 受限流道内的激波串

在内流的强激波干扰中,每侧管道壁面的干扰流场都可能与另一面的干扰流场相互影响。在内流中有可能遇到强正激波干扰,如在进气道中,或者在导弹/空间发射飞行器的过膨胀喷管流动中。例如图3.32,是一个平面超声速喷管中的强干扰流动[13],是曝光时间很短的阴影照片,干扰开始时的马赫数约为1.6,是足以引起明显分离的马赫数条件,喷管每个壁面上的分离λ区都足够大,足以与另一面的流场发生干扰。因为尚不完全清楚的原因,虽然喷管几何是对称的,但流动却是非对称结构,喷管上壁面的分离出现得比下壁面早。两道斜的分离激波在管道中心相遇,生成马赫反射。

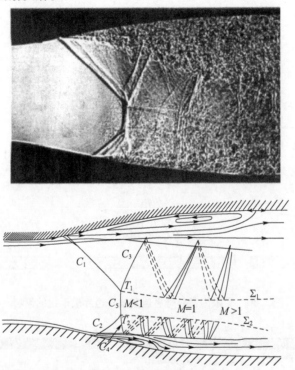

图3.32 过膨胀喷管内的分离型跨声速激波—边界层干扰

上壁面的大分离区首先生成一个"λ激波结构",后支激波C_3下游的流动仍是超声速的(图3.32);在下壁面,生成一个比较小的"λ激波结构",观察到一个比较小的分离区,分离激波C_1与C_2相交形成Ⅱ类Edney激波干扰(即马赫反射),马赫杆(盘)是一道介于两个三波点T_1和T_2之间的近正激波C_5。从三波点T_1和T_2发展出的两道滑移线Σ_1与Σ_2,在两股超声速气流之间,分割包围出一个亚声速流管。由于相邻超声速流强加的条件,该亚声速流管加速流动,直到在喉道处达到声速。此后,流管的横截面增大,即喉道下游是超声速膨胀流。"λ激波结构"的后支激波C_3、C_4入射到分离的剪切层上,反射出膨胀波,然后又从滑移线Σ_1、Σ_2反射为汇聚的压缩波系,这些压缩波再被接近等压的分离区反射为膨胀波系。此后,在一定距离内重复上述波系反射过程。

图3.32展示了受限管道内分离区与无黏流部分的耦合影响而形成的复杂流动结构。在其他管流中(如超声速扩压器、压缩机叶栅、推进喷管)也可以观察到类似流动。

2. 壁面曲率影响

在跨声速翼型及机翼上,干扰流下方的壁面不是平面,而是某种形式的凸型曲面;激波上游的自由流马赫数也不是均匀的,而是越远离壁面马赫数越小。但除了有很大分离的情况,干扰区相对于机翼的尺寸是很小的,激波区的壁面曲率也比较平缓,所以在机翼上,无论是附着流干扰还是分离流干扰,前面描述的大多数特征都是适用的。

壁面曲率也会对干扰结果产生严重影响。

(1) 气流分离所需的激波强度比平面上的要大,理论[14-16]和实验研究[3,17]都证明了这种影响。Pearcey[3]认为,凸起的气流会引起流向压力的减小,因而边界层承受的逆压梯度也减小。Bohning和Zierep[16]提供了另一种解释,认为凸起的壁面曲率导致更剧烈的波后膨胀,而这种影响可以通过边界层的亚声速部分反馈到上游,进而减小激波诱导的压升。但无论如何,曲率对初始分离的影响相对来说是很弱的。

(2) 在紧邻干扰区的下游,经常观察到壁面曲率对激波—边界层干扰的更显著影响。由于那里接近声速条件,所以流动对几何因素比较敏感。在这个区域,凸起的壁面曲率更容易使气流加速,更容易造成二次超声速区,或者显著增大二次超声速区的尺寸。因为增大了生成二次小激波的可能性,所以是不希望得到的影响效果。

所以,在精心设计的跨声速翼型上,激波都位于曲率小的区域,以避免产生二次超声速区及与之相关的二次激波。特别是当激波系很弱时(即不将气流减速到马赫数小于1),即使是平缓的凸起曲率也容易引起显著的二次超声速区。这类流场常见于低雷诺数条件,这时边界层是层流状态,层流干扰中即使很弱的激波也可以使边界层分离。这些弱激波并不能使气流减速到马赫数小于1,气流在再附点的弯曲与翼型凸型壁面曲率共同作用,使气流重新加速到超声速,这个过程可以连续数次出现(图3.33)。

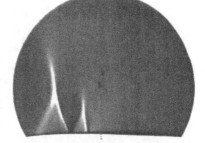

图3.33 弯曲壁面上的多个激波—层流边界层干扰[18]

3. 后掠影响

在跨声速流中,一般情况下,激波—边界层干扰中的激波是正激波,或者强度接近正激波,后掠很小。在跨声速激波—边界层干扰中,最常见的大后掠影响实例是跨声速机翼上的随机翼后掠而产生的激波,其后掠角可达30°。即使如此,经验似乎提示,只要流动保持附着状态,后掠影响就可以忽略。后掠主要影响激波诱导分离的起始点。用平板边界层研究的后掠激波干扰影响表明,只要激波的法向马赫数超过1.2,流动就会分离[19]。由此可以推论,与等价的二维流动(无横向流动)相比,横向流效应可能使分离提前发生。一旦观察到激波诱导分离,流动就具有三维性,但除非主激波下游的流动是超声速的,在垂直于激波的平面上,流场还是与前面讨论的流动结构类似。

3.3.5 正激波—边界层干扰的大范围不稳定性

第8章将详细讨论激波—边界层干扰的不稳定性问题。激波振荡一般由超声速来流中的扰动、入流边界层中的脉动或者激波下方的不稳定分离泡触发。在跨声速激波—边界层干扰中,还存在另一个不稳定机制,即激波下游是亚声速流动。亚声速流动允许下游产生的压力脉动向激波反馈,进而影响到激波的强度和位置。一般情况下,反压增加引起激波向上游运动,反压降低则激波向下游移动。

图 3.34 给出了一系列正激波干扰的纹影照片,照片来自于一个等截面管内的正激波实验,实验中给管流施加一个按不同频率正弦振荡的背压[20],作为响应,激波在某个稳定的平衡位置周围做周期性振荡。图中每4张照片反映一个周期,每组照片给出了激波的极端位置和每次振荡的中间位置,当激波靠近平衡位置时运动速度最大,若干照片都清楚显示了下游产生的压力波及其向激波反馈的情况。随着频率的增加,激波运动的幅度减小(压力振荡的振幅保持恒定)。实验观察到,最大激波速度由压力扰动的振幅决定;由于压力振荡振幅保持恒定,压力振荡频率增大使激波离开平均位置的时间减小,所以激波移动的范围减小。在非平行管流中,压力变化引起的激波运动幅度也受几何因素的影响,图 3.35 比较了平行管和扩张管中的激波振荡振幅和频率(压力振荡振幅固定)的关系,当频率较高时,激波振荡振幅比较小,扩张角的影响非常小,而低频时几何因素产生明显影响。

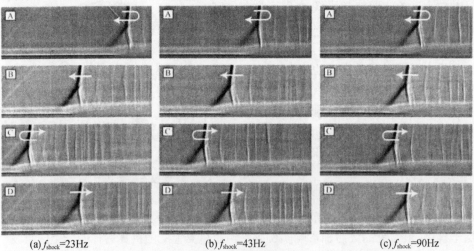

(a) f_{shock}=23Hz   (b) f_{shock}=43Hz   (c) f_{shock}=90Hz

图 3.34 三种频率背压振荡下的正激波干扰纹影照片($M=1.4$)

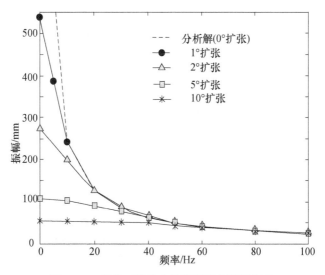

图3.35　等截面管流和扩张管流中激波振荡
振幅对周期性下游压力变化的响应

关于激波对来自上游流动或入流边界层干扰的响应,也观察到类似的振幅—频率特性,这也解释了为什么在湍流边界层中激波对较高频扰动的响应结果是小振幅的,形成的是激波"涟漪",而不是使激波远离其平均位置、进行大范围运动。对于很多与激波振荡有关的技术应用来说,应尽量减少低频压力脉动,这一点特别重要。

压力振荡不仅引起激波的运动,还会影响激波强度。一道激波迎着来流运动,等于激波面临更大的马赫数(即自由流速度加激波运动速度),激波向下游运动则反之。结果,激波迎着来流运动使过激波的压升增大,激波向下游运动使过激波的压升降低。图3.36的实验数据证明了这个事实。

即使激波速度很小,激波诱导压升的差异却可能很明显(例如激波马赫数发生±1.5%的变化,可以引起波后压力10%的变化),反映了激波—边界层干扰的非线性总体特性。跨声速马赫数范围,由于相对于来流的相对变化量大,这种影响尤其明显;只要来流马赫数增大,这种影响就会减小。

当干扰的不稳定特性引发全局流场变化时,跨声速激波—边界层干扰对来自下游亚声速区扰动的敏感性可能是一个严重的问题。当激波诱导了很大的分离时,就会出现这种情况。下游的压升引起激波向上游移动,激波强度也增大,这两个结果都会引起分离区扩大、分离区位置改变。这种变化反过来会改变下游的压力(变化情况取决于总的流动结构),可能导致危险的反馈机制发酵,严重放大已经发生的压力扰动。在跨声速机翼上有时会观察到这种情况,沿着上表面发生大振幅的激波振荡(有时也与下壁面相应的激波振荡有联系),这是"颤振"的形式之一(机翼颤振还有其不可压形式),颤振时机翼结构承受严重的应变载荷,可以导致飞机结构的破坏。

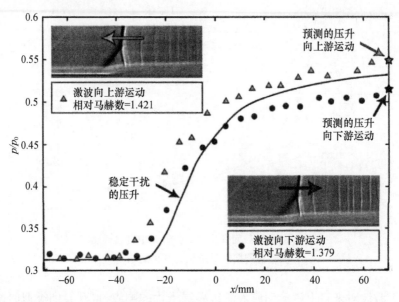

图 3.36　强迫激波振荡的瞬时壁面压力分布($M = 1.4$, $f = 43$Hz)

在颤振现象中,正激波运动范围会覆盖机翼弦向的大部分区域,分离泡周期性地出现和消失。图 3.37 所示是对这种周期性不稳定性的描述,来自于 Navier-Stokes 数值计算。在图 3.37(a)中,激波占据下游位置,但作为对压力扰动的响应正在向上游运动,所以气流相对于激波的速度是增大的。当马赫数足够大时,就会发生分离,因激波诱导的压升和机翼型面后部气流压缩的共同作用,生成一个大分离泡,该分离泡使有效气动攻角减小,所以激波在向上游运动过程中逐渐变弱,直到激波停止运动。同时分离泡在达到最大尺寸后(图 3.37(c))开始收缩,导致有效气动攻角增大,这时激波向下游运动,激波强度减小(向下游的运动使激波有效马赫数减小),激波根部的分离被抑制(图 3.37(d))。当激波减速时,发生分离,激波重新向上游运动时分离泡又开始长大,开始重复上述循环。

激波—边界层干扰的下游流场对干扰流场的变化也存在敏感性,实例是超声速发动机进气道,可以遇到非常严重的激波不稳定性。前面讨论过进气道的不启动问题(即一个不稳定激波被吐出进气道,造成发动机关车),此外,还存在一种严重的准周期性激波不稳定性,也称为"进气道喘振"。

进气道的主要目的是使超声速来流通过一系列激波而减速,使气流在进入发动机之前减速到亚声速,3.2.2 节讨论了可能采用的激波系形式。对于内压缩或者混合压缩进气道,结尾激波是一道近正激波,强度往往很大,流动分离是一个严重的问题。当一个突然出现的压力扰动促使激波向上游运动(同时强度也增强)

时，就可能使分离区增大，引起下游流动的"壅塞"，进而产生压力脉动的增加，使激波进一步向上游运动。图 3.38 描述了进气道不启动的情况。

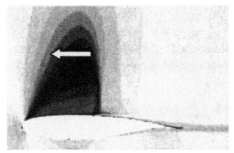
(a) 激波向上游运动并引起分离

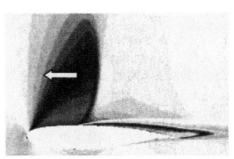
(b) 激波到达最上游位置

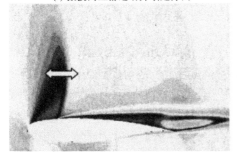
(c) 激波停止并开始向下游运动

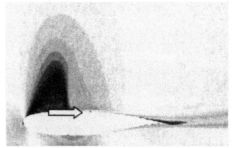
(d) 激波向下游运动不引起分离

图 3.37　Navier-Stoke 计算获得的机翼上的跨声速颤振现象（Furlano[21]）

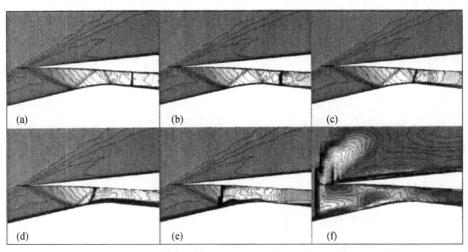

图 3.38　下游压力扰动引发进气道不启动发展情况的时间序列图
（RANS CFD 结果，NASA 格林中心 B. Anderson 提供）

超声速进气道"喘振"的发生机制类似于跨声速颤振。"喘振"发生时，不稳定的激波—边界层干扰触发了激波系的周期性大振幅运动。进气道喘振有两种可能的起因：①激波诱导的分离，称为 Dailey 模式；②外罩唇口激波与压缩斜面激波相交，产生 Edney Ⅳ类激波干扰，其中的滑移线被吞入进气道内，称为 Ferri 模式。过膨胀尾喷管也受到不稳定的非对称激波诱导分离的影响，在启动瞬间可以引起很高的侧向载荷。

在旋转机械中(如压气机、涡轮、直升机旋翼)也会发生大振幅振荡。在这些情况下，激波振荡是设备本身运行的结果，设备运动频率有可能与激波—边界层干扰脉动频率(包括湍流引起的脉动频率)相耦合。在结构的气动弹性响应中(如压气机叶片)，也发现类似的耦合机制，结构变形引起激波位移，进而改变压力载荷，可能会导致发散过程(或称为颤振)。

3.4　跨声速激波—边界层干扰的控制

综上所述，可以将跨声速激波—边界层干扰的有害影响总结如下：

(1) 激波诱发的逆压梯度，引起边界层增厚，甚至分离，两种结果都使黏性损失增大。此外，干扰给边界层造成的改变需要很长时间才能消失，使流动容易在更下游产生分离，也就是说，理论上讲，因为湍流混合的增强可以增加向壁面方向的动量传输，干扰可能对更下游的边界层产生有利的影响，但形状因子增大和边界层增厚的影响总是超过这种有利影响。

(2) 激波造成的总压损失造成阻力增加和效率降低。严格地讲，总压损失与激波—边界层干扰没有关系，实际上干扰使靠近壁面处的激波离散弱化，反而对降低总压损失有帮助。激波损失往往是激波—边界层干扰损失中的主要部分，而激波—边界层干扰结构的变化影响着损失的量值。

(3) 在发生显著分离的地方，激波和流动的总体结构发生很大变化，有时可以使流场产生大范围不稳定性(即颤振、进气道喘振或者发动机不启动)。

激波—边界层干扰控制的目的是减小上述负面影响(其中的一项或多项)。根据物理机制，可以分为"激波控制"和"边界层控制"，"激波控制"的目的是改变激波系统结构、降低总压损失，"边界层控制"的目的是降低黏性损失和减小分离。由于激波边界层流动复杂，这种分类是不严格的，如对激波的任何改变都会对边界层产生影响，反之亦然。根据具体情况，两种方法都能够改善激波的不稳定性。

3.4.1　激波控制的原理

激波控制的主要目的是降低因激波存在而产生的总压损失。在跨声速机翼上，通过降低总压损失可以降低波阻，在内流中通过提高总压可以改善效率。尽管两种应用中都可以使用激波控制方法，但最近的多数研究却集中在机翼问题上，所以本章集中讨论激波控制方法在跨声速机翼上的应用，而其中的物理原理对于其他激波—边界层干扰流动都是有效的。

对于一个正激波,总压损失仅与来流马赫数有关,本讨论中假设来流马赫数固定,也就是说无法降低与给定激波相关的全局损失。前面讨论过,存在激波—边界层干扰时,由于靠近壁面的激波根部发生波的离散,局部总压损失得以降低(图3.26)。

激波控制方法是对上述原理的拓展,通过增加离散区尺寸和减损措施涉及的流动区域尺寸,来减小当地的总压损失。一般情况下,设计控制过程时不用连续的压缩波来制造大范围的激波根部,而是瞄准一个更容易实现的大"λ激波结构"来设计,即用一道斜激波及紧随其后的近正激波替代激波根部,如图3.39所示。与分离型激波—边界层干扰的λ区下游流动类似,在控制产生的"λ激波结构"后面,气流的总压得到明显提高。

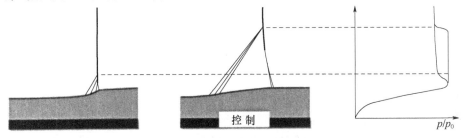

图3.39 激波控制的基本机制

图3.40所示是一道斜激波与一道近正激波组成的激波系下游的总压,近正激波的功能是纠正流经斜激波的气流偏折。为描述降低总压损失的可能性,图中比较了一道正激波的总压损失(在马赫数1.3时是2.1%,在马赫数1.4时是4.2%)和一个"λ激波结构"(即一道斜激波后跟随一道正激波)的总压损失。

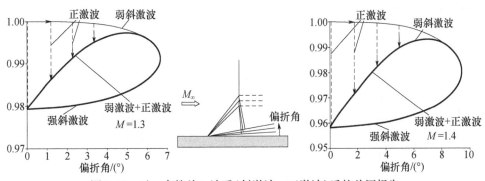

图3.40 过一套简单λ波系(斜激波+正激波)后的总压损失
随初始斜激波偏折角的变化情况

对于所给的两个马赫数,都可用低得多的总压损失实现压缩到亚声速的过程。在马赫数1.3时,最佳设计是斜激波流动偏折角5°左右,总损失为0.3%;在马赫数1.4时,最佳设计的斜激波流动偏折角在7°左右,总损失为0.7%。在这两种情况下,过激波系统的总压损失都降低了85%左右。由流动结构示意图可以看到,偏折角还使三波点位置发生改变,所以减损过程涉及的流体总量也发生变化,这里不评估流体总量的影响。在实际机翼上,来流马赫数随离开壁面的距离是变化的,所以情况更复杂,减损可能性的全面分析也更复杂。

尽管"λ 激波结构"使壁面法向获利的范围很有限,但对于实际应用,这并不是缺陷。在许多应用中(如跨声速机翼),最大激波损失发生在比较靠近壁面的地方,随着位置远离壁面,激波强度很快弱化,所以在靠近壁面的有限范围内操作,足以减去大部分波阻(图 3.41)。对一系列机翼的理论研究表明[22],使波阻减少 2/3 是有实际可能性的(只要控制装置不带来黏性阻力的增加)。

实施激波控制时,沿壁面形成两级压升(图 3.42),类似于分离型干扰中观察到的情况。有一种观点认为,这种两级压升对于边界层发展的负面影响比较小,因为逆压梯度被分散到很大一个距离上。在实际应用中,大多数控制机制都会对边界层带来负面影响,而激波控制的目标就是使负面影响达到最小,也就是说,应使被控干扰区下游的边界层厚度和形状因子与无控时相似(即附着流干扰状态)。但大多数控制机制都不能满足这个目标,激波控制的总收益是对边界层产生负面影响和在激波结构方面收获良性影响之间需求平衡的结果。在降低波阻时往往遇到黏性阻力增加的问题,也需要在两者之间需求平衡,两者作用的综合结果决定着控制措施是否有效。

由于干扰区下游的流动往往承受更大的逆压梯度,评估控制效果的工作就更加复杂。因实施激波控制而改变了边界层的发展,所以也可能导致下游流动发生变化,这种变化的影响可能是正面的(如延迟分离或者改善边界层的能力),也可能是负面的(如过早分离),平衡的结果取决于实际流动结构。所以,除非考虑全部流场,否则很难全面评估控制策略的代价和收益,即很难将某种情况获得的经验应用于其他情况。

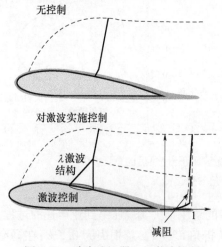

图 3.41 跨声速机翼上的激波控制

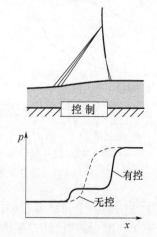

图 3.42 被控激波边界层干扰区的壁面压力分布

3.4.2 激波控制的方法

1. 凸起壁面造型

前面讨论过,成功的激波控制的关键是产生一个大的"λ 激波结构",需要在主激波上游一定距离处生成一个前支斜激波。为强迫形成这种激波,必须使无黏外流向远离壁面方向偏折,最方便的机构就是凸起的壁面造型,如图 3.43 所示。

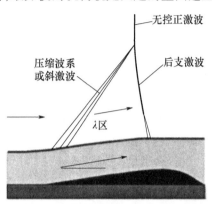

图 3.43 用于激波控制的凸起壁面造型

凸起壁面的上游部分使气流向远离壁面方向偏折,因而生成压缩波系或者一道斜激波,类似于分离型激波干扰结构的前支激波;在压缩波系之后,凸起的壁面变得相对平缓,在后支激波之前制造出一个均匀流区,后支激波是原始正激波弱化后遗留的部分。最大凸起高度位于后支激波下游,此后,凸起高度开始减小,流动回到机翼壁面的方向。该凸起区域的形状必须小心设计,需要避免分离和形成重新加速的超声速流,重新加速的超声速流会带来不希望的附加波阻。

利用翼型片段以及三维完整机翼的计算和实验,许多研究者[23]成功展示了跨声速机翼凸起壁面造型的激波控制效果,精心设计的凸型壁面可以生成一个大尺寸的 λ 激波区,同时只付出适度的黏性代价。在这个成功的设计方案中,凸起区下游的边界层能力状态与无控情况相当。

凸起造型控制的主要困难是,其收效对激波—凸起壁面的相对位置非常敏感,在非设计条件下,激波偏离理想位置,要么太靠上游、要么太靠下游,需要付出代价,如图 3.44 所示。

当激波太靠上游时(图 3.44(a)),实际上没有获得激波根部的分叉收益,而凸起的壁面却增加了壁面的湿面积,引起黏性阻力增加。在极端情况下(即凸起高度很大时),凸起的曲面有可能引发二次超声速区和二次激波,使波阻增加。

当激波太靠下游时(即超出凸起的顶部范围,图 3.44(b)),凸起顶部下游的凹面上生成膨胀波系,这些膨胀波位于 λ 激波区内部,后支激波上游气流的当地马赫数增加,后支激波强度大大增加,引起很大的附加波阻。在使用凸起造型控制激波时,为避免非设计状态的阻力代价,必须采用可移动壁面或离散的凸起,或者在翼型形状设计时,使激波在整个巡航马赫数范围的受控移动范围很小。

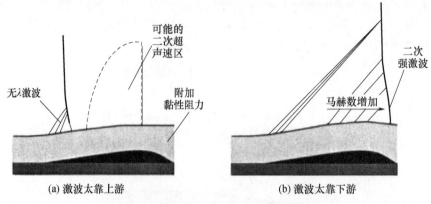

图 3.44 非设计条件下的凸起造型区流场

有很多报道称,凸起造型可以延迟跨声速机翼的激波诱导颤振[23],凸起一般位于设计条件的减阻最优位置的下游。目前还不清楚凸起型面造型控制和缓解颤振问题的准确机制,但以下因素似乎都有贡献:

(1) 颤振一般发生在激波运动到机翼很靠后的部分时,激波强度增大,引起很大的边界层分离。在设计点,凸起型面被置于激波远后方,也只能在设计点条件下起作用,当激波进入"颤振区"时,生成的"λ 激波结构"使边界层承受的逆压梯度减小,就可能降低颤振的风险。

(2) 当激波沿机翼表面前后运动时,压力载荷大幅振荡,正是这种大幅度的压力载荷振荡造成了激波诱导颤振。当激波在凸起型面上做类似运动时,激波结构的前支固定在凸起的前缘,只有后支激波做振荡运动,因而压力脉动的总强度降低,也就降低了颤振发生的风险。

2. "被动"控制

尽管从许多方面看,凸起型面是很成功的激波控制方法,但许多研究者在寻找克服凸起型面非设计条件下负面影响的方法。目前,主动控制的激波—凸起型面系统(即可以收回或移动的凸起型面系统)被认为太复杂,对于实际应用来说重量太大。

另一种被广泛研究的方案是"被动控制"[23]。在这种方法中,将一个凹槽置于激波位置下方,凹槽表面用多孔盖板盖住,见图 3.45。

凹槽内的压力是自调节的,可自动调节到波前和波后压力之间的水平。在激波下游的部分,多孔盖板上方的压力大于凹槽内部压力;在激波上游的部分则相反,多孔盖板上方的压力小于凹槽内部压力。于是激波后边界层内的流体被赶到凹槽内,而在激波上游,凹槽内的流体被吹出盖板,从凹槽吹出的流体使边界层向外排挤,其作用与凸起壁面类似,因而形成前支的斜压缩波系(往往很快就汇聚为一道斜激波),流动的总体结构与流经凸起壁面时类似,波阻的降低量也相当。图3.45给出了一个被动控制的纹影照片和流场结构示意图,其中正激波的马赫数为1.3。

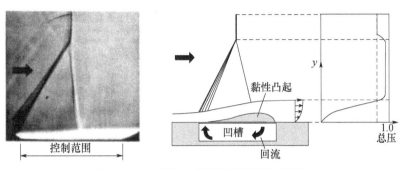

图3.45　正激波—边界层干扰的被动控制

在多孔盖板上方和多孔盖板的整个长度范围内,由回流形成的"黏性凸起"可以自调节,能够适应很宽的激波位置范围。只要激波位于控制区上方,就可观察到"λ激波结构",当主激波位于凹槽中间略下游位置(即凹槽长度的2/3处)时,获得最佳效果。当激波位于控制区以外时,回流停止,凹槽几乎不产生任何气动作用,只是由于盖板壁面粗糙,使黏性阻力略有增加。这种控制不需要外部动作或者能源供应,所以称为"被动控制"。

但人们遗憾地发现,引入边界层回流,黏性阻力大大增加,主要原因是在激波上游吹入了低动量流体。尽管控制区后部的抽吸区在一定程度上改善了边界层流动,但不足以弥补干扰和动量损失造成的更厚边界层所带来的负面影响。在大多数情况下,观察到被动控制带来的黏性阻力代价大于或等于波阻降低的收益。

3. 激波控制的其他方法

为克服被动控制的缺陷,保持其有益的方面(如自动匹配激波位置),针对这种被动控制方法提出了一系列改进措施,包括多孔盖板的改进(开前掠或后掠孔、可变开孔率、自动活门/中间活门)、将控制区的吹气区与吸气区分割开、在凹槽内采用抽吸措施调节经多孔盖板的吹吸比例。为与被动控制相区别,上述最后一个方案常称为"主动控制",因为这种方法需要外部能量来驱动抽吸系统,但不要与其他类型的主动控制(对传感器测量到的流动特性做出响应的方法)概念相混淆。

自激励方法的激波控制仍是一个很活跃的研究领域,到目前为止,还没有提出成功的控制策略。纯抽吸(不含被动控制单元)是一种高效的控制方法,但属于边界层控制方法,本章稍后将讨论该方法。

4. 三维激波控制方法

到目前为止,讨论的所有控制策略基本是二维的,因为应用目标是典型跨声速机翼上形成的激波,这种机翼流场的特征是高度二维的。但最近一些研究提议采用三维控制,在机翼的横向实现对激波的控制(图3.46)。这种局部控制是有可能实现的,因为不一定非要使用二维控制才能获得一个基本二维的"λ激波结构"。如果一道激波在某处被强迫拆分成λ结构,一般需要很大的横向距离才能恢复到无控激波的根部形状,于是就可以使用沿激波分散布置的小型控制装置,来获得全流场的激波控制效果。这种策略有很多优点:①黏性阻力代价只限于控制装置所在的区域,会远小于二维控制方法中观察到的黏性阻力;有证据表明,三维控制可以为非设计条件付出更小的代价。②独立的小型三维装置很容易与现有机翼相匹配,甚至可以在有问题的位置(激波过强的位置)对少量装置进行改造。③独立的三维装置很容易被做成"主动"的(即展平或可动)。

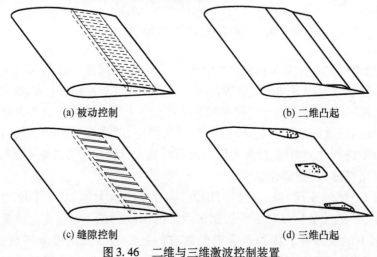

(a) 被动控制　　(b) 二维凸起
(c) 缝隙控制　　(d) 三维凸起

图3.46 二维与三维激波控制装置

原则上,几乎所有形式的二维激波控制方法都有相应的三维方案,图3.46所示是几个实例。针对二维凸起型面已经研究出其三维替代方案,流向缝隙则与被动控制方法类似,还很容易想象出回流控制与抽吸、吹扫相结合的多种方案。图3.47所示是观察到的两类三维激波控制的基本流动特征。

可以看到,一排缝隙(图3.47(a))的"λ激波结构"总体上是二维的,而边界层流动是高度三维的(所以黏性代价仅限于很小的局部)。在使用单个的三维凸起激波控制装置时(图3.47(b)),在远离凸起的横向距离处,"λ激波结构"慢慢恢复到单激波结构,但在很大的横向范围内明显保持了"λ激波结构";三维凸起后面的边界层略有增厚,但边界层增厚仅存在于凸起装置后的近尾迹中,其他地方的边界层剖面实际上没有变化。三维激波控制技术仍处于研究中,但早期的结果表明,这种控制方法是有前景的。

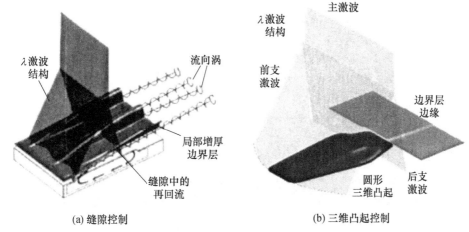

(a) 缝隙控制　　　　　　　　(b) 三维凸起控制

图 3.47　三维正激波—边界层干扰受控区流动的基本特征

3.4.3　边界层控制的方法

激波控制的目的是改变激波根部的结构,减小总压损失;边界层控制的目的则是改变激波—边界层干扰上游近壁面流动的特性,防止或者减小激波诱导的分离,控制的目标是使黏性阻力降到最小、延迟或者阻止不稳定流动(如激波诱导的颤振)的出现。

使用最广的边界层控制方法是涡流发生器(VG),在一些现代飞机上发现涡流发生器能够控制许多类型的分离,不只限于激波诱导分离(图 3.48(a))。图 3.49 所示是流动结构示意图,使用涡流发生器时,在流动中引入流向涡,将边界层外的高动量流体输运到近壁面区域,产生能量更大的边界层,可以显著增强对激

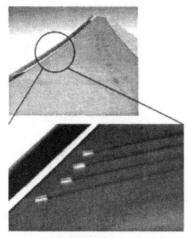

(a) 跨声速机翼上　　　　　　(b) 超声速进气道内部

图 3.48　叶片型涡流发生器

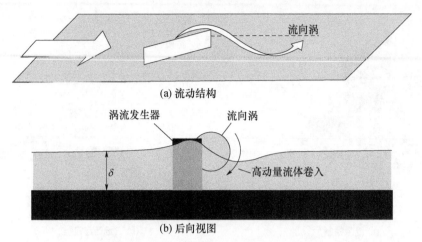

图 3.49 叶片型涡流发生器产生的流动结构

波诱导分离的抵抗能力。典型的涡流发生器高度是一个边界层厚度的量级,许多研究表明,在限制跨声速激波—边界层干扰的激波诱导分离方面,涡流发生器是很成功的。但涡流发生器有以下两类缺陷:

(1) 所有涡流发生器都存在很大的寄生阻力。

(2) 边界层速度剖面饱满度增加,导致激波—边界层干扰长度的减小,所以激波离散程度变小,需要付出相关的波阻代价,即增加了总压损失(但代价比较小)。

为减小涡流发生器的寄生阻力,有人建议采用亚边界层尺度的涡流发生器(SBVG),也叫微型涡流发生器。这种装置的高度小于边界层厚度(有些仅有一个位移厚度那么高),由于湿面积小、只侵入到流动的低速部分,因而黏性阻力大大降低,但在减小激波诱导分离的作用方面却有惊人的效率[24,25]。例如,微型叶片($h/\delta \approx 0.2$)产生的对旋涡可以在 $M_s = 1.5$ 时根除激波诱导的分离(图 3.50)。目前的研究提示,亚边界层尺度涡流发生器的流动控制机制与传统的叶片涡流发生器略有不同,但两者都在流动中引入了流向涡。传统的叶片涡流发生器将边界层外的高动量流体卷携进来,一般这种装置置于逆压梯度区域的远上游,使卷携进来的动量能够扩展到整个边界层中,获得一个比较饱满的速度剖面和更强的抗分离

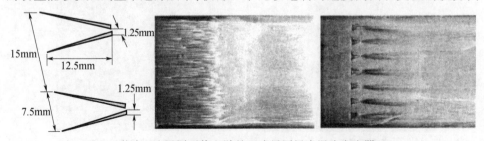

图 3.50 正激波—边界层干扰上游的亚边界层尺度涡流发生器($M = 1.5$)

能力。而微型叶片涡流发生器引入的流向涡是埋在边界层内的,使边界层内的动量重新分配,这种涡强度低,但由于更靠近壁面,所以也更奏效;由于靠近壁面,也带来涡流较早耗散的问题,所以这种装置必须置于更靠近逆压梯度区域的位置上(与传统的叶片涡流发生器相比)。

在某些应用中(如进气道),由于叶片类涡流发生器的机械脆性问题而不能采用。为此提出了其他形状的涡流发生器,如微型斜楔(图3.51(a)),这种装置生成一对对旋的流向涡;图3.51(b)表示这种装置能够高效地将高动量流体迁移到靠近壁面区域。装置的阻力来自于低动量区(在速度变化图上可以明显看出低动量区)。

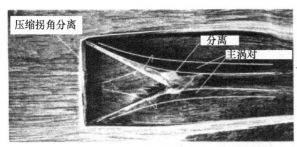 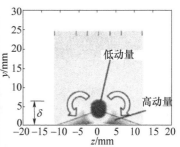

(a) 表面油流显示　　　　　　　(b) 装置下游测量的相对于基准型的速度变化

图 3.51　微型斜楔涡流发生器

还有其他多孔发汗式边界层控制策略,如在干扰上游或下方的切向吹扫、分布式抽吸、离散式抽吸。在所有这些方法中,边界层速度剖面的饱满度得到显著增强,抗分离能力得到提升。特别是分布式抽吸被广泛用于超声速喷气发动机进气道,用来消除正激波诱导的分离,即使在比较高的马赫数条件下(接近 $M=2$)也能奏效,图3.52所示是超声速战斗机进气道中的抽吸孔。

壁面抽吸是防止或延迟激波诱导分离的有效方法,由于相对容易实现、能够防止分离、使激波—边界层干扰区下游的边界层变薄进而减小流动畸变,所以,在进气道流动控制中特别受青睐。但由于抽吸掉一些流量(数量可能是很可观的),进入发动机的流量减小,会带来一定的性能损失,所以进气道面积必须增大,这就带来阻力的增加。对抽吸比较敏感的一个作用是使到达激波—边界层干扰区的边界层速度剖面更饱满(厚度也比较小),使干扰区长度大大减小,导致激波强度增大(或激波离散程度变差),于是总压损失增大(但增加量很小)。

尽管存在缺陷,为防止超声速进气道中的分离,在进气道中使用流动控制的需求是刚性的,目前在役的进气道上都使用了某种类型的边界层抽吸措施。其他内流机械(如涡轮机械内流)也有类似考虑,抽吸措施也得到普遍应用。对于跨声速外流的激波—边界层干扰中的边界层控制,抽吸方法并不被广泛应用(不要与层流控制中的边界层抽吸相混淆)。

激波—边界层干扰的边界层控制是目前的热点研究领域,提出了各种新的控制方法,其中包括零质量脉动式射流(有时也称虚拟射流)、还处于早期试验阶段的等离子体激励,读者可以参考最近的研究文章,以获得更详细的信息。

图 3.52　超声速发动机进气道中的分布式壁面抽吸

参 考 文 献

[1] Shapiro A H. Dynamics and Thermodynamics of Compressible Fluid Flow[M]. New York:Ronald Press Co. 1954.

[2] Lock R C. The Prediction of the Drag of Aerofoils and Wings at High Subsonic Speeds[J]. RAE TM Aero,1985,2044.

[3] Pearcey H H. Shock – Induced Separation and Its Prevention by Design and Boundary Layer Control. In Boundary Layer and Flow Control, ed. G. V. Lachmann. Oxford:Pergamon Press,1961.

[4] Sobieczky H,Yu N J,Fung K Y,et al. New Method for Ddesigning Shockfree Transonic Configurations[J]. AIAA Journal,1979,17(7):722 – 729.

[5] Alber I,Bacon J,Masson B,et al. An Experimental Investigation of Turbulent Transonic Viscous – Inviscid Interactions[J]. AIAA Journal,1973,5(11):620 – 627.

[6] Zheltovodov A,Dvorak R,Safarik P. Shock Wave/Turbulent Boundary Layer Interaction Properties at Transonic and Supersonic Speeds Conditions[J]. *Izvestiya* of SO *AN SSSR*,1990,(6):31 – 42.

[7] Zheltovodov A,Yakovlev V. Stages of Development,Gas Dynamic Structures and Turbulence Characteristics of Turbulent Compressible Separated Flows in the Vicinity of 2 – d Obstacles. Preprint No. 27 – 86,Institute of Theoretical and Applied Mechanics,Russian Academy of Sciences,Novosibirsk,1986.

[8] Van Driest E R. Turbulent Boundary Layer in Compressible Fluids[J]. Journal of Aeronautical Sciences,1951,

18(3):145-216.
- [9] Green J E. Interactions Between Shock Waves and Turbulent Boundary Layers[J]. Progress in Aerospace Sciences,1970,(11):235-339.
- [10] East L F, Sawyer W G. An Investigation of the Structure of Equilibrium Turbulent Boundary Layers. AGARD Fluid Dynamics Panel Symposium. The Hague, the Netherlands, AGARD 1980, CP-271:6.1-6.19.
- [11] Om D, Childs M E. Multiple Transonic Shock-Wave/Turbulent Boundary-Layer Interaction in a Circular Duct[J]. AIAA Journal,1985,23(10):1506-1511.
- [12] Carroll B F, Dutton J C. Multiple Normal Shock Wave/Turbulent Boundary-Layer Interactions[J]. Propulsion and Power,1982,8(2):441-8.
- [13] Reijasse P, Corbel B, Soulevant D. Unsteadiness and Asymmetry of Shock-Induced Separation in a Planar Two-Dimensional Nozzle:A Flow Description[C].30th AIAA Fluid Dynamics Conference,28 June-1 July 1999, AIAA Paper 1999-3694, Norfolk, VA(1999).
- [14] Inger G R. Transonic Shock/Boundary-Layer Interaction on Curved Surfaces[J]. Aircraft,1983,20(6):571-574.
- [15] Inger G R, Sobieczky H. Transonic Shock Interaction with a Turbulent Boundary Layer on a Curved Wall. American Society of Mechanical Engineers(Paper),79-WA/FE-13,1979.
- [16] Bohning R, Zierep J. StoB-Grenzschichtinterferenz Bei Turbulenter Strömung an Gekrümmten Wänden mit Ablösung. Z. Flugwiss. Weltruumforsch,1982,6(2):68-74.
- [17] Gadd G E. Interaction Between Normal Shock-Waves and Turbulent Boundary-Layers. ARC R&M, No.3262 (1961).
- [18] Ackeret F, Rott M. Inst. Aerodyn. Zurich, No.10; NACA Tech. Memo No.1113,(1947). Images provided courtesy of Prof. P. Doerffer, IMP/PAN, Gdansk, Poland.
- [19] Korkegi R H. A Simple Correlation for Incipient Turbulent Boundary-Layer Separation Due to a Skewed Shock-Wave[J]. AZAA Journal,1973,11(11):1578-1579.
- [20] Bruce P J K, Babinsky H. Unsteady Shock Wave Dynamics[J]. Journal of Fluid Mechanics,2008,603: 463-473.
- [21] Furlano F. Comportement de Modèles de Turbulence pour les Écoulements Décollés en Entrée de Tremblement (Behaviour of Turbulence Models for the Prediction of Separated Flows Under Buffet Onset Conditions). Ph. D. Thesis, Ecole Nationale Supérieure de l'Aéronautique et de l'Espace(March 2001).
- [22] Ogawa H, Babinsky H. Evaluation of Wave-Drag Reduction by Flow Control[J]. Aerospace Science and Technology,2006,10(1):1-8.
- [23] Egon Stanewsky(ed.) Drag Reduction by Passive Shock Control, results of the project EUROSHOCK. AER 2-CT92-0049, Notes on numerical fluid mechanics,56(Braunschweig, Wiesbaden:Vieweg,1997); and Egon Stanewsky(ed.):Drag reduction by shock and boundary layer control, Results of the project EUROSHOCK 11. Notes on numerical fluid mechanics and multidisciplinary design,80(Berlin, Heidelberg, New York, Barcelona, Hong Kong, London, Milan, Paris, Tokyo:Springer,(2002).
- [24] Lin J. Review of Research on Low-Profile Vortex Generators to Control Boundary-Layer Separation. Prog [J]. Aerospace Sciences,2002,(38):389-420.
- [25] Ashill P R, Fulker J L, Hackett K C. A Review of Recent Developments in Flow Control[J]. Aeronautical J., 2005,109(1095):205-232.

第4章 理想气体超声速激波—湍流边界层二维干扰及其数值模拟

Doyle D. Knight, Alexander A. Zheltovodov

4.1 引言

要实现现代超声速与高超声速飞行器的高效设计,必须了解激波—边界层干扰流场的物理结构,建立有效描述这些流场结构的模拟方法(图4.1)。本章讨论超声速激波—湍流边界层二维干扰。但即使名义上是二维或轴对称的流动,流动的平均统计特性也会是三维的。本章讨论的问题仅限于理想均质气体的流动,上游的自由流条件以超声速为主($1.1 \leqslant M \leqslant 5.5$)。在讨论过程中,通过比较实验和数值计算获得的流场结构和物理特性,也对二维激波—湍流边界层干扰的计算流体力学(CFD)模拟能力做出评估。

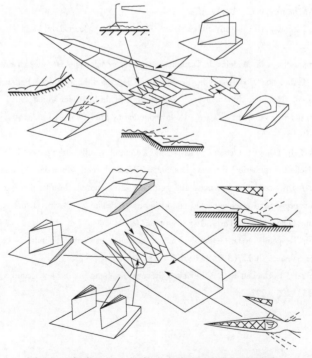

图4.1 高速飞机上的激波—湍流边界层干扰现象

4.1.1 问题与方向

理解多变的二维和三维激波—湍流边界层干扰、建立物理模型的主要挑战在于流动拓扑结构、物理特性的复杂性和对湍流缺乏严格的理论描述。20世纪40年代以来,在激波—湍流边界层干扰研究的不同阶段,都广泛研究了这些问题。按照权威性综述文章[1-7]和专著[8-11]给出的结论,要想在理解激波—湍流边界层干扰方面获得进步,必须使CFD模拟与详细物理实验紧密结合,使湍流模拟取得进步。详细物理实验必须是针对简单构型的(参考图4.1)、采用现代先进诊断技术(如平面激光散射技术PLS、粒子成像测速PIV)的实验,湍流模拟包括雷诺平均的Navier–Stokes模拟(RANS)、大涡模拟(LES)、直接数值模拟(DNS)。

4.1.2 计算流体力学

激波—湍流边界层干扰的控制方程是可压缩Navier–Stokes方程组:

$$\begin{cases} \dfrac{\partial \rho}{\partial t} + \dfrac{\partial \rho u_j}{\partial x_j} = 0 \\ \dfrac{\partial \rho u_i}{\partial t} + \dfrac{\partial \rho u_i u_j}{\partial x_j} = -\dfrac{\partial p}{\partial x_i} + \dfrac{\partial \tau_{ij}}{\partial x_j} \\ \dfrac{\partial \rho e}{\partial t} + \dfrac{\partial (\rho e + p)}{\partial x_j} = \dfrac{\partial}{\partial x_j}(u_i \tau_{ij} - \dot{q}_j) \\ p = \rho R T \end{cases} \quad (4.1)$$

式中:x_j为笛卡儿坐标;u_i为相应的速度分量;ρ为密度;p为静压;e为单位质量的总焓:

$$e = c_v T + \frac{1}{2} u_j u_i \quad (4.2)$$

R为气体常数;τ_{ij}为剪切应力;$\dot{q}_i$为热流。

对于牛顿流体,有

$$\tau_{ij} = \lambda \frac{\partial u_k}{\partial x_k} \delta_{ij} + \mu \left(\frac{\partial u_i}{\partial x_j} + \frac{\partial u_j}{\partial x_i} \right) \quad (4.3)$$

μ为动力学分子黏度。

由傅里叶定律,得

$$\dot{q}_i = -\hat{k} \frac{\partial T}{\partial x_i} \quad (4.4)$$

$\hat{k}$为热传导系数。

这些方程对于层流和湍流都是有效的,对于湍流,方程的解指的是直接数值解(DNS)。对于飞行尺度的工程构型流场计算,由于雷诺数很大,直接数值求解是不现实的;但在低雷诺数时,DNS可以进行试验性应用,对于更好地理解激波—湍流边界层干扰的物理过程十分重要。对于飞行尺度的工程构型,可压缩 Navier - Stokes 方程的计算是做平均处理的,计算的是统计平均数据。本章介绍两种不同的方法。

第一种计算统计平均数据的方法是 RANS 方法。RANS 方程通过引入函数 f 的 Favre 系综平均而获得:

$$\begin{cases} \hat{f} = \dfrac{1}{\bar{\rho}} \lim_{n \to \infty} \dfrac{1}{n} \sum_{v=1}^{v=n} (\rho f)^{(v)} = \dfrac{\overline{\rho f}}{\bar{\rho}} \\ f = \hat{f} + f'' \end{cases} \tag{4.5}$$

其中,上划线表示系综平均。处理后的方程组变为

$$\begin{cases} \dfrac{\partial \bar{\rho}}{\partial t} + \dfrac{\partial \bar{\rho}\tilde{u}_j}{\partial x_j} = 0 \\ \dfrac{\partial \bar{\rho}\tilde{u}_i}{\partial t} + \dfrac{\partial \bar{\rho}\tilde{u}_i\tilde{u}_j}{\partial x_j} = -\dfrac{\partial \bar{p}}{\partial x_i} + \dfrac{\partial T_{ij}}{\partial x_j} \\ \dfrac{\partial \bar{\rho}\tilde{e}}{\partial t} + \dfrac{\partial (\bar{\rho}\tilde{e} + \bar{p})\tilde{u}_j}{\partial x_j} = \dfrac{\partial}{\partial x_j}(\tilde{u}_i T_{ij} - Q_j) \\ \bar{p} = \bar{\rho} R \tilde{T} \end{cases} \tag{4.6}$$

其中,总剪切张量和热交换矢量为

$$\begin{cases} T_{ij} = -\overline{\rho u''_i u''_j} + \bar{\tau}_{ij} \\ Q_{ij} = c_p \overline{\rho T'' u''_j} + \bar{q}_j \end{cases} \tag{4.7}$$

式中:( )″代表速度脉动;第一项和第二项分别为湍流项和平均层流项。

RANS 方程的数学封闭要求增加湍流应力 $-\overline{\rho u''_i u''_j}$ 和湍流热流 $c_p \overline{\rho T'' u''_j}$ 方程。这些项的模型总体上分为两类,一类是涡黏性模型,其中,采用湍流涡黏性,将湍流应力和湍流热流模化为分子应力和分子热流的形式

$$\begin{cases} -\overline{\rho u''_i u''_j} = \mu_t \left(\dfrac{\partial u_i}{\partial x_j} + \dfrac{\partial u_j}{\partial x_i} - \dfrac{2}{3}\Delta \delta_{ij} \right) - \dfrac{2}{3}\rho k \delta_{ij} \\ c_p \overline{\rho T'' u''_j} = -\hat{k}_t \dfrac{\partial \tilde{T}}{\partial x_j} \end{cases} \tag{4.8}$$

式中:μ_t 为湍流涡黏性;k 为湍流动能;δ_{ij} 为 Kronecker δ;Δ 为速度的散度;$\hat{k}_t$ 为湍流热传导系数,定义为

$$\hat{k}_t = \dfrac{\mu_t c_p}{Pr_t} \tag{4.9}$$

式中:$Pr_t = 0.9$ 为湍流普朗特数。

涡黏性模型可以根据为确定湍流涡黏性而增加的偏微分方程数量,进一步分

为零方程模型、一方程模型、两方程模型。零方程(或称为代数)湍流模型包括 Cebeci – Smith 模型[12]、Baldwin – Lomax 模型[13],一方程(或代数)湍流模型包括 Baldwin – Barth 模型[14]、Johnson – King 模型[15],两方程模型是 Jones – Launder 的 $k-\varepsilon$[16]模型和 Wilcox 的 $k-\omega$[17]模型。本书不对这些模型以及本章提及的其他湍流模型做完整综述,读者可以参阅文献[17 – 19]。

第二类湍流模型是完全雷诺应力方程模型,在偏微分方程中应用该模型是为了确定湍流应力 $-\overline{\rho u''_i u''_j}$(可能也包括湍流热流 $c_p\overline{\rho T'' u''_j}$)。原则上这种方法比涡黏性模型受到的限制少,因为这种方法不意味着湍流应力张量主轴必须与平均应变率张量速率主轴一致。完全雷诺应力方程模型包括 Zhang – So – Gatski – Speziale 模型[20]、Gnedin – Knight 模型[21]、Zha – Knight 模型[22]。

第二种计算统计平均数据的方法是 LES 方法。在激波—湍流边界层干扰数值模拟的 LES 方法中,引入函数的空间平均 $\bar{f}$ 和函数的 Favre 平均 $\tilde{f}$,定义为

$$\begin{cases} \bar{f} = \dfrac{1}{V}\int_V Gf\mathrm{d}V \\ \tilde{f} = \dfrac{\overline{\rho f}}{\bar{\rho}} \end{cases} \tag{4.10}$$

式中:G 为滤波函数(如宽度为 Δ_G 的平顶滤波函数)。

所以 LES 方程代表的是空间平均的 Navier – Stokes 方程,而 RANS 方程代表的是系综平均。LES 方程本质上是与时间相关的,求解的时间尺度要与湍流运动的惯性亚层时间尺度一样小;而 RANS 方程代表湍流运动所有尺度的平均,包括决定着湍流边界层尺度的含能涡。于是 LES 方程写为

$$\begin{cases} \dfrac{\partial \bar{\rho}}{\partial t} + \dfrac{\partial \bar{\rho}\tilde{u}_k}{\partial x_k} = 0 \\ \dfrac{\partial \bar{\rho}\tilde{u}_i}{\partial t} + \dfrac{\partial \bar{\rho}\tilde{u}_i\tilde{u}_k}{\partial x_k} = -\dfrac{\partial \bar{p}}{\partial x_i} + \dfrac{\partial T_{ik}}{\partial x_k} \\ \dfrac{\partial \bar{\rho}\tilde{e}}{\partial t} + \dfrac{\partial}{\partial x_k}(\bar{\rho}\tilde{e}+\bar{p})\tilde{u}_k = \dfrac{\partial}{\partial x_k}(Q_k + T_{ik}\tilde{u}_i) \\ \bar{p} = \bar{\rho}R\tilde{T} \end{cases} \tag{4.11}$$

其中总剪切张量和热交换矢量为

$$\begin{cases} T_{ik} = -\bar{\rho}(\widetilde{u_i u_k} - \tilde{u}_i\tilde{u}_k) + \bar{\tau}_{ik} \\ Q_k = -\bar{\rho}c_p(\widetilde{Tu_k} - \tilde{T}\tilde{u}_k) - \bar{q}_k \end{cases} \tag{4.12}$$

式中:$-\bar{\rho}(\widetilde{u_i u_k} - \tilde{u}_i\tilde{u}_k)$ 为亚格子尺度(SGS)应力;$-\bar{\rho}c_p(\widetilde{Tu_k} - \tilde{T}\tilde{u}_k)$ 为亚格子尺度热流。

针对这些项的建模发展了两种不同方法,第一种方法是亚格子尺度应力和热

流的显式模型[23-25],第二种是基于单调积分大涡模拟(MILES)概念的亚格子尺度应力和热流的隐式模型[26]。

最近在模拟激波—湍流边界层不稳定干扰时,发展了 LES/RANS 混合模拟方法,是用于高雷诺数流动计算的低成本(与 LES 方法相比)计算方法[27,28]。与流动相关的混合函数在结构上与 Menter 的 $k-\varepsilon/k-\omega$ 模型[29]相似,在近固壁区采用两方程模型对湍流进行模拟,在远离固壁的区域以及分离区周围的自由剪切层区域,用 LES 做亚格子尺度的湍流模拟。

4.2 二维湍流干扰

本章讨论的二维激波—湍流边界层干扰,主要针对标准实验构型(图 4.2),即正激波和斜激波入射干扰、压缩拐角(CR)与压缩—膨胀拐角干扰、前向台阶干扰。它们的流场结构取决于自由流马赫数、激波强度(如无黏静压比 $\xi=p_2/p_1$,对于斜激波—边界层干扰,激波强度的等价概念是无黏流部分经激波的偏折角 α)、基于入流边界层厚度 δ 的雷诺数 Re_δ(如果入流湍流边界层满足平衡态假设,也可使用基于可压缩位移厚度 δ^* 或者动量厚度 θ 的雷诺数)、壁温比 T_w/T_{aw}(T_w 是壁面温度,T_{aw} 是绝热壁温度)、几何条件(是平面还是带角度的平面,因为在凹型壁面上存在更大的流向曲率,可能诱发 Görtler 涡)。讨论的内容包括激波—湍流边界层干扰的典型模式与流场结构、典型的实验结果和计算结果。

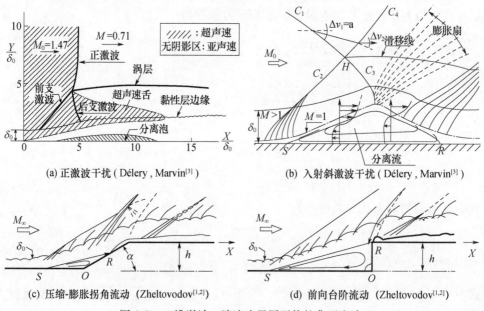

图 4.2 二维激波—湍流边界层干扰的典型流动

因篇幅限制,不可能总结所有的计算结果,仅选择典型算例,对计算能力做出一般性评估。

4.2.1 正激波—湍流边界层干扰的流动模式与初始分离准则

图4.3所示是平板上跨声速正激波—湍流边界层干扰各阶段的纹影照片和壁面流动图谱[30]。在$M_\infty=1.1$时实现的是无分离模式(图4.3(a));在$M_\infty=1.3\pm0.01$时,由于在各分离型鞍点(沿壁面横向分布)附近出现小的不稳定分离区,无黏激波迹线(虚线)上游的极限流线出现分叉(图4.3(b)),这些局部区域之间的流动在向下游流动的过程中不产生分离;在$M_\infty=1.43\pm0.02$时,至少在壁面的中心区域形成了完全分离的流动(图4.3(c)),三维效应还比较小。

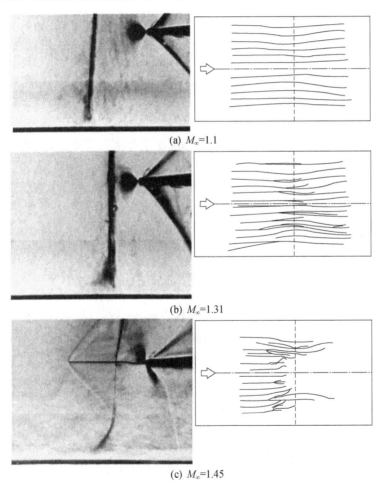

(a) $M_\infty=1.1$

(b) $M_\infty=1.31$

(c) $M_\infty=1.45$

图4.3 正激波—湍流边界层干扰的纹影照片与
表面流线图谱(Zheltovodov[30])

在无黏外流中,正激波的静压比由 Rankine – Hugoniot 关系确定:

$$\xi = p_2/p_1 = [2\gamma M_1^2 - (\gamma - 1)]/(\gamma + 1) \tag{4.13}$$

其中,下标"1"和"2"分别代表紧靠激波的上游和下游条件。由于激波—边界层干扰效应,在紧邻激波区域的壁面上从未观察到该压比数据。由于压力通过边界层亚声速部分向上游传播,边界层位移厚度变化率在上游局部突然增大,进而产生当地压缩波系(图 4.3(a),图 4.3(b)),甚至在正激波上游因分离而产生一道斜激波(图 4.3(c),图 4.2(a));正激波根部移动到压缩波系内部,或者形成一个"λ 激波结构",在外流中伴随出现部分激波的弯曲(即 Rankine – Hugoniot 方程的强斜激波解),所以观察到的壁面压力水平 p_2/p_1 低于式(4.13)的预测值。此外,正激波下游的亚声速外流特征使气流整体上依赖于下游条件,在第 3 章详细讨论过正激波—湍流边界层干扰的波系结构。

图 4.4 所示是测量获得的激波下游等压区壁面压比 p_2/p_1(图中的符号 "1"[30])与自由流马赫数 $M_\infty = M_1$ 的关系,其中 $p_1 = p_\infty$,图中虚线(ξ_{inv})是满足方程(4.13)的正激波静压比。在无分离流条件($M_\infty < 1.25$,I 区)下,数据点"1"与最大激波偏折压力曲线 p_{max} 一致。在 $M_\infty = M_i = 1.25 \pm 0.02$ 观察到 $(\mathrm{d}p/\mathrm{d}x)_{max} = (p_2 - p_1)/L_{int}$ 增长率的突然减小,该点是"真实的"初始分离条件,尽管由于分离泡很小,流场还没有发生很大改变。该结论得到一个事实的支持,即测量的壁面静压比在 $M_i = 1.25$ 时与最小值 $(p_2/p_1)_{min} = 1.4$ 重合,按照 Pearcey[31]的实验结果,在跨声速机翼上,这是激波根部产生真实初始分离所需要的条件;在这个阶段(即在 $M_i = 1.25 \pm 0.02$ 范围内),外部"无黏"激波的强度 $\xi_{inv} = f(M_\infty)$ 与正激波附近初始分离条件的实验关联[32]的低限值 $\xi_i^* = 1.61$(图中的线"6",根据 Grodzovskyi 的实验数据获得的关联关系)完全一致。

在壁面流动图谱中出现分叉的条件 $M_\infty = M_{ef} = 1.3 \pm 0.01$(图 4.3(b))与开始出现"明显"分离(或有效分离)的条件一致,这时在激波根部显现出明显的分离区,p_2/p_1 的数值达到该马赫数阶段的声速压力线 p_{son} 数值(图 4.4),与 Pearcey 的经典实验结果[31]类似,也与前向台阶分离点的经验壁面静压比一致(参考图中 p_s/p_∞ 线,该曲线根据经验关系[33] $p_s/p_1 = 0.365 M_\infty + 1$ 绘制)。所以,声速压力和分离点压力相等的条件($p_{son} = p_s$)与 Pearcey 的标准[31]一致,合理地预测了有效初始分离的临界马赫数 $M_{ef} \approx 1.3$。在 II 区($M_\infty \geq 1.3$),壁面压比 p_2/p_1 开始与观察到的前向台阶上游分离区的低马赫数平台压比关系 p_p/p_1(线"2"[33])一致。在 $M_\infty = 1.34$ 对正激波根部附近做的 LDV 测量以及这时的 p_2/p_1 数据(符号"3")揭示了短时(占据 8% 的时间段)存在的小回流区的间歇特性,对应的间歇系数为 $\gamma_{ru} = 0.08$,处于间歇性分离阶段[35]。

在 $M_\infty = M_s = 1.43 \pm 0.02$ 时,完全分离线形成(参考图 4.3(c)),与测量获得的 p_2/p_1(雷诺数范围 $Re_\theta = (1 \sim 4) \times 10^3$)达到平台压比的条件一致,即达到 Chapman[36]经典自由干扰理论(FIT)预测的稳定分离区平台压比(参考图4.4,实线"5"):

$$\frac{p_p}{p_\infty} = kM_\infty^2 (M_\infty^2 - 1)^{-1/4} c_f^{1/2} + 1 \qquad (4.14)$$

对于湍流流动,本图的预测[1,30]使用了由实验[3]确定的常数 $k = 5.94$ 以及基于 Kutateladze-Leont'ev 理论[37]计算的平板湍流边界层壁面摩擦系数 c_f。与图4.4一致,$p_{son} = p_p$ 的条件与 Pearcey 准则[31]一起,可用于预测出现完全分离的临界马赫数 $M_\infty = M_s$。Morriss 等的实验[38]表明,在 $M_\infty = 1.48$(图中的符号"4")时,反向流动在时间上占据50%以上(即 $\gamma_{ru} = 0.55$),油流显示也表明存在明显的分离线,所以在 $M_\infty > M_s$ 的Ⅲ区,边界层的发展实现了"准定常"分离(或"完全分离"[35])。

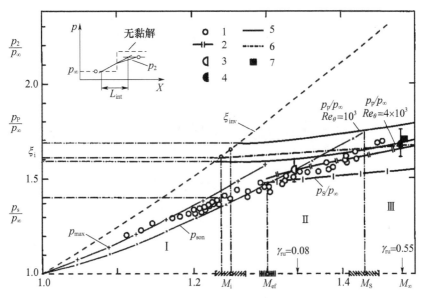

图4.4 过正激波和各干扰模式的压比(Zheltovodov[30])
Ⅰ—无分离流;Ⅱ—间歇性分离;Ⅲ—完全发展的分离流。

许多实验和理论分析[1,3,8,39]工作是以正激波—湍流边界层干扰初始分离条件为研究对象的,Zheltovodov 等[30]以及 Grodzovskyi 等[32]获得的平板上真实初始分离的 M_i 实验数据(图4.5,符号"3"和"4"),与 Inger 的理论预测[40,41]结果(线"1")符合很好,也接近来自 ONERA 实验数据(符号"2",用翼型或风洞壁面上的凸起所做的曲面跨声速绕流实验数据[3,39])的经验关系(点划线"2")。通过绘制与正激波根部相交的边界层位移厚度 δ^* 变化,Stanewsky[42]定义了机翼表面有效初始分离的极限(符号与线"5"),还根据 Pearcey 准则[31]($p_s = p_{son}$,符号"6"),将测量的分离泡长度数据外推到"零"分离泡长度(实线)。平板表面有效初始分离的 M_{ef} 数据(符号"7"、"8")与这些经验关系符合得很好;与缓慢弯曲的壁面实验数据(线"2"与线"5")相比,平板表面的 M_i 与 M_{ef}(符号"3"、"4"、"7"、"8")有很小的减小趋势,与理论预测结果一致[43];研究的所有关系和数据都表明,随着入流边界层不可压形状因子 $H_{i,0} = \delta_i^*/\theta_i$($\delta_i^*$ 与 θ_i 是不可压位移厚度和动量厚度[3,39])的减小,也就是随着雷诺数 Re_{δ_0} 的增加,M_i 与 M_{ef} 略有增加。较小的 $H_{i,0}$ 意味着速度剖面比较丰满,对应完全发展的湍流边界层,抵抗分离的能力也比较大。M_i 与 M_{ef} 变化不大可以这样解释[3,42]:$H_{i,0}$ 的增加使边界层的亚声速部分增大,所以边界层更容易分离;同时 $H_{i,0}$ 的增加还使上游影响长度增加,所以逆压梯度减小,分离倾向减小;两者的影响相互抵消。但在图 4.5 的数据精度条件下,随着雷诺数的降低($H_{i,0} < 1.4$),M_i 与 M_{ef} 似乎呈现明显变化的趋势(带状区"9"),以下讨论可能的原因。

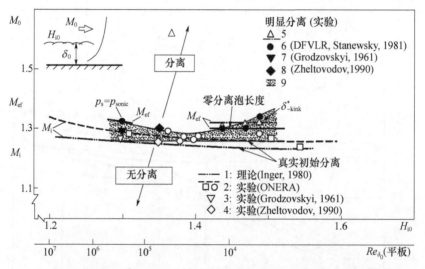

图 4.5 激波诱导的"真实"分离和"有效"(或明显)分离的初始分离极限

图 4.6 收集了大量二维跨声速干扰的实验数据[30,32,34],实心点是边界层分离的数据,空心点是边界层不分离的数据,流动没有横向曲率,也没有流向曲率(至少很小)。按照文献[34]对这套数据的研究,只有 Schofield(1983)的数据、Bogar 的跨声速扩压器实验、Salman(1983)、Sajben(1991)[34] 以及 Morris(1992)[38] 的数据,是关于带逆压梯度的正激波—湍流边界层干扰问题的。

采用文献[32]的临界激波静压比 $\xi_i^* = (p_2/p_\infty)^*$ 经验关系,明显的分离固定出现在跨声速马赫数(图 4.4,线"6"),与式(4.14)预测的 p_p/p_∞(实线"5")一致,所以自由干扰理论可以用于描述出现间歇性初始分离的条件[1,30]。令式(4.14)的平台压力等于式(4.13)的正激波强度,可得出以下"真实"初始分离的准则:

$$\frac{2\gamma M_\infty^2 - (\gamma - 1)}{\gamma + 1} = kM_\infty^2 (M_\infty^2 - 1)^{-1/4} c_f^{1/2} + 1 \qquad (4.15)$$

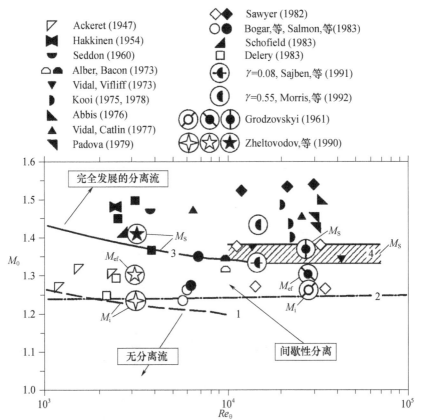

图 4.6 正激波干扰数据（分离—黑色符号；无分离—空心符号）

理论预测的"真实"初始分离：1—自由干扰理论，式(4.15)；2—Inger 理论[40-41]；
完全分离的开始 ($p_s = p_{son}$)：3—自由干扰理论；4 - Grodzovskyi[32], Zukoski[33]，
以及 Zheltovodov[46] 的实验数据关联。

用该方法可以很好地预测 M_i 的数据和相应的无黏正激波临界强度 ξ_i（图 4.4），由于 $k = 5.94$, c_f 是 M_∞、Re_δ 或 Re_θ 的函数[37,44]，上述方程代表一个超越函数，即马赫数 M_i 作为雷诺数 Re_θ 的函数。自由干扰理论（图 4.6 的虚线"1"）预测表明，随着雷诺数的增加（c_f 减小），边界层抗分离能力有微弱下降（M_i 减小），适用范围是 $Re_\delta < 10^5$（或 $Re_\theta < 10^4$）。当 $Re_\delta > 10^5$（或 $Re_\theta > 10^4$）时，按照 Inger 的预测（图 4.6，线"2"），需要更强的激波强度，边界层才能分离，该预测与 Grodzovskyi（1961）[32] 的实验结果一致。所以，无分离流模式只能在线"1"和"2"以下实现，有效初始分离（按照条件 $p_s = p_{son}$）对应临界马赫数 $M_{ef} \approx 1.3$ 的条件。前面提到，$p_p = p_{son}$ 的条件可用于预测完全分离的初始阶段，类似于 Pearcey 准则[31]。在低雷诺数 $Re_\theta \leqslant 10^4$ 时，使用平台压力 p_p、基于自由干扰理论计算的临界值 $M_\infty = M_s$ 用实线"3"表示，分离流模式（黑色符号）数据散布点的下边界对应至此雷诺数线

"3"所达到的数值。这个特性对应的是松弛中的湍流边界层速度剖面饱满程度的减小[3,39,45]或H_i的增加,松弛过程位于层流—湍流转捩区紧邻的下游、当雷诺数增加到$Re_\theta \approx 10^4$时。在该数值以上,趋势相反,即随着雷诺数的增加,边界层剖面变得更饱满、H_i减小,$Re_\theta > 10^4$的M_s边界标示为阴影带"4",该误差带包含了实验数据的散布、高雷诺数时计算平台压力的经验关系的偏差[32,33,46],该边界与线"2"的$M_i(Re_\theta)$理论线[40,41]类似。图中给出的各边界确定了正激波—湍流边界层干扰中的无分离模式、间歇性分离模式和完全分离模式的条件界限。

4.2.2 正激波—湍流边界层干扰数值模拟实例

图4.7所示是采用代数Baldwin–Lomax湍流模型用RANS模拟[47]计算的扩压器[38]内的定常二维正激波—湍流边界层干扰结果,条件是马赫数1.48、$Re_\delta = $

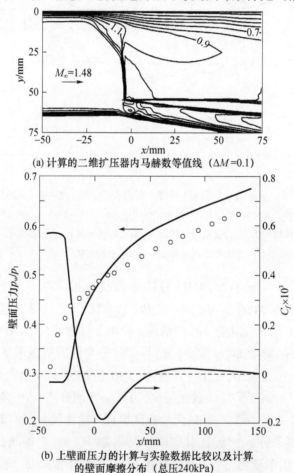

(a) 计算的二维扩压器内马赫数等值线(ΔM=0.1)

(b) 上壁面压力的计算与实验数据比较以及计算的壁面摩擦分布(总压240kPa)

图4.7 扩压器内定常二维正激波—湍流边界层
干扰的RANS模拟结果(Blosch[47])

2.3×10^5($Re_\theta=1.46\times10^4$)。预测的上壁面附近 λ 激波(图4.7(a))是边界层完全分离模式,定性地与实验结果一致。从计算的上壁面压力分布(图4.7(b),实线)看到,计算低估了干扰区的上游影响,这是标准零方程和两方程湍流模型的典型结果。计算的壁面摩擦系数表明,存在一个明显的回流区,计算和实验的壁面压力分布都在分离区壁面摩擦最小的区域存在弯折点;实验和计算的该点静压比 $p/p_\infty\approx1.7$(参考图4.4,符号"7"),处于实验和自由干扰理论预测的压力平台 p_p/p_1 界限以内;在干扰的上游和下游若干位置上,计算预测和实验获得的速度剖面都很接近[47]。

图4.8所示是RANS模拟的圆柱形实验段[48]内的正激波干扰,用代数模型(Cebeci–Smith)和两方程(Wilcox–Rubesin)模型都准确预测了壁面压力(图4.8(a)),但两方程模型预测的干扰区下游壁面摩擦分布和速度剖面发展[48]与实验数据符合得更好(图4.8(b))。两方程模型预测结果说明流动接近初始分离阶段($c_f=0$),而一方程模型却计算出一个回流区。计算和实验的湍流动能分布大体是相似的[48],但实验结果表明在激波下游的自由流中存在很大的湍流度,但计算结果中没有这个现象,由于这一结果的影响,图4.8(b)中计算获得的再附点下游壁面摩擦增大。

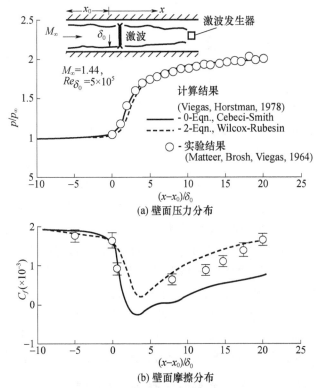

(a) 壁面压力分布

(b) 壁面摩擦分布

图4.8 轴对称流动跨声速正激波干扰的计算与实验结果比较[48]

图4.9展示的是LES方法预测NACA0012翼型上正激波—湍流边界层干扰的

能力,算例的条件是马赫数0.8、攻角2.26°、基于机翼弦长的雷诺数为 $Re_c = 9 \times 10^6$,采用 Bardina 等[50]的缩尺相似模型。正激波出现在机翼的上壁面(即吸力侧)约60%弦长处,紧邻激波上游的当地超声速区马赫数为1.38(图4.9(a)),计算的壁面压力与实验数据符合得很好(图4.9(a)),但在 $x/c \approx 0.48 \sim 0.56$ 范围计算值偏低。计算的壁面摩擦(图4.9(b))表明,激波引起了有回流的分离区,c_f 在 $x/c \approx 0.55$ 处开始下降,与分离区下游正向压梯度区所在位置一致。有证据表明,与实验数据相比,计算的分离区长度和上游影响区都比较小,产生差别的原因可以解释为,在跨声速流中,层流—湍流转捩位置对流动相似性影响严重[39,51]。计算的吸力侧壁面摩擦系数在距前缘5%弦长处开始增加,说明在这里发生了自然转捩。但实验没有获得转捩位置,无法与计算预测的结果进行比较。

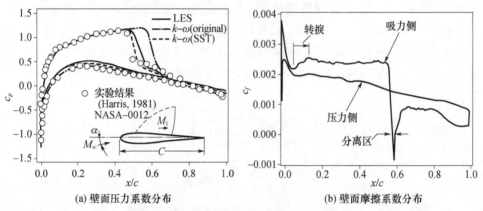

(a) 壁面压力系数分布　　　　(b) 壁面摩擦系数分布

图4.9　翼型 NACA0012 正激波—湍流边界层干扰的 LES[49]和 RANS[52]计算结果
($M_\infty = 0.8, M_1 = 1.38, Re_c = 9 \times 10^6, \alpha = 2.26°$)

与实验结果相比,采用标准 Wilcox $k-\omega$ 模型[17]的 RANS 方法计算预测的激波位置(图4.9(a))明显位于更下游处。其改进模型[52]增加了一个交叉扩散项,并嵌入了一个应力限制器,使涡黏性成为 k、ω 以及湍流生成与湍动能耗散之比的函数,增加的应力限制器使预测的机翼上表面正激波位置、分离区上游影响范围明显改善(图4.9(a),标示为"SST"的虚线)。但与实验数据结果相比,LES 和修正前的该湍流模型预测的该区域壁面压力水平都偏高。

RANS 改进模型有可能改善预测结果固然很重要,但大范围不稳定性在这些流动中是占主导地位的现象,按照最近的评估[2,6,7],准确预测这种流动需要模拟这种大范围不稳定性。所以,发展 LES 和 DNS 方法,才能使这类流动的研究获得更好的前景。

4.2.3　压缩与压缩—膨胀拐角绕流结构及其数值模拟实例

压缩拐角(CR)和压缩—膨胀拐角(CDR)干扰(参考图4.2(c))具有非常复杂的平均流场结构,形成的黏性干扰模式也较多。当角度 α 足够小时,形成无分离或分离很小的流动模式,压缩波系汇聚为一道激波(图 4.10(a)、(b)),下游壁面压力实际上与无黏情况重合(图 4.10(c)),沿程的平均壁面摩擦系数均大于零($c_f>0$,图 4.10(d)),不存在平均意义上的回流(图 4.10(e)),用标准两方程 Wilcox $k-\omega$ 模型和 Jones – Launder $k-\varepsilon$ 模型都准确预测了这种流场[53,54]。

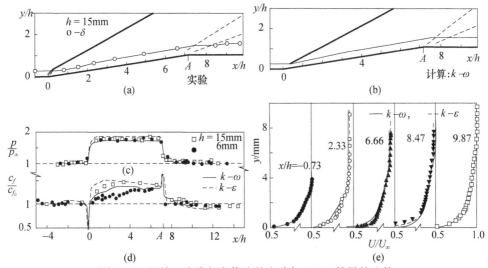

图 4.10 压缩—膨胀拐角绕流的实验与 RANS 结果的比较

数据来源:RANS 标准 $k-\omega$ – 文献[53],RANS $k-\varepsilon$ 湍流模型 – 文献[54];实验 – 文献[1]和文献[53]。

$M_\infty=2.9, \alpha=8°, T_w/T_{aw}\approx 1;$

$h=15\mathrm{mm}(h/\delta_0=4.4), Re_{\delta_0}=1.22\times 10^5; h=6\mathrm{mm}(h/\delta_0=2.6), Re_{\delta_0}=6.36\times 10^4.$

当角度 α 足够大时(需要增大到什么程度,取决于 M_∞、Re_{δ_0} 以及 T_w/T_{aw}),边界层在压缩拐角上游的 S 点分离、在拐角下游的 R 点再附(图 4.11(a)、(b))。由于分离泡迫使边界层发生偏转,在压缩拐角上游形成一组压缩波系,相应地引起平均壁面压力升高(图 4.11(c)),压缩波系汇聚为一道激波(即分离激波,根据 M_∞、Re_{δ_0} 和 α 的不同,这道激波可以形成于边界层内或边界层外);在 S 与 R 点之间的回流区中(参考速度剖面,图 4.11(e)),形成一个平均壁面压力的"平台",在 S 和 R 点处,$c_f=0$(图 4.11(d))。当流动因拐角而偏折、外流被压缩时,在名义再附点 R 附近形成第二组压缩波系,压缩波系汇聚为一道激波(即再附激波)。分离激波与再附激波相交,形成"λ 激波结构",并在两波交点处出现滑移线(图 4.11(a))及二次膨胀波扇(图 4.2(c)),或者在低马赫数时从三波点生成一道弱激波。在 $M_\infty\leq 3$ 的实验中,二次膨胀波扇相对比较弱,在较高马赫数时则很明显[3,10]。边界层在绕过第二拐角时过度膨胀,因而在该膨胀波扇下游立刻生成压缩波系。采用 $k-\omega$ 和 $k-\varepsilon$ 湍流模型的 RANS 计算结果[53,54]与实验数据符合很好(参考图 4.11(a)~(e)),用计算的静压和密度再现的流场结构(图 4.11(b))正确描述了压缩拐角的 λ 激波与声速线 1、$u=0$ 的零速度线 2、分离区中最大回流速度线 3

以及膨胀拐角周围的膨胀扇。$h=15\text{mm}$ 的实验获得了有限的壁面摩擦数据,可作为 $h=6\text{mm}$ 实验数据的补充。

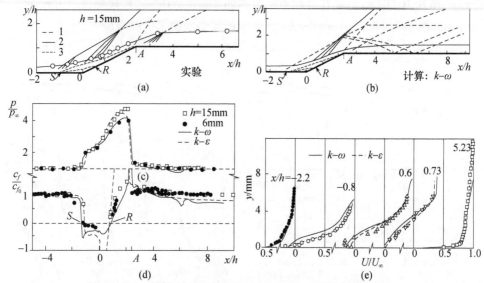

图 4.11　压缩—膨胀拐角绕流的实验与 RANS 结果的比较

1—声速线($M=1$);2—零速度线;3—最大回流速度线[1,53]。

数据来源:RANS 标准 $k-\omega$ -文献[53],RANS $k-\varepsilon$ 湍流模型-文献[54];实验-文献[1,53]。

$M_\infty=2.9, \alpha=25°, T_w/T_{aw} \approx 1; h=15\text{mm}(h/\delta_0=3.7), Re_{\delta_0}=1.48\times 10^5$;

$h=6\text{mm}(h/\delta_0=2.6), Re_{\delta_0}=6.36\times 10^4$。

对于压缩面长度比较短的情况,因为在台阶后肩部再附的亚临界边界层膨胀的影响向上游方向传播[55,56],流动特性与压缩面长度(或比值 h/δ_0)有关。如果再附点到达肩部,形成的流动结构基本与直台阶上游的情况相同,分离点则延伸到上游距肩部 4.2 倍台阶高度处[56],这些流动模式详见图 4.12 和图 4.13。在台阶顶部 A 点的下游,流动中出现一个小的、强不稳定的分离区(图 4.12(a)和图 4.13(a)),由于台阶前方底部拐角处存在局部涡结构(图 4.13(a)和图 4.13(d)),而出现二次分离线 S' 和二次再附 R' 线[46,53,57]。

图 4.12(b)、图 4.13(b)表明,计算结果正确描述了激波与膨胀波结构,准确预测了分离与再附的位置,准确预测了声速线 1、分离线 2、$u=0$ 的零速度线 3 以及最大回流速度线 4,但计算结果中没有体现出那个位于台阶顶点附近的强不稳定小分离区。图 4.12(c)、图 4.13(c)表明,计算和实验获得的壁面压力符合得很好($\alpha=45°$ 膨胀拐角附近除外);图 4.12(d)和图 4.13(d)是计算和实验获得的壁面摩擦分布,图中给出了 $h=15\text{mm}$ 构型的有限测量数据以及 $h=6\text{mm}$ 构型的测量数据,可以看到,计算结果与实验数据相符;图 4.12(e)和图 4.13(e)表明,在有回流的分离区中,计算和实验获得的平均速度剖面结果也相符。

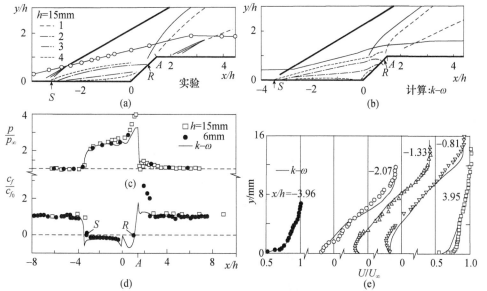

图4.12 压缩—膨胀拐角绕流的实验与 RANS 结果的比较

1—声速线($M=1$);2—分离流线;3—零速度线;4—最大回流速度线[1,53]。

数据来源:RANS 标准 $k-\omega$ - 文献[53],RANS $k-\varepsilon$ 湍流模型 - 文献[54];实验 - 文献[1,53]。

$M_\infty = 2.9, \alpha = 45°, T_w/T_{aw} \approx 1; h=15\text{mm}(h/\delta_0 = 3.5), Re_{\delta_0} = 1.55 \times 10^5;$

$h = 6\text{mm}(h/\delta_0 = 2.6), Re_{\delta_0} = 6.36 \times 10^4。$

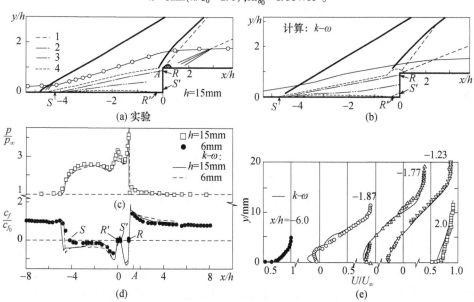

图4.13 压缩—膨胀拐角绕流的实验与 RANS 结果的比较

1—声速线($M=1$);2—分离流线;3—零速度线;4—最大回流速度线[1,53]。

数据来源:RANS 标准 $k-\omega$ - 文献[53],RANS $k-\varepsilon$ 湍流模型 - 文献[54];实验 - 文献[1,53]。

$M_\infty = 2.9, \alpha = 90°, T_w/T_{aw} \approx 1; h=15\text{mm}(h/\delta_0 = 3.8), Re_{\delta_0} = 1.44 \times 10^5;$

$h = 6\text{mm}(h/\delta_0 = 2.6), Re_{\delta_0} = 6.36 \times 10^4。$

对于压缩拐角,针对马赫数 2.96、$\alpha=15°\sim 25°$、$Re_\delta=1.5\times10^5$ 条件,用 RANS 方法做了一系列计算[58],参见图 4.14。计算中采用了 Cebeci – Smith 零方程湍流模型和湍流涡黏性松弛模型,其中的湍流涡黏性松弛模型为

$$\mu_t = \mu_{t,\infty} + (\mu_{t,\text{equil}} - \mu_{t,\infty})[1 - e^{-(x-x_\infty)/\lambda}] \quad (4.16)$$

式中:$\mu_{t,\infty}$ 为在 x_∞ 位置(紧邻压缩拐角干扰区的上游位置)评估的涡黏度;$\mu_{t,\text{equil}}$ 为标准的(或平衡的)Cebeci – Smith 涡黏度。

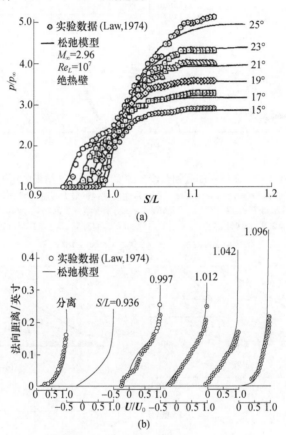

图 4.14　压缩拐角绕流的实验与 RANS 计算的比较
(基于 Cebeci – Smith 松弛模型计算[58])

假设松弛长度为 $\lambda=10\delta_0$(δ_0 是紧邻干扰区的上游位置边界层厚度),比较了计算和实验获得的平均壁面压力分布(图 4.14(a)),图中 L 是上游平板的长度($L=1\text{ft}=304.8\text{mm}$),$S$ 是沿压缩表面的距离。总体上看两者符合很好,特别是准确预测了上游影响区位置(即平均压力开始爬升的位置)随压缩拐角的变化关系。图 4.14(b)所示是计算和实验获得的名义分离位置下游的平均速度剖面,两者符合很好。但松弛长度 $\lambda=10\delta_0$ 并非通用尺度,对于斜激波入射干扰流动,在相同的自由流马赫数和相当的雷诺数条件下,需要其 2 倍的数值(作为松弛长度),

才能获得与实验相符的结果(请看后面的讨论)。

大量的 RANS 计算[48]表明,用不同的湍流模型有可能正确描述一些流动。目前使用的模型包括零方程(代数)平衡模型、Glushko 的一方程(动能)模型[127]、Jones–Launder 和 Wilcox–Rubesin 两方程(动能与长度)湍流模型。图 4.15(a)和图 4.15(b)给出了压缩拐角附近的壁面压力分布和平均速度剖面,计算结果与实验数据定性地一致,但没有哪个模型能够在定量上更好,一般来说,利用高阶湍流模型可使计算结果在总体上得到改善。该结论得到最近计算研究的支持,参见图 4.15(c)、图 4.15(d),计算采用新的 $k-\omega$ 模型,比较了采用和不采用限制器的计算结果。最重要的结论是,在采用应力限制器的情况下(实线),计算的压升起点与测量结果相符,预测的分离区压力平台量值与测量数据接近。计算的壁面摩擦系数也与测量数据接近,但在再附区下游与测量数据之间存在偏差,说明受扰边界层恢复到平衡条件的速率比较小。

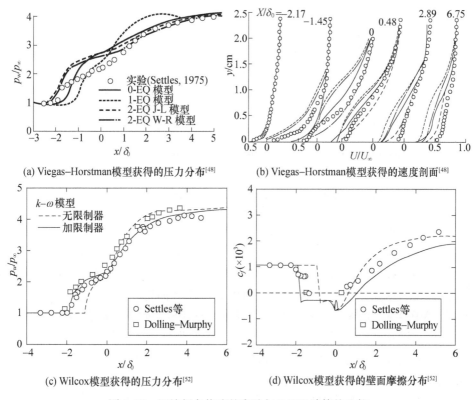

(a) Viegas–Horstman 模型获得的压力分布[48]

(b) Viegas–Horstman 模型获得的速度剖面[48]

(c) Wilcox 模型获得的压力分布[52]

(d) Wilcox 模型获得的壁面摩擦分布[52]

图 4.15 压缩拐角绕流的实验与 RANS 计算的比较

$M_\infty = 2.8, \alpha = 24°, T_w/T_{aw} = 0.88, Re_{\delta_0} = 1.33 \times 10^6$。

尽管进行了大量的实验和计算研究,但对这些流动的某些相关物理机制的理解还很欠缺,而且简单地通过湍流模型改进[2,6,7,11,59]不能重现某些物理机制。这些重要的物理现象(图4.16)包括:①不稳定激波对边界层内湍流的放大作用;②不稳定激波对外流湍流的放大作用;③膨胀波对湍流的抑制作用;④再附流动在靠近壁面区域形成新的边界层;⑤Taylor – Görtler 涡的形成;⑥因回流区内的顺压梯度及雷诺数的减小(回流速度在分离区内减小)[46]而在分离区内形成看上去像再层流化的表象过程。这些流动现象都很重要,在为计算这种流动而研发数学模型时,必须使数学模型能够对这些现象进行恰当模拟。

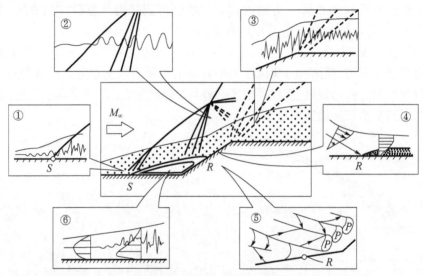

图4.16 压缩—膨胀拐角绕流的特殊物理现象(Zheltovodov[1,2,80])

4.2.4 初始分离准则、干扰模式与相似律

压缩拐角流动分离是一个从附着流态到分离流态的光滑、渐变的过程[60-63]。分离最早出现在小压缩拐角 $\alpha = \alpha_i$ 条件下的黏性亚层内(图4.17),并随着 α 的增大而在壁面干扰层内($y/\delta \approx 0.1 \sim 0.2$)缓慢增加;当 α 足够大时,分离影响到边界层靠外的超声速部分,分离长度也更快地随 α 的增大而增长。这些观察确定了两个 α 临界值,第一个临界值是"小"分离开始出现的临界值 α_i,第二个临界值是表征分离区大增长率(或大尺度分离区)开始出现的临界值 $\alpha_{i,L}$[60,61]。此外,还存在第三个临界值 α_S^*,对应两个外推曲线的交点(图4.17),临界值 α_S^* 与 $\alpha_{i,L}$ 一起,用来定义大尺寸分离区的出现条件。

图4.18(a)、(b)所示是临界压缩拐角 α_i、α_S^* 与 $\alpha_{i,L}$ 的数据。Settles 等人[62,63]在 $M_\infty = 2.8$、$T_w/T_{aw} \approx 1$ 条件下采用不同实验技术测量了 α_S^* (图4.18(a),空心符号),数据落在15°~18°范围内,对于完全湍流($Re_{\delta_0} > 10^5$)该值与雷诺数 Re_{δ_0} 无关,该实验测量的结论,否定了之前 α_S^* 随雷诺数增长具有增长趋势的结论(之前的结论是 Law、Roshko 和 Tomke 根据测量数据[56]所做出的,参见图4.18(a)[62])。

与此类似,按照 Appels 和 Richards 的测量结果[60],在不同 M_∞ 时 $\alpha_{i,L}$ 也呈现出与 Re_{δ_0} 无关的特性,而且 $\alpha_{i,L}$ 随着 M_∞ 的增加而增大。Holden[64] 为高超声速干扰流动预测而发展的关联关系(图 4.18(a),实线),应用于 $M_\infty = 2.9$ 时,预测结果是随 Re_{δ_0} 增加 α_S^* 减小,对于受黏性控制的流动,这个趋势是典型的结果,但只在低雷诺数 Re_{δ_0} 条件下才与超声速测量数据相符。Elfstrom[65] 的预测方法在 $M_\infty = 2.9$ 时给出的结果(图 4.18(a),虚线)与实验数据符合很好,但在更高雷诺数条件下 α_S^* 的增长趋势值得怀疑。

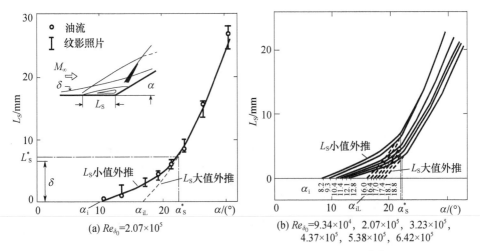

图 4.17 分离长度与压缩拐角的关系(Appels - Richards[60])
$M_\infty = 3.5, T_w/T_{aw} = 1$

测量小分离开始出现时的临界值 α_i 是极其困难的任务,图 4.18(b)中的实验数据代表着其中最好的工作(如 Appels 和 Richards[60],Spaid&Frishett[61],Settles[62,63]的工作)。获得的数据明确证明,对于给定的马赫数 M_∞ 和雷诺数 Re_{δ_0},α_i 小于 α_S^*。对于绝热壁条件,在 $10^4 \leqslant Re_{\delta_0} \leqslant 10^7$ 范围、$M_\infty = 2.9$,α_i 的数据(符号"1"、"3"~"5")是 6.5°~12°;当 $Re_{\delta_0} > 10^5$ 时,α_i 随雷诺数的增加而增大。这个结果是边界层在松弛过程中速度剖面饱满度减小(H_i 增大)、抗分离能力开始减小的表现(边界层松弛发生在层流—湍流转捩下游 $Re_{\delta_0} \approx 10^5$ 时[39,45]);同时,干扰流场的黏性壁面层厚度增加,其亚声速部分 Re_{δ_s} 低,促使小分离过早启动,在 $Re_{\delta_0} > 10^5$ 范围,随着剪切应力的减小,速度剖面饱满度增加(H_i 减小),使边界层具备更强的抗分离能力;另外,随着 Re_{δ_0} 的增加,声速线向壁面靠近,黏性层厚度减小,使决定干扰区尺度的壁面层厚度减小,并引起 α_i 的增加。还注意到(如 Spaid 和 Frishett 的数据[61]),壁面冷却使初始分离受到抑制(图 4.18(b),符号"2")。

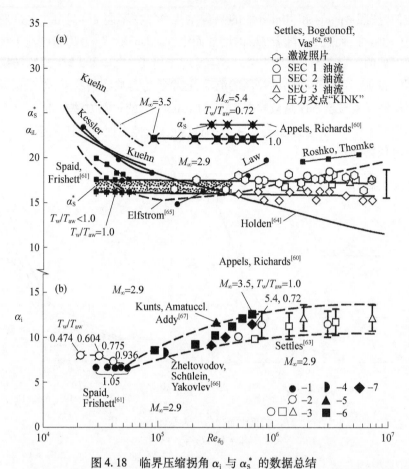

图 4.18 临界压缩拐角 α_i 与 α_S^* 的数据总结

1—$\delta_0=8.38\sim 8.0$mm,Spaid,Frishett[61];2—$\delta_0=9.96\sim 8.08$mm,Spaid,Frishett[61];
3—$\delta_0=30\sim 10$mm,Settles[63];4—$\delta_0=3.4$mm,Zheltovodov[66];5—$\delta_0=8.27$mm,Kuntz[67];
6—$\delta_0=6.5\sim 5.9$mm,Appels,Richards[60];7—$\delta_0=19.8\sim 18.2$mm,Appels,Richards[60]。

图 4.19 所示是绝热壁压缩拐角和压缩—膨胀拐角湍流分离发展的 5 个流动模式,模式 Ⅰ 是无分离流,模式 Ⅱ 是间歇性分离流,模式 Ⅲ 是完全发展的小尺寸分离流,模式 Ⅳ 是压缩拐角大尺寸分离流,模式 Ⅴ 是前向台阶上游的最大尺寸分离流。二维压缩拐角附近的分离流发展模式,实际上是正激波附近分离流的发展特征,按照 Elfstrom 的概念[65],Zheltovodov 证明,低雷诺数时($Re_{\delta_0}<10^5$)初始小分离流及其发展的早期阶段[1]流动特征是根据压缩拐角临界值 α_i、α_{ef} 与 α_S(图 4.19)区分的,分别对应当地马赫数分别达到临界值 M_i、M_{ef} 和 M_s 时脱体激波达到距壁面不同高度的情况,根据这些临界马赫数区分正激波附近出现哪种流动模式,是真实初始分离、有效间歇性分离的开始还是完全发展的分离流(参考图 4.4)。绝热壁压缩拐角初始分离条件的数据(图 4.18(b),文献[60,61-63,66,67]),都集中

在这些临界值附近(图 4.19,符号"1"、"3"、"6"、"8"、"9"),文献[68-71]的数据(图 4.19,符号 10~13,16)也支持这一推测结果。外流马赫数降低,靠近壁面的边界层跨声速部分厚度增加,即使在比较高的雷诺数条件下,可分辨的小分离流也将提早发生。按照上述分析获得的关联性,发现更多数据指向这种关系,如文献[68]在 $M_\infty = 1.5$、$Re_{\delta_0} = 1.79 \times 10^5$($Re_{\theta_0} = 1.75 \times 10^4$)时获得的数据表明,当 $\alpha = 6°$ 时发生了弱的间歇性分离(符号 10),在 $\alpha = 9°$ 和 $12°$ 时分离更显著(符号 11、12)。

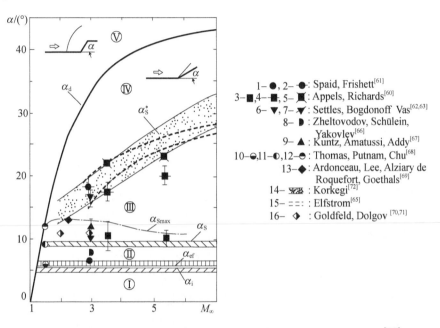

图 4.19　压缩与压缩—膨胀拐角附近湍流分离发展的阶段(Zheltovodov[1,2])
Ⅰ—未分离流;Ⅱ—间歇性分离流;Ⅲ—发展中的小尺寸分离流
Ⅳ—压缩拐角大尺度分离流;Ⅴ—前向台阶上游的最大尺度分离流。

压缩拐角绕流在马赫数 $M_\infty \approx 2 \sim 5$ 范围、当 $\xi_{inv} = \xi_s$(对应 $\alpha = \alpha_s$,参考图 4.19)时,斜激波强度(用压比数据衡量)实际上与实验数据重合,也与 Zukoski 预测分离点静压比 p_s/p_∞ 的经验关系重合(图 4.20)。在实际工作中,通常使用式(4.17)的简单表达来方便地确定有效初始分离(非常接近真实分离)的条件:

$$\xi_s = p_s/p_\infty = 0.365 M_\infty + 1 \tag{4.17}$$

令斜激波强度 ξ_{inv} 与分离区平台压比 $\xi_p = p_p/p_\infty$ 相等[33]:

$$\xi_{inv} = \xi_p = p_p/p_\infty = 0.5 M_\infty + 1 \tag{4.18}$$

在分离区就可实现对另一个压缩拐角临界值 $\alpha = \alpha_{s,max}$ 的预测。如图 4.19 所示,该预测(线 $\alpha_{s,max}$)与获得的高雷诺数 $Re_{\delta_0} = (1 \sim 2) \times 10^5$ 实验数据上限符合很好。

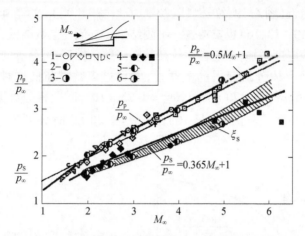

图 4.20 压缩拐角平台区和分离点压比与临界激波强度的比较
1~3 平台压比 p_p/p_∞；4~6 分离点压比 p_S/p_∞；
数据来源：1,4—Zukoski[33]；2,5—Zheltovodov[46]；3,6—Zheltovodov, Schülein[73]。

图 4.19 中的带状区"14"是标示为 α_s^* 的另一个边界，代表着 $Re_{\delta_0} > 10^5$ 范围出现大尺度分离的初始条件[72]，在 $2 \times 10^5 < Re_{\delta_0} \leq 10^7$ 范围，Elfstrom[65] 预测的结果是 α_s^* 具有随马赫数增加而增大的趋势（两个虚线间的带状区"15"），α_s^* 的实验数据（符号"2"、"5"、"7"）也与该关系符合得很好。于是，当无黏流压缩拐角处于形成附体斜激波条件时，图 4.19 中的 Ⅲ 区代表发展中的小尺寸分离状态，Ⅳ 区代表大尺寸分离状态。最后一个边界是临界值 α_d 对应无黏台阶（或有限长度斜面形成的前向台阶）前出现脱体激波的条件，该边界以上的 Ⅴ 区代表出现了最大尺寸分离区，即前向台阶上游出现正激波—湍流边界层干扰的情况。

分离发展的阶段与特征决定着对上游的影响范围 L_u/δ_0（壁面压力开始爬升的位置距拐角线的距离）与分离线位置 L_s/δ_0（分离线距拐角线的距离）。图 4.21 所示是 $M_\infty \approx 2.9$、低雷诺数 $Re_{\delta_0} < 10^5$、绝热壁与冷壁[61]条件下，两个距离随 α 增加而变化的情况。在绝热壁条件下（图 4.21(a)），L_u/δ_0 的线性特征对应无分离状态（Ⅰ区）；在间歇性分离流态时（$\alpha_{ef} \leq \alpha \leq \alpha_s$，Ⅱ区），该值突然减小或者保持恒值；当 $\alpha_s \leq \alpha \leq \alpha_s^*$ 时，在边界层的近壁面部分出现小尺寸分离（Ⅲ区），伴随着上游影响距离 L_u/δ_0 的增加；在 Ⅳ 区条件下，在边界层的外侧部分出现大尺寸分离，上游影响距离的增长速率大大增加。在间歇性分离和小分离条件下（Ⅰ区、Ⅱ区），分离线位置 L_s/δ_0 实际上与雷诺数无关；而雷诺数增加到大尺寸分离阶段时（Ⅳ区，$Re_{\delta_0} = (3.63 \sim 5.92) \times 10^4$），由于边界层外侧部分的平均速度剖面饱满度减小，$L_s/\delta_0$ 随雷诺数的增加而增大；在 $\alpha_s \leq \alpha \leq \alpha_s^*$ 时（Ⅲ区、Ⅳ区）上游影响距离 L_u/δ_0 的增加主要是分离长度 L_s/δ_0 的增加引起的。

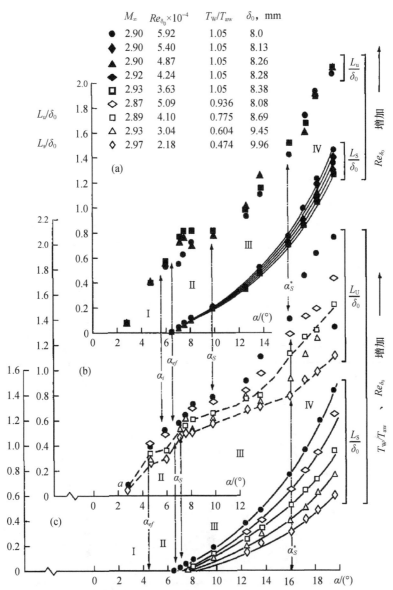

图 4.21 分离发展各阶段的无量纲上游影响距离 L_u/δ_0 与分离位置 L_s/δ_0
(a)绝热壁；(b)、(c)冷壁(Spaid and Frishett[61])。
Ⅰ—无分离；Ⅱ—间歇性分离；Ⅲ—发展中的小尺寸分离；Ⅳ—大尺寸分离。

壁面冷却使边界层干扰的亚声速部分和近壁面的黏性部分收缩，因而分离被抑制(图4.21(c))，于是，上游影响区距离 L_u/δ_0 明显随着壁温比 T_w/T_{aw} 的减小而减小，特别是 $T_w/T_{aw}=0.775\sim 0.474$ 时，在Ⅰ~Ⅳ各流态，与绝热壁结果的差别更明显(图4.21(b))。从图4.21(a)、(c)可以看到，$\alpha_s^*=16\sim 17°$时，绝热壁、冷壁的结果近似相等,且在所考察的范围内与雷诺数无关,参考图 4.18(a)中 Spaid 与 Frishett 的数据带[61]、$T_w/T_{aw}=1.0$ 和 $T_w/T_{aw}<1.0$ 的结果,以及空心符号、Settles 获得的 $Re_{\delta_0}>10^5$ 结果[62]。该数据与 Korkegi 对 $M_\infty=2.9$ 实验数据的关联[72] (图 4.19,带状区"14")一致。前面讨论过,文献[60]在绝热壁 $M_\infty=3.5$ 和冷壁 $M_\infty=5.4$ 条件下(参考图 4.18(a))获得的数据表明,与 $\alpha_{i,L}$ 相比(图 4.19,符号 "4"),α_s^*(图 4.19,符号"5")与该关系式符合得更好。

为预测压缩拐角的大尺度分离(图 4.19,Ⅳ区)总长度,根据经验总结了一个针对绝热壁条件的相似律[73] $L_{sep}^*=L_{SR}/L_c=f(Re_{\delta_0})$(图 4.22,实线之间的区域),考虑了雷诺数 Re_{δ_0}、马赫数 M_∞、压缩拐角角度 α(通过无黏压升 p_2/p_∞ 反映)以及边界层厚度 δ_0 的影响。其中 L_{SR} 是分离点 S 到再附点 R 的最小距离,$L_c=(\delta_0/M_\infty^3)(p_2/p_p)^{3.1}$,平台压力 p_p/p_∞ 由经验关系式(4.18)描述[33],在 $Re_\delta\approx10^5$ 时存在趋势上的明显变化,是平均速度剖面饱满度随 Re_{δ_0} 的变化引起的。图 4.22 总结了若干

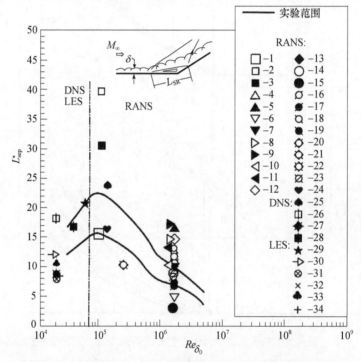

图 4.22 RANS、DNS、LES 计算的分离区长度与实验结果的比较

实验数据来自文献[7]。
RANS 数据:1~3—$\beta=25°$,文献[58];4~7—$\beta=20°$,文献[74];8~11—$\beta=24°$,文献[58];12~15—$\beta=16°$;16~19—$\beta=20°$;19,20—$\beta=24°$,文献[75];21~22—$\beta=16°$,23—文献[76];24—$\beta=25°$,$k-\varepsilon$模型,文献[53]。
DNS 数据:$M_\infty=2.9$,$\beta=18°$,26—文献[58];27—文献[111];$M_\infty=2.9$,$\beta=24°$,28—文献[112];
LES 数据:$M_\infty=2.95$。29—$\beta=25°$,文献[103,105];30—$\beta=25°$,文献[100];31、32、33—$\beta=18°$、20°、24°,文献[111];34—$\beta=18°$,文献[96]。

RANS 预测[2,7]的二维压缩拐角绕流的分离长度,其中汇集了很多研究者的结果(符号"1"～"25"),包括采用各种代数湍流模型(包括 Baldwin-Lomax 模型及其改进模型)[58,74-76]、$k-\omega$ 与 $k-\varepsilon$ 模型[53-54]以及针对参数范围 $\beta=16°\sim25°$、$M_\infty=1.96\sim3.0$、$Re_{\delta_0}\geqslant10^5$ 所做的各种特别改进模型。图中结果表明,一般情况下,与实验数据拟合关系(实线)相比,模拟计算不能准确预测分离长度。关于 LES 与 DNS 的计算结果,本章后面会讨论。

另一个简单的经验关系是 $L_{sep}/h\approx4.2$,可以用于预测压缩—膨胀拐角产生最大分离时(即 V 区,对应无黏流脱体正激波条件,参考图 4.19)的分离区范围(图 4.23)。Zukoski 用正台阶($\alpha=90°$)在 $M_\infty=2.1\sim6.5$ 条件下证明[33],该关系可用于 $h/\delta_0>1$ 的情况。在图 4.23 中,还给出了更多的数据[46,57],包括 $\alpha=90°$、$M_\infty=3$、4、5(符号"3"、"4"、"5"[77])的数据,这些数据都处于文献[33]给出的数据散布带"9"之内。Zheltovodov 等[66]实验数据($\alpha=25°$、$M_\infty=2$ 和 2.5,符号"1"和"2";$\alpha=45°$、$M_\infty=2.25$、3.0 和 4.0,符号"2"、"3"、"4")、Coe 的数据[33]($M_\infty=2.5$,符号"7")以及 Hahn 的数据[78]($\alpha=70°$、$M_\infty=3$,符号"8")都符合该关系。采用 $k-\omega$ 湍流模型的 RANS 计算[53]结果($\alpha=45°$、$90°$、$M_\infty=2.9$,线"10")都与实验结果符合很好(还可参考图 4.12、图 4.13),但在 $\alpha=90°$ 时预测的 L_{sep}/h 略大。文献[46]和文献[57]的数据($\alpha=90°$、$M_\infty=2$、2.25,符号"1"和"2")与 Coe 的数据($\alpha=45°$、$M_\infty=1.6$,符号"6")表明 L_{sep}/h 可以增加到约 5.0,这个趋势与 Zukoski 的数据($1.4\leqslant M_\infty\leqslant2.1$)一致,其原因是,在低马赫数无黏流条件下,台阶前方的正激波脱体距离大大增加(参见文献[79])。

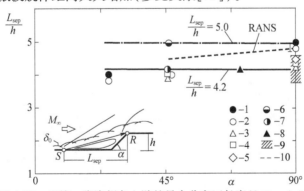

图 4.23 压缩—膨胀拐角上游的最大分离区长度($h/\delta_0>1.5$)

数据说明:

$\alpha=25°$、$45°$、$90°$:1—$M_\infty=2.0$,2—$M_\infty=2.25$,3—$M_\infty=3.0$,4—$M_\infty=4.0$[46,57,66];

$\alpha=90°$:5—$M_\infty=5.0$[77];

$\alpha=24°$:6—$M_\infty=1.6$,7—$M_\infty=2.5$[33];

$\alpha=70°$:8—$M_\infty=3.0$[78];

$\alpha=90°$:9—$M_\infty=2.1\sim6.5$ 的数据散布[33];

$\alpha=45°$、$90°$:10—$M_\infty=2.9$ 的 $k-\omega$ 模型 RANS 计算结果[53]。

4.2.5 压缩与压缩—膨胀拐角绕流的热流与湍流度

对壁面热流和湍流度变化的分析证明,压缩拐角和压缩—膨胀拐角绕流中的各物理过程(图4.16)非常重要[80,81]。图4.24所示是压缩—膨胀拐角 $\alpha = 25°$、不同马赫数 M_∞ 时壁面压力 p/p_∞(图4.24(b))和热流系数 $C_H/C_{H,0}$ 的分布(图4.24(c)),$C_{H,0}$ 是紧邻壁面压力爬升起始点上游处的热流系数。观察到壁面热流随压力分布的一些定性变化关系,包括:

(1) 压缩拐角上游分离区长度随马赫数降低而增加。

(2) $M_\infty = 2.2$ 和 2.0 时,在紧邻尖点 A 的下游出现局部的正向壁面压力梯度和热流梯度(图4.24(b)、(c)),并且 $\alpha > \alpha_d$ 时(V区,参见图4.19),出现另一个小的分离区(图4.24(a))。

在壁面热流和压力分布之间存在明显差别:①在 $M_\infty = 3$、4 时,位于尖点 A 上游的最大热流是相同的(图4.24(c)),而最大压力值随马赫数增大是增加的(图4.24(b));②在 A 点下游的台阶顶部壁面上,随着马赫数的增加,热流显著增大,而压力水平至少在 $x/h > 3.5$ 时是相同的;③压缩拐角分离区内的热流随着马赫数的增加而减小,相反,分离线 S 到再附线 R 之间的壁面压力却是增加的。

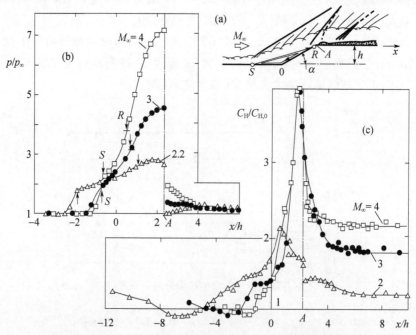

图4.24 压缩—膨胀拐角绕流的壁面压力和热流系数分布[80,81]

(a) $\alpha = 25°$;(b) $h/\delta_0 = 3.3 \sim 3.9$;$M_\infty = 2.2, 2.8, 4.0$;$Re_{\delta_0} = 1.25 \times 10^5, 1.48 \times 10^5, 1.76 \times 10^5$;$T_w/T_{aw} \approx 1$;
(c) $h/\delta_0 = 2.3 \sim 2.4$;$M_\infty = 2, 3, 4$;$Re_{\delta_0} = 8.06 \times 10^4, 9.3 \times 10^4, 1.16 \times 10^5$;$T_w/T_{aw} = 1.04 \sim 1.05$。

不难理解 A 点上游压缩表面上的壁面热流峰值的相似性(图 4.24(c))。在热流测量实验中台阶高度 $h/\delta_0=2.3\sim2.4$,而在压力测量实验中,台阶高度是 $h/\delta_0=3.3\sim3.9$[81],所以,在热流测量实验中,压缩拐角的壁面长度(即 0 点与 A 点之间的距离 x/δ_0,图 4.24(a))很短,在 $M_\infty=3$、4 时,热流增长没有形成与壁面压力分布的定性相似;当压缩拐角的压缩面长度足够大时,干扰区的最大加热值与最大增压值之间具有相关性[3,10,82]。Holden 从很宽马赫数范围(从超声速到高超声速)的实验数据中总结出一个简单的幂次律关系[82] $\dot{q}_{max}/\dot{q}_0=(p_{max}/p_0)^{0.85}$,描述了这种相关性。在压缩面顶部壁面上,热流水平增大(图 4.24(c))的原因是,在干扰(即激波、分离区、膨胀波扇)的下游形成了"新的"更薄的边界层,"新"边界层成为松弛中的"老"边界层的靠近壁面部分,而外流中的湍流度增大[80,81,83](参考图 4.16 中的"4",以及图 4.24(a))。

图 4.25 给出的是用恒流式热线测量获得的质量流量脉动 $<(\rho u)'>_e$ 的均方根(rms)变化,其中,图 4.25(a)是边界层边缘上方外流中的变化情况,图 4.25(b)是边界层外侧区域($y/\delta>0.4$)中沿脉动最大值线的变化情况,实验条件是 $M_\infty=2.95$,$Re_{\delta_0}=6.34\times10^4$。边界层上方受扰外流的脉动用未扰自由流数据 $<(\rho u)'>_{e,\infty}$ 进行了无量纲处理,边界层内的 $<(\rho u)'>_{max}$ 用压缩拐角上游未扰边界层的最大值 $<(\rho u)'>_{max,0}$ 做无量纲处理。空心符号标示的是过不稳定激波的质量流量突变位置,所以,被测剖面中的这个峰值不是真正的湍流度峰值。测量曲线证明,压缩拐角的激波边界层干扰显著增强了受扰外流(图 4.25(a))及边界层外侧部分中的质量流量脉动(图 4.25(b));随压缩拐角倾斜角的增加,湍流度放大量也增大,湍流度只在膨胀拐角附近受膨胀波系影响的一个小区域内受到局部抑制,在压缩拐角下游很长距离内,外流中的湍流保持着高湍流度水平;而在边界层内观察到最大

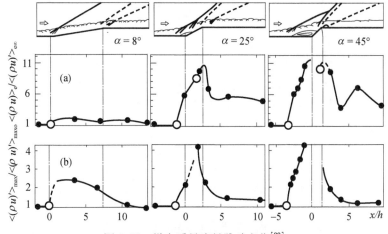

图 4.25 纵向质量流量脉动变化[80]

(a)外流中的变化;(b)沿边界层外侧部分中的脉动最大值线的变化。

$M_\infty=2.95$,$Re_{\delta_0}=6.36\times10^4$,$T_w/T_{aw}\approx1$,$h/\delta_0=2.5\sim2.64$。

脉动更快地松弛到其初始值。在受扰边界层外侧部分,大尺度涡诱发了强度不大的运动小激波,所以在外流中还出现了明显的声学振荡[84,85]。

图 4.26 给出的是壁面热流系数分布,包括不同湍流模型的 RANS 计算结果及与实验数据的比较,这些结果支持了以前关于 RANS 涡黏性模型局限性的结论。可以看到,Horstman 用标准 Jones – Launder $k-\varepsilon$ 湍流模型以及 Rodi 的两层改进模型的计算[86],没有获得与实验数据(Zheltovodov[81,83])相符的结果。图 4.26(a)中标示出的数据散布带,是 Görtler 涡(图 4.16 中的"5")引起的展向热流变化(展向热流数据来自 Trofimov 和 Shtrekalkin[87] 的补充实验)。Rodi 的两层 $k-\varepsilon$ 模型结果表明,预测的壁面热流在压缩拐角附近有所改进,但在膨胀拐角下游预测值偏小(与第一个模型类似)。后来的工作[88]通过在 Wilcox $k-\omega$ 模型中控制湍流生成与耗散之间的平衡,试图直接改善压缩拐角和压缩—膨胀拐角实验构型分离区不同参数的预测效果,在限制湍流动能耗散率 $\omega_e \sim \omega_w \times 10^3$($\omega_w$ 是壁面上的最大值)

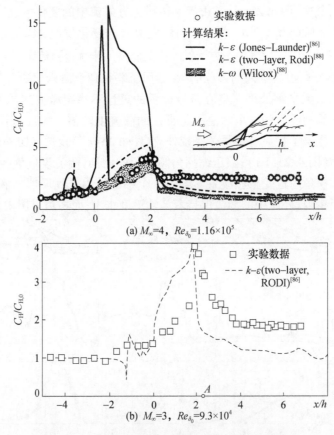

图 4.26 压缩—膨胀拐角构型附近的壁面热流分布
($\alpha=25°, h/\delta_0=2.4 \sim 2.5, T_w/T_{aw}=1.04 \sim 1.05$)

数据来源:实验数据—文献[81,83];$k-\varepsilon$ 计算—文献[86];$k-\omega$ 计算—文献[88](摘自文献[2])。

时,预测结果获得了明显改善。这些计算改进工作,根据 Zheltovodov 的实验[46,89],通过模拟分离区内回流的再层流化现象,改善了压缩拐角附近的热流(图 4.26(a))、壁面压力、壁面摩擦以及速度剖面的预测结果。但如图 4.26(a)所示,与其他湍流模型的结果一样,在压缩—膨胀拐角膨胀扇下游的上壁面区域,预测的壁面热流仍然偏低。

4.2.6 压缩与压缩—膨胀拐角绕流的不稳定性及其数值模拟

由于激波—湍流边界层干扰的 RANS 湍流模型计算结果与实验数据存在偏差,这种方法总是因此局限性而备受诟病。全局不稳定性显然是激波—湍流边界层干扰的主要现象之一(参考第 9 章),如果不能模拟这种全局不稳定性,无论采用什么湍流模型,都不可能准确预测时间平均的壁面压力、速度剖面、热流及其他参数[6,59]。如图 4.19 所示,在压缩拐角、压缩—膨胀拐角附近的分离区 5 种流动模式中,由于激波的不稳定性,及其诱导的分离线、再附线附近的间歇性流动特征,第二种流动模式不是严格稳定的。分离激波是不稳定的,而且低频(与入流湍流边界层中含能涡频率 U_∞/δ 相比为低频)和高频运动特性都存在,文献[68]在低马赫数 $M_\infty=1.5$ 获得的压缩拐角实验结果证明了这一点。图 4.27 所示是 $\alpha=6°$、$9°$、$12°$压缩拐角绕流的壁面压力脉动强度 σ_p(在 0~65kHz 范围)的均方根变化,图中数据用干扰区上游的平均壁面压力做了无量纲处理。在拐角上游($x/\delta_0<0$),受剪切层摆动的影响,脉动强度随干扰区长度的增加、拐角角度 α(即无黏斜激波强度 ξ)的增加而增大;在干扰区下游($x/\delta_0>0$),随着湍流应力的松弛,脉动强度衰减下来。图中箭头表示低频峰值的位置(在 0~4kHz 范围)。在 $M_\infty=1.5$、$\alpha=6°$的实验中,出现小的间歇性分离泡(图 4.19,符号"10"),与预测的间歇性分离模式开始出现的临界值 $\alpha=\alpha_{ef}$数据一致;在 $\alpha=9°$和 $12°$时观察到更强的不稳定分离区(即符号"11"、"12")。

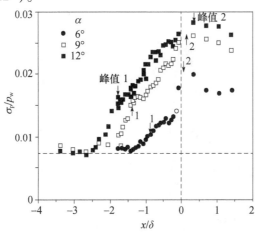

图 4.27 压缩拐角附近壁面压力脉动强度的流向变化
($M_\infty=1.5, Re_{\delta_0}=1.79\times10^5$)[68]

以 $f \cdot G(f) - In(f)$ 关系给出的壁面压力脉动 p' 的功率谱具有很多共同特征，图 4.28 以 $\alpha = 12°$ 压缩拐角绕流的数据为例说明这些特征，其中 $G(f)$ 是功率谱密度，f 是瞬时频率。图中数据证实，存在两个特征区域。峰值为 $f_p \approx U_\infty/\delta \approx 30\text{kHz}$ 量级的脉动频率，是入流边界层的湍流特征频率，这些脉动在通过干扰区时呈现连续放大的行为特征，谱峰 f_p 的减小是干扰过程中对流速度减小造成的。第二中心峰值 $f_{sh} \approx 0.1(U_\infty/\delta)$ 位于低得多的特征频率附近，这些低频振荡是激波振荡的特征，在若干高马赫数 ($M_\infty = 2 \sim 5$) 的压缩拐角实验中也观察到第二峰值 (参见第 9 章)。图 4.29 给出了 $0 \sim 4\text{kHz}$ 范围内的压力脉动均方根与总脉动强度 (在整个 $0 \sim 65\text{kHz}$ 范围) 的比值，在压缩拐角尖点的上游和下游，该比值的流向变化都呈现非常高的峰值，这些峰值分别与当地分离激波的振荡、分离泡运动 (即非稳态再附) 有关。在图 4.27 中，用箭头标示出了这些峰值的位置。在拐角上游存在低频 ($0 \sim 4\text{kHz}$) 壁面压力脉动的强度峰值，其位置对应着测量到的间歇函数梯度的最大值位置，从而证实了该峰值与激波系统的空间振荡有关的结论[68]。在模式 II~IV 以及模式 V 的起点 $\alpha = \alpha_d$ 处 (图 4.19，符号 "10"~"12")，两个峰值都随压缩拐角角度的增加而增大 (图 4.29)。

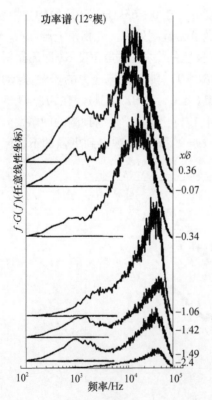

图 4.28 若干流向位置的压力脉动谱[68]
($M_\infty = 1.5, \alpha = 12°$)

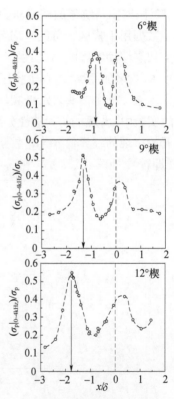

图 4.29 相对强度范围[68]
($\sigma_p(f)|_{0 \sim 4\text{kHz}}/\sigma_p, M_\infty = 1.5$)

根据相应模式的分离区长度相似律(图4.22、图4.23,也可参见文献[90-92]),壁面压力脉动的行为与所处的流动模式密切相关。例如,按照 Bibko 针对压缩拐角与压缩—膨胀拐角的实验数据($M_\infty = 2$、$Re_{\delta^*} \approx 3.2 \times 10^4$),图4.30以声压值(SPL)的形式给出了测量的壁面压力脉动分布(图4.30(a))及其第一最大值($x = x_1$)处的频率谱(图4.30(b))。由图中看到,在Ⅲ区和Ⅳ区($\alpha = 10° \sim 20°$),壁面压力脉动分布及其频率谱明显与角度 α 相关;而在Ⅴ区情况则不同($\alpha > 25°$),在压缩—膨胀拐角上游出现无黏脱体正激波,产生最大尺寸分离区,自由分离点位于台阶上游的平面上,而膨胀拐角顶部附近迎风面上的再附点位置却是固定的,这时的压力脉动分布与角度 α 无关。在Ⅴ区,所关心的壁面压力脉动参数与角度 α 无关的特性,与图4.23反映的特性(即分离区范围与角度 α 无关)是一致的;但在Ⅴ区,台阶高度 h(或 h/δ^*)具有明显影响,在Ⅳ区台阶高度却没有影响[90,91]。与此类似,在Ⅳ区和Ⅴ区,雷诺数的影响也是不同的,在Ⅳ区,雷诺数增加引起高频压力脉动范围的增大,与自由分离区(在自由分离点与再附点之间)相关的低频脉动强度减小;而在Ⅴ区,再附点位置固定,雷诺数增加引起所有频率的壁面压力脉动强度增加。马赫数对压力脉动的影响实际上与流动模式无关,随着马赫数的增加,导致所有频率的壁面压力脉动强度下降[90]。

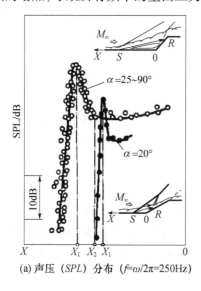
(a) 声压 (SPL) 分布 ($f=\omega/2\pi=250$Hz)

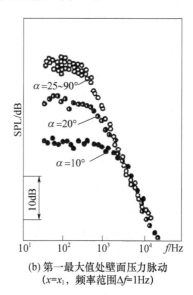
(b) 第一最大值处壁面压力脉动 ($x=x_1$,频率范围 $\Delta f=1$Hz)

图4.30 壁面压力脉动($M_\infty = 2$,$Re_{\delta^*} \approx 3.2 \times 10^4$)[91]

激波振荡的产生机制一直是重大关注点,对这种机制的理解长期存在争论(参见文献[6,59,11,68,90-92]以及第9章的详细讨论)。在湍流分离条件下,激波的不稳定运动特点是频率范围与运动距离范围都很宽,小尺度激波振荡往往与边界层和分离剪切层中的湍流相关,而大尺度低频运动则主要与分离区本身的脉动有关。因果关系问题(即不稳定运动产生的原因是分离泡还是激波)是一个需广泛讨论、深入研究的课题,按照 Plotkin 早期的想法[93],上游边界层湍流(即湍流爆发的周期性)是触发激波前锋不稳定性的机制,但入流边界层湍流含能涡是高频的($f = U_\infty / \delta = 30 \sim 50 \text{kHz}$),所以用"湍流"不能解释激波运动以低频($f_{sh} = 0.4 \sim 2 \text{kHz}$)为主的现象。另一个解释是,分离区本身具有相对低频的膨胀—收缩运动,流向范围是$(2 \sim 4)\delta_0$,若干研究表明激波振荡与这种激波根部的运动有关[6]。分离的剪切层可以放大分离区的低频运动,通过分离区内很大的亚声速区域,形成一种反馈机制,使这些扰动向上游传播[92]。最近 Ganapathisubramani、Clemens 和 Dolling 的实验还证明[94],分离区与激波根部的低频不稳定性可以用湍流机制解释,因为上游超声速边界层中具有动量均匀、被拉长的(长度大于40δ)横向相干结构(即条斑)。作者建议,物理模型中应该计入这种"拉长的条斑"机制以及 Plotkin 数学模型[93]所描述的机制,需要做的是,在计及大尺寸湍流结构条件下,重新评估模型中决定恢复机制的常数。

除了实验方法,LES 与 DNS 也可以用来研究不稳定效应。Urbin 等[95]用 LES 方法、采用静态 Smagorinsky 模型,计算获得了$\alpha = 8°$的压缩拐角在$M_\infty = 2.9$、$Re_{\delta_0} = 2 \times 10^4$条件下的流场结构,见图 4.31(a)。用壁面等压线$p/p_\infty = 1.25$显示了激波的瞬时图像,可以看到,在未扰边界层内的$y^+ = 10$(壁面单位)水平剖面上,流向速度场显示,大尺寸横向湍流结构清晰可见,斜激波因与这些结构相互作用而受到明显扰动,每个间歇性分离斑都在激波根部附近出现瞬时的反向速度,与间歇性分离条件相对应(图 4.19,Ⅱ区)。图中的线"4"是计算的时间平均和展向平均的壁面压力分布(图 4.31(b)),El - Askary 利用 MILES 也获得类似的预测结果(线"5")[96],这些计算结果与低雷诺数($Re_{\delta_0} = 2.18 \times 10^4$,符号"1")实验结果[61]符合得很好,在该区域还与更高雷诺数的实验结果[53,66,84,97](符号"2"、"3")相近。在较高雷诺数情况下,用 RANS 方法,采用 Jones - Launder $k - \varepsilon$ 湍流模型[54](线"6")、Wilcox $k - \omega$ 模型[53,97](线"7")计算的结果,也与实验数据呈现很好的一致性。但在间歇性分离条件下(图 4.31(a)),LES 方法对平均壁面摩擦系数的预测结果是$c_f \approx 0$(图 4.31(c)),而 RANS 预测的结果是$c_f > 0$。此外,油流显示揭示(图 4.19,符号"8"),在较高雷诺数Re_{δ_0}条件下,存在一个小尺寸的初始分离区,长度为$L_s \approx (0.2 \sim 0.3)\delta_0 = 0.44 \sim 0.66 \text{mm}$,而 RANS 计算没有获得这一现象。如图 4.31(c)所示,与较高雷诺数实验结果和 RANS 预测相比,两个 LES 计算预测的压缩拐角下游($x/\delta_0 > 0$)壁面摩擦量值都比较大;而与$k - \varepsilon$模型预测结果(符号"6")相比,RANS 的$k - \omega$模型(符号"7")预测结果与实验数据符合较好。

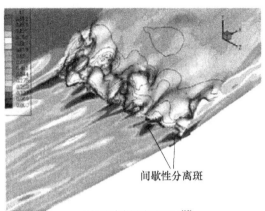

间歇性分离斑

(a) 瞬时流场流动显示[95]

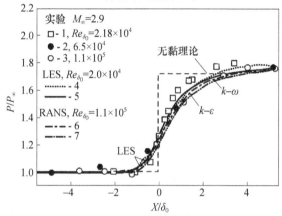

(b) 平均壁面压力

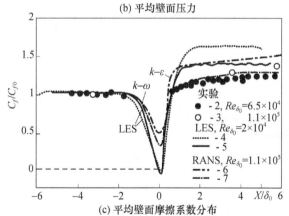

(c) 平均壁面摩擦系数分布

图 4.31 压缩拐角($\alpha=8°$, $M_\infty=2.9$, $T_w/T_{aw} \approx 1$, 模式 II)

干扰的 LES 与 RANS 计算结果[2]

实验数据来自: 1—文献[61], 2—文献[53,66,84], 3 - 文献[53,97];
LES 数据来自: 4—文献[95], 5—文献[96]; RANS 数据来自: 6—k-ε 模型,
文献[54]; 7—k-ω 模型, 文献[53,97]。

用 DNS 方法计算的超声速压缩拐角（$\alpha = 18°, M_\infty = 3, Re_{\theta_0} = 1685$ 即 $Re_{\delta_0} = 2.1 \times 10^4$）绕流结果,提供了流场结构细节(图 4.32)以及Ⅲ区与Ⅳ区边界条件下(参考图 4.19,带状区"14")的湍流行为。预测的平均壁面摩擦系数分布(图 4.32(b))揭示,存在一个小的准定常分离区,在图 4.32(c)中给出了分离与再附的横向平均位置随时间的变化情况,计算的激波运动范围局限于边界层名义厚度 δ_0 的 10% 范围内,激波围绕平均位置略有振荡,振荡频率与入流边界层的湍流爆发频率 $f = U_\infty / \delta_0$ 相似。纹影显示的横向平均瞬时密度梯度表明,在干扰区下游的边界层内出现了明显的相干涡结构(图 4.32(a)),从涡结构外边界生成压缩波系,涡结构的外边界也使斜激波发生振荡。

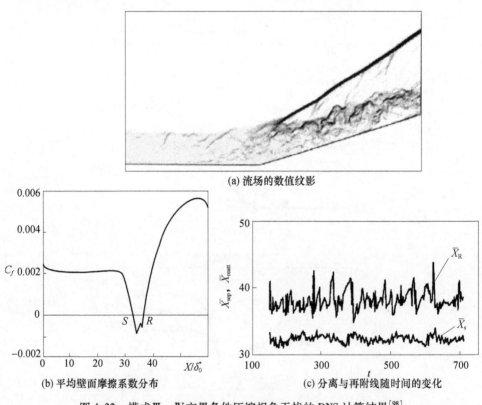

图 4.32　模式Ⅲ-Ⅳ交界条件压缩拐角干扰的 DNS 计算结果[98]
($\alpha = 8°, M_\infty = 2.9, T_w/T_{aw} \approx 1, Re_{\theta,0} = 1685$)

图 4.33 是用 MILES 得到的压缩拐角绕流($\alpha = 25°, M_\infty = 2.9, Re_{\delta_0} = 2 \times 10^4$)数值计算结果[99,100],流动条件对应Ⅳ区(参考图 4.19)。图 4.33(a)所示是"λ 激波结构"瞬时图像(等值面为 $p/p_\infty = 1.4、2.0$)和速度的流向剖面($y^+ = 20$),激波与未扰边界层内条斑之间的相互干扰,使分离激波产生很深的皱褶,使激波根部附近的不稳定分离线发生振荡,分离激波的皱褶沿着外流区斜激波的波面传播,实验

也观察到这些现象[94]。涡量(图4.33(c))表明,边界层内的条斑靠近壁面($y^+=15$),在与激波的干扰中,条斑的变化情况让我们想到涡的破碎现象[101];在干扰的下游,涡的尺寸已经增大,但在 $R-S$ 线之间的回流区内,直到壁面,都是小尺度涡;在平均分离位置的上游存在一个准定常分离区(含有间歇性区域),这是该干扰模式的典型特征。图4.33(b)所示是预测的横向平均和时间平均的壁面摩擦系数分布,低雷诺数条件下($Re_{\delta_0}=2\times10^4$)预测的分离区比实验[66,84]结果小,而实验数据是在较高雷诺数条件下($Re_{\delta_0}=6.35\times10^4$)获得的。

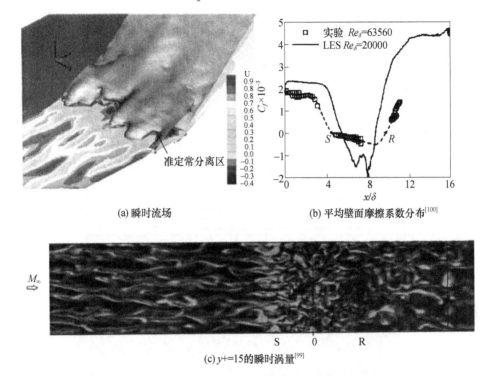

(a) 瞬时流场　　　　　(b) 平均壁面摩擦系数分布[100]

(c) $y+=15$的瞬时涡量[99]

图4.33　压缩拐角干扰(模式Ⅳ)的 LES 计算结果[99]
($\alpha=25°, M_\infty=2.9, T_w/T_{aw}\approx1, Re_{\delta_0}=2\times10^4$)

在干扰区观察到的湍流演化(图4.33(a)、(c))可以分为两个主要阶段,第一阶段是入流边界层内的湍流爆发,当近壁面的高温低速流体呈现低马赫数斑块[98]和条斑[94],而周围是低温高速的流体环境时,近壁面的低速高温流体就会发生喷射,因而引起湍流爆发;第二阶段是运动的斑块和条斑与下游激波的相互干扰。图4.34(b)所示是压缩拐角附近($\alpha=20°、M_\infty=2$)的平面激光散射(PLS)流动显示照片($y/\delta=0.2$ 的水平剖面,参考图4.34(a)),在入流边界层中存在低动量区和高动量区的大尺寸横向条斑,它们与压缩拐角的分离激波(模式Ⅳ)之间产生相互的干扰,瞬时分离线(Ganapathisubramani 等将其定义为给定壁面法向位置上的横向分离线)通过低动量条斑(即热条斑)向上游穿透,而高动量条斑(即冷条斑)的瞬时分离线向下游发展。LES 计算获得了定性相似的流动结构(图 4.34(a)、(c)),捕捉到涡尺度在干扰区内和干扰区下游的变化情况。用 LES 方法预测和观察到的一些事件,可以理解为是激波与温度(或密度)不均匀的流体相干扰的结果(与受热空气泡—激波干扰[102]的情况类似),激波的间歇性冲击使不同温度(或密度)气体之间的界面产生不稳定性(称为 Richtmeyer – Meshkov 不稳定性,简称 R – M 不稳定性);当存在横向周期性冷、热条斑时,激波将造成周期性初始扰动的增长,扰动幅值增大,形成钉状和泡状结构;最后,在过激波后的流动中,涡层卷起,累积成周期性涡核。这种斜压涡的生成,原因在于跨泡状或条斑结构时流体温度(或密度)梯度的不一致性,激波诱导的梯度遵循二维可压缩涡方程:

$$\rho \frac{D}{Dt}\frac{\omega}{\rho} = \frac{\nabla \rho \times \nabla p}{\rho^2} \tag{4.19}$$

式中:ω 是垂直于平面的涡矢量,包括压力和密度(温度)梯度向量。

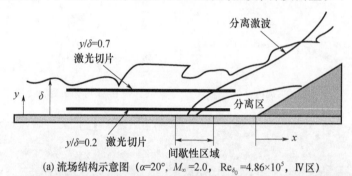

(a) 流场结构示意图 ($\alpha=20°$, $M_\infty=2.0$, $Re_{\delta_0}=4.86\times10^5$, Ⅳ区)

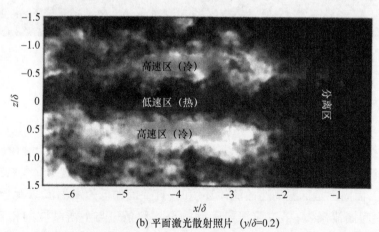

(b) 平面激光散射照片 ($y/\delta=0.2$)

图 4.34 压缩拐角的干扰流场结构($x/\delta=0$ 为拐角线)[94]

LES 计算的压缩拐角[103,105]和压缩—膨胀拐角[106]绕流的条件与实验条件[66,84,97,107]一致,即 $\alpha=25°$, $M_\infty=2.9$, $Re_{\delta_0}=6.3\times10^4$(干扰模式Ⅳ),采用了 Stolz –

Adams[108]的近似去卷积模型,图4.35所示是计算和实验获得的压缩拐角绕流的纹影图像。计算(图4.35(a)、图4.35(b))和实验获得的图像(图4.35(c)、(d))取自两个不同时刻,实验和计算结果所取时间不同,但所有图像中都存在相似的不稳定激波系,都证实流动结构中存在分离激波(即前支激波,图4.35(a),标识"2")、回流区(标识"3")、脱体剪切层(标识"4")、脱体剪切层上方的运动激波(即小激波,标识"5")以及再附区的压缩激波(即后支激波,标识"6")。数值模拟证明,伴随激波系的高频脉动,激波存在大范围的运动,分离激波在流向的移动范围估计为$1.3\delta_0$;在前支激波的后方,围绕相干涡结构形成许多压缩波,压缩波与相干涡结构一起向下游运动,运动速度为$(0.1\sim0.4)U_\infty$;速度更高的波形成小激波,而在分离激波和脱体剪切层之间的外流中形成高水平湍流。再附区的后支激波是高度不稳定的,实验证明了这一点,但以不规则的时间间隔观察,可能是看不到的。

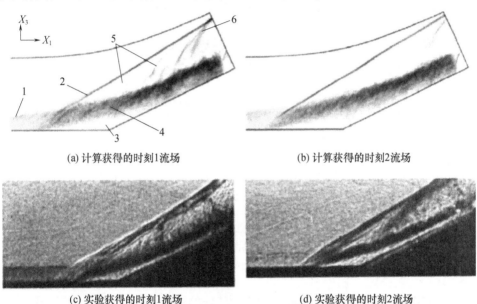

图4.35 计算和实验获得的两个不同时刻压缩拐角绕流纹影图像[105]
条件:$\alpha=25°,M_\infty=2.9,Re_{\delta_0}=6.3\times10^4,T_w/T_{aw}\approx1$,模式Ⅳ;
1—入流边界层;2—前支激波;3—回流区;4—脱体剪切层;5—动态压缩波系(小激波);
6—再附区不稳定后支激波。

在实验中,利用压缩—膨胀拐角构型(图4.36(b))获得压缩拐角的干扰流场,Loginov等对整个实验模型(图4.36(a))的绕流流场做了LES计算[106],在这些条件下,边界层湍流在再附点下游与膨胀波扇"7"相干扰,由于近壁面边界层部分在膨胀拐角周围过度膨胀(参见图4.11(a)及图4.36(b),箭头"8"),膨胀后马上形成压缩波系(符号"1"~"7"表示的流场特征,与图4.35描述的特征相对应)。图4.36(c)、(d)分别给出了计算和实验获得的平均壁面压力和平均壁面摩擦分布,可以看到,LES方法准确预测了平均壁面压力和壁面摩擦系数。

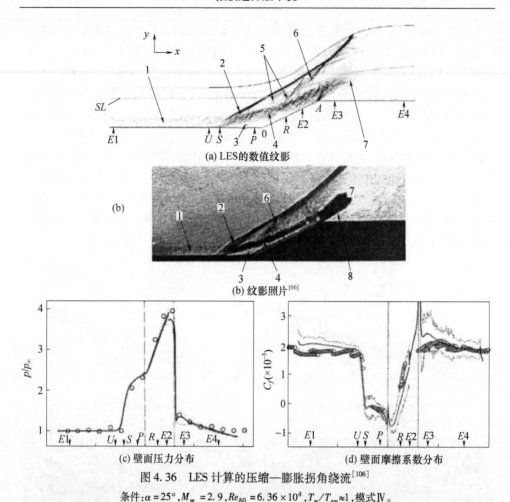

图 4.36 LES 计算的压缩—膨胀拐角绕流[106]

条件：$\alpha = 25°, M_\infty = 2.9, Re_{\delta 0} = 6.36 \times 10^4, T_w/T_{aw} \approx 1$，模式Ⅳ。

计算：实线—LES 预测的时均横向平均值；点线—LES 预测的时均横向最大值和最小值。

根据实验获得的表面油流显示，观察到特殊的三维效应(图 4.37(a))，让我们想起周期性 Görtler 涡样结构，这种周期性涡往往与离心力造成的边界层不稳定性有关，离心力影响试图将气体从边界层的外侧部分迁移到凹形壁面处，可以看到这些涡结构的痕迹(在再附区附近特别清楚)，沿着分离线，鞍点 S_d 和节点 N 明显地呈周期性分布，从这些点出发的周期性分布的汇聚和发散流线向下游纵向发展 (图 4.37(b))，这些纵向的汇聚和发散流线也随着回流流向分离线 S，但之后它们变模糊；还观察到上游分离线 S 的波动，表明沿该分离线可能存在周期性鞍点与结点，就像在再附线 R 上一样。用"之"字形薄金属箔条在压缩拐角上游触发周期性涡干扰[109]，发现展向的周期性扰动可以被显著放大，激发出更明显的、图 4.37(b) 所示那样的流动结构。用 RANS 方法、Spalart-Allmaras 湍流模型预测了[126]这种人工激励的强周期涡的三维流动结构、壁面摩擦以及热流的展向周期性变化。

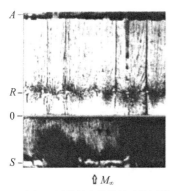 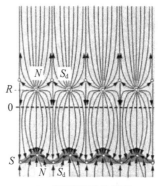

(a) 图4.36压缩拐角绕流的油流图谱　　(b) 对油流图谱的解释

图4.37　压缩拐角绕流的油流图谱及其解释[66]

　　LES 的结果[103-106]中出现了激波—边界层干扰中自然形成的 Görtler 涡样结构,流动结构与实验结果[66,84]一致,图4.38(a)所示是预测的全场平均壁面摩擦分布,与实验获得的油流图像(图4.37(a))一致。按照计算结果,呈波浪形的汇聚和发散流线的平均摩擦系数 $c_f = 0$(相当于平均的分离线 S 和再附线 R),暗色对应较小的 c_f 值。在压缩拐角表面再附线的下游,观察到两对汇聚—发散流动迹线,计算与实验获得的汇聚—发散迹线周期约为 $2\delta_0$,该周期数据对应未扰边界层[94]中观察到的条斑间距离,也是所预测的分离线 S 波动的最大与最小值之间的距离。上述现象表明,条斑与系列分离—再附激波间的相互干扰以及斜压涡的生成,是出现 Görtler 样涡结构的主要机制。该结论得到 Adelgren 等实验[110]的支持,实验中使受热斑与系列激波相互作用,出现了大尺度和周期性小尺度涡结构,该现象可用 R-M 不稳定性以及斜压涡生成机制[102]进行解释。在分离线 S、再附线 R 以及压缩拐角壁面上的 E_2 截面下游,观察到时间平均的、具有最大和最小值的壁面摩擦系数横向的明显变化(图4.38(b)),而在回流区(截面 P)观察到周期性扰动幅度的明显减小(各截面的位置详见图4.36)。按照 LES 计算的结果,在台阶尖点 A 附近,在凹型面的膨胀扇内,流动加速,明显抑制了周期性结构的出现(图4.38(b),截面 E_3、E_4)。油流显示揭示,只有一组周期性纵向油流的汇聚性延伸迹线,在这些迹线之间没有任何扩散的迹象。

　　图4.22 总结了 RANS、LES 以及 DNS 预测的压缩拐角平均分离长度[7],这些计算涉及很宽的压缩拐角角度范围,图中还给出了 Zheltovodov – Schiilein 的实验关联结果[73]。DNS 结果[98,111,112](符号"26"~"28")、LES 结果[96,103,100,105,111](符号"29"~"34")只是低雷诺数的结果,但与实验结果的趋势符合得很好;RANS 模拟结果(符号"1"~"25")则存在很宽的散布,是采用不同的湍流模型造成的。LES 预测的压缩拐角[103-105]和压缩—膨胀拐角[106]绕流的结果与实验数据进行了比较,两者在平均流动速度剖面、质量流量脉动剖面、密度脉动剖面、速度脉动剖

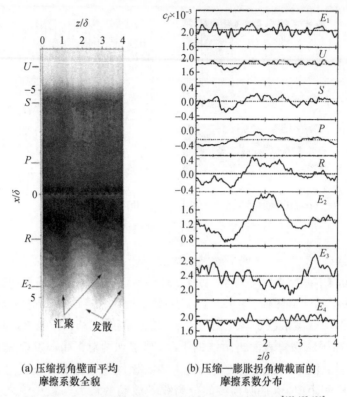

(a) 压缩拐角壁面平均
摩擦系数全貌

(b) 压缩—膨胀拐角横截面的
摩擦系数分布

图 4.38　LES 预测的压缩—膨胀拐角壁面摩擦系数[103,105,106]
（实线—时间平均；点划线—时间与横向（z 向）空间平均）

面、壁面压力脉动（还可参见文献[2]）方面呈现很好的一致性，例如图 4.39(a) 表明，在外部受扰流动中（线"1"），沿着流线 SL（图 4.36(a)）以及在边界层的外侧部分沿着最大脉动线（线"2"），预测的质量流量脉动的均方根是升高的，与实验数据（分别是符号"3"、"4"）一致[84]，图中数据用未扰流初始位置 E_1 的相应数据做了无量纲处理。图中还给出了膨胀拐角 A 下游对流动脉动做统计处理的主要结果，峰值Ⅰ和Ⅱ（图 4.39(a)）对应于不稳定分离激波系和再附激波系（参考图 4.35(a) 和图 4.36(a)），峰值Ⅲ是膨胀拐角周围膨胀扇下游（由于流动过度膨胀）生成一个不稳定激波引起的。分离线下游剪切层上方的动态小激波使流动维持了较高的湍流度，并在台阶尖点 A 下游延续很长距离。预测的壁面压力脉动分布（图 4.39(b)）与湍流行为有关，呈现三个类似的峰值（即峰值Ⅰ、Ⅱ、Ⅲ）；在压缩拐角上游分离区以及尖点 A 下游台阶壁面上的分离区中，也存在较高的湍流水平。在较高雷诺数条件下，压缩拐角（A 点之前）壁面压力脉动分布与实验数据也符合得很好[2,103-105]。

采用 LES/RANS 混合方法所做的数值模拟[27,28]表明，这种更经济的方法，在预测高雷诺数激波—湍流边界层干扰时，有可能与 LES 和 DNS 方法相媲美。特别是，最近对压缩拐角（$\alpha = 28°, M_\infty = 5.0, Re_{\delta_0} = 8.77 \times 10^5$）做的模拟[28]，采用 Menter 混合

$k\text{-}\omega/k\text{-}\varepsilon\text{SST}$ 模型[29],获得的结果与实验数据符合得相当好。计算捕捉到流动的平均结构及时间历程,证明在边界层中存在低动量和高动量条斑,这些条斑诱发了分离区前端的低频脉动。该模拟还捕捉到干扰区内的湍流演变,以及再附边界层中的三维平均流的涡结构,这些涡结构使壁面摩擦数据产生明显变化。正如前面所推论的,涡对的存在或许是 RANS 模型不能正确捕捉再附点下游边界层恢复速率的原因。

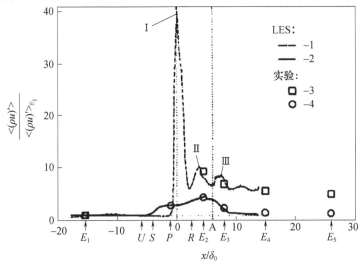

(a) 压缩—膨胀拐角流动LES模拟的质量流量脉动均方根的流向变化
1、3—外流中;2、4—边界层剖面外侧部分沿最大脉动线。

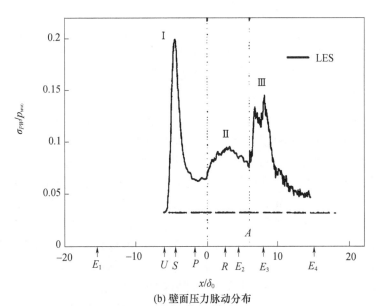

(b) 壁面压力脉动分布

图 4.39　压缩—膨胀拐角流动($\alpha=25°$, $M_\infty=2.9$, $T_w/T_{aw}=1$, $Re_{\delta_0}=6.36\times10^4$)LES 模拟结果[106]

1、3—外流中;2、4—边界层剖面外侧部分沿最大脉动线。

4.2.7 斜激波—湍流边界层干扰

图 4.2(b) 所示是入射斜激波与湍流边界层干扰的平均流场结构,其中的激波强度足以引起分离。使流动偏折 α 角的入射激波与平衡态的平板湍流边界层相干扰时,边界层的分离迫使流动发生偏折,因而生成一组压缩波系,该压缩波系汇聚,成为分离激波。入射激波与分离激波相交,之后入射激波发生偏折并与自由剪切层相干扰,使自由剪切层发生偏转,入射激波在自由剪切层反射而生成一组膨胀波扇[3,113,114]。边界层在再附点经历再压缩,生成另一组压缩波系。如果入射激波强度适度,就不会引起边界层分离,而是只在边界层内发生偏折,在穿过边界层到达声速线过程中其强度逐渐减弱;入射激波波后的压升可以通过边界层内很薄的亚声速区向上游传播,引起边界层亚声速层的增厚,因而产生一组外行的压缩波系(而不是强激波入射形成的分离激波),这组外行的压缩波系汇聚为反射激波。由于外行压缩波在边界层超声速部分的偏折,引起入射激波的进一步偏折并形成二次弱压缩波,二次弱压缩波在边界层的声速线上反射为膨胀波扇。

按照自由干扰理论[36,115,116],对于中等尺度和大尺度分离,分离线附近的流动特性应与生成分离流动的干扰类型(即实验构型)无关,所以,可以用自由干扰理论预测分离线附近的流场。注意到压缩拐角干扰和入射斜激波干扰存在相似性[3,113],角度为 2α 的压缩拐角与初始气流偏折角为 α 的入射斜激波干扰流场,具有相同的分离压缩干扰和再附压缩干扰。压缩拐角流动的干扰模式(图4.19)也可以在入射斜激波—湍流边界层干扰情况下实现,但斜激波干扰流动的临界偏折角 α_i、α_{ef}、α_s、α_s^* 以及 α_d,都是压缩拐角流动相应数据的 1/2。图 4.40(a) 所示是用壁面油流显示获得的入射斜激波—湍流边界层干扰分离长度 L_{sep}/δ_0 随 α 的变化关系,其中给出了这些临界偏折角的实验值[113],条件是 $M_\infty = 2.5$。测量表明,在初始分离阶段($\alpha_{ef} \leq \alpha \leq \alpha_s$,$Re_{\delta_0} = 10^5$ 及 5×10^5),出现干扰模式 II 的间歇性分离流动,与压缩拐角干扰的情况(图 4.19)一样;流动偏折角临界值随着雷诺数的增加有增加的趋势,这个趋势也与压缩拐角流动情况相同(图 4.18(b))。干扰模式 III (图 4.40(a))的小尺度分离和 $\alpha > \alpha_s^*$ 时(干扰模式 IV)以更快速率增长的大尺度分离,也与压缩拐角绕流的变化趋势类似。图 4.40(b) 所示是实验获得的入射斜激波—湍流边界层干扰中分离激波的分叉距离 L_0 随 α 的变化关系($M_\infty = 2.15$),L_0 是从分离激波起始点到入射斜激波延长线与平板表面交点 B 的距离,在图4.40(b)左上角的流动结构示意图中,用点划线表示入射斜激波的延长线,B 点到平板前缘的距离标示为 $x = x_B$。从图中可看到,在临界值 α_d 处,入射斜激波—湍流边界层干扰的分离区演化发生突变(该条件对应压缩—膨胀拐角上游出现脱体无黏激波的情况,参考图 4.19);在 $\alpha = \alpha_d$ 时,分离区长度达到最大,从此以后($\alpha \geq \alpha_d$),分离区长度开始与 α 无关,就像前向台阶附近(干扰模式 V)的最大尺寸分离一样(参考图 4.19)。根据获得的纹影流场显示[115],干扰模式 V 形成非常复杂的流动结构,参考

图 4.40(b)右侧下方的流场结构示意图,中心激波接近正激波(或马赫杆)。

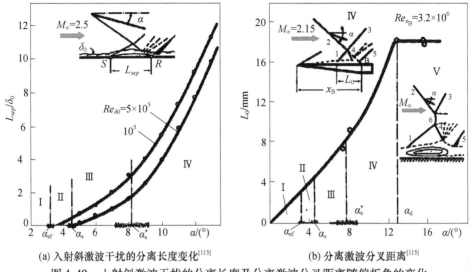

(a) 入射斜激波干扰的分离长度变化[113]

(b) 分离激波分叉距离[115]

图 4.40　入射斜激波干扰的分离长度及分离激波分叉距离随偏折角的变化

数值计算也证实,入射斜激波—湍流边界层干扰与压缩拐角的湍流边界层干扰之间具有相似性,参见图 4.41。图 4.41(c)表明,数值预测(RANS)[117]的壁面压力分布与实验数据具有很好的一致性(计算条件是 $M_\infty = 2.96, Re_\delta \approx 1.5 \times 10^5$ 或 $Re_x = (1 \sim 1.2) \times 10^7$)。入射激波由一个 12.7°的激波发生器提供(图 4.41(a)),激波的无黏压升与 25°压缩拐角相同(图 4.41(b))。RANS 计算使用 Cebeci-Smith 零方程湍流模型以及成功预测了压缩拐角干扰的湍流涡黏度松弛模型[58](图 4.14),计算获得的密度等值线(图 4.41(a)、(b))与全息干涉图像总体上是一致的(全息干涉实验中的激波发生器角度从 $\alpha = 7.93° \sim 12.17°$变化)。但

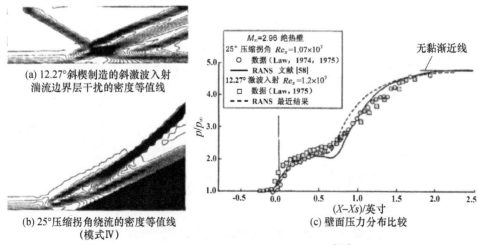

(a) 12.27°斜楔制造的斜激波入射湍流边界层干扰的密度等值线

(b) 25°压缩拐角绕流的密度等值线(模式Ⅳ)

(c) 壁面压力分布比较

图 4.41　预测的斜激波湍流边界层干扰[117]

松弛长度 λ 的参数化研究[117]揭示,该参数对于两种情况不是通用的,这里取 $\lambda = 20\delta_0$,而压缩拐角干扰取 $\lambda = 10\delta_0$,才能获得与实验结果相符较好的流场结构、壁面压力分布、当地分离点和再附点位置。

图 4.42 所示是流动模式 Ⅳ ($\alpha = 14°, M_\infty = 5$) 的 RANS 计算结果[118]与实验数据[119,120]的比较。在计算湍流普朗特数 Pr_t 时采用了最新方法,将 Pr_t 作为求解的过程变量,以确保能够将较高马赫数的相关物理机制计入模型方程内,该方法基于两方程模型,考虑焓值变化及其扩散速率[118]。图 4.42(a)、(b) 表明,对于变普朗特数和令普朗特数为常数的情况,预测的壁面压力和壁面摩擦应力几乎完全一样;两种计算获得的分离区压力都偏低,但很好地预测了分离区范围;再附点下游松弛流动中的壁面剪切应力预测值偏高。图 4.42(c) 表明,尽管变普朗特数方法改善了再附点下游松弛流动中的壁面热流及其峰值的预测结果(与定普朗特数方法相比),但与实验数据的偏差仍然很大;此外,变普朗特数方法预测的分离区壁面热流低于定普朗特数方法的结果。

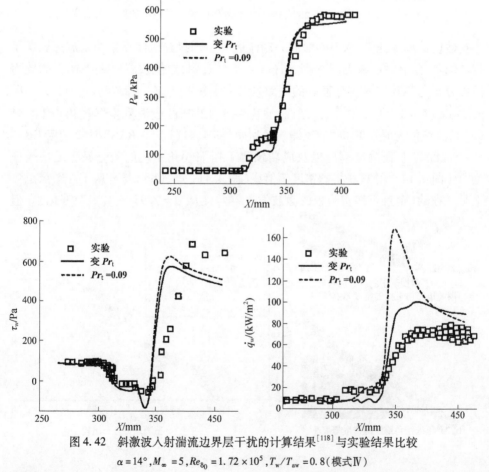

图 4.42 斜激波入射湍流边界层干扰的计算结果[118]与实验结果比较

$\alpha = 14°, M_\infty = 5, Re_{\delta_0} = 1.72 \times 10^5, T_w/T_{aw} = 0.8$(模式 Ⅳ)

第4章 理想气体超声速激波—湍流边界层二维干扰及其数值模拟

许多研究(涉及很宽的斜激波强度和马赫数范围)都表明[59],使用各种现代湍流模型的 RANS 方法预测的壁面压力和热流结果存在很大误差,所以对不稳定性影响的理解非常重要。文献[121]发布了 $M_\infty = 3.85(\pm 0.04)$、$T_w/T_{aw} \approx 0.6$、$Re_{\delta_0} \approx 1.76 \times 10$ 条件下对入射斜激波—湍流边界层干扰流动热流脉动的独特测量结果,两个典型的斜激波角 $\alpha_{sw} = 18.5°$ 和 $22.3°$ 分别代表流动偏折角 $\alpha \approx 4.15°$ 和 $8.35°$,用来分析无分离和分离流情况。按照图 4.19 的绝热壁压缩拐角绕流干扰的模式划分,压缩拐角的初始间歇性分离(即模式Ⅱ)预计应出现在 2 倍的入射激波气流偏折角($2\alpha = 8.3°$)情况下;而在 $2\alpha = 16.7°$ 时,完全发展的小尺度分离(模式Ⅲ)已经很接近大尺度分离的起始条件。但在这种条件下,所实现的无分离流动和小尺度分离流动是在冷却壁面条件下实现的。选取无黏激波入射点 x_{imp} 作为流向坐标的起点,用来表达平均壁面压力、平均壁面热流分布、热流脉动的标准偏差 $\sigma_{qw}/\bar{q}_w$(用平均热流无量纲化),见图 4.43(a)~(c),激波的实际入射点大约在无黏入射点的上游 10mm 处,对应的坐标值为 $x - x_{imp} = -10\text{mm}$。在无分离流动模式下,在激波入射点附近,热流脉动的幅值变大(图 4.43(c)),但 $\sigma_{qw}/\bar{q}_w$ 在下游衰减很快;在这种条件下没有观察到间歇性热流信号(图 4.43(d)),脉动遵循高斯概率分布,与壁面压力脉动定性地相似[121];观察到在激波入射点附近平均热流存在一个小峰值(图 4.43(b))。

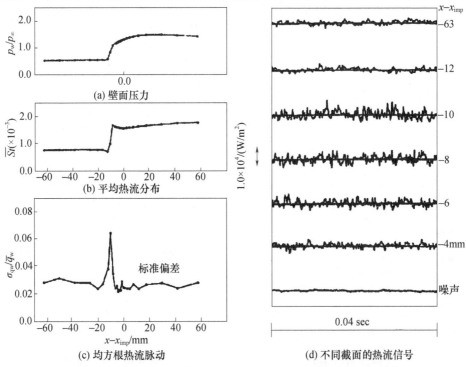

图 4.43 入射激波—湍流边界层干扰无分离流动的测量数据[121]

$\alpha \approx 4.15°, M_\infty = 3.85, \delta_0 \approx 7\text{mm}(\pm 0.04)$

在分离流模式下,平均热流分布曲线在分离点 S 附近出现一个峰值,在再附点 R 下游的热流水平也明显增大(图 4.44(b)),在分离点附近观察到热流脉动的间歇性信号(图 4.44(d));在分离点之后观察到湍流脉动。由于分离激波存在很大的振荡运动,$\sigma_{qw}/\dot{q}_w$ 分布在分离点附近呈现一个尖峰(图 4.44(c)),类似于压力脉动分布;在分离区内出现的第二个小峰值与激波的入射相关,第三个峰值对应再附点。在测量获得的壁面压力脉动曲线中也观察到这三个峰值[121]。通过边界层的分离和再附点时,热流脉动被放大,在再附点 R 下游的松弛流动区域,$\sigma_{qw}/\dot{q}_w$ 仍高于上游($x-x_{imp}>10\delta_0$ 处)的值(图 4.44(c))。间歇性的、频率也更高的热流脉动一直持续到($x-x_{imp}$)≈ -25.8mm 处(图 4.44(d));该截面下游不再观察到间歇性信号。壁面压力在相同区域也呈现相应的间歇性信号,在相同位置上信号的频率也接近相同[121]。在压缩—膨胀拐角绕流中也观察到压力脉动和壁面热流脉动特性的相似性,而且,在压缩拐角上游的分离区内以及在膨胀拐角尖点 A 下游

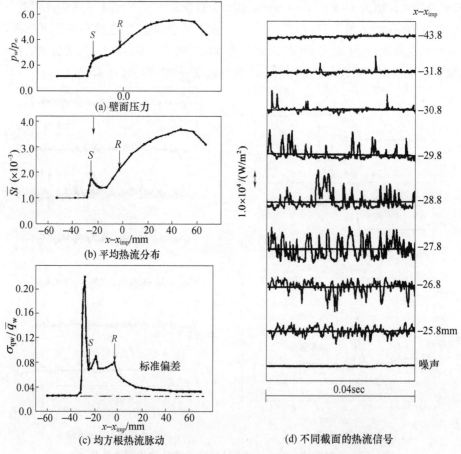

图 4.44 入射激波—湍流边界层干扰小尺寸分离流动的测量数据[121]
$\alpha \approx 8.35°, \delta_0 \approx 7$mm($\pm 0.04$)

的壁面上都预测到了较高的壁面压力脉动水平(图4.39(b)),在相应的位置上也观察到高水平的热流(图4.26)。可见,对于RANS湍流模型方法,复杂流动的不稳定特性严重限制了其模拟的准确性。

入射斜激波干扰的DNS计算[122]($\alpha_{sw}=33.2°,\alpha\approx8°,M_\infty=2.25,Re_{\delta_0}=5.15\times10^4$或$Re_{\theta_0}=3725,T_w/T_{aw}=1$)结果呈现了主要的不稳定影响,解释了基本物理机制,所计算的流动是介于小范围分离(模式Ⅱ)和大范围分离(模式Ⅲ)之间边界条件上的流动(参见图4.19,$2\alpha\approx16°$)。计算获得的垂直剖面内的瞬时密度场(图4.45(a))以及压力、速度场(这里没有给出)揭示,在边界层外侧部分存在复杂的有序运动,流动特征是出现湍流三维凸起相干结构,倾斜的相干结构与壁面呈锐角。实验也观察到这一现象。此图证实存在混合的增强,对于激波—湍流边界层干扰,混合是一个典型现象。速度等值线揭示,存在一个具有回流的小尺寸分离区,介于上游影响点x_0和斜激波入射点x_i之间,呈现很强的间歇性特征。计算的平均壁面压力和平均壁面摩擦系数与Deleuze[123]和Laurent[124]的实验数据符合得相当好(图4.45(b)、(c)),计算的壁面摩擦更快地松弛到平衡态,是因为实验边界层的动量厚度比较大($Re_{\theta_0}=4048$),也是这个原因,导致干扰上游的壁面摩擦存在20%的差异。在干扰的上游存在拉长的间歇性出现的条斑状涡结构,在分离区上方的混合层中出现比较大的相干结构(图4.46(a)),这些现象都与压缩拐角干扰情况在定性上相似。分离区内的流动是高度三维的,特征是在干扰区内散布着许多逆流斑块(图4.46(b))。在(计算的)流动中没有观察到Görtler样涡结构,而Brazhko在其实验中[125]用光学(PLS)显示和壁面热流测量方法,在$M_\infty=5$和6、$\alpha=15°$(模式Ⅳ)条件下,明显观察到Görtler样涡结构的存在。分离点和再附点平均位置的均方根位移(用δ_0无量纲化)的量级分别是5%和16%。根据对平均速度剖面计算结果的分析,可以得出一个结论:在干扰之后,平均流动的松弛距离约为$10\delta_0$。但按照湍流统计数据,完全平衡态是在边界层内层获得的,而在边界层的外侧部分中,松弛过程是不完全的,该结论与图4.44(c)给出的壁面热流的脉动行为一致。

图4.47所示是入射斜激波与湍流边界层干扰流动的几个重要动态特征,所提供的流场结构图时间间隔是$0.22\delta_0/u_\infty$。在边界层外侧部分,复杂的有序运动的特征是出现大尺度相干涡结构,它们在平均分离点附近脱落出来,产生了沿流向增长的混合层,同时混合层增长也是大尺度不稳定性的主要诱因,湍流放大机制主要与混合层的形成相关。这些流动结构图揭示,反射激波(至少是入射激波)有很强的振荡运动并分叉,入射激波根部经历一个振荡的运动,与相干结构经过激波根部尖点有关。通过对计算获得的壁面压力脉动的功率谱密度进行详细分析得知,大尺度低频不稳定性是依靠干扰区内建立的声学共振机制维持的[122]。在低频范围,不同位置上的功率谱密度出现近乎相同的分布,在高频范围则呈幂次律衰减。这些功率谱表明,在干扰区存在一个低频的主控能量,并在几个离散的频率上出现峰值。

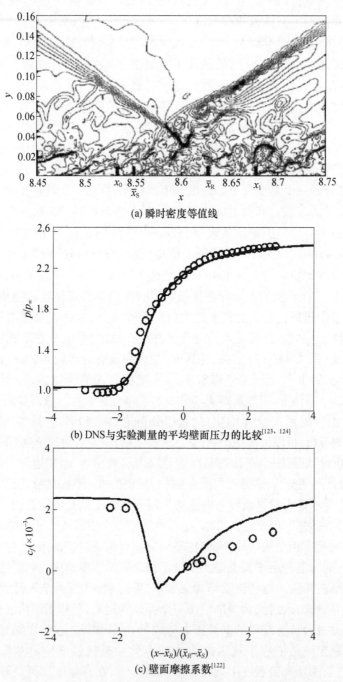

(a) 瞬时密度等值线

(b) DNS与实验测量的平均壁面压力的比较[123,124]

(c) 壁面摩擦系数[122]

图4.45 计算获得的垂直剖面内的瞬时密度场、压力及速度场

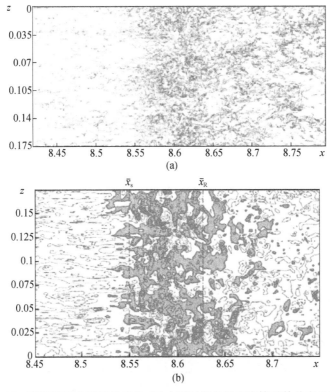

图4.46 平板壁面上涡结构的生成(a)瞬时流向壁面摩擦系数分布(b)[122]

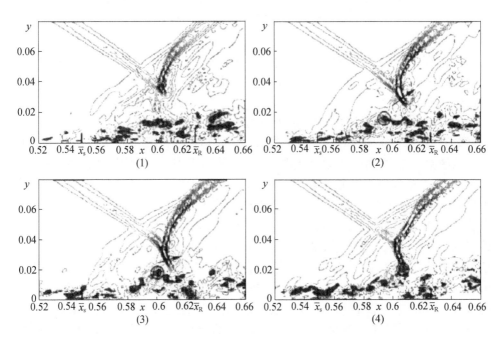

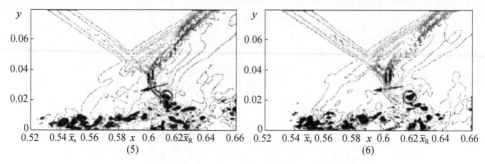

图4.47 时间间隔$0.22\delta_0/u_\infty$的系列x-y流场显示[122]
实线:压力梯度模数$20\leqslant|\Delta p|\leqslant 400$等值线水平;灰色斑:涡结构;
箭头表示入射激波根部运动的瞬时方向;圆圈表示某个涡的演化轨迹。

4.3 结论

对于二维激波—湍流边界层干扰,我们获得的知识和理解是很全面的,大量实验研究揭示了准确而有用的经验关系,针对典型的标准几何体(包括正激波、压缩拐角、压缩—膨胀拐角、斜激波)绕流的干扰流场,可以确定完全附着流动、初始分离流动、完全分离流动的产生条件。这些经验关系都是以气体动力学和湍流结构的基本物理知识为基础的,并为工程设计提供了有用的数据。已经证明,二维激波—湍流边界层干扰具有内在的相似性,也使我们对流场物理机制获得了更好的理解。现在,利用基本实验数据和基于物理理解的关联关系式,已经能够预测二维激波—湍流边界层干扰引起的气动热峰值载荷以及气动热力学的干扰细节。

最近几十年,预测二维激波—湍流边界层干扰的能力已经取得很大进步,但还是缺乏能够预测飞行条件所有相关细节的完整模型。RANS模型(特别是两方程湍流模型)仍然是工程应用的标准方法,在过去20年,RANS模型的预测能力已经有很大改进,但这些模型在宽雷诺数、宽压比、宽马赫数范围预测复杂(尤其是多个)激波—膨胀干扰时还存在精度问题,还需要进行全方位研究。LES方法展示了很好的精度,对模型常数的标定要求也最低(甚至不需要),但因为需要求解黏性亚层,LES方法只限于在低雷诺数有效;对于求解黏性亚层,湍流生成动力学极其重要,所以,为使LES方法能够用于高雷诺数范围,需要进一步研究、发展高雷诺数适用的黏性亚层动力学近似模型。为回避雷诺数对LES方法的限制问题,目前的研究热点是,在近壁面区域采用DES(Detached Eddy Simulation)模型与RANS相结合的方法,在外区则采用LES方法。可以期待该方法取得更多进步,主要是使RANS模型在近壁面区的精度与LES在外区的精度一致。DNS方法能够提供精确的激波—边界层干扰预测结果,无须引入建模参数,但也仅限于低雷诺数(与LES方法的受限原因相同),需要进一步为DNS方法研究更快的算法,使DNS方法的雷诺数屏障向更高雷诺数方向移动,甚至消除 DNS 方法的雷诺数屏障。

参 考 文 献

[1] Zheltovodov A A. Shock Waves/Turbulent Boundary – Layer Interactions:Fundamental Studies and Applications. AIAA Paper 96 – 1977,1996.

[2] Zheltovodov A A. Some Advances in Research of Shock Wave Turbulent Boundary – Layer Interactions. AIAA Paper 2006 – 0496,2006.

[3] Délery J,Marvin J G. Shock – Wave Boundary Layer Interactions. AGARDograph No. 280,1986.

[4] Settles G S,Dolling D S. Swept Shock – Wave/Boundary – Layer Interactions. In:Hemsch,M. ,Neilsen,J. (ed.):Tactical Missile Aerodynamics. Progress in Astronautics and Aeronautics. AIAA,1986,(104):297 – 379.

[5] Knight D D,Degrez G. Shock Wave Boundary Layer Interactions in High Mach Number Flows:A Critical Survey of Current CFD Prediction Capabilities. AGARD Report 319,2,1998,1 – 1 – 1 – 35.

[6] Dolling D S. Fifty Years of Shock – Wave/Boundary – Layer Interaction Research:What Next? AIAA J. ,2001,39(8):1517 – 31.

[7] Knight D,Yan H,Panaras A G,et al. Advances in CFD Prediction of Shock Wave Turbulent Boundary Layer Interactions. Progress in Aerospace Sciences,Pergamon Press,Oxford,2003,(39):84 – 121.

[8] Chang P K. Separation of flow. International Series of Monographs in Interdisciplinary and Advanced Topics in Science and Engineering,vol. 3,xviii,778. Pergamon,New York(1970).

[9] Gogish L V,Stepanov G Yu. Turbulent Separated Flows. Central Edition of Physical – Mathematics Literature,Nauka,Moscow,1979.

[10] Borovoi V Ya. Gas Flow Field and Heat Exchange in the Zones of Shock Waves Interactions with a Boundary Layer . Mashinostroenie,Moscow,1983.

[11] Smits A J,Dussauge J P. Turbulent Shear Layers in Supersonic Flow. 2nd Edition ,Springer,Berlin Heilderberg,2006.

[12] Cebeci T,Smith A. Analysis of Turbulent Boundary Layers. New York Academic Press,1974.

[13] Baldwin B,Lomax H. Thin Layer Approximation and Algebraic Model for Separated Flows. AIAA Paper 78 – 257,1978.

[14] Baldwin B,Barth T. A One – Equation Turbulenssce Transport Model for High Reynolds Number Wall – Bounded Flows. AIAA Paper 1991 – 610,1991.

[15] Johnson D,King L. A New Turbulence Closure Model for Boundary Layer Flows with Strong Adverse Pressure Gradients and Separation. AIAA Paper 1984 – 175,1984.

[16] Jones W,Launder B. The Prediction of Laminarization with a Two – Equation Model of Turbulence. Int. J. Heat and Mass Transfer,1972,(15):301 – 304.

[17] Wilcox D. Turbulence Modeling for CFD. 2nd Edition. La Canada,CA:DCW Industries,2002.

[18] Marvin J. Turbulence Modeling for Computational Aerodynamics. AIAA J. ,1983,21(7):941 – 955.

[19] Knight D D. Numerical Simulation of Compressible Turbulent Flows Using the Reynolds – Averaged Navier – Stokes Equations:Turbulence in Compressible Fluids. AGARD Report 819,1997,5 – 1 – 5 – 52.

[20] Zhang H S,So R M C,Gatski T B,et al. A Near – Wall 2nd – Order Closure for Compressible Turbulent Flows. Near – Wall Turbulent Flows,. 1993,209 – 218.

[21] Gnedin M,Knight D. A Reynolds Stress Turbulence Model for Compressible Flows. Part I:Flat – Plate Boundary Layer. AIAA Paper 95 – 0869,1995.

[22] Zha G, Knight D. Three – Dimensional Shock Boundary Layer Interaction Using Reynolds Stress Equation Turbulence Model. AIAA J. ,1996,34(7):1313 – 1320.

[23] Erlebacher G, Hussaini M, Speziale C, et al. T. Toward the Large Eddy Simulation of Compressible Turbulent Flows. J. Flui. Mech. ,1992,238:1550 – 1585.

[24] Lesieur M, Comte P. Large Eddy Simulations of Compressible Turbulent Flows: Turbulence in Compressible Fluids. AGARD Report 819,1997,4 – 14 – 39.

[25] Domaradzki J A, Dubois T, Honein A. A Subgrid – Scale Estimation Model Applied to Large Eddy Simulations of Compressible Turbulence. In: CTR Proceedings, 1998 Summer Program, Center for Turbulence Research, Stanford University and NASA Ames Research Center, Stanford, CA,1998.

[26] Grinstein F, Margolin L, Rider W. (eds.): Implicit Large Eddy Simulation. Cambridge University Press, New York,2007.

[27] Xiao X, Edwards J R. , Hassan H A, et al. Inflow Boundary Conditions for Hybrid Large Eddy – Reynolds Averaged Navier – Stokes Simulation. AIAA J. ,2003,41(8):1418 – 1489.

[28] Edwards J R, Choi J – L, Boles J A. Large – Eddy/Reynolds – Averaged Navier Corner Interaction. AIAA J. ,2008,46(4):977 – 991.

[29] Menter F R. Two – Equation Eddy – Viscosity Turbulence Model for Engineering Applications. AIAA J. ,1994,32(8):1598 – 605.

[30] Zheltovodov A, Dvorak R, Safarik P. Shock Waves/Turbulent Boundary Layer Interaction Properties at Transonic and Supersonic Speeds Conditions. Izvestiya SO AN SSSR, Seriya Tekhnicheskih Nauk,1990,(6):3142.

[31] Pearcey H H. Some Effects of Shock – Induced Separation of Turbulent Boundary Layers in Transonic Flow Past Airfoils. ACR R&M, No. 3108,1959.

[32] Grodzovskyi L G. Experimental Research of Shock Waves/Boundary Layer Interaction at the Mach Number Range M = 1.0 – 1.8. Izvestiya AN SSR, Energetika i Avtomatika,1961,(4):20 – 31.

[33] Zukoski E E. Turbulent Boundary – Layer Separation in Front of a Forward – Facing Step. AIAA J. ,1967,5(10):1746 – 1753.

[34] Sajben M, Morris M J, Bogar T J, et al. Confined Normal Shock Turbulent Boundary Layer Interaction Followed by an Adverse Pressure Gradient. AIAA J. ,1991,29(22):2115 – 2123.

[35] Kline S J, Bardina J L, Strawn R C. Correlation of the Detachment of Two Dimensional Turbulent Boundary Layers. AIAA J. ,1983,21(1):68 – 73.

[36] Chapman D, Kuehn D, Larson H. Investigation of Separated Flows In Supersonic and Subsonic Streams with Emphasis on the Effect of Transition. NACA Report 1356,1958.

[37] Kutateladze S S, Leont'ev A I. Turbulent Boundary Layer of Compressible Gas. SO AN SSSR, Novosibirsk,1962.

[38] Morris M J, Sajben M, Kroutil J C. Experimental Investigation of Normal Shock Turbulent Boundary Layer Interaction with and without Mass Removal. AIAA J. ,1992,30(2):359 – 366.

[39] Haines A B. 27th Lanchester Memorial Lecture: Scale Effects in Transonic Flow. Aeronauutical J. ,1987,91(907):291 – 313.

[40] Inger G R. Upstream Influence and Skin Friction in Non – Separating Shock/Turbulent Boundary – Layer Interactions. AIAA Paper 80 – 1411,1980.

[41] Inger G R. Some Features of a Shock/Turbulent Boundary – Layer Interaction Theory in Transonic Fields. AGARD – CP – 291,1980.

[42] Stanewsky E. Interaction Between the Outer Inviscid Flow and the Boundary Layer on Transonic Airfoils. Doctoral Engineer Dissertation, TU Berlin(D83),1981. 242 – 252.

[43] Bohning R, Zieper J. Normal Shock/Turbulent Boundary – Layer Interaction at a Curved Wall. AGARD – CP –

291,1981.

[44] Hopkins E, Inouye M. An Evaluation of Theories for Predicting Turbulent Skin Friction and Heat Transfer on Flat Plates at Supersonic and Hypersonic Mach Numbers. AIAA J. ,1971,9(6):993 – 1003.

[45] Johnson C D, Bushnell D M. Power – Law Velocity – Profile – Exponent Variations with Reynolds Number, Wall Cooling, and Mach Number in a Turbulent Boundary Layer. NASA TN 0 – 5753,1970.

[46] Zheltovodov A A. Analysis of Two – Dimensional Separated Flows at Supersonic Speeds Conditions. In: Investigations of the Near – Wall Flows of Viscid Gas, ed. Academician N. N. Yanenko,1979,59 – 94.

[47] Blosch E, Carroll B, Morris M. Numerical Simulation of Confined Transonic Normal Shock Wave/Turbulent Boundary – Layer Interactions. AIAA J. ,1993,31(12):2241 – 2246.

[48] Viegas J R. Horstman C C. Comparison of Multiequation Turbulence Models for Several Shock Separated Boundary – Layer Interaction Flows. AIAA J. ,1979,17(8):811 – 820.

[49] Nakamori I, Ikohagi T. Large Eddy Simulation of Transonic Turbulent Flow Over an Airfoil Using a Shock Capturing Scheme with Zonal Embedded Mesh. Proceedings of the Third A FOSR International Conference on DNSILES, Greyden Press,743 – 50, Columbus, OH,2001.

[50] Bardina J, Ferziger J, Reynolds W. Improved Subgrid Scale Models for Large Eddy Simulation. AIAA Paper 80 – 1357,1980.

[51] Pearcey H H, Osborne J, Haines, A B. The Interaction Between Local Effects at the Shock and Rear Separation – a Source of Significant Scale Effects in Wind – Tunnel Tests on Airfoils and Wings. AGARD CP35,1968.

[52] Wilcox D. Formulation of the $k - \omega$ Turbulence Model Revised. AIAA J. ,2008,46(11):2823 – 2838.

[53] Borisov A V, Zheltovodov A A, Maksimov A I, et al. Experimental and Numerical Study of Supersonic Turbulent Separated Flows in the Neighborhood of Two – Dimensional Obstacles. Flui. Dyn,. 1999,34(2):181 – 189.

[54] Horstman C C, Zheltovodov A A. Numerical Simulation of Shock Waves/Expansion Fans – Turbulent Boundary Layer Interaction. International Conference on the Methods of Aerophysical Research, Proc. , Part 2,118 – 122, Russia, Novosibirsk,1994.

[55] Hunter L G, Reeves B L. Results of a Strong Interaction, Wake – Like Model of Supersonic Separated and Reattaching Turbulent Flows. AIAA J. ,1971,9(4):703 – 712.

[56] Roshko A, Thomke G L. Flare – Induced Interaction Length in Supersonic, Turbulent Boundary Layers, AIAA J. ,1976,14(7):873 – 879.

[57] Dem'yanenko V S, Zheltovodov A A. Experimental Investigation of Turbulent Boundary Layer Separation in the Vicinity of Step. Mekhanika Zhidkosti i Gaza(Fluid Dynamics) , No. 5,73 – 580,1977.

[58] Shang J, Hankey W. Numerical Solution for Supersonic Turbulent Flow Over a Compression Ramp. AIAA J. , 1975,13(10):1368 – 1374.

[59] Dolling D S. High – Speed Turbulent Separated Flows: Consistency of Mathematical Models and Flow Physics. AIAA J. ,1998,36(5):725 – 732.

[60] Appels C, Richards B E. Incipient Separation of a Compressible Turbulent Boundary Layer. AGARD CP – 168, Flow Separation,1975,21 – 1 – 21 – 12.

[61] Spaid F W, Frishett J L. Incipient Separation of a Supersonic, Turbulent Boundary Layer, Including Effect of Heat Transfer. AIAA J. ,1972,10(7):915 – 922.

[62] Settles G S, Bogdonoff S M, Vas I E. Incipient Separation of a Supersonic Turbulent Boundary Layer at High Reynolds Numbers. AIAA J. ,1976,14(1):50 – 56.

[63] Settles G S. An Experimental Study of Compressible Turbulent Boundary Layer Separation at High Reynolds Numbers. Ph. D. Dissertation, Aerospace and Mechanical Sciences Department, Princeton University, Princeton, NJ,1975.

[64] Holden M S. Shock Wave – Turbulent Boundary Layer Interaction in Hypersonic Flow. AIAA Paper 72 – 74,1972.

[65] Elfstrom G M. Turbulent Hypersonic Flow at a Wedge – Compression Corner. J. Flui. Mech. ,53,Pt. 1,113 – 127,1972.

[66] Zheltovodov A A, Schülein E Kh, Yakovlev V N. Development of Turbulent Boundary Layer at the Conditions of Mixed Interaction with Shock Waves and Expansion Fans. Preprint No. 28 – 83, ITAM USSR Academy of Sciences, Novosibirsk,1983.

[67] Kuntz D W, Amatucci V A, Addy A L. Turbulent Boundary – Layer Properties Downstream of the Shock – Wave/Boundary – Layer Interaction. AIAA J. ,1987,25(5):668 – 675.

[68] Thomas F O, Putnam C M, Chu H C. On the Mechanism of Unsteady Shock Oscillation in Shock Wave/Turbulent Boundary Layer Interactions. Experiments in Fluids,1994,18(1/2):69 – 81.

[69] Ardonceau P, Lee D H, Alziary T. de Roquefort, et al. Turbulence Behavior in a Shock Wave/Boundary Layer Interaction. In AGARD CP – 271,1999,8 – 1 – 8 – 14.

[70] Goldfeld M A, Dolgov V N. Investigations of Turbulent Boundary Layer on Test Model of Compression Surfaces of Supersonic Diffuser. In Aerophysical Research, ITAM SB USSR Acad. Sci. ,2,98 – 99, Novosibirsk,1972.

[71] Goldfeld M A, Dolgov V N. Experimental Research of Turbulent Boundary Layer on Delta Plate with Wedge. Izv. SO AN SSSR, Ser. Tekhn. Nauk,1973,8(2):16 – 22.

[72] Korkegi R H. Comparison of Shock – Induced Two – and Three – Dimensional Incipient Turbulent Separation. AIAA J. ,1975,13(4):534 – 535.

[73] Zheltovodov A, Schülein E. Peculiarities of Turbulent Separation Development in Disturbed Boundary Layers. Modelirovanie v Mekhanike(Modeling in Mechanics),1988,(2):1.

[74] Horstman C, Hung C. Reynolds Number Effects on Shock – Wave Turbulent Boundary – Layer Interaction: A Comparison of Numerical and Experimental Results. AIAA Paper 77 – 42,1977.

[75] Visbal M, Knight D. The Baldwin – Lomax Turbulence Model for Two – Dimensional Shock – Wave/Boundary – Layer Interactions. AIAA J. ,1984,22(7):921 – 928.

[76] Ong C, Knight D. Hybrid MacCormack and Implicit Beam – Warming Algorithms for a Supersonic Compression Corner. AIAA J. ,1987,25(3):401 – 407.

[77] Schülein E, Zheltovodov A A. Development of Experimental Methods for the Hypersonic Flows Studies in Ludwieg Tube. International Conference on the Methods of Aerophysical Research, Part 1, Novosibirsk, Russia, 1998,191 – 199.

[78] Hahn J S. Experimental Investigation of Turbulent Step – Induced Boundary – Layer Separation at Mach Numbers 2. 53 and 4. AEDC – TR – 69 – 1,1969,31.

[79] Liepman H, Roshko A. Elements of Gasdynamics, John Wiley & Sons, New York,1957.

[80] Zheltovodov A A. Peculiarities of Development and Modeling Possibilities of Supersonic Turbulent Separated Flows. Separated Flows and Jets IUTA M Symposium Novosibirsk, USSR, eds. V. V. Kozlov and A. V. Dovgal, Springer – Verlag Berlin,225 – 36, Berlin Heilderberg,1991.

[81] Zheltovodov A A, Zaulichnyi E G, Trofimov V M. Development of Models for Calculations of Heat Transfer at Supersonic Turbulent Separated Flows Conditions. Zhurnal Prikladnoi Mechaniki i Tekhnicheskoi Fiziki(J. of Applied Mechanics and Technical Physics), No. 4,96 – 104,1990.

[82] Holden M S. Shock Wave – Turbulent Boundary Layer Interaction in Hypersonic Flow. AIAA Paper 7745,1977.

[83] Zheltovodov A, Zaulichniy E, Trofimov V, et al. The Study of Heat Transfer and Turbulence in Compressible Separated Flows. Preprint No. 22 – 87, ITAM, USSR Academy of Sciences, Siberian Branch, Novosibirsk,1987.

[84] Zheltovodov A A, Yakovlev V N. Stages of Development, Gas Dynamic Structure and Turbulence Characteristics

[84] of Turbulent Compressible Separated Flows in the Vicinity of 2 – D Obstacles. Preprint No. 27 – 86, ITAM, USSR Academy of Sciences, Novosibirsk, 55, 1986.

[85] Zheltovodov A A, Lebiga V A, Yakovlev V. Measurement of Turbulence Parameters in Compressible Boundary Layers in the Vicinity of Separation Zones. Zhurnal Prikladnoi Mechaniki i Tekhnicheskoi Fiziki (J. of Applied Mechanics and Technical Physics), No. 3, 108 – 3113, 1989.

[86] Zheltovodov A A, Borisov A, Knight D, et al. The Possibilities of Numerical Simulation of Shock Waves/Boundary Layer Interaction in Supersonic and Hypersonic Flows. International Conference on the Methods of Aerophysical Research, Part 1, Novosibirsk, Russia, 164 – 170, 1992.

[87] Trofimov V, Shtrekalkin S. Longitudinal Vortices and Heat Transfer in Reattached Shear Layers. Separated Flows and Jets, IUTAM Symposium, Novosibirsk, Russia, July 9 – 13, 1990, eds. V. V. Kozlov and A. V. Dovgal, Springer – Verlag, 417 – 20, Berlin Heilderberg, 1991.

[88] Bedarev I, Zheltovodov A, Fedorova N. Supersonic Turbulent Separated Flows Numerical Model Verification. International Conference on the Methods of Aerophysical Research – Part I, Novosibirsk, Russia, 30 – 35, 1998.

[89] Borisov A V, Zheltovodov A A, Maksimov A I, et al. Verification of Turbulence Models and Computational Methods of Supersonic Separated Flows. International Conference on the Methods of Aerophysical Research, Part I, 54 – 61, Novosibirsk, Russia, 1996.

[90] Efimtsov B M, Kuznetsov V B. Spectrums of Surface Pressure Pulsations at the Supersonic Flow Over Forward – Facing Step. Uchenie Zapiski TSAGI (Scientific Notes of TSAGI), 20, 1989, (3):111 – 115.

[91] Bibko V N, Efimtsov B M, Kuznetsov V B. Spectrums of Surface Pressure Pulsations Ahead of Inside Corners. Uchenie Zapiski TSAGI (ScientGc Notes of TSAGI), 20, 1989, (4):112 – 417.

[92] Bibko V N, Efimtsov B M, Korkach V G, et al. About Oscillations of Shock Wave Induced by Boundary Layer Separation. Mekhanika Zhidkosti i Gaza (Fluid Dynamics), 1990, 4:168 – 4170.

[93] Plotkin K J. Shock Wave Oscillation Driven by Turbulent Boundary Layer Fluctuations. AIAA J., 1975, 13(8): 1036 – 1040.

[94] Ganapathisubramani B, Clemens N T, Dolling D S. Effects of Upstream Boundary Layer on The Unsteadiness of Shock – Induced Separation. J. Flui. Mech., 2007, (585):369 – 94.

[95] Urbin G, Knight D, Zheltovodov A. Compressible Large Eddy Simulation Using Unstructured Grid: Supersonic Boundary Layer in Compression Corner. AIAA Paper 99 – 0427, 1999.

[96] El – Askary W. Large Eddy Simulation of Subsonic and Supersonic Wall – Bounded Flows. Abhundlungen aus dem Aerodynamishen Institut, der Rhein. – Westf. Technischen Hoschule Aachen (Proceedings), Heft 34. Institute of Aerodynamics Aachen University, ed. Prof. Dr. W. Schroder, Aachen, 2003, 12 – 27.

[97] Borisov A V, Zheltovodov A A, Maksimov A I, et al. Verification of Turbulence Models and Computational Methods of Supersonic Separated Flows. International Conference on the Methods of Aerophysical Research, Part I, Novosibirsk, Russia, 1996, 54 – 61.

[98] Adams N A. Direct Simulation of the Turbulent Boundary Layer along a Compression Ramp at $M = 3$ and $Re = 1,685$. J. Flui. Mech., 2000, (420):47 – 83.

[99] Urbin G, Knight D, Zheltovodov A. Large Eddy Simulation of a Supersonic Compression Corner: Part I. AIAA Paper 2000 – 0398, 2000.

[100] Yan H, Knight D, Zheltovodov A. Large Eddy Simulation of Supersonic Compression Corner Using ENO Scheme. Third AFOSR International Conference on DNS and LES, August 5 – 9, 2001. Arlington: University of Texas, 2001, 381 – 388.

[101] Zheltovodov A A, Pimonov E A, Knight D D. Numerical Modeling of Vortex/Shock Wave Interaction and Its Transformation by Localized Energy Deposition. Shock Wave, 2007, (17):273 – 290.

[102] Schülein E, Zheltovodov A A, Pimonov E A, et al. Study of the Bow Shock Interaction with Laser – Pulse – Heated Air Bubbles. AIAA Paper 2009 – 3568, 2009.

[103] Loginov M, Adams N, Zheltovodov A. Large – Eddy Simulation of Turbulent Boundary Layer Interaction with Successive Shock and Expansion Waves. International Conference on the Methods of Aerophysical Research, Part I. Publishing House Nonparel, Novosibirsk, 2004, 149 – 157.

[104] Loginov M, Adams N, Zheltovodov A. LES of Shock Wave/Turbulent Boundary Layer Interaction. Proc. High Performance Computing in Science and Engineering'04, eds. E. Krause, W. Jager, and M. Resch, Springer – Verlag, Berlin Heilderberg, 2005, 177 – 188.

[105] Loginov M, Adams N, Zheltovodov A. Large – Eddy Simulation of Shock Wave Turbulent – Boundary – Layer Interaction. J. Flui. Mech, 2006, (565): 135 – 169.

[106] Loginov M, Adams N, Zheltovodov A. Shock – Wave System Analysis for Compression – Decompression Ramp Flow. Fifth International Symposium on Turbulence and Shear Flow Phenomenon. Eds. R. Friedrich, N. A. Adams, J. K. Eaton, J. A. C. Humprey, N. Kasagi, and M. A. Leschziner. TU Münchhen, Garching, Germany, 27 – 29 August 2007, (I): 87 – 92.

[107] Zheltovodov A, Trofimov V, Schülein E, et al. An Experimental Documentation of Supersonic Turbulent Flows in the Vicinity of Forward – and Backward – Facing Ramps. Report No. 2030, Institute of Theoretical and Applied Mechanics, USSR Academy of Sciences, Novosibirsk, 1990.

[108] Stolz S, Adams N A. An Approximate Deconvolution Procedure for Large – Eddy Simulation. Phys. Fluids, 1999, (11): 1699 – 1701.

[109] Lüdeke H, Radespiel R, Schülein E. Simulation of Streamwise Vortices at the Flaps of Reentry Vechicles. AIAA Paper 2004 – 0915, 2004.

[110] Adelgren R G, Yan H, Elliott G S, et al. Control of Edney IV Interaction by Pulsed Laser Energy Deposition. AIAA J., 2005, (43): 2256 – 2269.

[111] Rizzetta D, Visbal M. Large Eddy Simulation of Supersonic Compression Ramp Flows. AIAA Paper 2001 – 2858, 2001.

[112] Ringuette M, Wu M, Martin M P. Low Reynolds Number Effects in a Mach 3 Shock/Turbulent – Boundary – Layer Interaction. AIAA J., 2008, 46(7): 1883 – 1886.

[113] Green J. Interactions Between Shock Waves and Turbulent Boundary Layers. Prog. Aerospace Sci., 1970, (11): 235 – 340.

[114] Landau L, Lifshitz E. Fluid Mechanics. Pergammon Press, Oxford, 1959.

[115] Petrov G I, Likhushin V Ya, Nekrasov I P, et al. Influence of Viscosity on a Supersonic Flow with Shock Waves. Trudi CIAM (Proceedings of CIAM), 1952, (224): 28.

[116] Bogdonoff S, Kepler C. Separation of a Supersonic Turbulent Boundary Layer. J. Aero. Sci., 1955, (22): 414 – 430.

[117] Shang J S, Hankey Jr W L, Law C H. Numerical Simulation of Shock Wave Turbulent Boundary – Layer Interaction. AIAA J., 1976, 14(10): 1451 – 1457.

[118] Xiao X, Hassan H A, Edwards J R, et al. Role of Turbulent Prandtl Numbers on Heat Flux At Hypersonic Mach Numbers. AIAA J., 2007, 45(4): 806 – 813.

[119] Schülein E. Optical Skin – Friction Measurements in Short – Duration Facilities. AIAA Paper 2004 – 2115, 2004.

[120] Schülein E, Krogmann P, Stanewsky E. Documentation of Two – Dimensional Impinging Shock/Turbulent Boundary Layer Interaction Flows. DLR, German Aerospace Research Center, Paper 1, B 223 – 296 A 49, 1996.

[121] Hayashi M, Aso S, Tan A. Fluctuation of Heat Transfer in Shock Wave/Turbulent Boundary – Layer Interaction. AIAA J. ,1989,27(4):399 –404.

[122] Pirozzoli S, Grasso F. Direct Numerical Simulation of Impinging Shock Wave/Turbulent Boundary Layer Interaction at M = 2.25. Phy. Flui. ,18(6), Art. 065113,2006,1 – 17.

[123] Deleuze J. Structure d'une Couche Limite Turbulente Soumise á une Onde de Choc Incidente. Ph. D. Thesis, Université Aix – Marseille 11 ,1995.

[124] Laurent H. Turbulence d'une Interaction Onde de Choc/Couche Limite sur une Paroi Plane Adiabatique ou Chauffée. Ph. D. Thesis, Université Aix – Marseille Ⅱ ,1996.

[125] Brazhko V N. Periodic Flowfield and Heat Transfer Structure in the Region of Attachment of Supersonic Flows. Uchenie Zapiski TSAGI(Scientific Notes of TSAGI) ,X1979,(2):113 – 118.

[126] Spalart P R, Allmaras S R. A One – Equation Turbulence Model for Aerodynamic Flows. AIAA Paper 92 – 0439,1992.

[127] Glushko G S. Turbulent Boundary Layer on a Flat Plate in an Incompressible Fluid. Bulletin of Academic Sciences USSR, Mechanical Series,1965,(4):13 – 23.

第5章 理想气体超声速激波—湍流边界层三维干扰及其模拟

Alexander A. Zheltovodov, Doyle D. Knight

5.1 引言

本章研究超声速流激波—湍流边界层三维干扰的流场结构问题,通过几个标准构型,以实验观察的流场细节为基准,讨论现代计算方法预测这些流场细节的能力,探讨所研究的三维干扰与二维干扰(参考第4章)的关系。

5.2 三维湍流干扰

为帮助理解三维激波—湍流边界层干扰,考虑几个基本的激波发生器几何构型,包括尖前缘非后掠支板(图5.1(a))与后掠支板(图5.1(b))、半锥(图5.1(c))、后掠压缩斜楔(图5.1(d))、钝前缘支板(图5.1(e))、非后掠尖前缘双支板(图5.1(f))。更复杂的三维激波干扰一般都包含了这些基本构型中的一个或若干个。前四个激波发生器(图5.1(a)~(d))是"尺度无关干扰"的实例[1],即与边界层厚度δ相比,激波发生器总体尺寸足够大,尺寸的进一步增加对流动不再产生影响;钝前缘支板(图5.1(e))是一个"尺度相关干扰"的实例,其特征是激波发生器对于干扰流动的结构具有尺度效应(这里指前缘钝度)。相交后掠激波干扰(图5.1(f))代表更复杂的三维流动结构。本章简单讨论这些三维流动最重要的物理特性,提供数值模拟的实例。

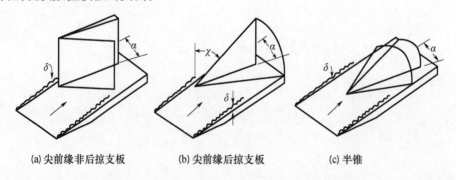

(a) 尖前缘非后掠支板　　(b) 尖前缘后掠支板　　(c) 半锥

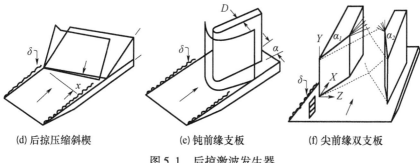

(d) 后掠压缩斜楔　　(e) 钝前缘支板　　(f) 尖前缘双支板

图 5.1　后掠激波发生器

5.3　三维分离流特征

5.3.1　简介

根据 Prandtl 的研究结论[2]，在无滑移边界上，二维定常流动从壁面剪切应力为零并开始呈现负梯度的点分离。在发展理论方法的早期阶段，对于各种工程应用，二维分离概念是非常有用的。但实际情况是，在第 4 章讨论的二维激波—湍流边界层干扰的例子中，特别是在初始分离和分离完全发展的条件下，往往含有明显的三维结构。例如，二维压缩拐角流动(图 4.37)呈现 Görtler 涡样结构，并沿着汇聚线(即分离线)和发散线(即再附线)形成一套独特的结—鞍点的奇异点(即临界点)组合。在这些情况下，用二维分离概念获得的复杂分离流动结构的理解不再严格和恰当，所做出的物理解释也不够正确。

Legendre[3-5]发展的临界点理论(Critical Point Theory, CPT)是一个解释实验和计算结果、理解三维分离流拓扑结构的合适工具[6,7]，该理论基于 Poincare 的二维向量场理论来表达流动的拓扑结构，用于分析定常流的壁面剪切线。壁面剪切应力的向量场轨迹几乎与极限流线(或壁面流线)重合，可以在实验中用油流显示技术观察到。临界点理论可以用于解释 Navier - Stokes 方程计算获得的三维定常层流与湍流的时间平均壁面流线。

时间平均的壁面流线相图是一种由许多奇异点组成的连续向量场，根据壁面摩擦线偏导数的雅克比矩阵主对角线元素之和 $p = \lambda_1 + \lambda_2$ 及行列式 $q = \lambda_1 \cdot \lambda_2$[6,7]的值，划分相图的象限。根据 p 和 q 的值，相图可以分为鞍点、结点、焦点和中心点、星形汇、源(图 5.2)。只有两条壁面摩擦线(即分离线)通过鞍点 S，其他摩擦线均绕过该点，且相邻摩擦线走向相同。节点又分为结点与焦点，在结点只有一条切线，所有壁面摩擦线或者离开结点(再附型结点 N_a)或者汇向结点(即分离型结点 N_s)；焦点 N_f 没有公共切线，所有壁面摩擦线围绕焦点呈螺旋环绕，或者呈螺旋形离开焦点(再附型焦点)或者呈螺旋形向焦点汇聚(分离型焦点)。掌握了这些奇异点的位置和类型,就可以确定向量场的定性特征;壁面上的汇聚流线和发散流线代表边界层内或分离区内的二次流边界,上述奇异点的位置决定着这些汇聚流线和发散流线的位置,因而也严重影响着三维流场的拓扑结构。这些流线是分离或再附流面在壁面上的附着线,这些流线从鞍点出发、结束于结点或焦点[6]。在一个具有封闭表面的物体上,结点/焦点与鞍点的数量存在以下关系[6,8]:

$$\sum 结点数 - \sum 鞍点数 = 2 \qquad (5.1)$$

根据该式,可用临界点检验所描述三维流动的连续性。

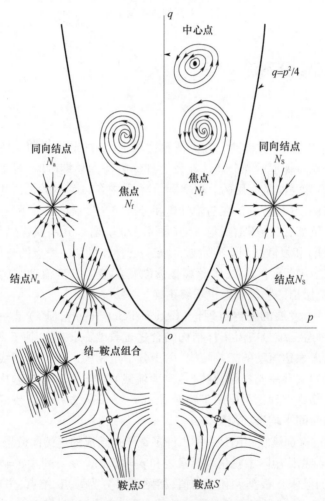

图 5.2　$[p,q]$ 平面上的临界点分类(Délery[6,7])

按照图 5.2,沿公共分离线或再附线(即 $q=0$ 线)分布着无限多的结—鞍点组合(参考图 5.2 左侧的标注), $q=0$ 是三维分离流的特殊情况,按照历史习惯称为"二维分离流"。根据名义二维分离流实验对再附线情况的观察以及大涡模拟的预测结果

(图4.37、图4.38),Lighthill[9]描述了表征三维效应的结—鞍点组合拓扑结构(图5.3)(还可参考Tobak和Peake的工作[8]),从鞍点发出的特殊汇聚线被标示为分离线(发散线则标示为再附线),源于各再附结点的壁面摩擦线被分离线分隔开。

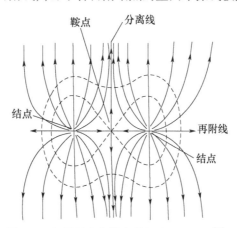

图5.3 相邻结点与鞍点的组合(Lighthill[9])

5.3.2 尖前缘非后掠支板的激波—湍流边界层干扰

1. 流动模式与初始分离准则

垂直于底板、偏折角为 α 的尖前缘非后掠支板产生一个平面后掠激波,激波与底板上的平衡态湍流边界层相干扰(参考图5.1(a))。后掠激波产生横向压力梯度,在靠近壁面的边界层部分,引发横向二次流,靠近壁面流速较慢流体的偏折角比较大(图5.4),在边界层分离或再附处的壁面上生成汇聚流线和发散流线。图5.5(a)给出的是垂直于底面的非后掠支板附近激波—湍流边界层干扰的流动模式分界线,流动模式由偏折角 α、后掠激波无黏静压比($\xi = p_2/p_1$)决定。图5.5(b)是极限流线图谱,描述了这些流动模式的拓扑结构[10-13],各流动模式的主汇聚流线 S_1、主发散流线 R_1 以及二次流线 S_2、R_2 特征由实验数据确定,这些流线分别表达了主分离、主再附、二次分离和二次再附的信息。

随着偏折角 α 和激波强度的增加,垂直于底面的非后掠支板附近形成的干扰流动被划分为六种模式[11,12]。在无分离的弱干扰模式(模式Ⅰ,参考图5.5(b))中,无黏激波(SW)下方的极限流线发生偏转,但不形成汇聚流线;偏折角 α 增加,形成模式Ⅱ,一组近似平行的极限流线向远离无黏激波的方向运动;过渡阶段(即Ⅰ~Ⅱ过渡模式)处于模式Ⅰ和模式Ⅱ的交界条件上(参考图5.5(a)),在无黏激波两侧形成两个平行流线区域,其中的极限流线几乎与激波平行。Stanbrook[14]认为该模式是后掠流动的初始分离模式(后称为 Stanbrook 模式),Korkegi[15,16]在McCabe[17]的论证之后提出了一个判断后掠流动初始分离的准则,对于 $M_\infty > 1.6$、$\gamma = c_p/c_v = 1.4$,该准则是

$$M_\infty \cdot \alpha_i = 0.3 \tag{5.2}$$

其中,初始分离时支板偏折角 α_i 的量纲是"弧度"(rad)。图 5.5(a)根据上式绘出了模式 Ⅰ 与模式 Ⅱ 的分界线。

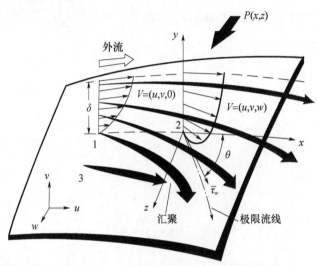

图 5.4 三维边界层中横向二次流的发展

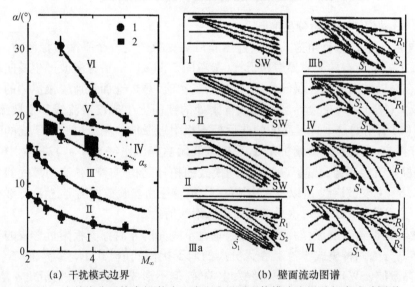

(a) 干扰模式边界　　　　　(b) 壁面流动图谱

图 5.5 尖前缘非后掠支板激波—湍流边界层干扰模式边界及相应流动图谱

$1 - M_\infty = 2 \sim 4, Re_{\theta 0} = (1.1 \sim 2.3) \times 10^4, T_w/T_{aw} \approx 1^{[11,12]}$;

$2 - M_\infty = 5, Re_{\theta 0} = (6.2 \sim 7.1) \times 10^3, T_w/T_{aw} \approx 0.8^{[13]}$。

随着 α 的进一步增加,流动发展为模式 Ⅲa 和 Ⅲb(图 5.5(b)),在激波迹线的上游出现汇聚区和渐近汇聚线 S_1,在支板与底部平面交界附近形成主发散流线 R_1。

在模式Ⅰ中,底板上也存在渐近汇聚流线 S_1,但位于无黏激波与支板之间比较靠中间的区域[18,19]。实验前,只要在支板上游的底板上放置表面流线示踪物质,就可以看到这个现象。这种渐近汇聚流线从一个鞍点发展出来,往往存在于靠近支板尖前缘的底板位置上,因此判断,流动总是分离的。Stanbrook 模式可以认为是一个已经出现分离的流动模式,而不是严格的初始分离条件;随着激波强度的增加,开始形成清晰的分离线 S_1,极限流线的汇聚也增强(参考阶段Ⅲb)。模式Ⅲ的另一个重要特征是出现二次汇聚线 S_2,随着 α 的增加,S_2 进一步向支板前缘发展(就像在模式Ⅲa 和Ⅲb 中看到的)。模式Ⅳ和模式Ⅴ的特征分别是 S_2 逐渐被抑制以及最后 S_2 的消失(支板区域附近的有限区域除外)。在模式Ⅵ中,伴随无黏激波迹线附近二次发散流线 R_2 的出现,二次汇聚流线 S_2 也重新出现(与前几个模式相比,明显更靠近支板)。以下经验关系可以用来确定二次汇聚流线 S_2 出现的条件(即模式Ⅱ与模式Ⅲ的分界线,参考图 5.5(a)):

$$M_\infty \cdot \alpha_{i,2} = 0.6 \tag{5.3}$$

其中,临界支板偏折角 $\alpha_{i,2}$ 的量纲是"弧度"(rad)。

按照 Lighthill[9]的论证,分离线 S_1 附近的极限流线汇聚(参考图 5.5(b)的模式Ⅲa、Ⅲb 以及模式Ⅳ)是引起流动突然离开壁面的重要因素[6,8]。考虑一个矩形截面的无限小流管(图 5.6),流管由靠近壁面的两条相邻极限流线 l_1 和 l_2 以及两条壁面摩擦线 f_1 和 f_2 构成。从质量守恒得到流管的高度 $h = C(\mu/n\rho\tau_w)^{1/2}$。流管高度不仅在奇异点附近($\tau_w$ 非常小)增加很多,在汇聚线(分离线)附近(n 也大大减小)流管高度也增加很多。汇聚线附近流管高度的增加,意味着在远离奇异点处出现了三维分离,极限流线开始以很大的垂直倾角离开壁面。可以用同样的方式定义再附过程,差别在于,在再附位置上,壁面摩擦线从分离线分散开,变成附着

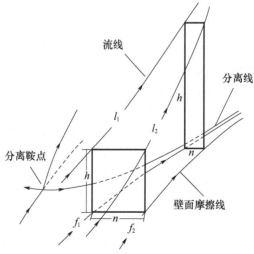

图 5.6 Lighthill[9]描述的分离流线附近的流动(引自文献[6])

流线(或再附线)[5,6],沿再附线气流速度随离开鞍点距离的增加而增加(再附线起始于鞍点),在再附区,发散的壁面摩擦线之间的距离 n 增加,外流流线距壁面的高度 h 减小。

为了深入研究三维流场结构及其流动发展的尺度律,必须先理解后掠激波附近形成不同模式的对称流结构的决定性影响因素。许多研究人员推论,后掠激波干扰流动是准圆锥型的[18,21-29](支板前缘与底板交界处附近的初始区域除外),所以分析这种流动应采用球形极坐标系统。在长度为 L_i 的起始区域以外,可以认为始于虚拟尖锥原点(VCO)的向量在球表面投影形成的流场结构(图5.7(a))与表面投影流线(图5.7(b))是二维的,通常采用的简化方法是用切于球且垂直于无黏激波的平面替代球面部分,这时描述干扰流动的特征马赫数是 M_∞ 在该平面上的分量 $M_n = M_\infty \sin\beta_0$(而不是 M_∞,且取决于激波角 β_0)。与此类似,在垂直于后掠激波的平面上,流动等价于二维正激波与湍流边界层的干扰。

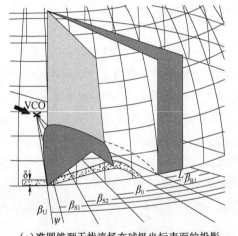

(a)准圆锥型干扰流场在球极坐标表面的投影　　　(b)尖前缘干扰的壁面迹线

图5.7　准圆锥型干扰流场的球极坐标表面的投影及尖前缘干扰的壁面迹线[18]

图5.8(a)是典型的底面拓扑结构油流显示,图5.8(b)是在垂直于后掠激波和底面的垂直面上获得的平面激光散射(PLS)流动显示照片,图5.8(c)是该横截面内的流动结构示意图,图5.8(d)是定性的壁面压力分布,其流动条件是 $M_\infty = 3$、$\alpha = 5°$,对应于模式Ⅰ、Ⅱ的交界处(即 Stanbrook 流动模式,参考图5.5(a))。图5.8(b)~图5.8(d)揭示,在上游影响线 U(即干扰区内极限流线产生偏折的起始位置)与底面上畸变激波的迹线之间,存在一个逐渐的压缩过程,在该区域形成一个压力"平台","平台"区的极限流线几乎是平行的;过激波后在朝向支板的方向上观察到进一步的压升;从图5.8(b)、(c)看到的流场结构在定性上与二维正激波—湍流边界层干扰(参考图4.3(a)、(b))类似。在更大的偏折角 α 条件下,观察到根部的"λ激波结构"(图5.9(b)、(c)),就像二维正激波—湍流边界层干扰

的分离流模式(图4.2(a)、图4.3(c)),在清晰的汇聚线 S_1 下游形成明显的壁面压力平台(图5.9(a)、(c)、(d))。但与二维干扰相比,三维流动中能够发展出横向速度分量,使流体可以由侧向逃逸,所以流线呈现一种螺旋结构(图5.9(c));而在一个切面上(即 PLS 显示的剖面上)看到的是"伪流线"行为,即速度矢量场在该剖面的投影结果;由分离线 S_1 出发的流线明显有别于穿过再附线 R_1 的流线,分离区对于其外部流体是开放的,即外部流体可穿越分离区。

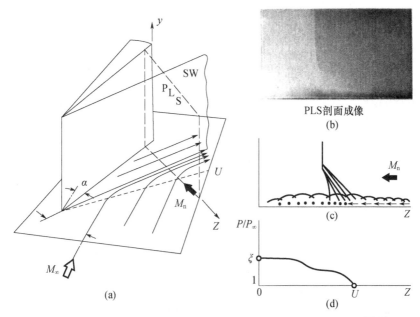

图 5.8　尖前缘非后掠支板绕流模式 Ⅰ～Ⅱ 过渡阶段的干扰流场[21,23]
$M_\infty = 3, \alpha = 5°, Re_\theta = 2 \times 10^4$。

对于支板诱导的三维激波—湍流边界层干扰压力平台数据(图5.10(a),符号"5"～"8"),利用二维类比方法处理获得的 $p/p_\infty = f(M_n)$,与二维干扰流动的经验关系符合得很好(线"2"和"3")[24,30]。在绝热壁和雷诺数 $Re_\theta = (1.4 \sim 2.3) \times 10^4$ 条件下,采用相应条件的 k 值($k = 7.4$)[10,32]、c_f 值由 Kutateladze – Leont'ev 方法[33]确定,则由第4章自由干扰理论(FIT)[31]表达式(4.14)获得的预测结果(实线"1")也与实验数据(符号"5"～"7")相符。与二维正激波干扰(见图4.4)类似,在比较小的名义马赫数条件下,压力平台位于自由干扰理论预测结果的下方,但这里的数据散布度更大。所收集的二维和三维数据[24,25]也在条带"4"所标示的实验数据带范围内,见图5.10(a)。这些二维和三维数据的相符性证明,对于柱形和锥形对称流[34,35]之类的三维激波—湍流边界层干扰,采用二维类比方法后,自由干扰理论仍是适用的。根据其他推荐[28,29],垂直于分离线 S_1(参见图5.7(b))的法向马赫数分量 $M_{n,S_1} = M_\infty \sin\beta_{S_1}$ 也可用于提供三维干扰的压力平台数据,但与现有二维关联[34]关系定量相

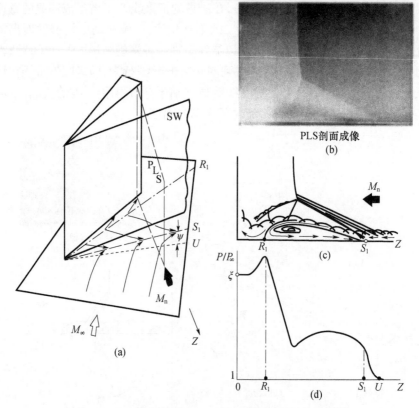

图 5.9 尖前缘非后掠支板绕流模式 Ⅳ 的干扰流场[23]

$M_\infty = 3, \alpha = 19°, Re_\theta = 2 \times 10^4$。

符最好的是垂直于后掠激波迹线的马赫数分量 M_n(而不是 M_{n,S_1})。图 5.10(b)是根据 M_{n,S_1} 提供的压力平台数据,显然不能很好地与实验数据相符。

在假设 $M_\infty = M_n$ 的二维类比方法中,ξ_i 等于分离型二维正激波干扰的平台压比,在 $Re_\theta = (1.4 \sim 2.3) \times 10^4$、$T_w/T_{aw} \approx 1$ 条件下,方程(4.15)可用于预测支板后掠干扰产生初始分离的临界马赫数 $M_{n,i}$ 及相应的压比 ξ_i,预测值为 $M_{n,i} = 1.24 \sim 1.26$ 及 $\xi_i = 1.62 \sim 1.69$(图 5.10(a)),对应 Stanbrook 干扰模式,处于模式 Ⅰ~Ⅱ 的过渡条件(图 5.5(b)的 Ⅰ~Ⅱ 以及图 5.8(a)),且与二维正激波—湍流边界层干扰出现"真正"初始分离的条件(参考图 4.4)符合得很好。图 5.11(a)是预测的 $\xi_i(Re_\theta)$,分别取 $k = 7.4$(按照文献[10,32]的推荐)和 $k = 5.94$(根据文献[36]的建议),结果表明 Re_θ 从 10^3 增加到 1.5×10^4,ξ_i 呈下降的趋势,不同研究人员(文献[12,24,27-29,37-39])收集的实验数据(符号"1"~"8")与预测的趋势一致。对初始分离条件的这项研究是对 Korkegi 准则(即 $\xi_i = 1.5$)的改进[15,16],Korkegi 准则忽略了雷诺数与入流边界层形状因子特性之间的内在关系。文献

[19](Lu–Settles)的数据(即符号"9")揭示了 ξ_i 随雷诺数增加的变化趋势,与之前的结果相比具有更高的价值,因而引起研究界的注意,整个数据带(即条带"10")定性地与图4.5(条带"9")的二维正激波—湍流边界层干扰相似。图5.11(a)所呈现的 ξ_i 随雷诺数增加而增加的趋势,分别与第4章描述 M_i 关系(参见图4.5,线"1"和"2")的 Inger 理论[40,41]以及 ONERA 实验数据关联式[42]预测的趋势一致。Inger 预测的 ξ_i 数据位于数据散布带以内,也位于自由干扰理论不同 k 值计算结果(在 $2.5 \times 10^3 \leqslant Re_\theta \leqslant 2.4 \times 10^4$ 范围内)的范围内,但在 $Re_\theta \geqslant 10^4$ 范围内,

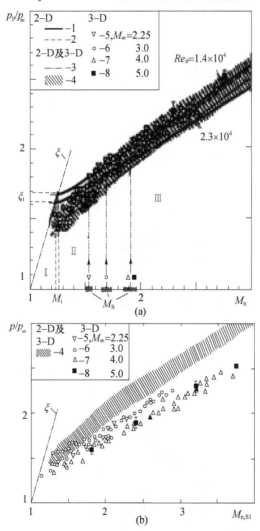

图 5.10 二维与三维激波—边界层干扰压力平台的比较

2 - D:1—自由干扰理论(Chapman[31]);2—Zukoski[30];

2 - D 及 3 - D:3—Dem'yanenko - Igumnov[24];4—收集的数据(Dem'yanenko - Igumnov[24],Hayes[25]);

3 - D(尖前缘支板):5、6、7—$\alpha = 4 \sim 31°$,$\psi = 0、15、30、45、60°$,$Re_\theta = (1.4 \sim 2.3) \times 10^4$,$T_w/T_{aw} \approx 1$ [11,12,20,22];

8—$\alpha = 8 \sim 23°$,$\psi = 0°$,$Re_\theta = 6.9 \times 10^3$,$T_w/T_{aw} = 0.8$ [13,26]。

Lu – Settles的数据(符号"9")与 ONERA 关联关系符合得更好。

分析表明,Stanbrook 模式三维后掠激波干扰出现的条件对应二维正激波干扰的真实间歇性初始分离的条件,该模式的三维干扰 ξ_i 值(图 5.11(b),条带"2")与二维压缩拐角在偏折角 $\alpha_i \leq \alpha \leq \alpha_{ef}$(参见图 4.19)时初始间歇性分离模式下的临界压升 ξ_i(条带"5")相等。由于三维流动能够发展出横向速度分量、允许流体侧向逃逸(参见图 5.4),在此流动模式条件下,在边界层靠近壁面的部分形成了二次

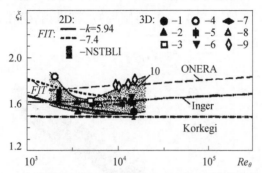

(a) 支板诱导三维激波—湍流边界层干扰的初始分离条件

1—M_∞=2.95、3.0、4.0[12]; 2—M_∞=2.95、3.0、4.0[24]; 3—M_∞=5[26]; 4—M_∞=2.3[27]; 5—M_∞=2.95[28, 29]; 6—M_∞=2.95[37]; 7—M_∞=2.95[38]; 8—M_∞=2.45[39]; 9—M_∞=2.47、2.95、3.44[19]。

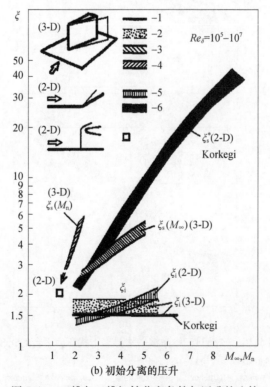

(b) 初始分离的压升

图 5.11 三维与二维初始分离条件与压升的比较

流,水平流线倾斜更严重。与二维干扰进行类比,随支板偏折角 α 及相应的无黏激波倾角 β_0 的增加,预计在较大的干扰强度下应出现清晰的回流区,即出现发展起来的分离流。按照 Kubota 和 Stollery[27] 的分析,该流动模式与无黏激波迹线上游出现汇聚线 S_1 有关(参见图 5.5(b),模式Ⅲa~Ⅲb),但即使 S_1 出现之后,随 α 及 β_0 的进一步增加,S_1 与上游影响线之间的夹角 ψ 仍继续减小(参见图 5.7),直到某个极限值(对于每一个马赫数,该极限值是一个特定的常数[10,12])。

图 5.12 是 $\Delta\psi_i$ 随 $\Delta\beta_{0,i}$ 的变化关系($\Delta\psi_i = \psi - \psi_i$,$\Delta\beta_0 = \beta_0 - \beta_{0,i}$),$\psi_i$ 与 $\beta_{0,i}$ 对应着出现间歇性分离的初始条件(即 Stanbrook 模式条件,$\xi = \xi_i$ 或 $M_n = M_{n,i}$)。$\Delta\beta_{0,i} \approx$ 2°~8°之间的黑色符号对应发展中的间歇性分离模式,在这种流动模式的不同马赫数(M_∞)下,观察到 S_1 汇聚线的形成呈现一个逐渐发展的过程。点划线区域表示的是不同马赫数(M_∞)均在某个 $\Delta\beta_{0,S} = \beta_{0,S} - \beta_{0,i}$ 值时,使 $\Delta\psi_S = \psi_S - \psi_i$ 达到常数极限值,$\beta_{0,S}$ 对应支板的临界倾斜角 $\alpha = \alpha_S$(在图 5.5(a)中,表示模式Ⅳ边界条件的条带 α_S)条件。可以证明,当 $\alpha = \alpha_S$(即 $\Delta\psi = \Delta\psi_S$)时,干扰流动成为完全发展的大尺度后掠分离模式。按照这个解释,当垂直于激波的马赫数达到相应的临界值 $M_S = M_\infty \sin\beta_{0,S}$ 时(图 5.10(a)),后掠激波附近的平台压力应达到二维大尺度分离的典型数值。当 $\alpha > \alpha_S$ 时,在分离区周围形成了一个明显的 λ 形激波根部(图 5.9(b)、(c))。

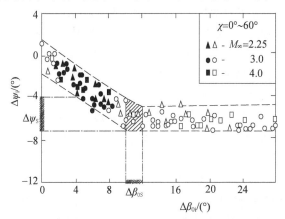

图 5.12 上游影响区范围与后掠激波迹线偏折角的关系(Zheltovodov)[12]

与二维正激波—湍流边界层干扰流动模式进行类比,三维后掠激波干扰也分别存在无分离流(模式Ⅰ)、间歇性分离(模式Ⅱ)、发展起来的大尺度分离(模式Ⅲ)流动,参见图 5.10(a);按照临界马赫数 $M_n = M_S$ 的条件,三维干扰的第三模式流动出现在更高马赫数的更高激波压比(ξ_S)条件下。当完全发展的大尺度后掠分离出现时(即 $\alpha = \alpha_S$ 或 $M_n = M_S$ 时),在 $M_\infty \approx 2.2~3.6$ 范围,激波压比 ξ_S 与马赫数 M_∞ 的关系几乎与 Korkegi[15] 提出的 $\xi_S^*(M_\infty)$ 关系一致(图 5.11(b),条带"6"),$\xi_S^*(M_\infty)$ 表达的是二维压缩拐角流动 $\alpha = \alpha_S^*$ 时(图 4.19 的条带"14")的大尺度分离模式的起始点条件。但在二维类比方法下,像平台压力变化关系一样(图 5.10

(a)),后掠激波压比ξ_s的变化必须与法向马赫数M_n建立联系(图5.11(b)的条带"4")。在$Re_\delta \geq 10^5$(或$Re_\theta \geq 2 \times 10^3$)范围,随着$M_n$的减小,图5.11(b)的数据带"4"在逻辑上指向数据ξ_s(图5.11(b),符号"7"),ξ_s是二维正激波—湍流边界层干扰的M_s达到该模式条件时(参见图4.6)的数据。比较初始分离和大尺寸分离模式的二维、三维激波—湍流边界层干扰临界激波强度ξ_i与ξ_s数据,发现各干扰模式在超声速马赫数时,这些数据接近一致。而Korkegi的结论[15]则相反,三维后掠激波—湍流边界层干扰总是要最先导致分离,在矩形扩压器和进气道内可能导致流动崩溃,临界激波压比远低于二维初始分离的数据。但不能认为这个结论是完全可靠的,因为该结论是基于三维和二维干扰不同干扰模式的经验关系"1"($\xi_i = 1.5$)和"6"(图5.11(b))的比较得出的。

2. 流动结构及其数值预测

采用简单的代数涡黏性湍流模型[43],用RANS模拟研究了不同模式的汇聚线S_1附近的流动行为。图5.13给出的是起始于壁面附近($z = 0.05\delta_0$)的流线,对于每种流动模式,图的左右两侧分别是流线的俯视图和三维视图,还给出了右侧流线在$z = 0$平面上的投影。按照图5.5(a)给出的各模式边界,图5.13(a)($M_\infty = 2$,$\alpha = 8°$)是完全附着流(即模式Ⅰ),流线轨迹没有发生汇聚,但从壁面略抬起(抬升到$z/\delta_0 \sim 0.1$)。图5.13(b)给出的是模式Ⅱ($M_\infty = 4$,$\alpha = 8°$),尚未形成清晰的主汇聚线(参见图5.5(b)),流线只有少量的抬升(抬升到$z/\delta_0 \sim 0.2$);在干扰模式Ⅱ条件($M_\infty = 2.95$,$\alpha = 10°$)的实验中观察到类似现象,按照实验观察,流线很大的水平倾斜和很小的垂直倾斜是边界层近壁面部分形成二次流的典型迹象;图5.13(c)($M_\infty = 4$,$\alpha = 16°$)对应临界值$\alpha = \alpha_s$,位于图5.5(a)中的模式Ⅳ边界范围内,出现了大尺寸分离,流线汇聚并抬升到很大的高度(距壁面$z/\delta_0 \sim 0.55$)。

图5.14描述的是Alvi和Settles用实验研究[18,44,45]的各干扰模式流场结构的变化情况,各干扰模式的流场特征是用光学流动显示方法(锥形阴影法、干涉法以及PLS方法)获得的,在模式Ⅳ条件下的图像(图5.14(a),$M_\infty = 3.95$,$\alpha = 16°$)对应图5.13(c)的RANS计算结果。因分离激波的作用,分离的自由剪切层向远离壁面方向偏转,之后在"λ激波结构"的后支激波附近向壁面方向回转,分离的自由剪切层卷为一个具有明显涡核的涡,在分离泡后方流动撞击到壁面上,形成再附线R_1,这里的一些流体向上游回流,该回流区之后遭遇二次汇聚线S_2。从"λ激波结构"的三波点形成的一条滑移线(作为外边界)和分离泡(作为内边界)包裹了一个撞击射流结构,该射流通过一个Prandtl-Meyer膨胀波扇实现偏转,Prandtl-Meyer膨胀波扇在滑移线上反射为压缩波系,而压缩波系汇聚为一个"小激波"(图中以实线表示)。该射流撞击结构[18,44,45]与Edney[46]的前缘激波Ⅳ类干扰撞击结构类似,正是该射流结构导致干扰的下游部分出现压力、壁面摩擦峰值(图5.14(b))以及热流峰值。在远离支板前缘上游奇异点的主汇聚线S_1和二次汇聚线S_2附近,壁面摩擦是有限值(即不为零)。

第5章　理想气体超声速激波—湍流边界层三维干扰及其模拟

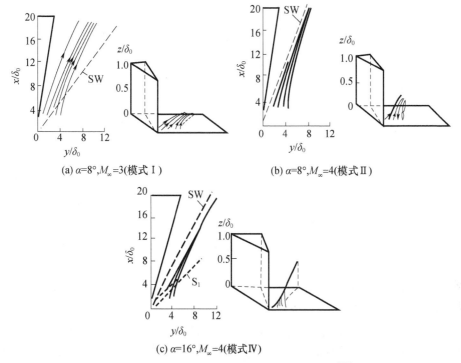

图5.13　计算获得的流线轨迹(Horstman, Hung[43])

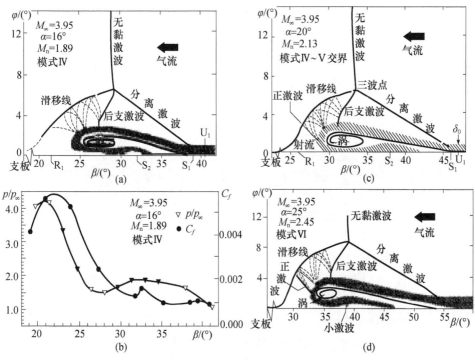

图5.14　流场结构随支板偏折角增加而转变的情况[18,44,45]

随着干扰强度的进一步增加(图 5.14(c)、(d)),撞击射流中的小激波变得更强,最后小激波变化为一道"正激波"(指在锥投影中相对于上游气流变为正激波),所以射流在撞击之前,其中的流动就已经不再是超声速。在干扰模式Ⅲ、Ⅳ直到Ⅴ(图 5.14(a)、(c)),二次汇聚线 S_1 和 S_2 位于无黏激波迹线上游一段距离处,锥形纹影揭示,在回流区内的汇聚线 S_2 附近存在一个明显的"凸起",但作者推论这并不是二次分离的明确表征。在更强的干扰中(从模式Ⅴ开始),分离泡内的"回流"加速到超声速[24,28],导致在无黏激波下方形成一个小激波(图 5.14(d))。

图 5.15 所示是强干扰条件下(模式Ⅵ,$\alpha = 30.5°$,$M_\infty = 4$)壁面流动图谱显示的相应定性流场结构和的壁面压力分布[11,12],这时流动的特征不只出现了主汇聚线 S_1 和主发散线 R_1,还出现了与二次分离和二次再附相关的清晰的二次线(S_2 和 R_2,图 5.15(b)、(c))。壁面压力最大值出现在主再附线 R_1 和二次再附线 R_2 附近(图 5.15(c)),在二次分离区附近还存在一个"λ 激波结构"。在支板侧面观察到汇聚线 S_3 和发散线 R_3,意味着在支板与平板连接处附近存在一个纵向涡。在支板前缘上游的主分离线 S_1 上,存在一个剪切应力为零的鞍点 C(图 5.15(b)、(c)),证明了此处分离的奇异点主特征。在下游,沿着汇聚线 S_1,分离特征变为常规分离(即全局分离),按照 Lighthill 的理论[9](图 5.6)流体离开壁面,正如图 5.16 的三维拓扑结构示意图所示。图 5.17 是模式Ⅵ流动条件下($\alpha = 23°$,$M_\infty = 5$)的壁面摩擦力[47]的详细光学测量结果,可以看到,在主分离线 S_1 和二次分离线 S_2 处壁面摩擦并不为零,预期的三维常规分离应该是这样的。

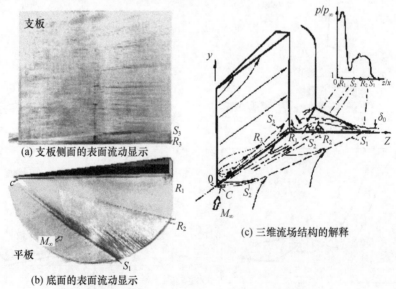

图 5.15 模式Ⅵ($\alpha = 30.5°$,$M_\infty = 4$)的流场结构[11,12]

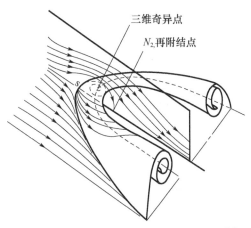

图 5.16 三维分离拓扑结构(Tobak 与 Peak[8])

总体上看,尖支板前缘附近的壁面流线图谱显示流动存在很大的倾斜角(图 5.15),与钝支板前缘附近或垂直圆柱(图 5.18)[48,49]附近的三维分离流类似。从图 5.18 看到,在鞍点 C 出现奇异分离,同时在圆柱的壁面上伴随出现再附结点 N,气流从柱面的结点 N 急剧发散,在 S_3 和 R_3 之间出现一个涡,定性地与靠近前缘的支板侧壁处沿底部的流动类似(图 5.15(a)、(c));钝圆柱绕流中的二次分离线 S_2 和再附线 R_2 分别始于圆柱上游的鞍点 C_2 和结点 N_2;更多类似的二次分离线(在模式Ⅴ和Ⅵ中,往往出现在支板前缘附近,即图 5.15(c)中标注"S'_2"的点划线)的发展,可以由类似效应引起,但与无黏激波迹线下游出现的类似二次线 S_2 和 R_2 不同,这些二次线范围有限,因为回流很快会使它们运动到主分离线 S_1 上。

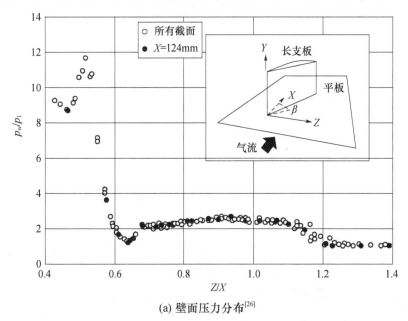

(a) 壁面压力分布[26]

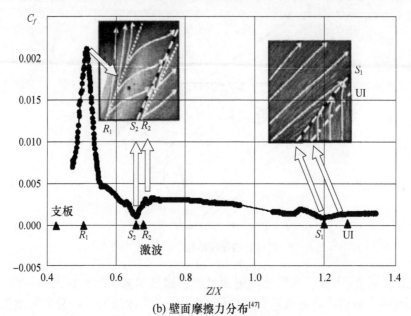

(b) 壁面摩擦力分布[47]

图 5.17 模式Ⅵ流动的详细测量结果

($x/\delta_0 = 32.6, \alpha = 23°, M_\infty = 5, Re_{\delta_0} = 1.4 \times 10^5$)

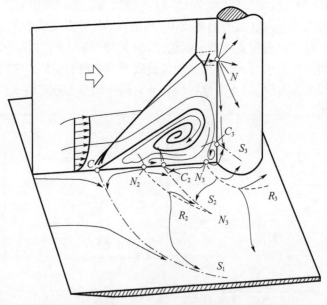

图 5.18 垂直圆柱附近的三维分离(Voitenko[48,49])

RANS 模拟可以揭示上述流动结构的重要细节,图 5.19 给出的是用 Baldwin – Lomax 湍流模型计算[50]预测的模式 V 的流场($\alpha = 20°, M_\infty = 4, Re_{\delta_0} = 2.3 \times 10^5$)。两个流面由众多流线迹线构成;流面 1 将初始边界层分成两个部分,下半部分被卷入一个涡结构中,上半部分向上流动越过涡结构,在下游转向与无黏流动角度大致相同的方向。发散线是该流面与壁面的贴合线,按照 Lighthill 的术语[9],该线是一条分离线,因为该线是三维分离流面(即流面2)的起始点,该三维分离流面由不同侧向位置发出的流线组成。为看清楚这些复杂的流动,图中绘出了一些流线(即 A、B、C、D)的轨迹,流场在展向是被压缩的,实际上 B、C 类流线在展向需要约 100 倍上游边界层厚度的距离,才能完成一个涡结构的回流。流面 1 上的流线 A 在上游影响线开始偏折,平行于汇聚线在流面 1 上流动。流线 B 略高于流线 A,越过汇聚线流动,转向近似于无黏激波的方向,在流面 2 上流动。流线 C 位于紧靠流面 1 的下方,先偏转、抬升,之后下降,并持续缓慢偏转。流线 D 位于流面 2 上方,跟随类似 C 的路线流动,但流线 D 下降并到达壁面时,作为壁面流线继续向下游流动。Bogdonoff[51]认为,这类流场的主要特征是平展的涡流,但如果分析一下旋转速度或者静压就会发现,其中没有完全发展的涡,流动结构主要是沿激波方向具有缓慢旋转分量的超声速流动。

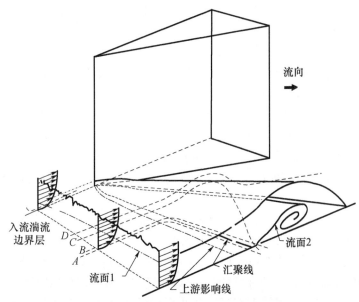

图 5.19 RANS 计算预测的模式 V 流场结构(Knight[50])

($\alpha = 20°, M_\infty = 4, Re_{\delta_0} = 2.3 \times 10^5$)

3. 二次分离现象及其预测

前面谈到,在干扰模式 Ⅲ~Ⅵ 中(参见图 5.5),出现二次分离,并随后掠激波的强度而演化。随后进行了实验研究[11,12,22,28],发现两个重要因素决定着 Ⅲ~Ⅵ 干扰模式中二次分离的出现、消失以及重新生成,一是主再附线 R_1 与主分离线 S_1 之间"逆流"区的流态(层流还是湍流),二是近壁面处横向流加速到超声速($M_n > 1$)。Zubin 和 Ostapenko 认为[28],在模式 Ⅲ 中,在下游方向有限二次分离的形成与近壁面横向流亚声速($M_n < 1$)部分的层流状态有关,当这部分流动沿着更长的流线(从发散线 R_1 延伸到 S_1)变成转捩和湍流状态时,二次汇聚线 S_2 在下游可以消失;在模式 V 中,二次分离被抑制的原因应该是,在层流状态的逆流区内部,横向流动加速到超声速状态($M_n > 1$)。Zheltovodov 用实验[12]对这些合乎逻辑的推论进行了检验,实验沿着主再附线 R_1 用粗糙砂粒触发逆流区的转捩,发现在模式Ⅲ、Ⅳ条件下有可能抑制二次分离,在模式Ⅵ时不能获得抑制的效果;在模式Ⅵ条件下,在强度为临界状态($\xi_i \geq 1.5 \sim 1.6$)的内埋正激波附近,二次分离重新生成,一般发生在湍流状态的逆流区中。该结论还得到二维类比理论分析和自由干扰理论分析结果[11,12]的支持。所以,就像文献[11]推论的那样,当流动转捩到湍流状态,在模式Ⅲ~V 中二次分离就消失,而在模式Ⅵ时二次分离再次出现。在该阶段,内埋正激波达到临界强度,迫使流动发生湍流分离。

在不同的逆流区流态(即层流、转捩和湍流状态)条件下,对干扰区的二次分离及其他流动参数进行 RANS 预测是非常复杂的工作。传统的湍流模型(如代数 Baldwin – Lomax 模型、两方程 $k - \varepsilon$ 模型)只在有限条件下能够成功预测。图 5.20 所示是用不同涡黏性模型计算的尖支板干扰结果,在弱干扰情况下($\alpha < 20°$),计算的壁面压力与实验数据的一致性最好[10,52,53];当干扰强度增加时,计算与实验数据的偏差变得很大,各湍流模型的精度水平相当(图 5.20(a)、(b));在这些干扰模式下,计算没有预测到实验中观察到的二次分离。从主分离线角度 β_{S_1} 与支板偏折角 α 的关系比较也可以看到类似的趋势,见图 5.20(c)。与壁面函数方法(WF)的结果相比,到壁面积分(ITW)的结果与实验数据符合较好;在 $\alpha < 20°$ 时,这些计算结果都落在实验测量的误差带内,而 $\alpha > 20°$ 时计算结果开始偏离实验数据。

图 5.21 给出的是采用改进的 Baldwin – Lomax 湍流模型 RANS 方法计算的接近Ⅲ–Ⅳ交界(图 5.5(a))条件下的干扰流动结果[54],图 5.21(b) 是几个横截面上的流动结构与壁面摩擦线(截面位置见图 5.21(a)),可以看到计算捕捉到了二次分离,还可以观察到涡黏度很高的未扰边界层内层流体围绕涡核流入漩涡,而低湍流度的外层流体则从涡的上方绕过并在再附区回流到分离泡内,在涡下方的壁面附近形成一个低湍流度的"舌头"(图 5.21(b),截面 ⅵ、ⅷ)。由于此流体"舌头"内部的流动是间歇性的,涡的外层又很薄,该区域的流动几乎是层流的;在发展的初始阶段,锥形的分离涡是完全湍流的(截面 ⅱ),但在向下游流动过程中涡结构长大,并形成低湍流度的流体"舌头"(截面 ⅳ、ⅵ、ⅷ)。Panaras[53,54]观察到干扰强度增加引起更多的低湍流度外层流体卷入涡内,而在弱干扰时没有出现低湍流度的"舌头"。图 5.22 表明,采用其他涡黏度系数的方程可以使数值预测精度得到明显改善[55],图中 $\alpha = 16°$、$M_\infty = 4$ 条件下,与实验数据[56]以及其他研究人员的计算结果[57]进行了比较。

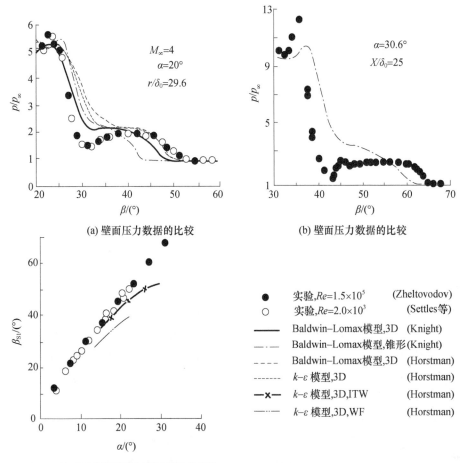

(a) 壁面压力数据的比较

(b) 壁面压力数据的比较

(c) 主分离线角度与支板偏折角关系

图 5.20 不同涡黏性模型 RANS 计算与实验结果比较[10]

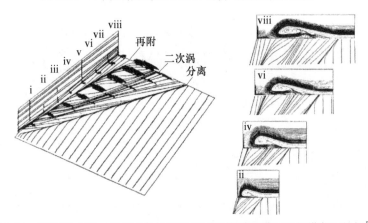

图 5.21 干扰模式 Ⅲ ~ Ⅳ 交界条件下的壁面摩擦线图谱与涡的横截面结构[54]
($\alpha = 16°, M_\infty = 4, Re_{\delta_0} = 2.04 \times 10^5$)

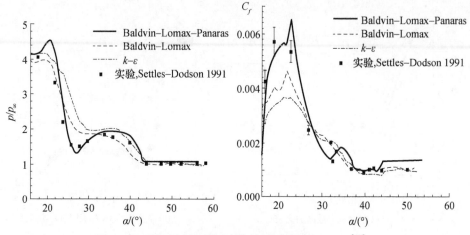

图 5.22 壁面压力和壁面摩擦的预测结果(Panaras[55])
($\alpha = 16°, M_\infty = 4, Re_{\delta_0} = 2.04 \times 10^5$)

RANS 模拟[58]研究了线性 Wilcox $k-\omega$ 模型及其弱非线性模型(图 5.23 中标记为 WD+,是扩展到非线性压缩流动的 Durbin[59]修正),如图 5.23(a)所示,与线性 $k-\omega$ 模型(线"3")和标准 Baldwin–Lomax(B–L,线"2")模型相比,WD+模型(线"4")结果取得很大改进,很好地预测了壁面压力分布,并捕捉到了模式Ⅵ中实验观察到的(参见图 5.15(b)、(c))内埋正激波附近的二次分离(图 5.23(b))。与其他标准湍流模型(即 B–L、$k-\varepsilon$、$k-\omega$)相比,WD+模型能够预测模式Ⅲ和模式Ⅳ中的二次分离以及干扰区的壁面摩擦(参考 Knight 等[52]、Thivet 等[58]、Thivet[60]的论文),获得这一改进的原因是大大减小了从剪切层外流向壁面二次分离线附近(图 5.24(a))的流动中的峰值湍流动能(TKE);而标准 Wilcox(Wi)模型的

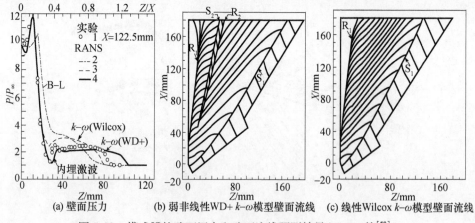

(a) 壁面压力　　(b) 弱非线性WD+ $k-\omega$ 模型壁面流线　　(c) 线性Wilcox $k-\omega$ 模型壁面流线

图 5.23 模式Ⅵ的壁面压力和壁面流线预测结果(Thivet 等[58])
($\alpha = 30.6°, M_\infty = 4, Re_{\delta_0} = 1.6 \times 10^5$)

特征是计算的近壁面逆流区中具有高水平的湍流度(图 5.24(b))。WD + 湍流模型计算的平台压力略低,干扰区长度却大得多(图 5.23(a),线"4"),多种物理因素都能引起这个问题,其中之一可能是不稳定性的影响,在 RANS 计算中不可能正确地捕捉不稳定性;另一个困难是,因 λ 型激波系而产生的干扰流场中,在分离边界层外侧部分存在湍流的发展与放大效应,三维分离区上方的小激波以及撞击射流区的正激波都是不稳定的,这些现象都难以精确预测。前面谈到过,边界层外侧部分的流体将回流到近壁面的逆流区中,该区域的湍流水平对二次分离的发展是关键因素。

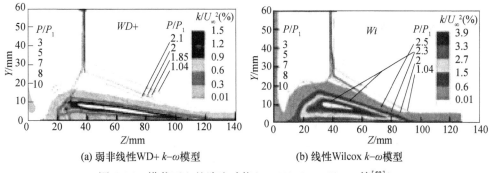

(a) 弱非线性WD+ $k-\omega$ 模型　　　　　(b) 线性Wilcox $k-\omega$ 模型

图 5.24　横截面上的湍流动能($x = 122.5$mm, Thivet 等[58])

5.3.3　尖前缘后掠支板与半锥的干扰模式及相似律

与非后掠支板绕流相比,尖前缘后掠支板[12,22,61]和半锥[12,62]绕流产生的非平面后掠激波—湍流边界层干扰是更一般性的情况,这时主激波是弯曲的(图 5.25(a)),但后掠支板绕流的流场结构(图 5.25(b))以及实线所表示的干扰模式(图 5.26)在定性上与非后掠支板类似。如图 5.25(c)所示,在给定 α 和 M_∞ 的条件下,增加 χ 使激波强度减弱,随之,支板附近再附线 R_1 上的壁面压力最大峰值下降、平台压力值下降、上游影响线(观察到壁面压力开始增加的位置线)的位置角 β_U 减小;λ 形激波根部只在后掠支板偏折角 α 足够大时才出现。随着前缘后掠角 χ 的增加,分离流的再附出现在靠近支板的位置,但平台压比 p_p/p_∞ 与 M_n 的关系(图 5.10(a))、Stanbrook 模式出现时的临界马赫数 $M_n = M_i$ 和临界激波强度 $\xi = \xi_i$ 以及完全发展的大尺寸分离出现时的第二临界马赫数 $M_n = M_s$ 与第二临界激波强度 $\xi = \xi_s$,非后掠和后掠支板绕流干扰都是一样的(图 5.26)。

图 5.27(a)所示是半锥附近干扰模式 I ~ VI 时壁面流动图谱的演化情况,一些细节类似于非后掠与后掠尖前缘支板绕流在相应模式下所观察到的情况。图 5.27(b)所示是横截面流动结构随半锥角 α 和激波强度 ξ 的增加而变化情况,流动结构示意图是根据 PLS、壁面流动显示观察到的现象以及壁面压力测量[62]结果绘制的。半锥流动的各干扰模式边界(图 5.26,点划线)与后掠支板流动干扰模式

边界的外推结果一致,空心符号是半锥角 $\alpha = 8°、10°、15°、20°、25°$ 及 $30°$ 的实验结果,实心符号是实验获得的半锥非对称流动数据(即锥的轴线在平板上相对于未扰气流方向有一个夹角时的流动)。流场模式Ⅰ-Ⅱ(图5.27(b))的特点是,随 α 和 ξ 的增加,半锥壁面边界层在平板上的穿透范围增加;随着这种趋势的强化,平板表面出现明显二次汇聚线 S_2 而形成流动模式Ⅲ,在靠近锥和平板交界处,线 S_3 和 R_3 之间出现局部涡结构(图5.27(b))。在非后掠尖支板附近的早期干扰阶段也观察到类似的流动特征[27]。

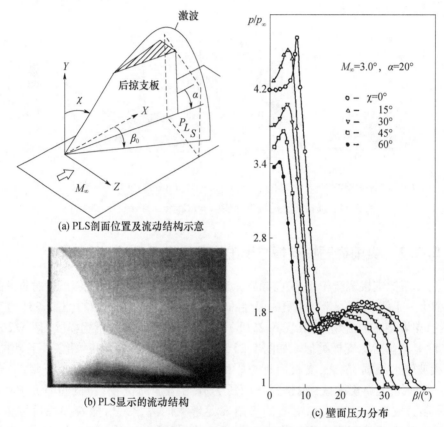

图 5.25　后掠支板周围的流动结构及壁面压力分布[61]
($\chi = 60°, \alpha = 20°, M_\infty = 3, Re_\theta = 2 \times 10^4$)

在流动模式Ⅳ中,在距半锥顶点一定距离的下游,二次汇聚线 S_2 消失,又因为流体开始急剧地离开平板壁面而出现清晰的主汇聚线 S_1,平板上方的压缩波系变化为 λ 激波结构;当激波强度超过第二临界值 $\xi = \xi_S$(图5.26(a)~(c)的黑色条带)时,在平板上出现了发展起来的分离边界层。正如该图所示,在实验的 χ 值和马赫数($M_\infty = 2.27、3、4$)范围内,考虑到实验数据的不确定度范围,ξ_S 落在其内,应是一个恒定的值。在更高的马赫数条件下,需要更大的 ξ_S 才能引发发展起来的三维分离。

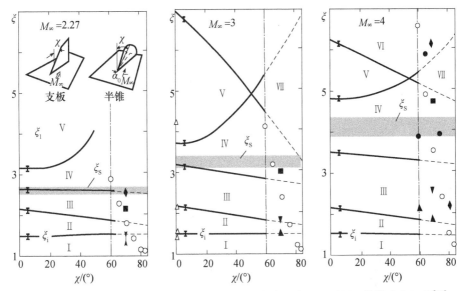

图 5.26　尖前缘后掠与非后掠支板以及半锥的激波—湍流边界层干扰模式分界线[12]

($T_w/T_{aw}=1$, $Re_{\delta_0}=(1.45\sim2.67)\times10^5$)

空心符号—半锥对称流动($\alpha_0=0°$);实心符号—非对称流动($\alpha_0>0°$)。

图 5.27(b)所示,在模式Ⅳ～Ⅵ中,当 $\xi>\xi_S$ 时,因流动再附,在半锥表面出现发散线 R_1,在该发散线上出现壁面压力的最大值,就像二维前向台阶顶点下方再附点(参见图 4.13(a)、图 4.13(b))和后掠前向台阶顶点下方再附点[20,62]上的情况。逆流区下方出现二次分离(S_2)与二次再附(R_2)是流动模式Ⅵ的特征。在 $M_\infty=3$、4 条件下观察到的流动模式Ⅶ(参见图 5.26)流动结构,相当于模式Ⅵ的二次线 S_2 与 R_2 出现在更靠近半锥的位置,并且在其顶点附近同时出现模式Ⅲ的二次汇聚线 S_2。

为关联出准锥形后掠激波—湍流边界层干扰的上游影响线位置、主分离线位置、二次分离线位置以及主再附线位置,许多研究人员研究提出了适用的相似律(参见文献[1,11,12,22,18,25,63-66]),相似律的主要参数是自由流雷诺数、支板前缘位置处的入流边界层厚度。根据相似律可以确定初始长度 L_i,在其区域之外,干扰流场就变成了纯粹的锥形流(参见图 5.7)。正如文献[63-66]所表明的,如果采用与激波相切和正交的坐标系,按照式(5.4)或式(5.5)的无量纲处理方法,可以准确地关联出后掠干扰的上游影响范围。

$$(l_n Re_\delta^{1/3}/\delta)_U/M_n = f[(l_S Re_\delta^{1/3}/\delta)_U] \tag{5.4}$$

$$(L_n)_U/M_n = f[(L_S)_U] \tag{5.5}$$

其中相似参数 $(1/\delta)Re_\delta^{1/3}$ 在两个坐标方向通用(图 5.28(a)),即沿着无黏激波迹线

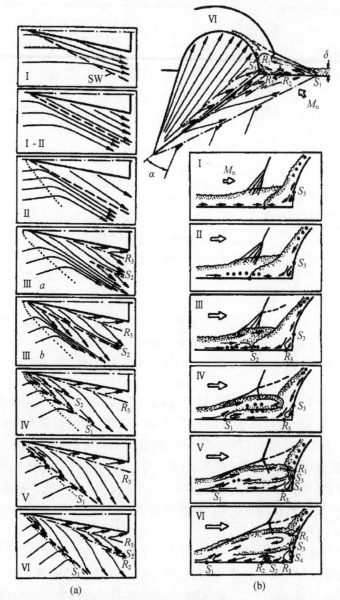

图 5.27 半锥附近各干扰模式的壁面流动图谱与流场结构[62]

l_S 方向和法向 l_n 两个坐标方向),M_n 是垂直于激波的马赫数分量,Re_δ 是基于支板前缘边界层厚度 δ 的雷诺数。由于尖支板干扰没有其他的特征长度,式(5.4)和式(5.5)仅用于初始长度。在该初始区域的下游,对于任何相似变换,流场是不变的,所以,上述关系式简化为

$$(L_i/\delta)_U/M_n \propto 1/Re_\delta^{1/3} \tag{5.6}$$

图 5.28 所示是非后掠支板、后掠支板(符号"1"~"5")与半锥(符号"6"~

"8")在不同马赫数条件下的实验数据,正如文献[66]所表明的(图5.29),尖前缘非后掠支板的锥形对称干扰流动的初始长度与马赫数弱相关、与激波角 β_0 强相关。

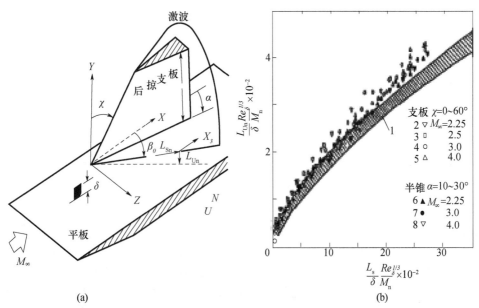

图5.28 上游影响线展向范围的相似性关联

1—$M_\infty = 2.94, \alpha = 12 \sim 24°, \chi = 0°$[65];2~5—支板;6~8—半锥[12]。

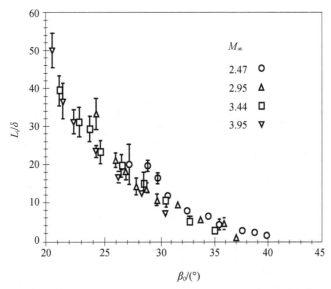

图5.29 尖前缘非后掠支板无量纲初始长度与无黏激波角的关系[66]

对于非后掠支板、后掠支板干扰,可以根据以下经验关系[22]确定上游影响的锥角 β_U、主分离线角 β_{S_1}、主再附线角 β_{R_1}:

$$\beta_U - \beta_{U,i} = 1.53(\beta_0 - \beta_{0,i}) \tag{5.7}$$

$$\beta_{S_1} - \beta_{S_1,i} = 2.15(\beta_0 - \beta_{0,i}) - 0.0144(\beta_0 - \beta_{0,i})^2 \tag{5.8}$$

$$\beta_{R_1} - \beta_{R_1,i} = 1.41(\beta_0 - \beta_{0,i}) - 0.0139(\beta_0 - \beta_{0,i})^2 \tag{5.9}$$

式中:$\beta_{U,i}$、$\beta_{S_1,i}$、$\beta_{R_1,i}$ 分别为这些线在初始间歇性分离时($\xi = \xi_i, \beta_0 = \beta_{0,i}$)的角度,可以用以下近似关系预测:

$$\beta_{U,i} = 1.22\beta_{0,i} + 3.4 \tag{5.10}$$

$$\beta_{S_1,i} = \beta_{0,i} \tag{5.11}$$

$$\beta_{R_1,i} = 0.55\beta_{0,i} \tag{5.12}$$

对于亚声速逆流(即模式Ⅲ-Ⅳ),二次分离线的角度可以用以下关系描述:

$$\beta_{S_2} - \beta_{S_2,i} = 1.6(\beta_0 - \beta_{02,i}) \tag{5.13}$$

对于超声速逆流(即模式Ⅵ),二次分离线的角度用下式描述:

$$\beta_{S_2} = \beta_0 \tag{5.14}$$

式(5.13)中的数据 $\beta_{S_2,i}$ 是二次分离线第一次出现时的角度,条件是 $\alpha = \alpha_{i,2}$、$\beta_0 = \beta_{02,i}$,根据式(5.3),这些条件处于模式Ⅱ和模式Ⅲ的交界上(参见图5.5(a))。这些关系式是根据 $M_\infty = 2 \sim 4$ 的大量实验数据提出的,根据这些关系对尖前缘非后掠支板干扰流动做的预测,在 $M_\infty = 5$ 条件下直到支板偏折角达到 $\alpha = 27°$ 的预测数据都与实验数据符合很好,见图5.30(a)。上述经验关系式还可以用于一些半锥干扰流动结构数据的预测[12,62],见图5.30(b)~(d)。

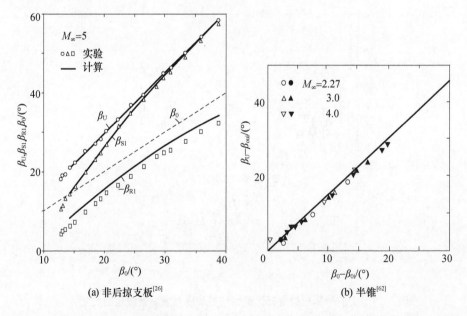

(a) 非后掠支板[26]　　　　　(b) 半锥[62]

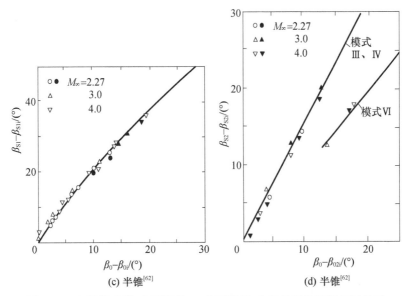

图 5.30　上游影响线、主汇聚线、二次汇聚线、主发散线角度的相似关系

5.3.4　后掠压缩斜楔干扰及其模拟

后掠压缩斜楔(图 5.1(d))是另一个被广泛研究[1,10,56]的三维激波—湍流边界层干扰的构型。当后掠角χ很小时,这些流动呈现圆柱形对称流(图 5.31(a))的特点;后掠角增加,流动呈现锥形对称流特点(图 5.31(b))[67,68]。图 5.31 中绘出了上游影响线 U、主分离线 S_1、再附线 R 以及压缩拐角线 C。后掠压缩斜楔干扰的初始区域 L_i 与支板情况类同,但长度 L_i 随着α和χ而变化,而且在到达柱形—锥形流交界之前,其增长不受限。按照详细的参数化实验研究结果[35,68],在马赫数 $M_\infty=3$ 时,柱形流与锥形流区域的分界线取决于后掠压缩斜楔上无黏激波的脱体条件(图 5.32(a),实线),该边界不随 δ_0 和 Re_{δ_0} 而变化,柱形对称流和锥形对称流分别对应激波附体和激波脱体状态。柱形对称流 1 与锥形对称流 2、3 有不同的分离模式,根据α和χ所处的范围(参见图 5.32(b)中的流动示意图),流动可在楔面上再附或者在实验平板上再附。对于不同的实验构型,无黏激波的形状可由以下脱体相似参数相关联[35],

$$\zeta = (a_n + 38.53)/[M_n(1 - 0.149M_n)] \quad (5.15)$$

式(5.15)是斜激波理论脱体关系的简化形式,当激波从后掠斜楔脱体时(马赫数达到 3),ζ 为常数 43.6。式中的 α_n、M_n 是垂直于激波发生器前缘的激波发生器角度和马赫数。采用脱体参数,Settles 得出通用无量纲初始长度的表达式($L_i/\delta_0)Re_{\delta_0}^a=f(\zeta)$,对于准锥形流的支板和后掠斜楔干扰,式中经验常数 $a=1/3$。以对称类型流动、主再附线位置为区分标准,用相似性图线(图 5.32(b))比较了支

板、后掠压缩拐角激波干扰的所有三种流动。从柱形流模式1到锥形流模式2的过渡对应$\zeta=43.6$;在临界值$\zeta\approx100$以上,发现后掠压缩拐角产生了与支板干扰相同类型的流动图谱,也在底面上发生再附。

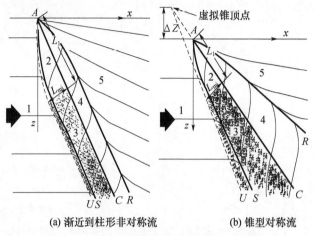

(a) 渐近到柱形非对称流　　(b) 锥型对称流

图5.31　后掠压缩斜楔附近的壁面流线[68]

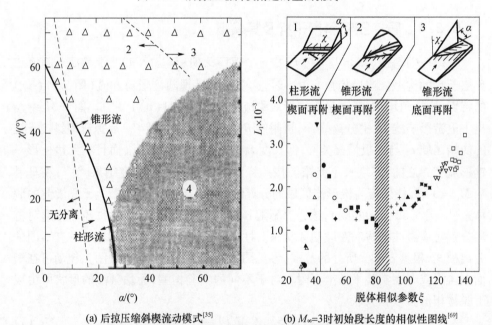

(a) 后掠压缩斜楔流动模式[35]　　(b) $M_\infty=3$时初始段长度的相似性图线[69]

图5.32　后掠压缩斜楔流动模式及初始段长度的相似性图线

1—在斜楔壁面上再附的柱形对称分离流;2—于楔面上再附的锥形对称分离流;
3—于底面上再附的锥形对称分离流;4—因风洞阻塞而未获得的模式。

当无黏激波角β_0和上游影响线角度β_U具有相似的数据时,后掠压缩斜楔、支板、半锥产生相同的壁面流动图谱[35],对于这些不同的几何体绕流,壁面流动拓扑结构的相似性是壁面压力分布相近而产生的结果(图5.33(a)),这一事实可以看作三维激波—湍流边界层干扰情况下对自由干扰理论的描述。这些相似性与 Zheltovodov - Kharitonov 的实验结果相符[34], Zheltovodov - Kharitonov 的实验获得了不同马赫数条件下的壁面压力分布数据,使用二维类比方法处理为$(p-p_\infty)/(p_p-p_\infty)=F(x-x_{S_1})/(x_{S_1}-x_{R_1})$,通过与不同二维分离流类似数据处理结果的比较,证明了自由干扰理论对于柱形和锥形对称模式的不同三维激波—湍流边界层干扰流动的有效性。

基于 $M_\infty=2.5$ 的实验数据,Settles 和 Kimmel[35] 提出适用于准锥形流干扰的经验关系:

$$\beta_U = 1.59\beta_0 - 8.3 \quad (\text{半锥适用}) \tag{5.16}$$

$$\beta_U = 1.59\beta_0 - 10.0 \quad (\text{后掠/非后掠支板及后掠压缩拐角适用}, \zeta \leqslant 100) \tag{5.17}$$

$$(\beta_U - \beta_0)/M_n^2 = f(\zeta) \quad (\text{后掠压缩拐角适用}, \zeta \leqslant 500) \tag{5.18}$$

图 5.33(b) 展示了不同激波发生器诱导的干扰流动之间的相似性,该图还给出了方程(5.18)的函数关系。

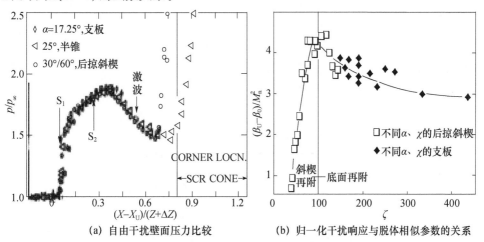

(a) 自由干扰壁面压力比较   (b) 归一化干扰响应与脱体相似参数的关系

图 5.33 准锥形流干扰模式的相似性[35]

对后掠压缩斜楔干扰的初始分离进行理论预测具有重要的实际意义,预测可以使用二维类比法,考察垂直于无黏激波踪迹的横切面与相应的法向马赫数 M_n。图 5.34 将 Korkegi 的预测结果(条带 3)与 Settles 的后掠压缩斜楔干扰初始分离实验数据($M_\infty=2.95$)进行了比较,Korkegi[70] 的预测基于其二维压缩拐角干扰的经验关系[15](图 4.19 的条带 14),前面介绍过,该关系式可以确定二维压缩拐角大尺寸初始分离的临界角 α_S^* 与临界斜激波强度 ξ_S^*。虽然根据二维类比方法,所预测的趋势(条带 3)在柱形对称干扰流动条件下是正确的(图 5.34),但数据点"1"却位于该条带下方;另外,此预测方法不能用于锥形对称干扰流动。根据 Zheltovodov 等的建议[12],利用经典自由干扰理论,根据 χ 角区分干扰流动类型(即柱形干扰流动还是锥形干扰流动),可以大大改善类似的预测结果。其中,对于锥形对称干扰流动,在雷诺数 $Re_{\theta_0} = (1.4 \sim 2.3) \times 10^4$ 范围内(图5.10(a)),采用方程(4.15)和经验常数 $k = 7.4$,可预测产生初始间歇性分离(即 Stanbrook 模式)的临界马赫数 M_1 和临界正激波强度 ξ_1;对于柱形对称干扰流动,二维压缩斜楔在 $\alpha = \alpha_{S,max}^*$ 小尺寸分离刚开始时,流动处于模式Ⅱ和Ⅲ的交界上(图4.19),这时斜激波达到临界强度 $\xi_{S,max}$,可采用式(4.18)计算 $\xi_{S,max}$,同时需利用自由干扰理论式(4.14)计算 $M_n = M_\infty \cos\chi$ 条件下的平台压比(自由干扰理论预测的平台压比与 M_n 关系,见图5.10(a)中的两条实线1)。图5.34表明,与 Korkegi 的 $\xi = \xi_S^*$ 数据[15]相比,改进的计算结果与实验数据符合更好,其中的锥形对称干扰实验数据,考虑到测量误差,临界激波强度实际上呈现出趋向于常数的趋势;ONERA 的关联关系及 Inger 理论预测也呈现这个趋势,而 Korkegi 建议的尖支板附近后掠激波的经验条件就是常数($\xi_i = 1.5$,图5.11)。在柱形对称干扰($\chi > 0$)流动中,计算的 $\xi_{S,max}$ 值(图5.34,条带4)也与实验数据"1"符合,在高雷诺数时($Re_\theta > 2.3 \times 10^4$)用方程(4.18)配合 Zukoski 的平台压比经验关系 $p_p/p_\infty = 0.5M + 1$[30] 计算的 $\xi_{inv} = \xi_{S,max}$,与实验数据"1"和自由干扰理论的预测值"4"都相符;当 $\chi = 0$ 时,最上面的实验数据点"1"对应二维大尺寸初始分离条件 $\alpha = \alpha_S^*$(参见图4.19,点"7"),与 Korkegi 的预测相符。图5.34还表明,Settles 的实验数据还有一个点"2"[71,72],对应稳定的小尺寸初始分离,该数据点与预测的 $\xi_{S,max}$ 值符合得非常好。

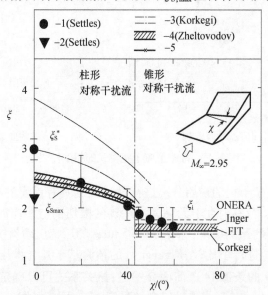

图 5.34 预测的后掠压缩斜楔初始分离

$M_\infty = 2.95, T_w/T_{aw} \approx 1, Re_{\delta_0} = 2.88 \times 10^5$

实验:1—Settles(来自 Korkegi[70]);2—Settles[71,72];

预测:3—Korkegi[70];4—采用自由干扰理论,Zheltovodov[12];5—采用关联式,Zukoski[30]。

图 5.35 所示是实验数据与 RANS(采用代数和 $k-\varepsilon$ 湍流模型)预测的后掠压缩斜楔附近的壁面流动拓扑结构[73]的比较,条件是锥形干扰流动模式 II(即 $\alpha=24°,\chi=40°,M_\infty=2.9$,参见图 5.32),其中的分离流动在斜楔壁面上实现再附。两个湍流模型的计算结果都与实验符合很好,研究了两个 δ_0(两者的比值是 3:1)的流场,以检验 Settles - Bogdonoff 建议的以下雷诺数相似律[63]的准确性:

$$(x_w/\delta_0)Re_{\delta_0}^a = f[(z_w/\delta_0)Re_{\delta_0}^a] \quad (给定 \alpha、\lambda、M_\infty) \quad (5.19)$$

方程(5.19)是以 x 和 z 的关系给出的迹线相似律(footprint scalling),将 z 换成 y 也可用于描述流场的相似律。图 5.36(a)的比较表明,在不同边界层厚度条件下,流场结构要素符合得相当好;计算结果与相似律在定性上是符合的,但某些测量到的流动特征还是预测得不好。根据图 5.36(b),相似律对于壁面流动图谱是适用的,实验和计算结果都支持这个结论(尽管计算的锥形流上游影响范围偏小)。

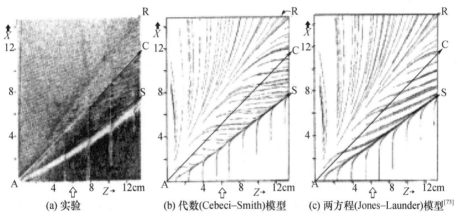

(a) 实验   (b) 代数(Cebeci–Smith)模型   (c) 两方程(Jones–Launder)模型[73]

图 5.35 实验与计算的壁面流动图谱的比较

$\alpha=24°,\chi=40°,M_\infty=2.95,Re_{\delta_0}=9.39\times10^5,T_w/T_{aw}\approx1$

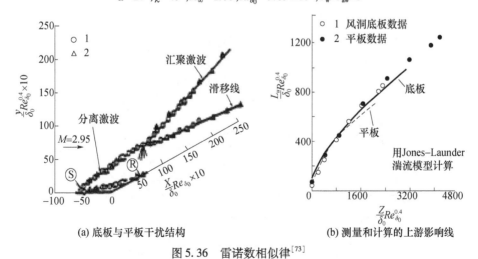

(a) 底板与平板干扰结构   (b) 测量和计算的上游影响线

图 5.36 雷诺数相似律[73]

$1—\delta_0=1.494\text{cm},Re_{\delta_0}=9.39\times10^5;2—\delta_0=0.429\text{cm},Re_{\delta_0}=2.7\times10^5$。

图 5.37 给出的是实验和计算研究[74]的一些后掠压缩拐角附近激波—湍流边界层干扰流动的结果,条件是 $M_\infty=3$,$Re_{\delta,\infty}\approx 9\times 10^5$,$\alpha=24°$,$\chi=40°$和$60°$。RANS 计算采用了四种湍流模型(包括 B – L 模型、Cebeci – Smith 模型、WF Jones – Launder 模型以及 IWF Jones – Launder 模型),计算的流场总体上与实验的壁面压力数据一致,与流场的皮托压和偏航角剖面符合很好。

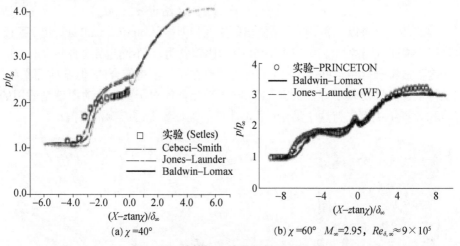

(a) $\chi=40°$

(b) $\chi=60°$ $M_\infty=2.95$,$Re_{\delta,\infty}\approx 9\times 10^5$

图 5.37 计算和实验获得的壁面压力
$\alpha=24°$,$Re_{\delta_0}=9.39\times 10^5$,$T_w/T_{aw}\approx 1$

图 5.38 所示是后掠压缩拐角的一般性流场模型,给出的是时间平均的流线图,实际流场是不稳定的。汇聚线定义了围绕主涡结构的螺旋形三维分离流面 1 的边界,分离流面附近存在一个很大的偏航角,流线在展向严重歪斜;发散线定义了后掠压缩拐角与流面 2 的交界,介于壁面和流面 2 之间的流体被卷入涡流内,流面 2 之上的流体则越过涡结构,并向压缩拐角上方流动。图 5.38 表明,这种后掠压缩拐角流动的一般特征与尖支板绕流观察到的特征(图 5.19)类似。

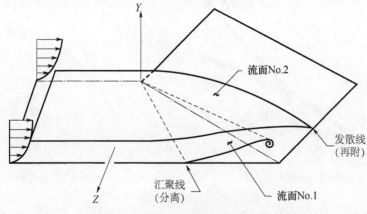

图 5.38 平均流线模型(Knight 等[74])

5.3.5 双尖前缘支板干扰

对于对称($\alpha_1 = \alpha_2$)和非对称($\alpha_1 \neq \alpha_2$)双尖前缘支板构型引起的交叉激波与湍流边界层的干扰(图5.1(f)),用实验和RANS模拟[10,21,52,57]做了大量研究,主要目的是想搞清楚这种干扰流动的各种物理特性、发展能够准确预测这类干扰流场的流动结构和气动热载荷的湍流模型。

图5.39所示是双尖前缘支板呈对称分布($\alpha_1 \times \alpha_2 = 7° \times 7°$)的结果,图中给出了实验获得的底板油流显示与计算的壁面摩擦线的比较,计算采用Jones-Launder $k-\varepsilon$ 湍流模型[76,77]和标准Wilcox $k-\omega$ 湍流模型[78-80],壁面条件为绝热壁。在这种弱干扰情况下,实验和数值模拟的壁面流动图谱符合很好,极限流线在上游影响U附近开始发生弯曲(图5.39(a)),并相互靠近,沿着与对称轴(即喉道中心线TML)平行的方向形成一个很窄的平行流动区域;一些流线在对称轴附近一直向下游流动、汇聚并形成一个特征喉道,流体流经该"流体喉道"时没有任何分离的迹象;由发散线R_1、R_2传播出来的强二次流干扰波及喉道,导致形成二次汇聚线S_3、S_4。图5.40比较了实验与计算获得的壁面压力分布和热流系数分布,计算采用Wilcox $k-\omega$ 湍流模型,比较了沿对称轴(即TML)和三个横截面(分别标记为

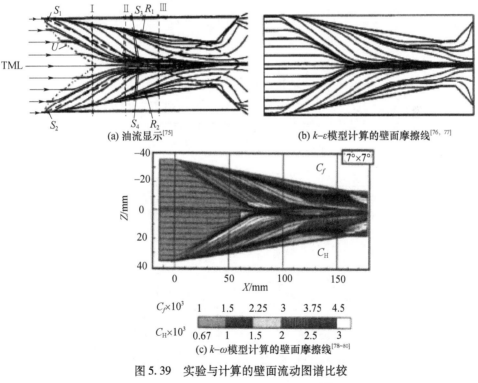

图5.39 实验与计算的壁面流动图谱比较

$\alpha_1 \times \alpha_2 = 7 \times 7°, M_\infty = 4, Re_{\delta,\infty} = 3.1 \times 10^5$

Ⅰ、Ⅱ、Ⅲ,图 5.39(a))上的数据,热流测量条件是 $T_w/T_{aw} = 1.04 \sim 1.05$。从图中可以看到,不同网格的计算结果与实验数据相符。

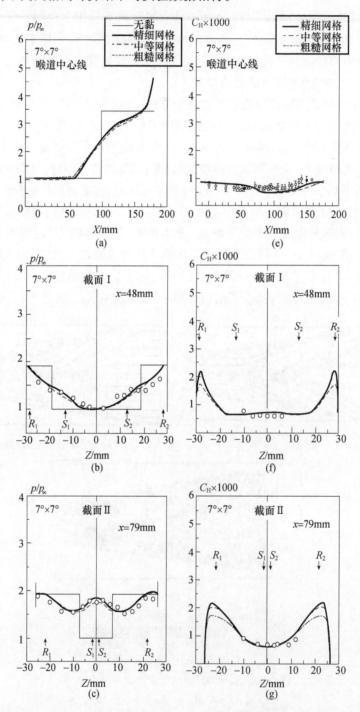

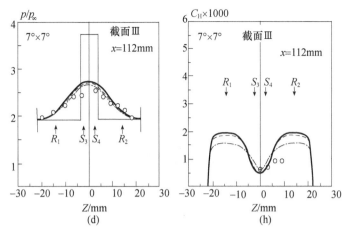

图 5.40　实验与计算的壁面压力和热流系数分布的比较
$\alpha_1 \times \alpha_2 = 7° \times 7°, M_\infty = 4, Re_{\delta,\infty} = 3.1 \times 10^5, k-\omega$ 模型[78-80]

根据 $\alpha_1 \times \alpha_2 = 11° \times 11°$ 的实验结果(图 5.41(a)),在 S_1 和 S_2 之间形成的喉道变窄,过喉道后气流膨胀并沿着中心线方向流动,在无黏激波(虚线)的第一次相交处,平行于中心线的流动模式结束,之后形成中心发散线 R_3(其流向长度很小),该发散线逐渐衰变,在横向流交汇区变为分离流线;与前面的情况相比,二次汇聚线 S_3、S_4 向上游(即向两个支板的顶点方向)传播得更远。在等宽度流道的入口处,流动特征部分地受到来自支板侧壁反射点的膨胀波系的影响,这些膨胀波使靠近底面的气流更强烈地向支板壁面流动。从支板壁面反射的交叉激波,造成一个反向的压力梯度,使极限流线向流道中心线偏折,形成汇聚线 S_7 和 S_8。用 $k-\varepsilon$ 模型计算的这些极限流线(图 5.41(b))反映了流动的定性特征,同时也发现流经喉道中心线附近的流动宽度明显比实验结果偏小(前面的情况也是这样),从发散线 R_3 开始的发散流动区域很不清楚,计算获得的二次汇聚线 S_3 和 S_4 比实验显示的位置更靠下游。图 5.41(c)所示是数值模拟的沿流道中心线的压力分布与实验结果的比较,图 5.41(d)所示是截面Ⅰ、Ⅱ、Ⅲ上的压力分布比较。图 5.41(c)的压力分布比较表明,当 $X = x/\delta_0 < 24$ 时两者相符,而 $X = x/\delta_0 > 24$ 时,在 $24 < X < 40$ 范围,计算的压力水平在靠近中心线处偏高。在横截面Ⅰ、Ⅱ、Ⅲ上,计算获得的横向压力分布与实验结果符合得很好(图 5.41(d))。

图 5.42 所示是在更强的激波强度情况下(支板角度为 $\alpha_1 \times \alpha_2 = 15° \times 15°$)计算和实验获得的表面流动图谱。实验结果表明(图 5.42(a)),这时出现了明确的主分离线(S_1、S_2)和主再附线(R_1、R_2);受来自 R_1 和 R_2 的二次流强收缩过程的影响,二次分离线(S_3、S_4)变得更清晰;在中心线奇异鞍点 C^1 后面的喉道处形成了一个大范围的分离区,分离区由分离线 S_5 和 S_6 所包围(参见图 5.42(a)的放大图);在鞍点 C^1 下游观察到中心线结点 N^1;在中心分离区的对称轴附近,二次汇聚线 S_3

几乎与 S_5 合并(对面的 S_4 与 S_6 也一样)。对于这种情况,计算获得的分离区周围流动图谱则不同(图 5.42(b)、(c)),由放大图看得更明显,不是出现一个鞍点和一个结点(即 C^1 和 N^1)的组合,而是出现了另一种中心线奇异点组合,包括了两个结

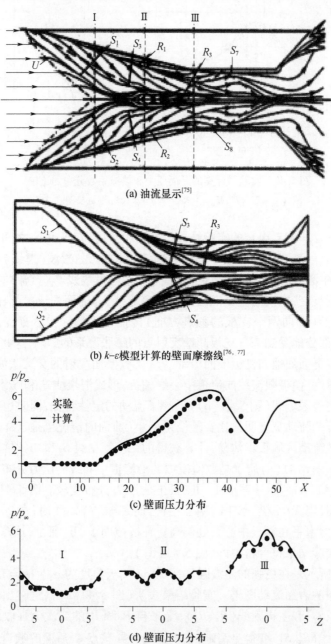

图 5.41 实验及计算的壁面流动图谱与压力分布的比较
$\alpha_1 \times \alpha_2 = 11° \times 11°, M_\infty = 4, Re_{\delta,\infty} = 3.1 \times 10^5$

点(N^1、N^2)和关于中心线对称的两个鞍点(C^1和C^2)。控制奇异点的定律方程(5.1)要求结点数与鞍点数相等,计算结果倒是满足这个定律。此外,计算没有显示出二次分离线S_3和S_4,中心分离区也被来自支板的流动压缩得更多,与实验结果相比,计算的分离区宽度明显偏小。再看两个湍流模型的计算结果,Wilcox $k-\omega$ 模型预测的奇异点组合类似于上述结果,但预测的分离区宽度要好一些(图5.42(c))。从图5.43(a)~(d)可看到,采用 Wilcox $k-\omega$ 模型的计算结果,除了流道中心线附近预测值偏高(60mm<x<110mm 范围)以外,在其他位置上,定量结果与测量的壁面压力数据符合得很好;从 $k-\varepsilon$ 模型的计算结果[76,77]也观察到类似的趋势。图5.43(e)~(h)给出的是壁面热流系数的比较,从图5.43(e)可看到,预测的 TML 上热流最大值偏高,$k-\omega$ 模型预测结果高出实验值2.5倍;在横截面Ⅰ~Ⅲ(参见图5.42(a)所示的各截面位置)上也观察到明显区别(图5.43(f)~(h))。

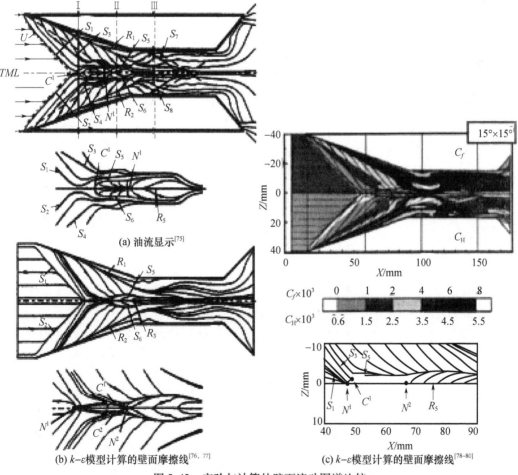

图5.42 实验与计算的壁面流动图谱比较
$\alpha_1 \times \alpha_2 = 15° \times 15°, M_\infty = 4, Re_{\delta,\infty} = 3.1 \times 10^5$

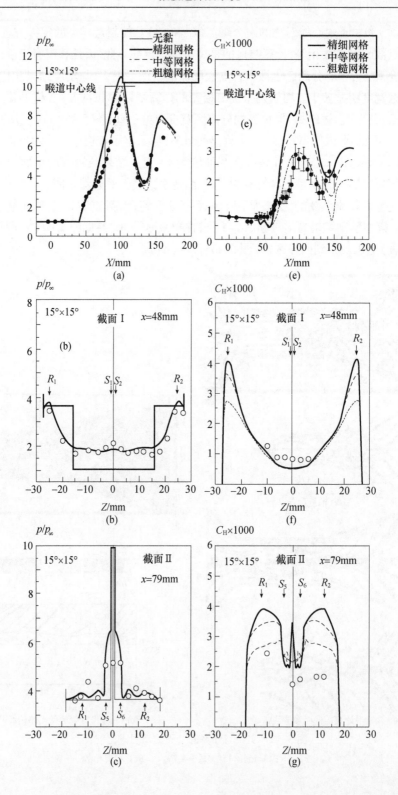

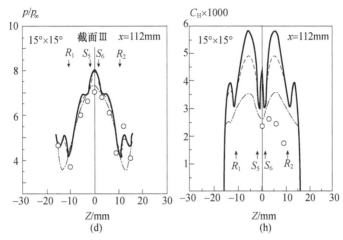

图 5.43 实验与计算的中心线壁面压力和热流系数分布

$\alpha_1 \times \alpha_2 = 15° \times 15°, M_\infty = 4, Re_{\delta,\infty} = 3.1 \times 10^5, k-\omega$ 模型[78-80]

Thivet 等[79]提出,在边界层外侧部分,当过激波时,两方程湍流模型预测的湍流动能(TKE)增长偏大。之后,这些偏大的湍流动能通过激波下游的涡向壁面输运,进而使预测的壁面热流偏大。为减小湍流动能的水平,从限制黏性方程 $\mu_t = a_v C_\mu \rho(k/\omega)$ 中系数 α_v 和 C_μ 的角度,提出了多种改进建议[81]。对于过激波的干扰流动,试验了四个模型,即 Wilcox-Moore(WM)模型、Wilcox-Durbin(WD)模型以及它们的改进模型 WM^+ 和 WD^+,如图 5.44 所示。在精细网格上采用 WM^+ 模型求解时,由于模型的修正,改变了壁面压力和热流分布的预测值,显著改善了热流预测精度,中心分离区的宽度也增大。但在计算和实验获得的壁面压力和热流数据之间,还是存在明显的差别。

Panaras 改进了 B-L 湍流模型,与标准 B-L 湍流模型相比,计算结果得到改善,呈现出与 Settles 实验结果[56]很好的一致性,包括壁面流动图谱(图 5.45(a)、(b))、沿中心线的壁面压力分布(图 5.45(c))和壁面摩擦系数分布(图 5.45(d))。该模型计算结果表达出了每个支板附近的混合型分离流、分离线(S_1 和 S_2,图 5.45(b))区域的湍流,再附线(R_1 和 R_2)之间几乎是层流,还表达出相应的二次分离线(S_3 和 S_4)。该方法大大改进了两个支板之间的过激波干扰流动的预测效果。但该方法采用的是稳定的 RANS 方法,不能捕捉到过激波—边界层干扰的流动不稳定特性,这也许是预测结果(包括流动图谱、壁面压力和热流)与实验数据之间仍存在差别的一种解释。按照 Batcho 等人的实验研究[82],在弱干扰的 $\alpha_1 \times \alpha_2 = 7° \times 7°$ 构型、马赫数 2.95 条件下,壁面压力脉动的均方根值沿中心线是增加的,在激波的理论交点之前达到一个稳定值,在该点下游的区域也相对稳定。而在 $\alpha_1 \times \alpha_2 = 11° \times 11°$ 构型中,壁面压力脉动均方根则是先增加,峰值很大且位于激波的理论交点之后,在经历一个衰减过程后再一次增大。在压力脉动均方根峰值附

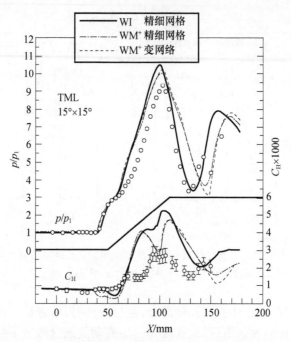

图 5.44　实验与计算的壁面压力和热流系数分布的比较
$\alpha_1 \times \alpha_2 = 15° \times 15°, M_\infty = 4, T_w/T_{aw} = 1.05, k-\omega$ 模型[79]

近对壁面温度脉动所做的测量,支持了压力脉动与壁面温度和热流脉动相关的假设。其他人获得的壁面压力脉动测量结果也证明这些干扰流动存在不稳定特性,如 Poddar – Bogdonoff[83] 以及 Davis – Hingst[84] 在马赫数 2.95 条件下所做的实验测量。所以,对于过激波的干扰流动,要分析不稳定性对壁面热流、壁面摩擦以及压力分布预测的影响,LES 和直接数值模拟计算是非常重要的。

图 5.46 所示是 15°×15°双支板构型附近形成的复杂交叉激波结构的三维透视图,未扰流马赫数为 3,与 Garrison 和 Settles[85] 用 PLS 成像方法所做实验的条件一致。考虑到这种流场中交叉激波干扰的固有对称性,图中只画出一半流场结构,横截面 I 代表了典型单支板干扰的流动结构,在该图上可以看到入射分离激波 1、后支激波 2 以及无黏激波 3、由三波点出发且向支板侧壁与底板交线发展的滑移线 4、分叉激波系下方的分离涡 5。为理解两个独立支板的相互干扰,将垂直的对称平面考虑为无黏反射平面,对于对称的交叉激波干扰流动,相交于该对称面的激波必须从该平面反射,以满足连续性条件。如横截面 II 所示,入射分离激波由对称面的反射属于不规则反射(即马赫反射),马赫反射形成一段横跨干扰流场中心线的正激波即马赫杆 7、分离激波的反射波 6 以及新的三波点 10。根据透视图和横截面 III 视图,呈 λ 结构的整个入射激波结构以不规则反射形式从中心对称面反射,并保持完整(虽然有些变形),由中心对称面向支板侧壁方向传播发展。由于

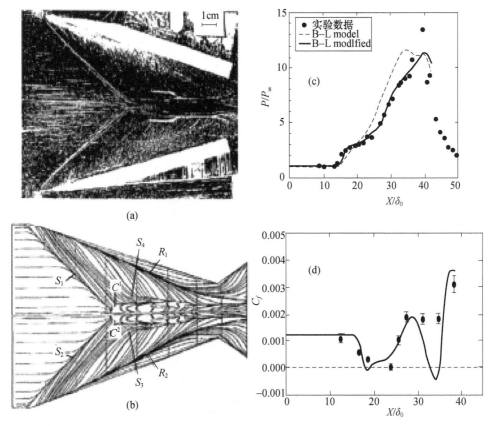

图 5.45 Panaras 预测的双支板干扰[53]
$\alpha_1 \times \alpha_2 = 15° \times 15°, M_\infty = 3.98, Re_{\delta,\infty} = 2.66 \times 10^5$

这种激波交叉,观察到在该截面处形成了多出来的两段激波和两个三波点(参见横截面Ⅲ视图)。第一段是中心段正激波 12,横跨在反射的无黏激波 9 之间的干扰流场中心对称线上;第二段是"桥"激波 13,与反射的分离激波 6 及后支激波 8 相连接。在这种引起交叉激波干扰的两个对称单支板分离流动的横截面Ⅲ视图上,还观察到在中心线附近形成"蘑菇状"分离结构 5。

依据 k-ε 模型在马赫数 4 条件下预测[76,77,86-88]的不同干扰模式流场结构(图 5.39(b)、图 5.41(b)、图 5.42(b)),图 5.47(a)~(d)给出了干扰强度对流场结构的关键影响。在垂直于底面的对称面上,所挑选的流线是各流面与该平面的交线。在弱干扰情况下(7°×7°,图 5.47(a)),在增厚的入流边界层中,流体在逆压梯度作用下向远离壁面的方向运动,但没有分离和回流的迹象。当干扰强度增大时(11°×11°,图 5.47(b)),分离线 S_2 增强,但在对称面附近,这些流体部分平行于对称线流动,所有上游流线被挤压在 S_2 和对称线之间一个很窄的流道内;在 S_2 线的下游一侧,在反射的分离激波(RSS)作用下,每条线都在到达对称面之前向流

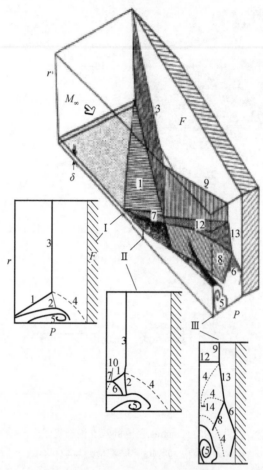

图 5.46 双支板流动的三维结构
$\alpha_1 \times \alpha_2 = 15° \times 15°, M_\infty = 3.83$(Garrison&Settles[85])

向偏转;然后这些流线形成二次分离线 S_4;对称面的流动图谱表明,入流边界层抬升,并形成一个剪切层,剪切层下形成一个发散/分叉线(LB),可以理解为流体从两侧流向对称面的路径指示。分叉线下方的流体在对称线的 R_3 处附着于底板,因此而形成纵向的中心涡。

随着干扰强度的增大,在对称线上形成第一对临界点,临界点上的壁面剪切应力为零(图 5.47(c)),主分离线 S_2 终止于对称线上的结点 N^1,鞍点 C^1 形成于下游。所有分离线和再附线均以下标数字表示,临界点均以上标数字表示,对称面上的临界点以小写字母表示。在对称面上,临界点 N^1 对应鞍点 c^1,鞍点 C^1 对应结点 n^1,是分离边界层下方的流体源。分叉线从该结点发出,可以理解为流体由两侧流向对称面的轨迹。图 5.47(d) 绘出了 15°×15°情况下的流线分叉情况,在底板上观察到 4 个临界点呈菱形分布。在前一模式中观察到的下游鞍点 C^1,在本模式下

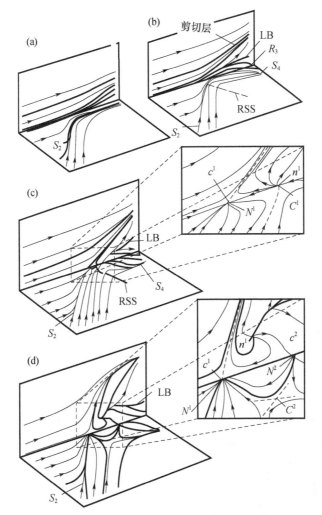

图 5.47 计算评估的分离流场拓扑结构随干扰强度的变化[77,87]

RSS—反射的分离激波;LB—分叉线;下标数字指分离和再附线;
上标数字指临界点;小写字母指对称面上的临界点。

分为两部分,形成对称线之外的鞍点 C^2 及另一侧的镜像鞍点 C^1,受回流区增强的影响,C^1、C^2 的作用范围从结点 N^2 一直持续到结点 N^1;该回流区代替了前一模式中的对称面结点 n^1,并在对称面的中心线上方形成一个内部驻点(属于焦点或结点)。相应地,在对称面上,前一模式的结点 n^1 被鞍点 c^2 所替代。

为确定真实流动中拓扑结构演化的重要细节,Schülein 和 Zheltovodov[13,26]在马赫数 5 条件下做了交叉激波干扰的实验,流动显示采用含灯墨的矿物油与油的稀混合物,用视频相机记录混合物颗粒沿极限流线的运动踪迹,为分析壁面流动拓扑结构的动态发展提供了可能性。根据壁面流动图谱复杂性的增加以及中心分离区"顶点"附近的相应图谱,可以区分不同楔角的双支板流动图谱所在的发展阶段(图 5.48)。在楔角 16°×16°情况下(图 5.48(a)),形成两个对称的主分离线 S_1 和 S_2、两个二次汇聚线 S_3 和 S_4、以及中心发散线 R_3;在楔角 15°×15°和马赫数 4 条件下(图 5.42(a)),在 S_1 和 S_2 之间形成流体喉道(图中的阴影区),在喉道下存在一个中心鞍点 C^1(结点 N^1 位于下游,图中未显示);在楔角 17°×17°情况下(图 5.48(b)),在很小的中心分离区下游、靠近流体喉道位置,出现一个跨中心线的横向分离线 S_0,该局部区域的上游和下游边界分别是中心线鞍点 C_0^1 和 C_0^2,两侧边界是两个中心线之外的对称结点 N_0^1 和 N_0^2。临界点定律要求结点数与鞍点数相等,将下游结点 N^1 考虑在内,该构型流动的结点与鞍点数量满足临界点定律。在楔角 17.5°×17.5°的干扰流动中(图 5.48(c)),中心分离区的尺寸增大,但壁面流动拓扑结构在总体相貌上未发生改变。

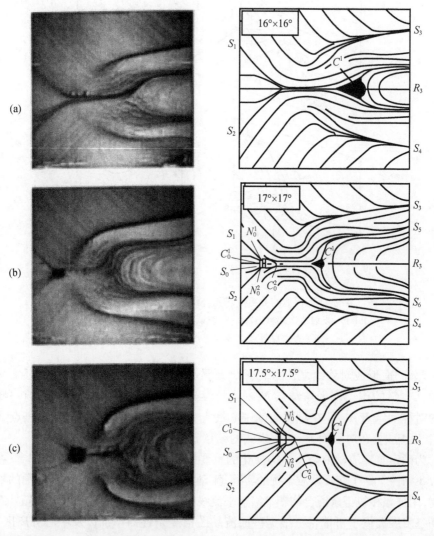

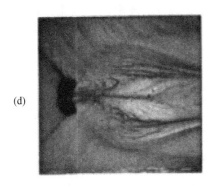
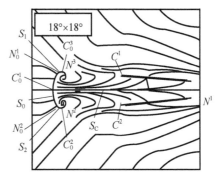

图 5.48　壁面流场拓扑结构随干扰强度的变化

($M_\infty = 5, T_w/T_{aw} = 0.76, Re_{\delta_0} = 1.4 \times 10^5$, Schülein, Zheltovodov[13,26])

图 5.48(d)所示是 18°×18°双支板交叉激波干扰的流动照片和流动结构示意图,这时回流区覆盖了从下游中心结点 N^1 到鞍点 C_0^1(位于跨中心线的横向分离线 S_0 的中点)之间的区域。为表达所有重要特征(包括结点 N^1),该图的比例尺约为前一张图的一半。受这种指向中心汇聚线 S_c 的强烈逆流的影响,中心鞍点 C_0^1 分成一对对称鞍点 C^1 和 C^2;类似地,中心线鞍点 C_0^2 也分成一对对称鞍点 C_0^2 和 C_0^3。这些点构成了分离区的边界,而且这些点分别位于结点 N_0^2 和焦点 N^2 之间以及结点 N_0^1 和焦点 N^3 之间。用平板上两个平行的锥形尖前缘旋转体所做的交叉激波—湍流边界层干扰实验中[89],也观察到类似的大尺寸流动结构,参见图 5.49,图中给出了鞍点 C_0^2 和 C_0^3 附近壁面流动结构的细节,为使符号与图 5.48(d)相一致,这里改变了文献[89]使用的符号。在这个新的构型下,同样满足拓扑结构定律。

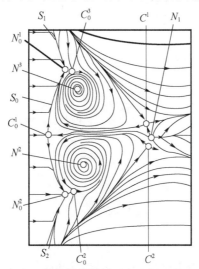

图 5.49　两个平行布置的尖前缘锥体下方底板上的流动拓扑结构演化

($M_\infty = 4$, Derunov[89])

图 5.50 给出的是 $18°×18°$ 构型在马赫数 5 形成交叉激波—湍流边界层强干扰时的壁面流动图谱,其中比较了 Schulein 和 Zheltovodov 的实验结果、Gaitonde 和 Schmisseur 用 $k-\varepsilon$ 模型所做 RANS 计算的结果[76,87,88]及 Panaras 用其 B-L 改进模型计算的结果[55]。计算预测的壁面流动图谱(图 5.50(b)、(c))总体上与实验照片(图 5.50(a))相符,但用 $k-\varepsilon$ 模型预测的第一个中心线结点 N_0^1 位于分离区的顶点上(图 5.50(b)),而实验获得的是位于横向分离线 S_0 上的中心鞍点 C_0^1 和两个对称结点 N_0^1、N_0^2(参见图 5.48(d)和图 5.50(a)),以及形成于上游小尺寸分离区和下游大尺寸分离区的分界处的对称鞍点 C_0^2、C_0^3 及结点 N^2、N^3。这种差别来自于所使用模型对湍流水平的过高预测,使中心分离区压缩更严重。中心分离区是从主再附线 R_1、R_2 向中心线的近壁面区相向流动造成的。与实验照片对照,采用改进 B-L 模型计算的结果对流动细节预测得更好(图 5.50(c))。两个模型都预测到了对称鞍点 C^1、C^2,与实验结果一致(参见图 5.48(d))。在计算和实验中没有观察到单支板干扰流动模式V(图 5.5)中的二次分离线,即在指向中心线的流动中、位于主再附线(R_1,R_2)和分离线(S_1,S_2)之间的分离线。采用 $k-\varepsilon$ 模型[76,87,88]和改进 B-L 模型[55]很好地预测了不同横截面的壁面压力分布,但预测的中心线附近压力水平偏高(图 5.51)。改进的 B-L 模型的计算结果与实验符合得更好(图 5.51(b))。

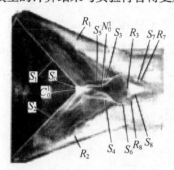
(a) Schülein & Zheltovodov 实验[13,26]

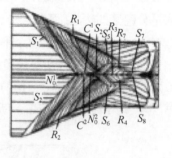
(b) k-ε 模型(Gaitonde & Schmisseur[76,87,88])

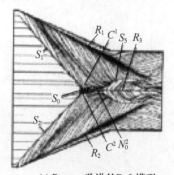
(c) Panaras 改进的 B-L 模型

图 5.50 马赫数 5 双支板 $18°×18°$ 构型交叉激波干扰流动的壁面流动图谱
($M_\infty = 5, T_w/T_{aw} = 0.8, Re_{\delta_0} = 1.5×10^5$)

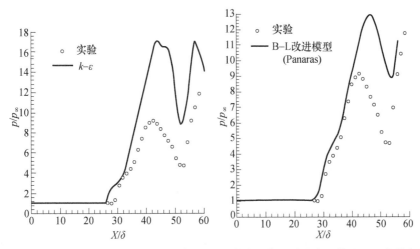

图 5.51 马赫数 5 双支板 18°×18°构型交叉激波干扰流动的中心线壁面压力分布

图 5.52 所示是强干扰(23°×23°构型、马赫数 5、交叉激波—湍流边界层干扰)的实验与 RANS 计算结果的比较。表面油流照片(图 5.52(a))表明,中心分离区出现很大的增长,在中间鞍点 C_0^1(顶点)处,横向分离线宽度增加,该线下游的定性流动特性与 18°×18°情况相似(参见图 5.50(a))。采用 $k-\varepsilon$ 模型和改进 B-L 模型的 RANS 计算(图 5.52(b),(c))预测了中心线鞍点 C_0^1、侧面结点 N_0^1 及其镜像、下游鞍点 C^1 及其镜像、以及中心线结点 N^1。与流动模式 VI(参见图 5.5)一致,在主分离线 S_1 和主再附线 R_1 之间出现了二次分离线 S_2 与再附线 R_2,两种湍流模型都预测到了该现象。在下游,分离线 S_2 与再附线 R_2 终止于结点—鞍点组合($N^4 - C^4$),参见图 5.53(a)的放大图,图中给出了对称面更详细的流动结构细节。通过分析释放到流场中的示踪粒子的路径[87,88],可以确定分离线和再附线附近流动的三维结构特征,以及各奇异点特征。根据仔细挑选的粒子的路经所形成的条带,可以确定流面(条带图),条带图清晰描述了这种复杂流场(图 5.53(b))。入流边界层沿主分离线分离,不发生再附。涡干扰区将附着在支板附近的流体卷入其内并横向发展,分离边界层内的流体则填入所留下的空间内。边界层与涡干扰流动被分割在主分离线两侧;在中心横向分离线两侧的两个焦点处,两个涡丝(图中只给出其中的一个)离开壁面。来自支板前缘附近的流体,先流向对称面,之后向下游偏折,形成中心涡区域。从支板前缘附近无黏区卷携进来的高能流,在下游再附,沿横向向中心线流动,然后分离。线 S_5 所表征的分离(图 5.53(a))与来自对面支板的激波有关,被卷携的流体以壁面射流样结构冲向对称面,在遭遇该激波时分离。二次分离线 S_2 终止于下游结点 N^4,在 N^4 处涡丝离开壁面,在干扰区的对侧,也形成类似的二次涡丝。

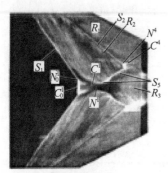

(a) 油流照片[13,26]

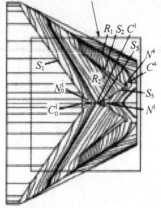

(b) $k-\varepsilon$ 模型计算的壁面流线[76,87,88]

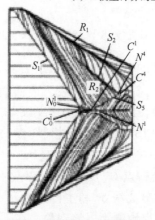

(c) 改进 B-L 模型计算的壁面流线

图 5.52　马赫数 5 双支板 23°×23° 交叉激波干扰流动的壁面流线

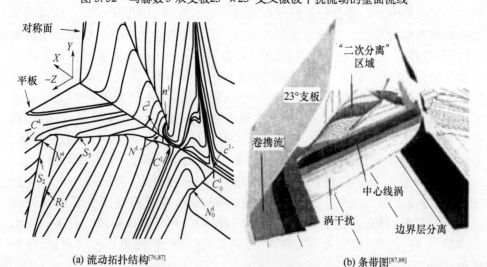

(a) 流动拓扑结构[76,87]　　　　　(b) 条带图[87,88]

图 5.53　马赫数 5 双支板 23°×23° 交叉激波干扰流动的 $k-\varepsilon$ 湍流模型预测结果

与前面的例子相似(图5.54),对于23°×23°双支板构型,所计算的中心线(TML)壁面压力也偏高。虽然采用改进的B-L湍流模型的计算结果有所改善,但仍所存在偏差,这不是偶然的,而是RANS方法的局限性所致。如其他激波—边界层干扰类型一样,流动中固有的不稳定性对于计算能否获得准确结果至关重要,这种不稳定性是在实验中观察到的,但RANS计算方法不能正确反映这种不稳定性。例如,$k-\varepsilon$模型的计算结果表明,外部交叉激波造成的是规则干扰[87,88],而在实验中却观察到很强的不稳定干扰模式[76]。

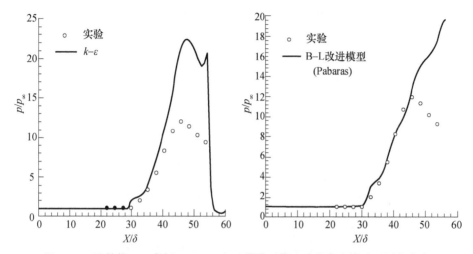

图5.54 马赫数5双支板23°×23°交叉激波干扰流动的中心线壁面压力分布

对于非对称布置的双支板构型($\alpha_1 \neq \alpha_2$)干扰流动,实验与RANS计算研究表明,流场更复杂、重叠流场结构更多,感兴趣的读者可阅读这种干扰流动的研究论文,包括文献[10,52,57,78,79,90-94],以获得更详细的信息。

5.4 结论

在过去30年里,对于三维激波—湍流边界层干扰流动,我们的知识和研究已经取得很大进步,但远未达到完全掌握的程度,还需进行深入研究,以取得全面的理解。对于若干标准三维构型,包括非后掠单支板(SUF)、后掠单支板(SSF)、半锥(SC)、后掠压缩拐角(SCR)、双支板构型(DSF),数值试验研究提供了对流场结构的详细描述。为确定完全附着条件、初始分离条件、完全分离条件,针对若干简单的标准三维构型,根据二维激波—湍流边界层干扰获得的知识,发展了与二维情况类比的方法。虽然从标准构型获得了三维流动结构的知识,但用于预测实际大气层内飞行器构型上的关键气动热载荷(即壁面压力和壁面热流)和流场结构(特别是分离区的位置与尺寸)还非常受限,因为实际流动远比这些典型三维激波干扰复杂。

近些年,用计算方法预测复杂流动的能力也取得了非常大的进步。对于三维激波—湍流边界层干扰的弱干扰情况,在预测平均气动热载荷方面,RANS 模型(目前还是工程应用的标准方法)还是有一定的能力,用这些模型获得了本章标准构型的流场结构,但无法预测强三维激波—湍流边界层干扰的峰值气动热载荷,除非对计算模型做特殊的配置改造(即不具备通用性质)。到目前为止,甚至对于特别选择的标准构型,LES 和 DES(Detached Eddy Simulation)数值方法的应用还都不成熟,因为这些方法的计算费用太高。至于要求更苛刻的 DNS 方法,用于这些流动还希望渺茫。只有大幅度改进数值方法和近壁面湍流动力学降阶模型的效率,才有可能将 LES、DES 甚至 DNS(最终目标是 DNS)方法用于三维激波—湍流边界层干扰流动计算,进而取得研究的进步。

本章缩略词

B – L	Baldwin – Lomax	Baldwin – Lomax 模型
CPT	Critical Point Theory	临界点理论
CR	Compression ramp	压缩斜楔(压缩拐角)
CSTBLI	Crossing shock wave – turbulent boundary – layer interaction	交叉激波—湍流边界层干扰
DES	Detached Eddy Simulation	脱体涡模拟
DNS	Direct Numerical Simulation	直接数值模拟
FIC	Free Interaction Concept	自由干扰概念
FIT	Free Interaction Theory	自由干扰理论
LES	Large eddy simulation	大涡模拟
LB	Line of divergence/bifurcation reflected	发散线
NSTBLI	Normal shock wave – turbulent boundary – layer interaction	正激波—湍流边界层干扰
PLS	Planar Laser Scattering	平面激光散射
RANS	Reynolds average Navier – Stokes	雷诺平均的 Navier – Stokes 方法
RSS	Reflected separation shock	反射的分离激波
SCR	Swept compression ramps	后掠压缩斜楔(拐角)
STBLI	Shock wave – turbulent boundary – layer interaction	激波—湍流边界层干扰
SW	Shock wave	激波
TKE	Turbulent kinetic energy	湍流动能
TML	Throat middle line	喉道中心线
WI	Wilcox model	Wilcox 模型
VCO	Virtual Conical Origin	虚拟锥原点

参 考 文 献

[1] Settles G S, Dolling D S. Swept Shock – Wave/Boundary – Layer Interactions. In: Hemsch, M., Neilsen, J. (eds.): Tactical Missile Aerodynamics: Progress in Astronautics and Aeronautics. AIAA, 1986, (104): 297 – 379.

[2] Prandtl L. Über Flüssigkeitsbewegung bei Sehr Kleiner Reibung. Verhandlungen des 3 Internationalen Mathematiker – Kongresses. Leipzig, Germany: Teubner, 1904, 484 – 491.

[3] Legendre R. Ecoulement au Voisinage de la Pointe Avant D'une Aile á Forte Fleche Aux Incidences Moyeness (Flow in the Vicinity of the Apex of a Wing with Large Sweep Angle at Moderate Incidences). La Recherche Aéronautique, 1952, (30): 3 – 8.

[4] Legendre R. Séparation de L'écoulement Laminaire Tridimensionnel (Separation of a Laminar Three – Dimensional Flow). La Recherche Aéronautique, 1956, (54): 3 – 8.

[5] Legendre R. Lignes de Courant d'un Écoulement Permanent: Décollement et Séparation (Streamlines of a Steady Flow: Separation and Separators). La Recherche Aéronautique, 1977, (6): 327 – 335.

[6] Délery J M. Physics of Vortical Flows. J. of Aircraft, 1992, 29(5): 856 – 876.

[7] Délery J M. Legendre R, Werlé H. Toward the Elucidation of Three – Dimensional Separation. Annual Review of Fluid Mechanics, 2001, (33): 129 – 154.

[8] Tobak M, Peake D J. Topology of Three – Dimensional Separated Flows. Annual Review of Fluid Mechanics, 1982, (14): 61 – 85.

[9] Lighthill J M. Attachment and Separation in Three – Dimensional Flow. In: Rosenhead, L. (ed.) Laminar Boundary – Layer Theory, Oxford University Press, Oxford, UK, Sec. Ⅱ, 1963, (2.6): 72 – 82.

[10] Zheltovodov A. Shock Waves/Turbulent Boundary – Layer Interactions: Fundamental Studies and Applications. AIAA Paper 1996 – 1977, 1996.

[11] Zheltovodov A. Regimes and Properties of Three – Dimensional Separation Flows Initiated by Skewed Compression Shocks. J. Applied of Mechanics and Technical Physics, 1982, 23(3): 413 – 418.

[12] Zheltovodov A, Maksimov A, Schiilein E. Development of Turbulent Separated Flows in the Vicinity of Swept Shock Waves. In: Kharitonov A. (ed.) The Interactions of Complex 3 – D Flows, Novosibirsk, 1987, 67 – 91.

[13] Schülein E, Zheltovodov A A. Development of Experimental Methods for the Hypersonic Flows Studies in Ludwieg Tube. Proc. International Conference on the Methods of Aerophysical Research – Pt. 1. Novosibirsk, Russia, 1998, 191 – 199.

[14] Stanbrook A. An Experimental Study of the Glancing Interaction Between a Shock Wave and a Turbulent Boundary Layer. British ARC, C. P., 1960, 555.

[15] Korkegi R H. Comparison of Shock – Induced Two – and Three – Dimensional Incipient Turbulent Separation. AIAA J., 1975, 13(4): 534 – 535.

[16] Korkegi R H. A Simple Correlation for Incipient Turbulent Boundary – Layer Separation Due to a Skewed Shock Wave. AIAA J., 1973, 11(1): 1575 – 1579.

[17] McCabe A. A Three – Dimensional Interaction of a Shock Wave with a Turbulent Boundary Layer. The Aeron. Quart., XVII, Pt. 1966, (3): 231 – 252.

[18] Settles G S. Swept Shock/Boundary – Layer Interactions: Scaling Laws, Flowfield Structure, and Experimental Methods. Special Course on Shock – Wave/Boundary – Layer Interactions in Supersonic and Hypersonic Flows. AGARD Report 762, 1 – 1 – 1 – 40, 1993.

[19] Lu F, Settles G. Color Surface - Flow Visualization of Fin - Generated Shock Wave Boundary - Layer Interactions. Experiments in Fluids, 1990, 8(6):352 - 354.

[20] Zheltovodov A. Physical Features and Properties of Two - and Three - Dimensional Separated Flows at Supersonic Velocities. Izvestiya AN SSSR, Mekhanika Zhidkosti i Gaza(Fluid Dynamics), 1979, (3):42 - 50(in Russian).

[21] Zheltovodov A A. Some Advances in Research of Shock Wave Turbulent Boundary - Layer Interactions. AIAA Paper 2006 - 0496, 2006.

[22] Zheltovodov A A. Schülein E. Three - Dimensional Swept Shock Waves/Turbulent Boundary Layer Interaction in Angle Configurations. Preprint No. 34 - 86, ITAM, USSR Academy of Sciences, 1986, 49, Novosibirsk (in Russian).

[23] Zheltovodov A, Dvorak R, Safarik P. Shock Waves/Turbulent Boundary Layer Interaction Properties at Transonic and Supersonic Speeds Conditions. Izvestiya SO AN SSSR, Seriya Tekhnicheskih Nauk, 1990, (6):31 - 42 (in Russian).

[24] Dem'yanenko V S, Igumnov V A. Spatial Shock Wave - Turbulent Boundary Layer Interactions in the Interference Region of Intersecting Surfaces. Izvestiya Sibirskogo Otdeleniya Akademii Nauk SSSR(Proceedings of the USSR Academy of Sciences, Siberian Branch), Seriya Tekhnicheskh Nauk, 8(248), 1975, (2):56 - 62(in Russian).

[25] Hayes J R. Prediction Techniques for the Characteristics of Fin - Generated Three Dimensional Shock Wave Turbulent Boundary Layer Interactions. Technical Report, AFFDL - TR - 77 - 10, 1976.

[26] Schülein E, Zheltovodov A A. Documentation of Experimental Data for Hypersonic 3 - D Shock Waves/Turbulent Boundary Layer Interaction Flows. DLR Internal Report, IB 223 - 99 A 26, 2001, 95.

[27] Kubota H, Stollery J L. An Experimental Study of the Interaction Between a Glancing Shock and a Turbulent Boundary Layer. J. Fluid Mech., 1982, (116):431 - 458.

[28] Zubin M, Ostapenko N. Structure of the Flow in The Region of Separation for Interaction of a Normal Shock Wave with a Boundary Layer. Izvestiya AN SSSR, Mekhanika Zhidkosti i Gaza, 1979, (3):51 - 58(in Russian).

[29] Zubin M, Ostapenko N. Geometrical Characteristics of Turbulent Boundary Layer Separation at Interaction with Normal Shock Wave in Conical Flows. Izvestiya AN SSSR, Mekhanika Zhidkosti i Gaza, 1983, (6):43 - 51(in Russian).

[30] Zukoski E E. Turbulent Boundary - Layer Separation in Front of a Forward - Facing Step. AIAA J., 1967, 5 (10):1746 - 1753.

[31] Chapman D, Kuehn D, Larson H. Investigation of Separated Flows in Supersonic and Subsonic Streams with Emphasis on the Effect of Transition. NACA Report 1356, 1958.

[32] Zheltovodov A A, Yakovlev V N. Stages of Development, Gas Dynamic Structure and Turbulence Characteristics of Turbulent Compressible Separated Flows in the Vicinity of 2 - D Obstacles. ITAM, USSR Academy of Sciences, Novosibirsk, Preprint No. 27 - 86, 1986(in Russian).

[33] Kutateladze S S, Leont'ev A I. Turbulent Boundary Layer of Compressible Gas. SO AN SSSR, Novosibirsk, 1962(in Russian).

[34] Zheltovodov A A, Kharitonov A M. About the Analogy of 2 - D and 3 - D Separated Flows. Fizicheskaya Gazodinamika(Physical Gas Dynamics). Novosibirsk, 1976, 1(6):130 - 133(in Russian).

[35] Settles G S, Kimmel R L. Similarity of Quasiconical Shock Wave/Turbulent Boundary Layer Interactions. AZAA J., 1986, 24(1):47 - 53.

[36] Charwat A F. Supersonic Flows Imbedded Separated Regions. Advances in Heat Transfer, 1970, (6):1 - 32.

[37] Oskam B, Vas I E, Bogdonoff S M. Mach 3 Oblique Shock Wave/Turbulent Boundary Layer Interactions in

Three Dimensions, AIAA Paper 76 – 336,1976,19.

[38] Lu F, Settles G. Conical Similarity of Shock/Boundary Layer Interaction Generated by Swept Fins, AIAA Paper 83 – 1756,1983.

[39] Leung A W C, Squire L C. Reynolds Number Effects in Swept – Shock – Wave/Turbulent – Boundary – Layer Interaction. AZAA J. ,1995,33(5):798 – 803.

[40] Inger G R. Upstream Influence and Skin Friction in Non – Separating Shock/ Turbulent Boundary – Layer Interactions. AIAA Paper 80 – 1411,1980.

[41] Inger G R. Some Features of a Shock/Turbulent Boundary – Layer Interaction Theory in Transonic Fields. AGARD – CP – 291,1980.

[42] Délery J, Marvin J G. Shock – Wave Boundary Layer Interactions. AGARDograph No. 280,1986.

[43] Horstman C C, Hung C M. Computation of Three – Dimensional Turbulent Separated Flows at Supersonic Speeds. AIAA Paper 1979 –0002,1979,41.

[44] Alvi F S, Settles G S. Structure of Swept Shock Wave/Boundary Layer Interactions Using Conical Shadowgraphy. AIAA Paper 90 – 1644,1990.

[45] Alvi F S, Settles G S. A Physical Model of the Swept Shock/Boundary – Layer Interaction Flowfield. AIAA Paper 91 – 1768,1991.

[46] Edney B. Anomalous Heat Transfer and Pressure Distributions on Blunt Bodies at Hypersonic Speeds in the Presence of an Impinging Shock. Aeronautical Research Institute in Sweden, FFA Report 115,1968.

[47] Schiilein E. Skin – friction and heat – flux measurements in shock/boundary – layer interaction flow. AIAA J. , 2006,44(8):1732 – 1741.

[48] Voitenko D M, Zubkov A I, Panov Yu A. Supersonic Gas Flow Past a Cylindrical Obstacle on a Plate. Izvestiya Akademii Nauk SSSR, Mekhanika Zhidkosti i Gaza(Fluid Dynamics) ,1966,(1):120 – 125(in Russian).

[49] Voitenko D M, Zubkov A 1, Panov Yu A. About Existence of Supersonic Zones in Three Dimensional Separated Flows. Izvestiya Akademii Nauk SSSR, Mekhanika Zhidkosti i Gaza(Fluid Dynamics) ,1967,(1):20 – 4(in Russian).

[50] Knight D D, Horstman C C, Shapey B, et al. Structure of Supersonic Turbulent Flow Past a Sharp Fin. AIAA J. , 1987,25(10):1331 – 1337.

[51] Bogdonoff S M. The Modeling of a Three – Dimensional Shock Wave Turbulent Boundary Layer Interaction: The Dryden Lecture. AIAA Paper 90 –0766,1990.

[52] Knight D, Yan H, Panaras A G, et al. Advances in CFD Prediction of Shock Wave Turbulent Boundary Layer Interactions. Progress in Aerospace Sciences,2003,(39):121 – 184.

[53] Panaras A G. Algebraic turbulence modeling for swept shock – wave/turbulent boundary – layer interactions, AIAA J. ,1997,35(3):456 – 463.

[54] Panaras A G. The Effect of The Structure of Swept – Shock – Wave/Turbulent – Boundary – Layer Interactions on Turbulence Modeling. J. Fluid Mech. ,1997,(338):203 – 230.

[55] Panaras A G. Calculation of Flows Characterized by Extensive Cross – Flow Separation, AIAA J. ,2004,42 (12):2474 – 2481.

[56] Settles G S, Dodson L J. Hypersonic Shock/Boundary – Layer Interaction Database, NASA CR – 177577,1991.

[57] Knight D D, Degrez G. Shock Wave Boundary Layer Interactions in High Mach Number Flows: A Critical Survey of Current CFD Prediction Capabilities. AGARD Report 319(2) ,1998,1 – 1 – 1 – 35.

[58] Thivet F, Knight D, Zheltovodov A, et al. Importance of Limiting the Turbulence Stresses to Predict 3D Shock Wave Boundary Layer Interactions. Proc. 23rd International Symposium on Shock Waves(Ft. Worth, TX, July 2001) , Paper No. 2761,2001:7.

[59] Durbin P. On the $k-\varepsilon$ Stagnation Point Anomaly. Int. J. Hear Fluid Flow,1996,17(1):89-90.

[60] Thivet F. Lessons Learned from RANS Simulations of Shock-Wave/Boundary-Layer Interactions. AIAA Paper 2002-0583,2002.

[61] Zheltovodov A A, Schülein E. Problems and Capabilities of Modeling of Turbulent Separation at Supersonic Speeds Conditions. Proc. The Seventh All-Union Congress on Theoretical and Applied Mechanics, Reports Annotations,Moscow,1991:153-154(in Russian).

[62] Zheltovodov A A, Maksimov A I. Development of Three-Dimensional Flows at Conical Shock-Wave/Turbulent Boundary Layer Interaction. Sibirskiy Fiziko-Technicheskiy Zhurnal(Siberian Physical-Technical Journal),1991,(2):88-98(in Russian).

[63] Settles G S, Bogdonoff S M. Scaling of Two-And Three-Dimensional Shock/Turbulent Boundary-Layer Interactions at Compression Corners. AIAA J.,1982,20(6):782-789.

[64] Dolling D S, Bogdonoff S M. Upstream Influence in Sharp Fin-Induced Shock Wave Turbulent Boundary Layer Interaction,AIAA J.,1983,21(1):143-145.

[65] Wang S W, Bogdonoff S M. A Re-Examination of the Upstream influence Scaling and Similarity Laws for 3-D Shock Wave/Turbulent Boundary Layer Interaction, AIAA Paper 83-0347,1986.

[66] Lu F K, Settles G S. Upstream-Influence Scaling of Sharp Fin Interactions,AIAA J.,1991,(29):1180-1181.

[67] Settles G S, Perkins J J, Bogdonoff S M. Investigation of Three-Dimensional Shock Boundary-Layer Interaction at Swept Compression Corners, AIAA J. 1980,(18):779-785.

[68] Settles G S, Teng H. Cylindrical and Conical Flow Regimes of Three-Dimensional Shock Boundary-Layer Interactions. AIAA J.,1984,22(2):194-200.

[69] Settles G S. On the Inception Lengths of Swept Shock-Wave/Turbulent Boundary-Layer Interactions. Proc. IUTAM Symposium on Turbulent Shear-Layer/Shock-Wave Interactions, Palaiseau, France, ed. J. Délery, 203-213, Springer Verlag,1985.

[70] Korkegi R H. A Lower Bound for Three-Dimensional Turbulent Separation in Supersonic Flow. AIAA J., 1985,23(3):475-476.

[71] Settles G S, Bogdonoff S M, Vas I E. Incipient Separation of a Supersonic Turbulent Boundary Layer at High Reynolds Numbers. AIAA J.,1976,14(1):504.

[72] Settles G S. An Experimental Study of Compressible Turbulent Boundary Layer Separation at High Reynolds Numbers. Ph. D. Dissertation, Princeton, NJ: Aerospace and Mechanical Sciences Department, Princeton University,1975.

[73] Settles G S, Horstman C C, McKenzie T M. Experimental and Computational Study of a Swept Compression Corner Interaction FlowField. AIAA J.,1986,24(5):744-752.

[74] Knight D D, Horstman C C, Bogdonoff S M. Structure of Supersonic Turbulent Flow Past a Swept Compression Corner,AIAA J.,1992,30(4):890-896.

[75] Zheltovodov A A, Maksimov A I, Shevchenko A M. Topology of Three Dimensional Separation Under the Conditions of Symmetric Interaction of Crossing Shocks and Expansion Waves with Turbulent Boundary Layer. Thermophysics and Aeromechanics,1998,5(3):293-312.

[76] Zheltovodov A Maksimov A, Schulein E, et al. Verification of Crossing-Shock-Wave/Boundary-Layer Interaction Computations with the $k-\varepsilon$ Turbulence Model. Proc. International Conference on the Methods of Aerophysical Research,Part 1. 231-241. Novosibirsk,Russia(9-16 July 2000).

[77] Zheltovodov A Maksimov A, Gaitonde D, et al. Experimental and Numerical Study of Symmetric Interaction of Crossing Shocks and Expansion Waves With a Turbulent Boundary Layer. Thermophysics and Aeromechanics, 2000,7(2):155-171.

[78] Thivet F, Knight D D, Zheltovodov A A, et al. Numerical Prediction of Heat – Transfer in Supersonic Inlets. Proc. European Congress on Computational Methods in Applied Sciences and Engineering (ECCOMAS 2000), Barcelona, CD Contents, p. 1 (September 2000).

[79] Thivet F, Knight D D, Zheltovodov A A, et al. Insights in Turbulence Modeling for Crossing Shock Wave Boundary Layer Interactions. AIAA J., 2001, 39(7): 985 – 995.

[80] Thivet F, Knight D D, Zheltovodov A A, et al. Analysis of Observed and Computed Crossing – Shock – Wave/ Turbulent – Boundary – Layer Interactions. Aerospace Sci. and Technology, 2002, (6): 3 – 17.

[81] Moore J F, Moore J. Realizability in Two – Equation Turbulence Models. AIAA Paper 99 – 3779, 1999.

[82] Batcho P F, Ketchum A C, Bogdonoff S M, et al. Preliminary Study of the Interactions Caused by Crossing Shock Waves and a Turbulent Boundary Layer. AIAA Paper 89 – 359, 1989.

[83] Poddar K, Bogdonoff S. A Study of Unsteadiness of Crossing Shock Wave Turbulent Boundary Layer Interactions. AIAA Paper 90 – 1456, 1990.

[84] Davis D O, Hingst W R. Surface and Flowfield Measurements in a Symmetric Crossing Shock Wave/Turbulent Boundary Layer Interaction. AIAA Paper 92 – 2634, 1992.

[85] Garrison T J, Settles G S. Flowfield Visualization of Crossing Shock – Wave/ Boundary – Layer Interactions. AIAA Paper 92 – 0750, 1992.

[86] Gaitonde D V, Shang J S, Garrison T J, et al. Evolution of the Separated Flowfield in a 3 – D Shock Wave/Turbulent Boundary Layer Interaction. AIAA Paper 97 – 1837, 1997.

[87] Schmisseur J D, Gaitonde D V, et al. Exploration of 3 – D Shock Turbulent Boundary Layer Interactions Through Combined Experimental/Computational Analysis. AIAA Paper 2000 – 2378, 2000.

[88] Schmisseur J D, Gaitonde D V. Numerical Investigation of Strong Crossing Shockwave/ Turbulent Boundary – Layer Interactions. AIAA J., 2001, 39(9): 1742 – 1749.

[89] Derunov E K, Zheltovodov A A, Maksimov A I. Development of Three Dimensional Turbulent Separation in the Neighborhood of Incident Crossing Shock Waves. Thermophysics and Aeromechanics, 2008, 15(1): 29 – 54.

[90] Zheltovodov A Maksimov A, Shevchenko A M, et al. Topology of Three – Dimensional Separation Under the Conditions of Asymmetric Interaction of Crossing Shocks and Expansion Waves with Turbulent Boundary Layer. Thermophysics and Aeromechanics, 1998, 5(4): 483 – 503.

[91] Gaitonde D, Shang J, Garrison T, et al. Three Dimensional Turbulent Interactions Caused by Asymmetric Crossing Shock Configurations. AIAA J., 1999, 37(12): 1602 – 1608.

[92] Knight D, Gnedin M, Becht R, et al. Numerical Simulation of Crossing – Shock – Wave/Turbulent – Boundary – Layer Interaction Using a Two – Equation Model of Turbulence. J. Fluid Mech., 2000, (409): 121 – 147.

[93] Knight D D, Garrison T J, Settles G S, et al. Shevchenko, A. M., Vorontsov, S. S.; Asymmetric Crossing – Shock – Wave/Turbulent – Boundary – Layer Interaction. AIAA J., 2001, 33(12): 2241 – 2258.

[94] Gaitonde D V, Visbal M R, Shang J S, et al. Sidewall Interaction in an Asymmetric Simulated Scramjet Inlet Configuration. J. Propulsion and Power, 2001, 17(3): 579 – 584.

第6章 高超声速激波—边界层干扰实验研究

Michael S. Holden

6.1 引言

高超声速飞行器设计者遇到的最严重和最具挑战性的一些问题,起因于激波—边界层干扰区的严重热载荷以及流动参数的剧烈变化。准确预测这种流动的特征非常困难,这种困难在很大程度上来自于很低雷诺数条件下剪切层转捩导致极度复杂的流动结构,不但使热流增加,而且可诱发大范围的流动不稳定性。即使是完全的层流流动,黏性干扰也可以明显降低控制系统与推进系统的性能。

值得注意的是,美国航天飞机计划中遭遇的两个严重问题都与激波—边界层干扰有关。第一个问题是"航天飞机襟翼异常"(Shuttle Flap Anomaly),几乎造成航天飞机第一次飞行的灾难,产生该问题的原因是设计阶段没能正确考虑真实气体效应对控制面激波干扰区的影响,在飞行中使用了比冷流设备地面实验确定的数据大得多的襟翼偏转量才使飞行器稳定下来,好在飞行器奇迹般地获得了需要的控制,勉强避免了一场灾难。第二个问题是前缘结构破坏,在激波干扰诱导的动载荷作用下,航天飞机燃料罐上的泡沫材料破裂、脱落,泡沫材料撞击到前缘,破坏了前缘结构。图6.1是航天飞机、主燃料罐、可重复使用固体燃料推进器之间产生的激波结构示例,其中的等值线图是计算预测的压力分布,在支撑航天飞机头部的两支架区域形成了复杂的激波系结构,该激波系诱导的气动热载荷使泡沫外层破裂并脱落,造成这次飞行的悲剧性事故。甚至在Apollo返回舱这种最简单的高超声速再入飞行器上,也因底部区的激波—边界层干扰引起很大的问题。底部区激波干扰是反作用控制系统(RCS)各喷流与近尾迹相互作用的结果,这时分离流中的转捩现象与回流区内的燃烧复杂流场相耦合,流动中包含了激波—激波干扰和激波—边界层干扰,使这些流动极难预测。

高超声速飞行器上遭遇的某些最大热载荷与激波—激波干扰流动有关,且最大热载荷出现在一道斜激波与前缘附近的近正激波相干扰时,见图6.2(a)。斜激波—近正激波干扰所产生的壁面热流非常高,比前缘自身的驻点热流大几个量级。这类激波干扰加热导致X-15研究飞行器的冲压发动机吊架发生严重破坏,见图6.2(b)。由于激波—激波干扰区内的转捩发生在很低的雷诺数条件下($Re_D \approx 100$),热载荷的量值与破坏性都难以预测。此外,在这种流动中存在若干压缩与膨胀区,因而对真实气体效应非常敏感,在真实气体效应实验研究项目的双锥模型设计时研究了这个流动特征,本节和本书的其他章节也讨论了双锥绕流的问题。

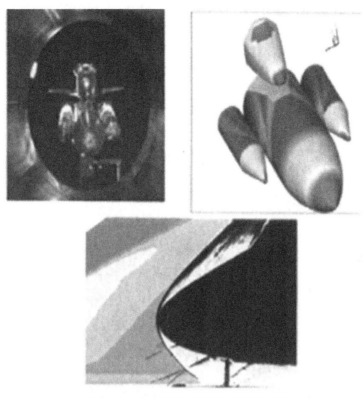

图 6.1 OTS 航天飞机构型上的激波干扰

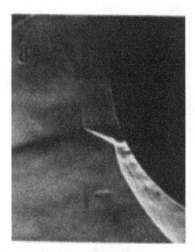
(a) Ⅳ 类干扰

(b) X-15 吊架

图 6.2 X-15 吊架及Ⅳ类激波—激波干扰

在设计靠大推力发动机实现机动的高超声速飞行器时，设计人员主要关心喷流干扰及伴生的激波—边界层干扰对控制力、声学载荷、气动光学现象的影响。特别是在高高空时，上述问题是设计人员面临的特殊难题，因为喷流干扰生成的上游分离区(图6.3)在高高空时几乎可以延伸到飞行器的头部，覆盖整个上游飞行器区域。这种流场的红外成像证实，从推进器喷出的正在燃烧的气体被卷入到回流区内，可以使安装在光学窗口后面的传感器致盲(尽管光学窗口很靠近头部)。当层流边界层发生分离且伴随自由剪切层转捩时，横向喷流的上游回流区内将产生大范围的不稳定性，不稳定干扰区导致的压力脉动可以造成严重的声学载荷，对光学传感器的性能产生负面影响。这种剪切层转捩、空气的化学反应与燃烧、大范围不稳定性的综合作用效果，实际上是不可能预测的，即使是精准度不高的预测也无法做到。

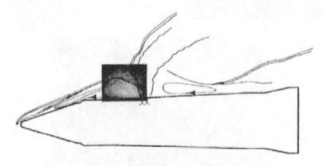

(a) 喷流干扰流动结构(纹影与流动结构描述)

(b) 实验模型

图6.3 拦截弹转向控制发动机的喷流干扰流动结构(纹影与流动结构描述)与模型构型

所有这些激波干扰现象(以及其他问题)，对于双模态冲压发动机推进的加速及巡航飞行器的设计者来说，都是严峻挑战。在超声速燃烧室冲压发动机推进的高超声速飞行器中(如X-43)，发动机进气道与隔离段内充满了层流、转捩、湍流的黏性干扰区和激波干扰区,众多的反射激波与后掠激波产生的干扰区严重影响着进气道效率和进入发动机燃烧室段(或燃料喷射段)的流动特性。尽管发动机流道内众多的激波干扰(图6.4)可以改善混合、提供了点火与火焰稳定的场所,但也导致压力损失,带来更大的阻力,进而使发动机性能显著下降。准确预测含有转捩、可压缩非平衡湍流、空气化学反应与燃烧现象的激波干扰流场,仍然面临巨大的困难。

在高超声速飞行器和超声速燃烧室冲压发动机上必须使用主动冷却技术,才能确保前缘和发动机内的部件结构完好性,因此,预测激波与冷却层干扰导致的气动热载荷成为一个重要的设计要求。这些流动涉及不同气体的混合问题,给计算带来非常大的复杂性(就像这类流动的许多其他例子一样),所以,在为飞行器部件设计提供方案或验证方案方面,实验测量也具有非常重要的作用。

图6.4　研究性超声速燃烧室冲压发动机中的激波干扰

以上介绍了与高超声速激波—边界层干扰有关的挑战性比较大的一些问题。虽然困难很大,但还是基于很多实际问题做了大量研究,理解了这些流动,并且能够以合理的确定性对这些实际问题进行预测。为帮助读者理解,本章后续内容将全面介绍这些知识。

6.1节讨论用实验研究和确定高超声速流中激波与层流、转捩和湍流边界层相干扰的干扰区特性,评价了用于预测这些流动的半经验关系和数值模拟技术。

6.2节讨论层流干扰区的特征,回顾了对评估和预测技术进行验证研究的历史。最初的预测技术基于一阶和二阶边界层方程的解,近年的预测技术则基于Navier – Stokes方程的解,或者使用直接模拟Monte Carlo(DSMC)技术。

6.3节介绍湍流和转捩流动激波干扰区特征的实验研究。湍流高超声速研究中对测量数据的关联,为描述这类流动的主要气动热特征提供了一个简单的预测方法;对于完全的湍流干扰区,雷诺平均的Navier – Stokes方程解(RANS)与测量数据的比较非常令人失望;在绝热超声速流动中,对后掠激波干扰进行了大量研究,在高度冷却的壁面上也获得了高超声速干扰流动的类似测量结果;简单讨论了激波—转捩流干扰问题,因为这种流动对于采用烧蚀防护方案的头部构型极其重要。

6.4节讨论激波—激波干扰区极端热载荷评估的实验研究。在这些研究中,获得了层流、转捩和湍流干扰区的测量数据。尽管Navier – Stokes与DSMC方法在描述这种干扰区的层流情况时是成功的,但对于转捩和湍流情况的激波—激波干扰区气动热载荷,只有依靠实验数据的拟合关系式才能正确预测。

6.5节讨论壁面热防护这个重要问题,研究在头部激波—激波干扰区采用发汗冷却、膜冷却或者烧蚀方案的情况,实验研究揭示了使用这些技术对激波干扰区壁面进行防护的困难。

6.6节讨论真实气体影响的实验研究与评估问题,包括真实气体效应对各种流动结构下的气动热特性的影响、对激波—边界层干扰区和激波—激波干扰区的热载荷水平的影响。在美国航天飞机计划中,正是由于没能成功预测这种效应对控制面特性的影响,导致第一次飞行中几乎发生灾难性事故,这件事凸显了理解这些流动的极其重要性。

6.2 二维与轴对称高超声速激波—层流边界层干扰

6.2.1 简介

在激波—湍流边界层干扰区内出现的巨大气动热载荷被公认为是高超声速飞行面临的最严重问题,而在高高度条件下,却是干扰流动中的层流黏性—无黏干扰和流动分离对机动飞行器和吸气式高超声速飞行器的性能产生最大程度的负面影响,进气道效率、襟翼控制系统效率以及采用喷流反作用控制的飞行器性能,可以因激波诱导的层流分离而受到严重影响。对于进气道和襟翼,压缩面实际上可以被"拉平";横向喷流上游形成的分离区可以使飞行器上的力与力矩发生改变,或者,更严重的情况,导致光学探测设备图像模糊;发生在发动机侧壁和唇口的层流分离,很可能导致发动机不启动,因而严重限制单级入轨飞行器冲压发动机的工作范围。在高超声速条件下,采用边界层控制措施试图避免这些问题是很难的,因为在冷却壁面上,边界层流体的质量和动量主要分布于边界层的外层部分。

在过去20年里,计算能力得到极大增强,直接用Navier–Stokes方程求解的方法,就可以解决一些包括回流区的激波—边界层干扰流动计算问题,这些方法在描述高超声速流动时取得很大成功,甚至对于含大范围分离区的情况,三维计算也可以解决某些重要问题。

6.2.2 高超声速激波—层流边界层干扰的特征

为讨论高超声速激波与层流边界层干扰的特征,本章以二维构型为典型实例。第一个实例是两个压缩面的问题,在压缩面之间产生激波,并通过黏性与无黏流动的"自由干扰"机制而对上游产生影响并诱发分离。第二个典型构型是激波入射到边界层的情况。

以往的激波—边界层干扰研究中,大部分工作都关注二维构型上的流动,因为实验可以直接观察并给出解释,也容易使用边界层分析方法。图6.5的纹影照片显示了斜楔激波干扰和外源性激波入射产生的附着型与分离型干扰区的流动特征。

图6.5(a)和(b)是斜楔诱导的附着型与分离型层流干扰流动的纹影照片。对于附着型流动,干扰区主要发生在拐角下游的楔面上(图6.5(a)),只有产生大的分离区时(图6.5(b))干扰区才向上游移动。在这些流动中,再附区的强曲率导致很大的法向压力梯度,所以必须正确模拟这种法向压力梯度才能获得准确的预测结果。外源性激波入射也能产生类似的干扰区情况(图6.5(c)、(d)),从照片上可以观察到,激波强度较小时,干扰区的大部分发生于激波入射点下游,只有当发生强分离时,才在入射激波上游出现分离激波(图6.5(d));而干扰只发生在4~5倍的边界层厚度范围内,在再附的压缩过程中流动发生严重弯曲。

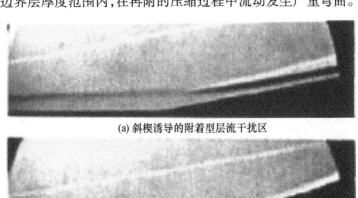

(a) 斜楔诱导的附着型层流干扰区

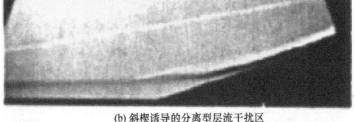

(b) 斜楔诱导的分离型层流干扰区

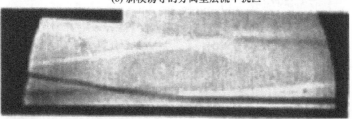

(c) 入射激波诱导的附着型层流干扰区

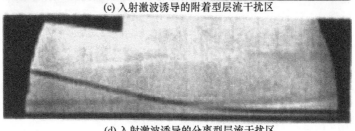

(d) 入射激波诱导的分离型层流干扰区

图6.5 高超声速流中斜楔与激波诱导的层流干扰区($M_\infty=11.7, Re_L=2.5\times10^6$)

图6.6(a)所示是测量获得的附着型和分离型斜楔诱导干扰区内的壁面摩擦力典型分布[1],初始分离发生在斜楔角度刚刚超过10°的条件下。进行压升的测量需要先诱导出初始分离,图6.6(b)[1]给出了众多研究者获得的压力平台数据,包括斜楔诱导和激波诱导的干扰区压力平台数据。图中结果表明,采用以下黏性干扰参数时,测量数据的关联非常好:

$$\bar{\chi} = M^3 \sqrt{C} / \sqrt{Re_L}, \qquad C = \frac{\mu}{\mu_r} \frac{T_r}{T} \qquad (6.1)$$

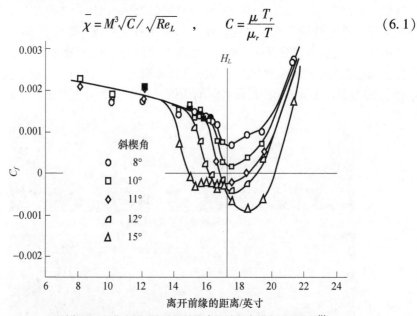

(a) 斜楔诱导和激波诱导流动初始分离的壁面摩擦力测量数据[1]

(M_∞=11.7, Re=5.2×10^4/m)

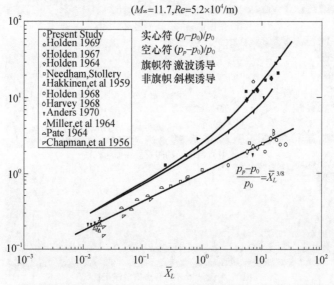

(b) 激波诱导和斜楔诱导干扰中发生初始分离的压升与平台压力的关联关系[1]

图6.6 用于确定斜楔诱导和激波诱导流动初始分离的测量数据及其关联关系

初始分离还可以用高超声速相似参数的形式进行关联,如图 6.7(a)所示。关联关系表明,即使在高马赫数流动中,流动分离主要受控于黏性流和无黏流之间的自由干扰;还观察到,当再附区的峰值热流用干扰区上游的未扰流数据无量纲后,可以用过干扰区的压升做出简单的关联关系(图 6.7(b))。

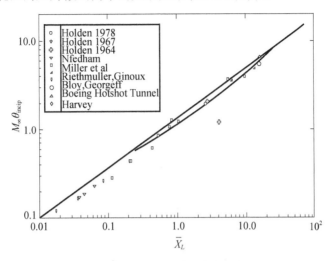

(a) 斜楔诱导干扰的初始分离条件关联关系

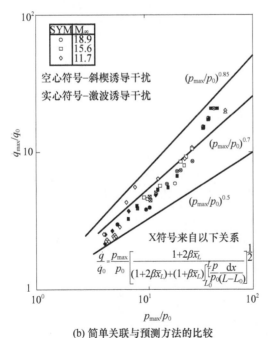

(b) 简单关联与预测方法的比较

图 6.7 斜楔与激波诱导的激波—层流边界层干扰区
分离条件与峰值热流的关联关系

6.2.3 激波—层流边界层干扰的边界层模型

在具备大规模计算能力之前(大规模计算能力是为满足直接求解 N-S 方程和 DSMC 而获得复杂流动模拟结果的要求),只能采用一阶或二阶边界层方程获得数值解,来理解和预测激波边界层干扰区域的特性。在这些方法中,假设分离的原因是黏性层增长与外部超声速无黏流之间的自由干扰,在 Lighthill[2] 和 Oswatitsch[3] 早期对上游影响机制的建模研究中可以找到这些方法的基础。最初他们相信,该现象与通过边界层亚声速区域向上游的传播有关,但所建物理模型与测量结果出现矛盾,测量表明低马赫数流动中的分离区存在大范围的上游影响区;而在超声速气流中,用基于黏性—无黏流相互干扰导致黏性层快速增长假设的模型,较好地描述了层流分离[4]。Glick[5] 通过修正 Crocco-Lees 混合理论,给出了自由干扰模型的数学表达,该方法能够描述导致边界层分离的压升和边界层增长情况。Click-Honda[6]、Lees-Reeves[7] 采用动量积分技术、添加动量矩方程而发展的预测技术,能够描述激波诱导分离区从分离到再附整个区域的情况,类似于图 6.8(a)。

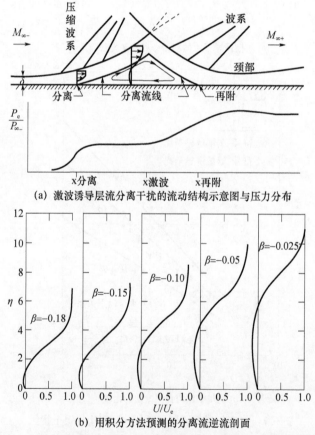

(a) 激波诱导层流分离干扰的流动结构示意图与压力分布

(b) 用积分方法预测的分离流逆流剖面

图 6.8 用动量积分方法描述激波诱导分离区的自由干扰流动模型

在这些方法中,Lees – Reeves[7]采用了 Stewartson 逆流区速度剖面(图 6.8(b))的可压缩形式,来描述逆流区内及其上方的流动结构。图 6.9(a)是一个例子,表明在激波—边界层干扰的层流区,Lees – Reeves 方法的预测结果与 Chapman 等[8]的测量结果能够很好地相符。Nielsen 等采用幂次律剖面描述跨干扰区的速度分布,发展了一个类似的方法[9],图 6.9(b)是该方法对斜楔诱导分离流的预测与 Lewis 等[10]的测量结果以及 Lees – Reeves 预测结果的比较,可以看到,预测结果与测量数据在合理范围内相符。

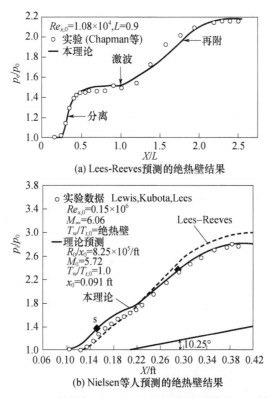

(a) Lees-Reeves 预测的绝热壁结果

(b) Nielsen 等人预测的绝热壁结果

图 6.9 超声速流的实验数据与两种动量积分方法预测结果的比较(绝热壁条件)

尽管动量积分分析方法能够用于绝热壁的超声速流,但在高超声速流中却是失效的,在高超声速流中,黏性流与无黏流干扰区的范围只有几个边界层厚度(参见图 6.5)。最近 Holden 发展了一套分析方法,采用积分技术描述冷壁条件下的激波—边界层干扰区的热流、压力、壁面摩擦的分布,该方法将能量方程添加进来[11],并在一阶和二阶边界层方程的积分解中考虑了法向压力梯度[12]。在图 6.10 中,将 Holden 方法预测的斜楔诱导层流分离区的热流、压力分布与实验数据进行了比较,表明尽管干扰区长度和压力分布的预测精度合理,但该方法预测的分离区热流数据偏大。

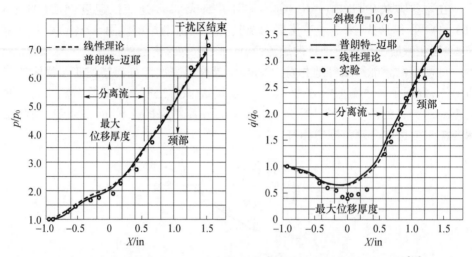

图 6.10 斜楔诱导分离流的压力与热流测量结果与 Holden 预测的比较[11]
($M_\infty = 10, Re_L = 1.4 \times 10^5$)

在更高马赫数流动条件下,将考虑法向压力梯度的理论预测结果与层流测量数据进行了比较(图 6.11)[13],表明预测的压力和壁面摩擦分布结果与实验数据符合得很好,但预测的分离区热流数据偏高。

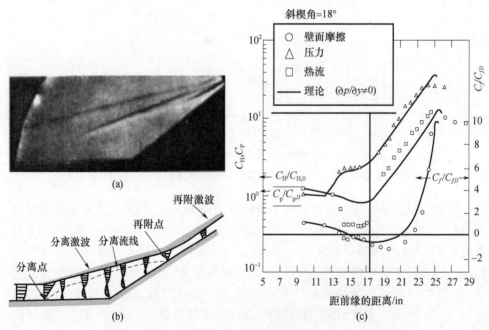

图 6.11 斜楔分离流的热流、压力、壁面摩擦的预测与实验数据的比较(Holden)
($M_\infty = 16, Re_L = \chi L = 19.8,$ 存在法向压力梯度)

6.2.4 早期的 Navier – Stokes 程序验证研究

在发现积分技术计算高马赫数层流分离区有严重局限性的同时,MacCormack[14]发展了第一个 Navier – Stokes 方程的准确数值求解技术,该程序最早的一套计算工作是预测尖前缘平板—斜楔构型上拐角流动的分离与再附区特征,图 6.12 所示是 Hung – MacCormack[15] 的计算结果与 Holden 在马赫数 14 条件下获得的热流及壁面摩擦测量数据[13]的比较。

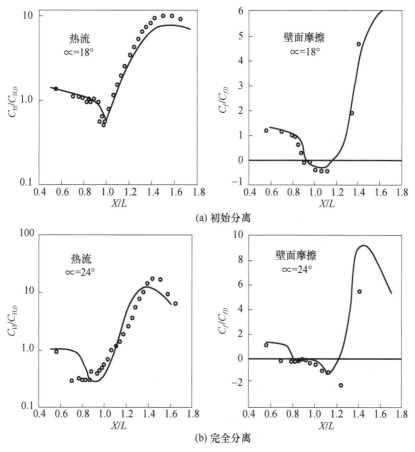

图 6.12 激波—层流边界层干扰分离与再附区特征的 Navier – Stokes 计算与实验结果的比较

对于附着型流动和小分离区情况,预测结果与实验数据符合得相当好。对于大分离型流动(24°斜楔),预测的分离区尺寸明显小于测量数据。几年后,利用计算流体实验室的三维流动求解器(CFL3D),Rudy[16]等人预测的斜楔和激波诱导的分离流数据,重新与这套包含三维流动效应的实验测量数据进行了比对,获得了非常好的一致性(图 6.13 和图 6.14)。那时,没有更进一步的理由怀疑 Navier –

Stokes精致计算的能力,至少当不存在真实气体效应时,能够预测激波—边界层干扰、激波—激波干扰复杂区域诱导的二维和三维层流分离流特性。

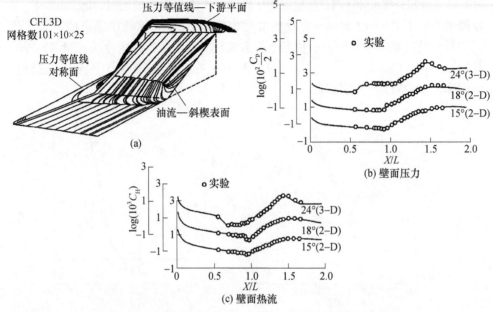

图6.13 斜楔诱导分离流的CFL3D Navier-Stokes求解计算与实验测量结果的比较

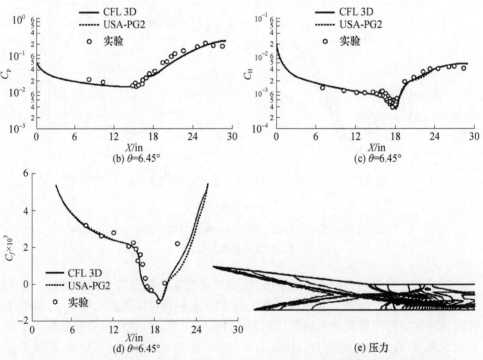

图6.14 激波诱导分离流的CFL3D Navier-Stokes求解计算与实验测量结果的比较

在发展 Herms 航天飞机过程中,欧洲航天局(ESA)积极推进数值技术性能的评估工作,以期能够预测 Herms 航天飞机的气动热特性,特别是集中力量试图解决襟翼控制器周围的高超声速流计算精度问题,因为在美国航天飞机计划中发现这个问题对安全飞行关系重大。为此进行了一系列实验研究,为生成 Hermes 计划中所关心的关键流动现象,确定了适当的实验构型,在 ONERA[17]设计并实验的实验件是空心柱—裙体,对激波—层流边界层干扰的分离区进行了测量,由该构型获得的实验结果与计算结果进行了比较,计算工作由欧洲和美国受公认的科学家执行。令人惊讶的是,各计算结果与测量的压力和热流之间差异很大,见图 6.15,从分离区尺度和干扰区上下游压力上明显看出这些偏差,这是继早期成功的 Navier – Stokes 计算后所未曾料到的,分析认为该问题与网格和各数值格式的耗散特性有关。还针对双曲线体—尾裙构型的分离流,与测量结果进行了比较[18],见图 6.16,比较的结果与此相似,还是认为各程序的数值耗散特性差异是主要原因。

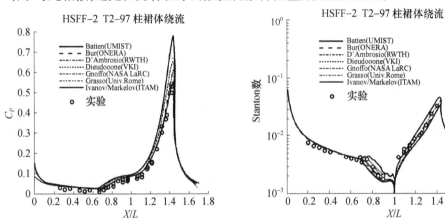

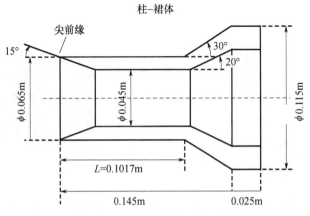

图 6.15 Navier – Stokes 预测的空心柱—裙体绕流的压力及热流分布与实验测量结果的比较

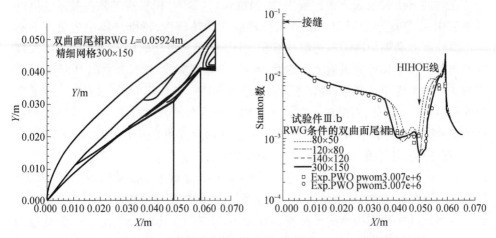

图 6.16　Navier–Stokes 预测的双曲面—尾裙体绕流的马赫数等值线及
热流系数与测量结果的比较

6.2.5　高超声速激波—边界层干扰的近期 Navier–Stokes 与 DSMC 程序验证研究

在试图解决欧洲航天局研究中发现的实验或数值模拟问题时,为验证程序,Holden 和 Wadhams 进行了一系列新的测量工作[19],获得了锥—裙构型绕流激波与层流边界层干扰区的测量数据(图 6.17),该构型与欧洲航天局的构型相似,但裙比较大,流动在到达裙底之前可以实现完全再附,因而获得一个等压区域,这样获得的下游边界条件是明确的。

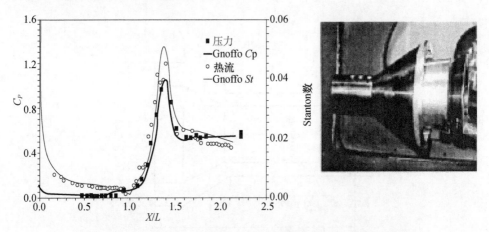

图 6.17　Navier–Stokes 预测的空心柱—裙体绕流的马赫数等值线及
热流系数与测量结果的比较

理论与实验结果最初的比较是"双盲"的,计算仍然由来自欧洲和美国的被公认的科学家执行,采用了 Navier – Stokes 方程和 DSMC 技术。总体上看,理论与实验结果符合得很好,但由于网格的保真度、与数值耗散有关的计算格式的差别,还是出现了一些问题。在第二轮工作中[20],做了一些补充测量,包括了更低的密度条件,对设备流场进行了更精细的校准,更准确地确定了实验的条件;同时主要改进了 DSMC 稀薄流数值模拟程序,改善了该程序在高密度极限附近的应用性能;对 Navier – Stokes 方程求解程序也进行了改进,改善了低密度流动的壁面兼容模型。这些研究获得的典型结果(图 6.18)表明,对于这种构型,用 Navier – Stokes 方法完全能够准确描述分离流的层流区域,DSMC 方法获得了类似的结论(图中没有给出 DSMC 的结果)。

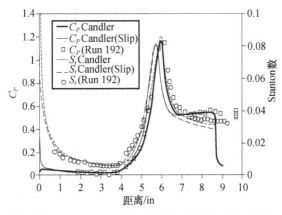

图 6.18 有壁面滑移的 Navier – Stokes 求解结果与测量的压力系数及 Stanton 数的比较

程序验证研究所选择的第二个构型是图 6.19 所示的双锥模型,与空心柱—裙模型类似,该几何体绕流产生的流场、壁面压力和热流,也是激波—边界层干扰合并激波—激波干扰流动现象主导的。对该构型进行了风洞测量研究,针对这种含激波—边界层干扰和激波—激波干扰现象的复杂流场,提供了精确确认的测量结果;与相对简单的空心柱—裙绕流相比,这种流场的计算更具挑战性。用氮气在高焓条件下进行了新的实验研究,使用氮气可以消除气流中可能出现的更

图 6.19 双锥模型

复杂的非平衡及化学反应现象,选择低雷诺数条件是为确保流动在任何时候都保持完全的层流状态,增加了低密度实验工况以保证能够对 DSMC 方法进行验证。

图 6.20 所示是该构型的典型结果。Candler 与 Gnoffo 用 Navier – Stokes 方法获得了较高密度条件的结果[21],两人的结果相符,且与实验结果符合得相当好;降

低密度条件时,虽然边界层滑移效应变得更明显,但对比结果表明,计及滑移效应,Navier-Stokes 方法仍然可以使用。图 6.20(a)所示是一个典型的比较,图中给出了预测和测量的双锥表面热流与压力分布,两者表现了很好的一致性。最近,Bird[22]和其他人对 DSMC 程序做了进一步改进,在很大的雷诺数范围内,也获得了与实验测量数据相符的计算结果,图 6.20(b)所示是典型结果的比较。从这些对比研究(包括其他对比研究),可以得到明确的结论,当有足够经验、采用了适当的处理时,只要流动是完全层流、无化学反应和真实气体效应的,Navier-Stokes 方法与 DSMC 方法都可以准确描述这些复杂流动的流场、压力分布与热流分布。很明显,在这些限制之内,即使是高超声速飞行器上的更复杂干扰区,都可以用上述两种计算方法进行预测。

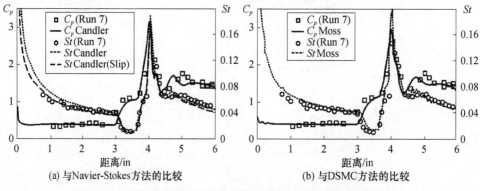

图 6.20 计算与测量的双锥体低密度绕流压力与热流分布的比较

6.3 湍流与转捩流中的激波—边界层干扰

6.3.1 简介

针对超声速和高超声速马赫数条件的湍流边界层,用数值方法预测激波—边界层干扰区的尺寸及干扰流动参数分布,还是很大的难题,迄今还没有什么成功的实例。遇到的主要问题是,分离干扰区湍流建模难有好的方法,因为建模需要准确复现其中的回流、湍流非平衡效应、可压缩效应、激波—湍流干扰效应。直觉上认为,为模拟出湍流分离区巨观尺度和主要的不稳定性现象,必须采用更复杂的、耗时的大涡模拟(LES)和直接数值模拟(DNS)技术,但到目前为止,在确定分离位置方面,这些方法都还没有取得成功,可能主要还是与"壁面层"模拟的困难有关。飞行器设计者有一个固有认识,认为在高超声速流中,湍流边界层难以分离;而分离一旦发生,相关的主要特征(即峰值热流和峰值压力)可以用包括来自实验的关联关系的简单方法评估。但还没有确定的方法来描述分离干扰区的长度,或描述分离区的壁面摩擦和热流的分布。Greene[23]、Stollery[24]、DClery-Marvin[25]以及

Knight-Degrez[26]对激波诱导的湍流分离及其特征的预测方法进行过总结,早期主要关心超声速流范围的绝热壁条件。由于很难获得高超声速激波—边界层干扰形成完全湍流所需的高雷诺数条件,所以极少有实验研究数据,也没有可以描述激波—边界层干扰湍流分离流动尺寸和详细结构的经过验证的物理模型。

6.3.2 二维构型的激波—湍流边界层干扰特性

关于高超声速流激波与湍流边界层干扰,很多早期的研究使用的是二维模型(层流干扰研究也使用了二维模型,参考6.2.2节),图6.21和图6.22的纹影照片给出了斜楔和激波诱导干扰区中附着流与分离流的主要特征。边界层接近分离时,干扰区明显发生在边界层底部,与层流流动不同的是,因为声速点位于非常靠近壁面的位置上,由该区域出发的激波几乎需要穿越整个边界层。用27°和30°斜楔拐角构型在马赫数8条件下获得的拐角干扰区纹影照片证实了这些特征(图

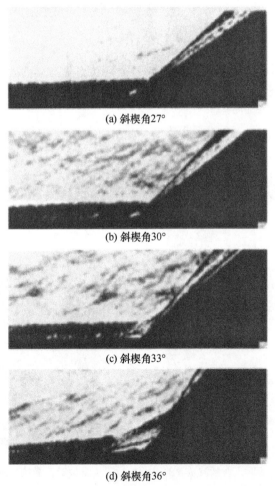

(a) 斜楔角27°

(b) 斜楔角30°

(c) 斜楔角33°

(d) 斜楔角36°

图6.21 平板—斜楔压缩表面在马赫数8时的湍流分离

6.21(a)、(b)),流动中产生的分离区被埋在边界层下面,不能产生源于对逆压梯度响应的边界层增长的可称为"相互影响"的流场;仅当斜楔转角达到33°时,干扰区向拐角上游传播(图6.21(c));当拐角达到36°时(图6.21(d)),形成完全发展的分离区,可清晰地看到剪切层和等压平台区。采用入射激波产生干扰流场时,观察到类似情况,在马赫8条件下,直到气流偏折角超过17°,才在入射激波上游发生分离(图6.22(d));在完全分离情况下,分离点位置(由壁面摩擦测量确定)存在沿流向的脉动,脉动范围约为边界层厚度的2/3(图6.23)。前面介绍过,在高超声速气流中,利用压缩拐角或者入射激波使湍流边界层发生分离相对比较困难,但在超声速气流中,压缩拐角不到14°就可使湍流边界层发生分离;而在高超声速气流中,当拐角角度达到30°时(或者激波发生器角度达到15°时)在压缩表面上仍保持着附着流状态。实际上,准确确定这种流动的初始分离非常困难,因为气流的不稳定特性,流向位置是脉动的(图6.23)。所以,基于时间平均的计算不大可能获得满意的结果。关于激波—边界层干扰不稳定特性的进一步的讨论,请参考第9章。

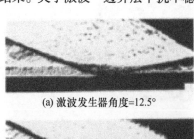

(a) 激波发生器角度=12.5°

(b) 激波发生器角度=15°

(c) 激波发生器角度=17.5°

(d) 激波发生器角度=20°

图6.22 马赫数为8时入射激波诱导的湍流分离

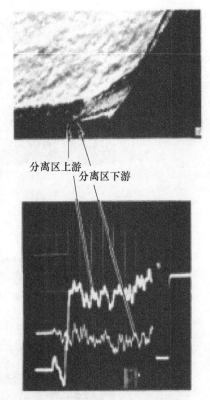

图6.23 激波风洞热流记录的流动分离与不稳定特性

高超声速流动的斜楔和激波诱导初始分离条件及典型特征,可以由自由流马赫数 M、总压升比 $(p_{\text{inc}} - p_0)/p_0$、紧邻干扰区的上游壁面摩擦系数 C_f 合理地关联起来,图 6.24 给出了这种干扰的初始分离条件与上述变量组合的关联结果,其中的数据覆盖了很大的流动条件范围。

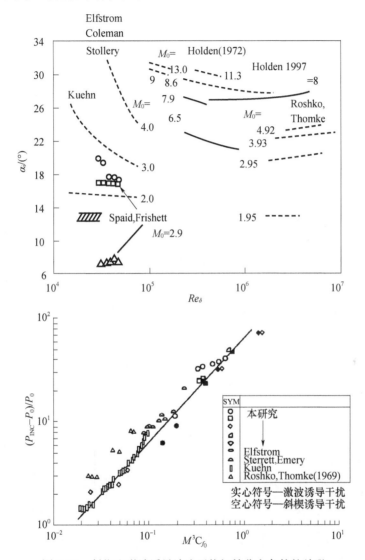

图 6.24 斜楔和激波诱导湍流干扰初始分离条件的关联

另外,对于完全分离的流动,平台压力很容易关联,如图 6.25 所示。最重要的是,有可能用过干扰区的压升,以简单的幂次律关系 $\dot{q}_{\max}/\dot{q}_0 = (p_{\max}/p_0)^{0.85}$,将再附区的最大加热水平与未扰上游条件相关联(图 6.26)。

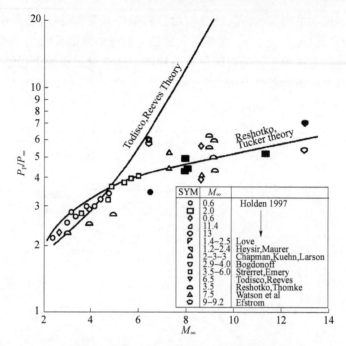

图 6.25 分离型湍流干扰的压力平台关联关系

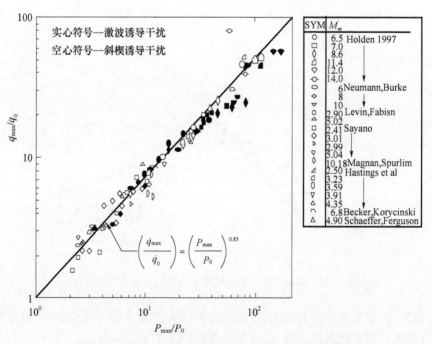

图 6.26 激波—边界层干扰区的峰值热流关联关系

6.3.3 高超声速激波—湍流边界层干扰的 Navier-Stokes 预测

十多年以前,对于预测激波诱导的湍流分离区尺寸,或预测该分离区壁面上的热流分布和摩擦力分布,Holden[27]的结论是还没有可靠的预测技术,现在还是这样。对于高超声速流,必须在所使用的湍流模型中计及可压缩性影响、低雷诺数效应以及激波—湍流边界层干扰效应。在比较低的雷诺数条件下,捕捉到实验观察到的大范围不稳定性是非常重要的任务。目前 LES 和 DNS 方法已经用于低雷诺数湍流模拟,但需要极大地提升计算资源的能力,才能执行实际高超声速应用背景(即雷诺数 $>10^7$)的这类计算任务。分离点和再附点的深埋激波以及附着流与自由剪切层之间的转捩,引起湍流特征的快速变化,也给高雷诺数湍流结构模拟带来极大的困难。

对于高超声速范围的激波诱导分离流,还没有获得好的求解结果。Horstman[28]在马赫数 11 条件下所做的激波诱导分离流计算结果,充分说明了数值模拟方法在描述干扰区热流分布、压力分布时(图 6.27)遇到的一些基本问题。计算用不同湍流模型给出了不同的分离区长度和分离过程压升结果,尽管多数能够预测再压缩过程结束时的峰值热流和峰值压力,但不能预测分离过程中和分离区内的热流分布。

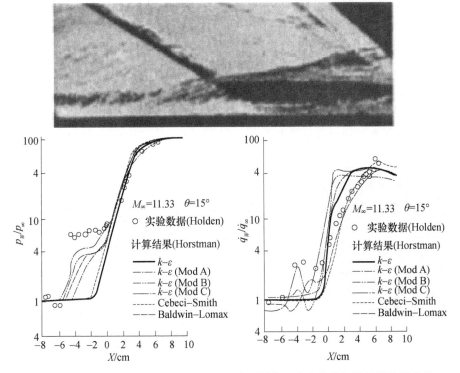

图 6.27 不同湍流模型 Navier-Stokes 方法预测的压力和热流与测量结果的比较

(马赫数 11,激波—边界层干扰区处于完全分离状态)

很难说是否仅仅因为对 Navier-Stokes 方程做了时间平均（而不是采用非稳态方法）而导致这些偏差，但宏观湍流模型的确不能反映干扰区这些物理特性的变化，这是一个很大的问题。很明显，需要将数值模拟和实验手段结合起来进行研究，提供详细的流场和壁面信息，才能在超声速和高超声速范围，构建出这些流动中湍流发展的准确物理模型。

6.3.4 轴对称构型高超声速激波—湍流边界层干扰的计算与实验比较

在完全发展的湍流边界层中获得的激波—边界层干扰实验结果极少，因为用实验获得足够的雷诺数是非常困难的。也没什么设备能够在容纳足够大模型的同时，还能够在足够高的密度条件下运行，并确保流动不发生转捩。Holden[29] 用一个很大的锥—柱—裙模型，在一个风洞实验中获得了所需的条件，这是轴对称体绕流研究计划的一个组成部分，目的是在高马赫数、高雷诺数条件下，对激波—湍流边界层干扰区进行测量，为计算程序的验证研究提供边界层转捩数据。图 6.28 所示是实验模型，实验条件是自由流马赫数 11。选择模型尺寸的原则是使转捩发生在干扰区的远上游（即超过边界层厚度 1000 倍的上游位置），这样做主要是为了消除一种担心，即转捩过程引发的不稳定性可能严重影响分离区的不稳定特性。湍流分离流中的这种诱导不稳定性的影响机制一直以来都是研究人员所关心的问题，特别是 Dolling[30] 详细研究了这种影响。在很多高超声速流的研究中，都观察到分离区的不稳定性，但都不可能排除上游转捩是这种不稳定性的触发因素，在分离的干扰区上游，总存在很大范围的边界层转捩过程。更近的研究是在雷诺数 10^8、马赫数 4.5 条件下进行的，观察到球头前方的分离区完全是稳定的，其证据是，通过球头前方剪切层的光束只有极小的畸变[31]。在大尺寸锥模型上，分离区

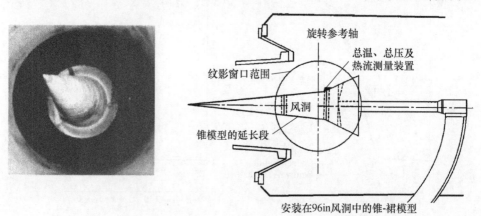

图 6.28　研究大雷诺数激波—湍流边界层干扰的大尺寸锥—裙模型
（马赫数 10.97~13.1，单位雷诺数 = 1.12×10^6 ~ 1.39×10^6，裙角 = 36°、42°）

的测量数据也没有提示存在大范围的不稳定性,尽管观察到穿透到边界层内的激波因与边界层湍流相互干扰而产生了畸变。这些观察似乎说明,在高超声速条件下,激波与湍流边界层干扰不存在固有的大范围不稳定性,而是怀疑上游扰动是导致大范围不稳定性的元凶。在高超声速条件下的转捩过程中,平衡态湍流边界层的建立需要很长的距离,如果干扰源不是位于远下游,残留的扰动就能够对激波—边界层干扰区产生影响,因而导致出现明显的不稳定性。

在进一步的联合研究中,采用了一个小钝锥接圆柱段,再接尾裙的模型,作为 HIFIRE 飞行器构型的第一步地面实验研究构型。在该模型上,激波边界层发生在与尾裙的连接处(图 6.29),实验中用高频压力传感器和铂金薄膜量热计确定锥面和锥—裙连接处转捩流动的特性,这些实验描述了预测湍流干扰时遇到的问题。

图 6.30 所示是该模型两个构型上获得的壁面压力和热流的测量结果与计算结果的比较。在给出的结果中,头锥的半锥角是 6°,

图 6.29 安装在 LENS I 风洞中的全尺寸 HIFIRE 模型

裙角分别是 36°和 42°。计算选用的可压缩模型,即使在干扰区上游的锥表面上,也可以显著影响热流的计算结果,在这些计算中采用了剪切应力输运(SST)湍流模型。该模型在壁面上求解湍流频率模型($k-\omega$),在流动团块中求解 $k-\varepsilon$ 模型,采用一个混合函数确保在两个模型之间的光滑过渡(参考 F. R. Menter, Zonal 的 $k-\omega$ 两方程湍流模型计算,AIAA 93 – 2906)。图 6.30(a)所示是裙角 36°构型绕流结果,流动还保持着附着状态,预测的压力和热流与测量结果符合很好。而在尾裙 42°的构型上,图 6.30(b)表明,虽然预测的干扰区下游压力和热流水平与测量结果符合得还令人满意,但计算的锥—裙连接处分离区的长度明显偏大。

预测的干扰区物理尺寸和热流水平与实验测量结果之间存在偏差是早期比较中存在的典型问题。图 6.31 所示是一个 37°尾裙构型绕流的纹影照片与 Gaitonde 等人[23,32]预测结果的比较,计算采用 AVUS(Air Vehicles Unstructured Solver)并行隐式非结构 Navier – Stokes 求解器。在这个实例中,RANS 预测给出了确定的分离区,其尺寸明显小于实验测量结果。实际上,正如纹影照片所显示的,剪切层再附恰好发生在裙的底部,即该模型没有提供一个明确的附着流区域。因此补充了锥—柱 – 33°尾裙构型的实验,目的是获得比较小的分离区,可以在尾裙表面上完成再附过程(图 6.32)。图 6.32 还给出了 Navier – Stokes 计算获得的结果,对于 SST 和含可压缩修正的 Spalart – Allmaras 湍流模型,采用了 DPLR(Data Parallel Line Relaxation)方法,这两个模型给出了不同的结果。很明显,若想在描述这些流动方面获得成功的湍流模型,必须专门针对这些流动的分离、回流和再附区,发展合理的湍流模型,还需付出艰苦的努力。

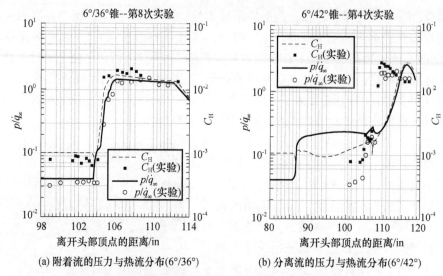

(a) 附着流的压力与热流分布(6°/36°)   (b) 分离流的压力与热流分布(6°/42°)

图6.30 预测与测量的锥—裙模型(图6.29)附着流与分离流结果

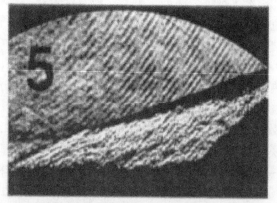

(a) 纹影照片(马赫数7.16,单位雷诺数0.98×10^6)

(b) 实验前Gaitonde的预测结果(AVUS,非结构N-S求解器)

图6.31 预测与测量的柱-37°裙模型绕流结构的比较

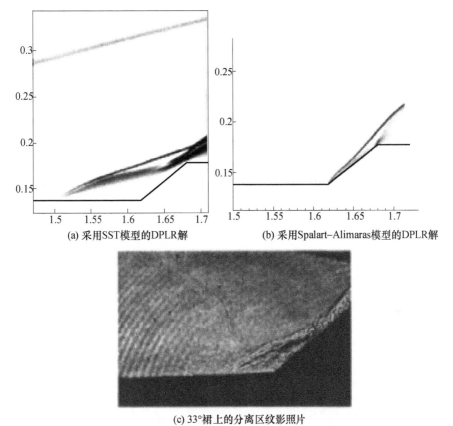

(a) 采用SST模型的DPLR解　　(b) 采用Spalart-Alimaras模型的DPLR解

(c) 33°裙上的分离区纹影照片

图6.32　预测与测量的HIFIRE尾裙上的分离流尺寸

6.3.5　超声速与高超声速后掠与扭转激波—湍流边界层干扰

三维激波—边界层干扰研究选择的主要构型是轴向角区流动或后掠激波干扰流动。在被频繁引用的这类流动实例中,用垂直于平板的支板产生一个后掠激波,激波与平板边界层基本是垂直的(图6.33)。普林斯顿大学 Bogdonoff 团队主要研究了马赫数3、绝热壁的情况,包括 Settles 等[33]、Dolling 和 Bogdonoff[34]、Dolling 和 Murphy[35]、Dolling[30]的工作。在其他条件下, Stalker[36]、Stanbrook[37]、McCabe[38]、Peake 和 Rainbird[39]、Cousteix 和 Houdeville[40]也获得了测量数据。虽然二维湍流干扰的初始分离相对容易确定,但二维研究提出的这个概念在三维流动中争议很大,McCabe[38]提议应根据流线汇聚定义分离,Stanbrook[37]和其他人采用压力分布变形点的依据判断分离。Korkegi[41]用简单关系(图6.34)关联出超声速流初始分离的条件,Korkegi 发现,在低马赫数流动中,初始分离的偏折角 $\Theta_{w,i}$ 随上游马赫数呈反比变化($\Theta_{w,i} = 0.3/M_0 (\mathrm{rad})$),而 p_i/p 在 $2<M<3.4$ 范围与马赫数无关。Goldberg[42]与 Holden[43]分别在马赫数6和11条件下进行了测量研究,获

得的结果与 Korkegi 关系不相符。本节开头谈到,在低马赫数($M = 2 \to 4$)绝热壁条件下,关于后掠激波干扰流动的平均特性,已经获得大量数据,奇怪的是,与更简单的平板或斜楔二维分离流动实验结果相比,这些三维测量数据总体上与 Knight - Degrez[26]、Horstman[29]、Shang[4,5]、Settles - Horstman[46] 的 Navier - Stokes 方程求解结果符合得更好,这些结果对湍流模型也不那么敏感,说明流动的总体特征主要受控于无黏效应。过干扰区的峰值压比和压升平台的测量数据,与基于 Reshotko - Tucke 二维理论[47] 的无黏流动模型计算结果符合更好(与 Scuderi 关联关系[48] 相比,图 6.34)。在二维分离干扰区的研究中发现,可以用简单的幂次律关系将峰值热流与总压升相关联,如图 6.35 和图 6.36 所示。图 6.36 表明,用无黏流动关系计算的过干扰区的最大压升,精度是很好的。

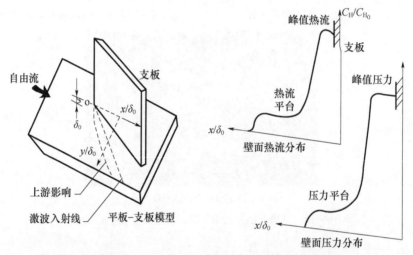

图 6.33　后掠激波—湍流边界层干扰典型的壁面压力与热流分布

研究三维激波—边界层干扰区流动分离的另一个方法是,先研究二维或轴对称干扰,将这些二维干扰后掠(或者,对于轴对称情况,给一个攻角),使干扰区内逐渐建立横向流动。Settles 等[33] 用实验研究了这类构型,在绝热的风洞壁面上安装后掠和非后掠平板,气流马赫数为 3。研究中花了很大精力确定使流动变为准二维时的雷诺数相似律以及从斜楔尖部算起的上游影响长度,但没有明确研究改变模型的横向总体尺寸对干扰范围的影响。Horstman - Hung[49] 的 Navier - Stokes 方程求解结果与过干扰区的壁面压力和皮托压力测量数据符合很好,但流动的关键特征却预测得不好。众所周知,压力数据相符不是最决定性的。Holden[43] 用实验研究了横向流对干扰区尺寸和特性的影响,使后掠斜激波入射到平板的湍流边界层上,在马赫数 11 和 $Re = 30 \times 10^6$ 条件下,诱导出干扰区。研究了两个强度的入射激波,一个是 $\Theta_{SG} = 12.5°$,用来产生接近初始分离的分离条件,另一个是完全分离流动条件($\Theta_{SG} = 15°$)。图 6.37 所示是后掠 30° 条件下测量的热流分布和压

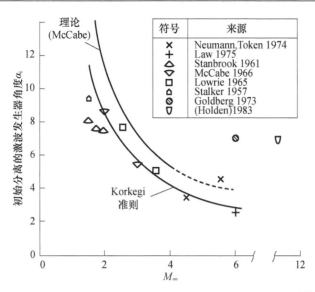

图 6.34 诱导初始分离的激波发生器角度随马赫数的变化[40]

力分布以及纹影照片,从图 6.37 的压力分布和热流分布的平台推断,在这种条件下,比较强的入射激波造成了一个约 5 cm(2 in)长的分离区,照片上看到的由分离点发出的激波也佐证了这一点。后掠角 0°和 30°的 12.5°和 15°激波发生器都造成了完全的分离,测量的热流和压力分布表明,所诱导的横向流对干扰区尺寸和特征影响甚微,图 6.38 说明了这种影响关系,如果存在明显影响,分离区长度应随横向流的增加而减小,曲线的趋势应与 Settles[33]等所观察的壁面上后掠支板的马赫 3 绕流结果完全相反。更有意思的是,在后掠和扭曲激波干扰中,再压缩区产生的最大热流可以用标准的幂次律关系关联(与二维流动相似),关联关系如图 6.39 所示。

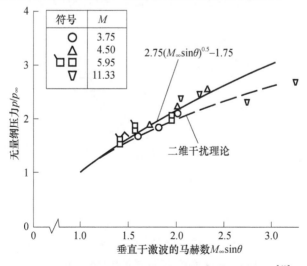

图 6.35 后掠激波干扰的平台压力随马赫数的变化[40]

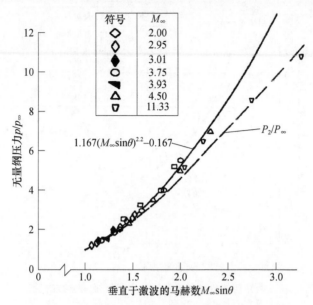

图 6.36 后掠激波干扰最大压力随马赫数的变化[40]

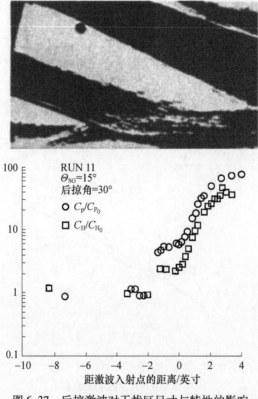

图 6.37 后掠激波对干扰区尺寸与特性的影响

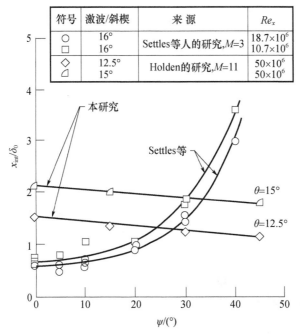

图 6.38 干扰区长度与激波扭曲的关系

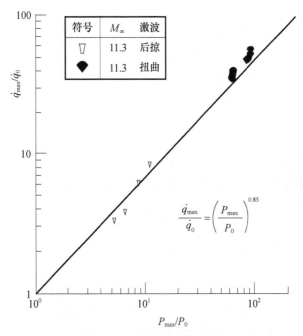

图 6.39 峰值热流与扭曲或后掠激波干扰区的关系

6.3.6 轴对称/凹陷形头部构型上激波与转捩边界层的干扰

在20世纪50年代后期和60年代早期,感兴趣的是使用层流分离流动获得再入飞行器头尖部比较有利的热流特性。Chapman[50]的理论研究和Crawford[51]、Bogdonoff[52]的实验研究提示,在锥状体或飞行器其他部位的凹槽上方产生层流分离流时,可以在高超声速条件下大幅度降低气动热载荷。在钝体前方采用钉状体构型也会使阻力大幅度减小。Crawford发现,在钉—半球头—柱体构型上,只要流动保持层流,构型总长度(含钉状体长度)上的总加热量低于半球头基本型的总加热量。Bogdonoff和Vas研究了钉状体—平底柱构型上的分离流,结果表明增加钉状体后,在完全层流状态下,柱体前表面上的总加热量减少50%。在Bogdonoff的实验研究中,尽管测量提供了总加热量的信息,但没有提供再附区详细的分布信息,而该信息对于理解分离流区域的最大热载荷是非常关键的。

后来,Holden[53]研究了钉状体、球头、平头和锥形头尖部系列构型上的流动,提供了剪切层再附区的详细热流信息。在转捩剪切层的再附区产生很大的热流,加钉状体构型总长度上的热载荷总量超过无钉状体圆柱上的总热载荷量。由于层流剪切层更容易转捩,以及加钉状体构型绕流对偏航角极度敏感而产生非线性效应,这种头部构型被认为不适用于高超声速飞行器。

虽然对钉状体构型分离流的兴趣消失了,但在弹道式导弹的再入过程中,观察到烧蚀头部(凹陷形)上的转捩流动中发展出埋入式激波干扰和分离区,使研究人员再次面对与这种流动有关的分离和再附现象,因为这些产生了凹陷的轴对称头部会导致不稳定的力矩和侧向力,引起了研究人员的特别重视。Nosetip再入飞行器(NRV)在再入转捩实验研究(RTE)的飞行实验后回收的烧蚀头部证明,飞行过程中形成了凹陷形头部形状。

图6.40(a)是这些回收的头部构型复制品照片,其中包括这种构型的热载荷和不稳定气动力研究实验模型[54]。图6.40(b)是一个大尺寸NRV头部模型,内部安装了很多热流和压力传感器,用来测量模拟飞行条件下的热流和压力载荷,图6.41是English[55]报告的激波干扰和内埋式分离流区域的纹影照片。这些研究获得的典型热载荷数据表明,再附区的热载荷超过驻点值约两倍多。针对一系列"理想"烧蚀头部构型还做了更多的测量[56],图6.42是这种构型上的流动结构纹影照片。

非常有意义的是,在凹陷形头部流动的研究中,获得了第一批Navier-Stokes方程求解的数值模拟结果,Widhopf和Victoria[57]获得了两个理想头部构型(图6.43,分别称为Widhopf 1和Widhopf 2构型)层流条件下Navier-Stokes方程的不稳定解,这些最早的数值计算工作还获得了Widhopf 2构型的不稳定流动结果,预测的流动不稳定性与早期观察到的钉状体构型绕流现象相似。这些计算工作还提示,Widhopf 1 上的流动也是不稳定的,热载荷在最大水平和最小水平之间变化,如图 6.43 所示。在图 6.43 中,还给出了 Holden[58] 实验研究中测量的热流数据,但这些实验数据无法提示流场的宏观不稳定性。壁面测量和流场测量表明,这种构型上产生了激波—边界层干扰区和激波—激波干扰区,在头部构型肩部附近的再压缩区导致很大的热流。

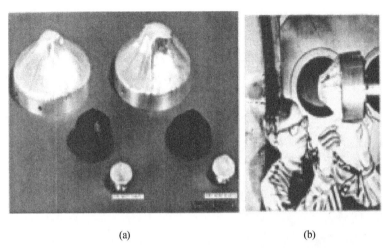

(a)   (b)

图 6.40 从飞行实验回收的 NRV 和 RTE 头部的复制品及安装在 96 英寸激波风洞中的 NRV 模型

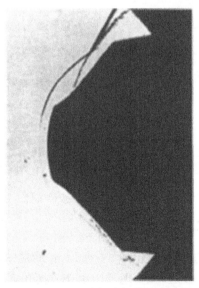

图 6.41 MRV 头部流场的纹影照片

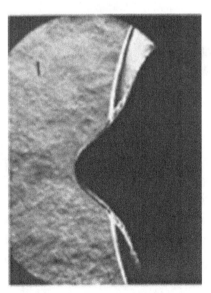

图 6.42 "理想"烧蚀头部构型上的激波干扰结构

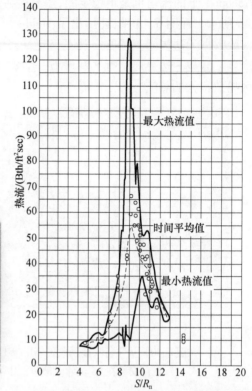

(a) 凹陷形头部模型　　　　(b) Widhopfl(1-10-10)构型热流的计算与实验结果比较

图 6.43　凹陷形头部激波干扰分离流动的第一次 Navier-Stokes 方程计算结果

6.4　激波—激波—边界层干扰区特征

6.4.1　简介

飞越高超声速范围时,激波—激波—边界层干扰区的热载荷与压力载荷是飞行器热防护系统所面临的最大载荷。这种位置上的典型热载荷可以超过未扰驻点热流 30 多倍,许多情况下流动是转捩、不稳定的,所以非常难预测。正如前面所提到的,激波—激波干扰加热是导致灾难性失败的原因,在 X-15 计划中[59],NASA 的超声速燃烧室冲压发动机吊架就被激波干扰产生的加热所烧毁(图 6.2(b))。Edney[60]根据入射激波与钝体头部弓形激波的一系列相对位置变化,将激波干扰流场划分为六类(参见 2.2.3 节)。Ⅳ类干扰(参见第 2 章图 2.9 和本章图 6.2)产生一个射流样流动,撞击到物面,形成一个当地驻点区,即使流动是层流的,也会造成严重的加热。而在Ⅲ类干扰中形成一个自由剪切层,剪切层中的转捩可以导致更大的热流,因为转捩发生在相对较低的雷诺数条件下,即发生在高高度上。对于大多数实际情况,Ⅲ类和Ⅳ类激波干扰都会形成转捩的剪切层,使这些区域内的热载荷变得很大,也极难正确预测。

6.4.2 层流、转捩和湍流中的激波—激波干扰加热

由于这些流动对剪切层转捩十分敏感,获得完全层流状态的激波—激波干扰区测量结果十分困难,必须在非常低的雷诺数条件下进行实验,基于前缘直径的实验雷诺数必须处于$10^3 \sim 10^4$范围,流动条件跨越稀薄流和连续流交界区。激波干扰加热的实验研究一般采用图6.44所示的机构,入射激波由一个斜板产生(斜板倾角可调),图6.45是这类研究模型在风洞内的照片。

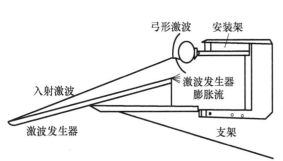

图6.44 激波发生器模型示意图

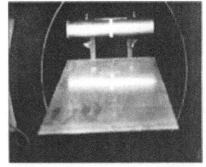

图6.45 48英寸激波风洞中的模型照片

采用不同直径的圆柱,Holden[61]等做了一系列实验,获得的实验条件是雷诺数(基于圆柱直径)范围为$500 \sim 8 \times 10^5$。图6.46所示是完全层流条件的实验结果,与驻点热流的比值(热流放大因子)在10的量级;对于剪切层雷诺数高于5000的流动,转捩发生在该剪切层内部,这时热流放大因子为15或更高;进一步增加雷诺数,剪切层内的转捩点移动到靠近激波干扰点处,导致Ⅳ类干扰的热流放大因子超过20。

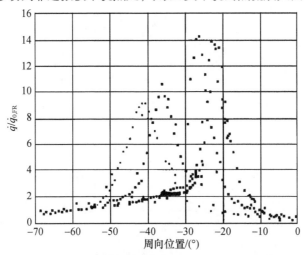

图6.46 完全层流条件的激波—激波干扰区热流分布

在转捩和完全湍流条件下,获得的激波撞击点热流峰值是类似的[62],图6.47反映的是这种条件下最高热流随雷诺数的变化。对于前一种情况,与完全湍流干扰的情况一样,剪切层结构使热流峰值发生在Ⅲ类干扰(而不是Ⅳ类干扰)条件下。对于这种转捩、湍流流动的干扰加热,直接用 Navier-Stokes 求解程序预测特别困难,最可行的方法可能是用 Navier-Stokes 方法获得峰值压力(与获取热流数据相比,压力数据相对容易满足精度要求),然后用图6.48所示的关联关系计算热流峰值。

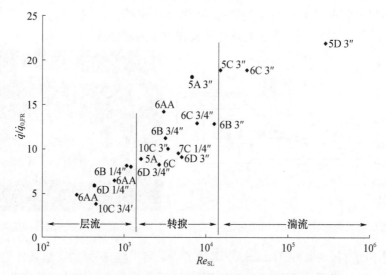

图6.47 Ⅲ类和Ⅳ类干扰热流峰值随剪切层雷诺数的变化

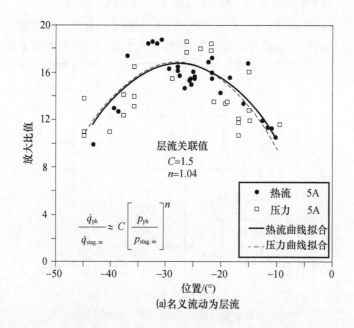

(a)名义流动为层流

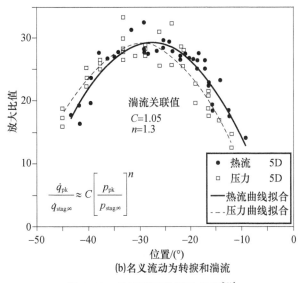

(b) 名义流动为转捩和湍流

图 6.48　热流测量数据的关联[61]

6.4.3　层流测量数据与 Navier – Stokes 及 DSMC 预测的比较

在欧洲航天局及后来北约技术研究组织(NATO – RTO)支持的程序验证工作中,针对这种激波—激波干扰流动,将 ONERA[17]和 CUBRC 获得的测量数据与计算结果进行了比较,图 6.49 是 ONERA 用短激波发生器和柱体模型获得的压力分布典型计算结果,由于激波发生器既产生入射激波也生成膨胀波扇,与上一节的流

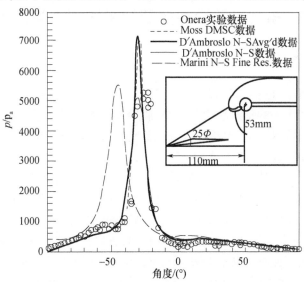

图 6.49　激波干扰区压力分布 ONERA 数据与计算结果的比较

动相比,本例的流动更复杂。与实验数据相比,预测的峰值压力和热流水平严重偏高,但压力分布总体上相符。

图 6.50 是 CUBRC 风洞测量的完全层流干扰区数据与 Navier–Stokes、DSMC 预测结果的比较,计算由有经验的计算专家完成。计算预测的峰值热流和压力水平严重偏高,但总体分布特征相符。应该如何利用 Navier–Stokes、DSMC 方法才能获得这类流动的层流热流准确数据,还需评估。

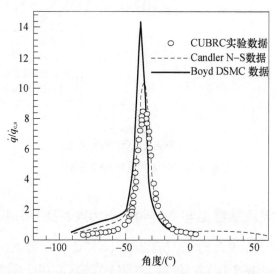

图 6.50　圆柱上激波—边界层干扰区的热流测量数据与计算结果的比较

6.5　膜冷却与发汗冷却壁面的激波—边界层干扰

6.5.1　简介

从飞行器背面进行冷却的方法,即将热量从壁面下方吸出来的方法,往往不能解决激波干扰区很大的动态热载荷问题,膜冷却与发汗冷却是为高超声速飞行器提供的两种备选技术,其优点是可以减小壁面摩擦。虽然采用这种方法时,冷却系统的机械设计相当复杂,该方法的价值必须进行评估,但更重要的考虑是,在不稳定激波干扰造成的严酷热环境下,所采用的冷却方法必须有效。膜冷却技术采用小分子量、高比热比的气体,能够成功降低导弹导引头光学玻璃上的气动热载荷,因为在一定自由流条件范围内适应性很强,膜冷却技术特别受青睐。但最近的研究表明,膜冷却技术采用的气体层很容易分离,也容易被入射激波驱散。发汗冷却技术在减小高超声速再入飞行器头部热流和壁面摩擦方面也被证明是高度成功的,该技术还可有效用于冲压发动机燃料喷射器下游的燃烧流动区域。

6.5.2 膜冷却壁面的激波干扰

图 6.51 给出了激波与冷却膜干扰[63]的黏性—无黏流场的主要特征。这种流动的技术关键是冷却剂层应能够承受激波引起的干扰,在干扰区保持完整。图 6.51(a)所示是附着流情况,冷却剂层保持完整;图 6.51(b)所示是分离流模式,在分离区和再附区,冷却剂层很快被驱散,所以在入射激波下游,热流水平没有因采用膜冷却而下降。

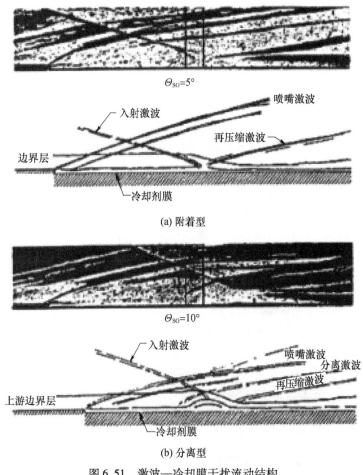

图 6.51 激波—冷却膜干扰流动结构

图 6.52 和图 6.53 所示分别是激波发生器角度为 5.5°和 8°时,测量的激波与冷却剂层干扰区热流特征。在激波发生器角度为 5.5°的情况下,用合适的吹气工况,当吹气率 λ 翻倍时,形成的小分离区被吹掉。如图 6.52 所示,冷却剂膜保持完整,热流峰值降低;而在图 6.53 中,更强的激波使流动分离,冷却剂膜被驱散,壁面热流很快回到无冷却剂膜的情况。这些研究表明,在强激波干扰区,冷却膜技术

比较脆弱,效果远不如发汗冷却(下一节将讨论)。冷却膜技术研发的一个重要任务是,预测激波作用下的冷却剂膜能否保持完整,目前还不能做到可靠预测。

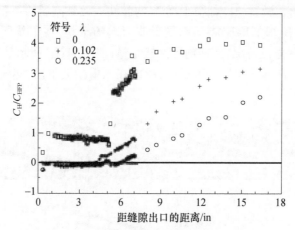

图 6.52　入射激波—壁面射流干扰区的热流分布
($\Theta_{SG}=5.5°$,缝隙高度 $=3\text{mm}(0.120\text{ in})$)

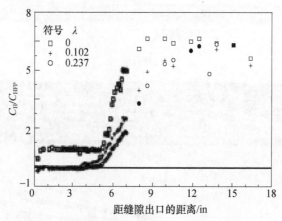

图 6.53　入射激波—壁面射流干扰区的热流分布
($\Theta_{SG}=8°$,缝隙高度 $=3\text{mm}(0.120\text{ in})$)

6.5.3　发汗冷却壁面的激波干扰

在冲压发动机的超声速燃烧室内,激波与湍流边界层干扰区的壁面承受着非常大的气动热载荷,所以在考虑超声速燃烧室冲压发动机壁面的热防护措施时,发汗冷却系统受到特别的重视。同时,该技术可以大大降低壁面摩擦,进而大大降低发动机的阻力。采用图 6.54 所示的发汗冷却实验模型,用实验研究了这种情况的激波干扰问题[64],该实验在一定的吹气率范围和入射激波强度范围内,测量了氮和氦作为冷却剂的冷却效果。图 6.55 所示是获得的激波与冷却剂层干扰区的典型热流分布与压力分布,激波发生器角度为5.3°,冷却剂为氦,结果表明,要使激波撞击点下游的壁面热流降低到小于激波上游光滑平板热流水平,需要喷射的氦冷却剂质量流率为2%。

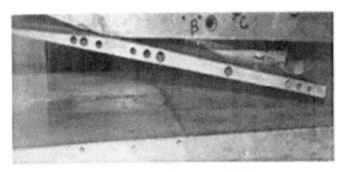

图6.54 安装在发汗冷却平板上的激波发生器

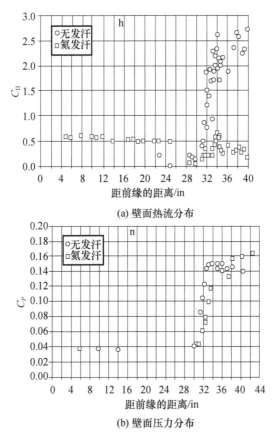

(a) 壁面热流分布

(b) 壁面压力分布

图6.55 有/无氦发汗冷却的激波干扰区测量结果
(激波发生器5.3°,马赫数6)

根据这些实验的测量数据,建立了简单的关联关系,将热流系数降低量与吹气参数 $\dot{m}/(\rho_s U_s C_{H,s})(C_{p,inj}/C_{p,fs})^{0.7}(M_{fs}/M_{inj})^{0.5}$ 关联起来(图 6.56),吹气参数依据激波下游的当地无黏条件计算(正如下标所标注的)。利用这些关联关系,通过简单的计算,就可以确定当地无黏流动条件,据此,能够较好地确定控制激波撞击点下游热流峰值所需的质量添加量。这些关系比(CFD)湍流计算更可靠。

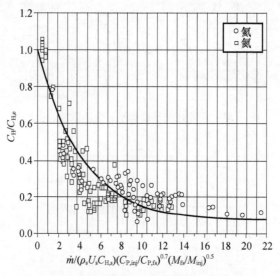

图 6.56 热流降低率与吹气参数之间的关联关系
(激波发生器 5°、7°、10°,冷却剂为氮气和氦气)

6.5.4 发汗冷却前缘的激波—激波干扰

尽管发汗冷却研究表明,对平板激波边界层区域的热防护非常有效,但 Holden[65] 的研究证明,采用类似的技术来防护前缘壁面不受激波—激波干扰加热的破坏,还没有获得成功。对球头顶端采用发汗冷却技术进行了实验,图 6.57 所示是实验模型(可以清楚地看到发汗孔),实验目的是在Ⅲ类和Ⅳ类激波—激波干扰加热条件下,评估发汗冷却技术的有效性。测量了不吹气光滑模型上的热流分布(图 6.58)和高吹气率($\lambda = 0.2$)发汗冷却条件下的热流分布(图 6.59),两者的比较清楚地表明,发汗冷却对激波干扰区的热流峰值或热流分布影响极小或没有影响(图 6.60)。在不同激波位置条件下进行的测量证明,采用发汗冷却后,既没有改变峰值热流区的热流值,也没有改变热流曲线的形状。

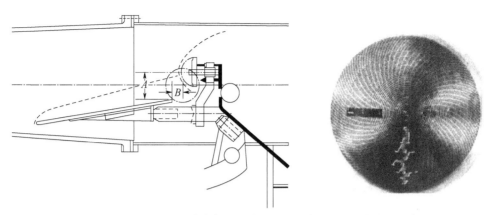

图 6.57 CUBRC 48 英寸高超声速激波风洞中的实验机构示意图

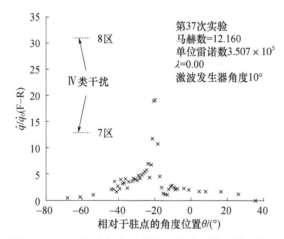

图 6.58 无发汗冷却半球激波—激波干扰区热流分布

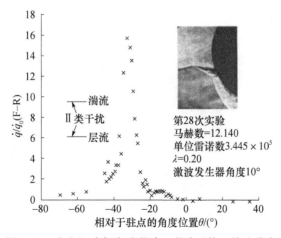

图 6.59 有发汗冷却半球激波—激波干扰区热流分布

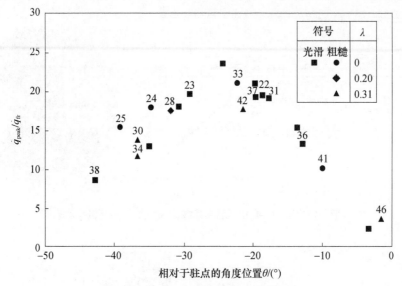

图 6.60 热流随干扰区角度位置的变化

（马赫数 12，单位雷诺数 1.07×10^6）

6.6 真实气体效应对黏性干扰现象的影响

6.6.1 简介

在高超声速飞行的大部分阶段，温度超过了氧气和氮气的离解条件（图6.61），激波和飞行器壁面边界层内的空气处于热非平衡和化学非平衡状态。在高高度条

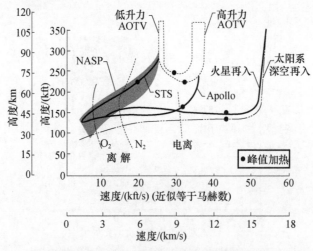

图 6.61 再入系统的速度—高度轨道

件下,流动还会电离。这些真实气体和化学反应现象的出现,严重影响了流动结构,包括尾迹的结构。确定这些现象如何影响飞行器的稳定性,或者掌握存在壁面催化时热载荷会多大,都是空天飞行器设计者面临的难题。在烧蚀的粗糙热防护层条件下,上述困难变得更大。如图 6.62 所示,化学反应对控制面性能的影响(激波—边界层干扰对控制面性能起着重要作用)是很大的问题,当速度超过 4.25km/s 时,无法对控制面性能预测模型进行直接验证,更无法预测对转捩、飞行器稳定性、黑障现象的影响。

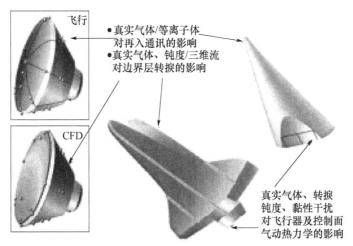

图 6.62 真实气体、转捩、湍流边界层对再入飞行器性能的影响

在 STS-1 飞行中出现了控制面异常(图 6.63、图 6.64)问题,人们认为其主要原因是真实气体效应。关于这个问题,只在 NASA 用 CF_4 做了马赫 5 的风洞实验(在该设备中,实验介质是 CF_4,在该气体中过激波的密度比高于空气,所以高超声

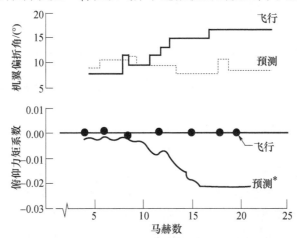

图 6.63 预测与 STS-1 飞行测量的机翼偏折量及俯仰力矩的比较

速飞行马赫数约为模拟实验的两倍),用欧洲的高焓设备对 Hallis 构型做了初步研究,除此以外,还没有权威性的实验测量数据证实飞行设计所依据的计算结果。到目前为止,有关襟翼控制问题,仍未确定真实气体效应与化学反应对激波—边界层干扰现象影响的准确尺度律(图 6.65)。

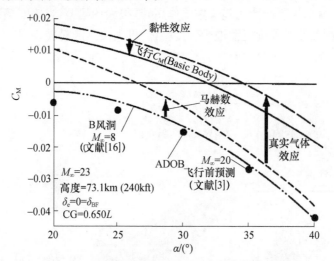

图 6.64 解释俯仰配平异常的真实气体效应假定

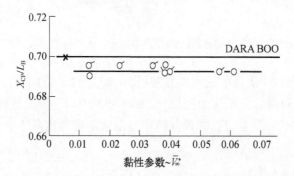

图 6.65 黏性干扰效应对航天飞机稳定性影响的激波风洞测量结果

6.3 节表明,当无真实气体效应影响时,对于层流分离流及其激波干扰流动,可获得 Navier – Stokes 方程组的可靠解,采用 Candler 和 Gnoffo 的方法[21],可以准确预测氮气绕柱—裙的流动、绕压缩斜面的流动、激波—激波干扰复杂区域流动以及绕双锥的内埋激波—边界层干扰分离流动。但图 6.66 表明,如果使用空气(而不是氮气)作为实验气体,结果就不同了,当速度为 4.25 km/s(14 kft/s)及以上时,激波层与分离区内的流体处于化学非平衡状态,测量的分离区明显大于 Navier – Stokes 方程组求解预测的结果,实验获得的再附区热流和压力也与 Candler 的计算结果[29]存在明显差别(图 6.66)。Gnoffo[67]用 Langley 的气动热迎风松弛算法(Langley Aerothermodynamic Upwind Relaxation Algorithm – LAURA)软件,针对双锥体构型,在速度达到 4.25 km/s 时,也独立地获得了类似的结果。

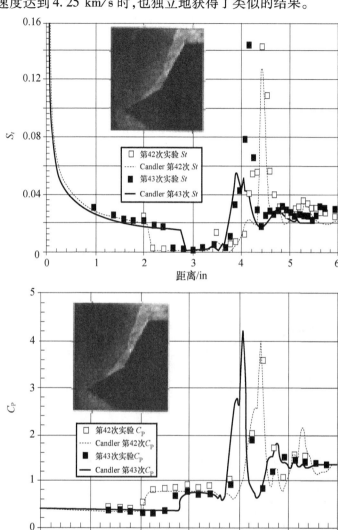

图 6.66　实验与预测的双锥构型氮气及空气绕流结果的比较
(速度 4.25km/s)

涉及不可忽略真实气体效应的激波—边界层干扰时,Navier–Stokes 方程组求解方法不再能预测流动结构。但在真实气体效应也很重要的某些情况下,获得的经验完全不同,例如,在美国和欧洲,研究过真实气体效应对类"Apollo"构型绕流的影响,特别是降低稳定性方面的影响,得到的结论是计算与测量结果相符很好。在更多的系列实验中,采用 LENS I 设备的纯空气条件,针对 Apollo 返回舱的攻角状态(真实气体效应使稳定性下降的状态),研究了真实气体效应的影响,在总焓分别为 2MJ/kg、5MJ/kg、10MJ/kg、13MJ/kg 条件下,测量了模型迎风面的热流和压力,图 6.67 是其中较低焓值的一套测量结果与 DPLR 软件预测结果的比较,可以看到,数值预测的压力和热流结果都与测量结果符合得非常好。在图 6.67(b)中还比较了不同焓值条件下理论预测的返回舱迎风面、背风面前缘的压力差(迎背风面压差与焓值的关系图最先由 ESA 发明,用于评估类 Apollo 构型返回舱的飞行数据),图中数据用皮托压进行了无量纲处理,可以看到预测的真实气体影响与测量数据相符很好,与完全气体模型的预测结果明显不同。用空气、氮气、二氧化碳气体,在中等顺压梯度条件下,对返回舱绕流真实气体效应做了进一步研究[68]。研究结果表明,只要激波—边界层干扰流场不存在特别大的梯度,或者不是快速的膨胀流动(如收扩喷管流动),目前日常使用的含化学反应流模型的软件,至少对于中等密度的流动,可以准确预测到总焓 13 MJ/kg 条件。

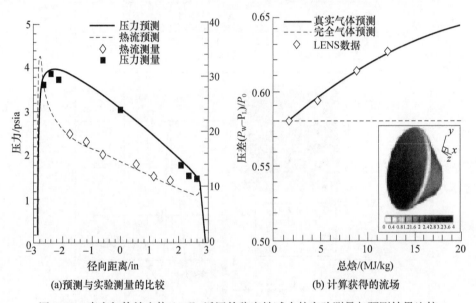

(a) 预测与实验测量的比较　　　　(b) 计算获得的流场

图 6.67　真实气体效应使 Apollo 返回舱稳定性减小的实验测量与预测结果比较

6.6.2　真实气体效应对美国航天飞机控制面气动热特性的影响

关于化学反应以及其他真实气体效应对激波—边界层干扰影响问题,几乎没什么实验数据,只有美国航天飞机襟翼的数据。由于这种飞行器第一次飞行前的预测几乎完全基于低焓值气流的地面实验数据,而第一次再入地球大气过程中的气动性能测量结果严重偏离了飞行前的预测。关于两者差别的准确原因,争议很大。在再入过程的关键阶段,襟翼处于满偏的临界状态,才勉强保持了飞行器的稳定性,所需的角度远远大于飞行前预测的需用偏转角,这个偏差称为"航天飞机襟翼异常"。在飞行前预测所依据的地面实验数据中,没有包括激波风洞高马赫数、低雷诺数条件的测量结果,而这种条件的测量结果恰恰会告诉我们,黏性干扰效应将大大降低襟翼上的力,也会使相邻表面上的压力减小。在飞行实验后不久,"襟翼异常"被简单地归结为真实气体效应使航天飞机迎风面后部膨胀表面上压力降低[69],而后来更详细的CFD研究(Navier-Stokes求解)支持[70]了这一解释。不幸的是,当该稳定性问题出现时,高温、低密度条件(即航天飞机再入发生"襟翼异常"问题时所遇到的飞行条件)的非平衡流化学反应模型尚未得到验证。关于计算模型的稳健性仍然存疑很多严重的问题,"航天飞机襟翼异常"的准确原因也尚未得到确定。

为进一步说明这个问题,在CUBRC的LENS I风洞中做了航天飞机的1.8%模型实验(图6.68),在美国和欧洲还用类似的模型研究了航天飞机的气动热特性,特别研究了控制面性能。

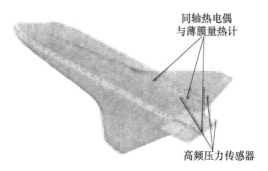

(a)航天飞机模型照片　　　　　　(b)测量位置

图6.68　在LENS I做高焓真实气体效应对控制面性能与边界层转捩影响研究的航天飞机模型

图6.69是这些实验获得的航天飞机襟翼前方及翼面上的测量数据,实验气体包括空气和氮气,实验的单位雷诺数为4000和6000。测量结果表明,在襟翼末端,数据与层流再附情况一致;在总焓10 MJ/kg的空气实验中,在襟翼前的激波层内,氧发生了严重的离解;而在相同焓值的氮气实验中,激波层内的非平衡效应非常微弱。比较图中的两套实验测量结果可以看出,真实气体效应使干扰区尺寸减小、襟翼上附着流区的长度增大,因而产生了更大的压力。分离干扰区的尺寸也受到雷诺数的影响,如图6.69所示,随着雷诺数的增加,干扰区尺寸增大,明显说明分离干扰区内边界层保持着层流状态。

还研究了真实气体的化学反应对襟翼邻近壁面的影响,实验中固定雷诺数,使总焓在3～10MJ/kg变化,即改变机翼上激波层内氧的离解度。图6.70是这个系列实验的无量纲化测量结果,参考压力为机翼曲面段上游的压力,该图数据表明空气的非平衡化学反应使襟翼后部曲面段上(膨胀过程中)的压力降低。虽然压力差数值相对很小,但作用在机翼尾缘很大一块面积上,所以俯仰力矩明显减小。通俗的看法是,非平衡效应的影响结果使襟翼效率更高,但这些测量研究工作表明了与之相反的结果。所以,正如猜测的那样,导致航天飞机稳定性降低的主要原因是,与低焓气流中的测量结果相比,机翼后部曲面部分压力降低,导致俯仰力矩下降。

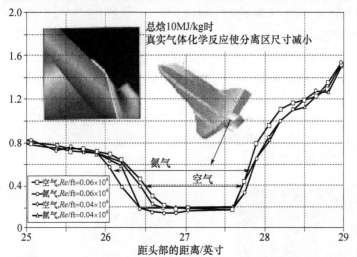

图 6.69 表明真实气体效应对襟翼效率影响的压力测量结果

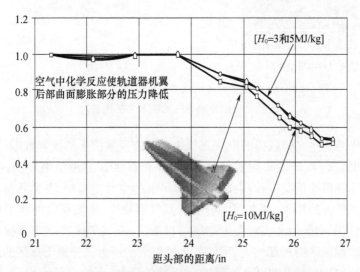

图 6.70 真实气体效应使航天飞机机翼压力降低的测量结果

自美国航天飞机稳定性问题研究之后,关于解释这些现象的数值预测方法,再没做什么实验验证。但最近就欧洲的 Hallis 航天飞机构型做了测量,数值预测结果总体上与之符合得很好(图 6.71),不像图 6.66 那样存在很大差异,这个结果给了人们信心,但很明显,还需要进一步的研究工作,来发展和验证程序中反映这种现象的化学反应计算模型。

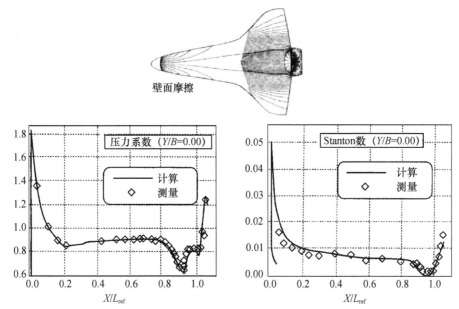

图 6.71 Hallis 航天飞机构型压力与热流测量数据
与 Navier – Stokes 方程预测结果的比较

6.7 结论

在过去 50 年中,计算机能力方面的重要进步与 Navier – Stokes、DSMC 可靠求解器的发展,大大减小了利用边界层理论来模拟黏性—无黏干扰现象的必要性,而是更强调发明能够准确预测复杂干扰流动特性的数值技术,主要工作是发展和验证所使用的物理现象模型,如壁面和流场中的化学反应(参考第 7 章)、壁面层与剪切层转捩、剪切层内的湍流发展、激波和强压力梯度下受壁面约束的流动、有化学反应与燃烧的受壁面约束流动。本章说明,在无真实气体效应和化学反应影响条件下,目前的计算方法能够可靠预测激波与完全层流边界层的干扰。而实际飞行器在再入飞行时,虽然轨道位于高高空,气流在飞行器上应该保持层流,但会发生化学反应并明显影响到流动结构,所以,还没有预测这种实际流动的可靠方法,还需要进一步发展和验证飞行速度 3.5 km/s 以上的复杂干扰流动的计算方法。对于这种实际条件,还不能只依靠计算预测、不经详细实验验证,就决定高焓气流中这种干扰现象的关键细节。

在高超声速气流中,边界层与剪切层转捩是一个重要问题,特别是在激波—激波干扰区或激波—边界层干扰区,其中的剪切层处于连续流的低密度极限附近,会发生转捩。在这些马赫数条件下,预测激波—边界层干扰的转捩区特征是极其重要的,但模拟技术还处于初级阶段。同样,预测高超声速气流中激波—湍流边界层干扰的分离区,是很棘手的复杂问题,涉及影响边界层转捩的热力学非平衡与化学非平衡效应、低雷诺数与可压缩性效应、激波—湍流干扰,分离流内还可能存在宏观不稳定性或全场不稳定性。这些流动都非常复杂,需要进行认真、广泛的实验研究,提供壁面和流场的平均特性与脉动特性的测量数据库,与 RANS、LES 及 DNS(如果可能的话)各种计算方法的研究相结合,促进这些复杂流动预测能力的进步。

针对干扰区内含燃烧和湍流的情况(如冲压发动机超声速燃烧室流动),获取基础测量数据、研究和发展流场模型,也有非常重要的实际应用意义。针对激波干扰区高气动热载荷问题建立预测能力,需要准确模拟流场化学反应、边界层转捩、存在空气化学反应或燃烧反应的湍流—激波干扰流动,是另一个需要优先考虑的技术领域。需要再次强调的是,这些工作必须使多种研究方法高度结合,包括数值计算、精心设计的实验、数据分析。最后,不能忘记,对于诸如烧蚀壁面、膜冷却与发汗冷却等主动冷却系统壁面的干扰流动,我们的计算能力差距很大,对于既有壁面粗糙度又有吹气措施的激波—边界层干扰区的预测以及主动冷却壁面的激波干扰影响预测还都非常困难。要解决这些难题,需要发展适合于这些流场的转捩和湍流模型。

参 考 文 献

[1] Holden M S. Study of Flow Separation in Regions of Shock Wave – Boundary Layer Interaction in Hypersonic Flow. AIAA Paper 78 – 1169,1978.

[2] Lighthill M J. On Boundary Layers and Upstream Influence. PartⅡ:Supersonic Flows without Separation. Proceedings of the Royal Society,London. SeriesA,217,1953,(1131):217,478.

[3] Oswatitsch K,Weighardt K. Theoretical Analysis of Stationary Flows and Boundary Layers at High Speed. German Wartime Report,Translated as NACA TM 1189,1941.

[4] Gadd G E. A Theoretical Investigation of Laminar Separation in Supersonic Flow. Journal Aeronautical Sciences,1957,24(10):759 – 771.

[5] Click H S. Modified Crocco – Lees Mixing Theory for Supersonic Separated and Reattaching Flows. Journal Aeronautical Sciences,1962,29(10):1238 – 1244.

[6] Honda M. A Theoretical Investigation of the Interaction Between Shock Waves and Boundary Layers. Journal Aeronautical and Space Science,25,1958,(11):667 – 678;see also Tokyo University,Japan. Report Institute High Speed Mechanics,1957,(8):109 – 130.

[7] Lees L,Reeves B L. Supersonic Separated and Reattaching Laminar Flows:I. General Theory and Application to Adiabatic Boundary Layer – Shock Wave Interactions. A IAA Journal,1964,(2):1907 – 1920.

[8] Chapman D R,Kuehn D M,Larson H G. The Investigation of Separated Flows in Supersonic and Subsonic Streams with Emphasis on the Effects of Transition. NACA Report 1356,1958.

[9] Nielsen J N,Goodwin F K,Kuhn G D. Review of the Method of Integral Relations Applied to Viscous Interaction Problems Including Separation. NEAR Paper No. 7,presented at Symposium on Viscous Interaction Phenomena in Supersonic and Hypersonic Flow(May 7 – 8,1969).

[10] Lewis J E, Kubota T, Lees L. Experimental Investigationof Supersonic Laminar, Two – Dimensional Boundary Layer Separation in Compression Corner with and without Cooling. AIAA Paper 67 – 191,1968.

[11] Holden M S. Theoretical and Experimental Studies of Separated Flows Induced by Shock Wave – Boundary Layer Interaction. AGARD Conference Proceedings No. 4, Part I, Separated Flows,1966:147 – 180.

[12] Holden M S. Theoretical and Experimental Studies of the Shock Wave – Boundary Layer Interaction on Curved Compression Surfaces. ARL Symposium onViscous Interaction Phenomena in Supersonic and Hypersonic Flow, WPAFB,OH,USA(May 7 – 8,1969).

[13] Holden M S. Shock Wave – Turbulent Boundary Layer Interaction in Hypersonic Flow. AIAA Paper 72 – 74,1972.

[14] MacCormack R W,Baldwin B S. A Numerical Method for Solving the Navier – Stokes Equations with Application to Shock – Boundary Layer Interactions. AIAA Paper75 – 1,1975.

[15] Hung C M,MacCormack R W. Numerical Solutions of Supersonic and Hypersonic Laminar Flows over a Two – Dimensional Compression Corner. AIAA Paper 75 – 2,1975.

[16] Rudy D H,Thomas J L,Kumar A, et al. A Validation Study of Four Navier – Stokes Codes for High – Speed Flows. AIAA Paper 89 – 1838,1989.

[17] Pot T,Chanetz B,Lefebvre M, et al. Fundamental Study of Shock – Shock Interference in Low – Density Flow: Flowfield Measurements by DLCARS. InRarefied Gas Dynamics CCpaduCs – Editions,Toulouse,Part 11 – 545, 1998.

[18] Menne S, Hartmann G, eds. Proceedings of the Aerothermodynamics Workshop Reentry Aerotherrmodynamics and Ground – to – Flight Extrapolation: Contributions to Hyperboloid Flare Test Cases, and Hallis in F4 Conditions Computation of Case l. D. ESTEC, Noordwijk, the Netherlands, European Space Agency,1996.

[19] Holden M S,Wadhams T P. Code Validation Study of Laminar Shock – Boundary Layer and Shock – Shock Interactions in Hypersonic Flow,Part A:Experimental Measurements, AIAA Paper 2001 – 1031,2001.

[20] Wadhams T P,Holden M S. Summary of Experimental Studies for Code Validation in the LENS Facility and Comparisons with Recent Navier – Stokes and DSMC Solutions for Two – and Three – Dimensional Separated Regions in Hypervelocity Flows. AIAA Paper 2004 – 0917,2004.

[21] Holden M S,Wadhams T P,Harvey J K, et al. Comparisons Between DSMC and Navier – Stokes Solutions on Measurements in Regions of Laminar Shock Waveboundary Layer Interactions in Hypersonic Flows. AIAA Paper 2002 – 0435,2003.

[22] Bird G A. Molecular Gas Dynamics and the Direct Simulation of Gas Flows,Clarendon Press, Oxford,1994.

[23] Greene J E. Interactions Between Shock Waves and Turbulent Boundary Layers. Progress in Aerospace Science, 1970,(11):235 – 340.

[24] Stollery J L. Laminar and Turbulent Boundary Layer Separation at Supersonic and Hypersonic Speeds. AGARD CP – 169,1975.

[25] DClery J, Marvin J. Shock Wave Boundary Layer Interactions. AGARDograph 280,1986.

[26] Knight D D,Degrez G. Shock Wave Boundary Layer Interactions in High Mach Number Flows:A Critical Survey of Current Numerical Prediction Capabilities. AGARD Advisory Report315,2,1998.

[27] Holden M S. Studies of the Mean and Unsteady Structure of Turbulent Boundary Layer Separation in Hypersonic Flow. AIAA Paper 91 – 1778,1991.

[28] Horstman C C. Prediction of Hypersonic Shock Wave – Turbulent Boundary Layer Interaction Flows. AIAA Paper 87 – 1367,1987.

[29] Holden M S. Studies of the Mean and Unsteady Structure of Turbulent Boundary Layer Separation in Hypersonic Flow, AlAA 91 – 1778,1991.

[30] Dolling D S. Effects of Mach Number in Sharp Fin – Induced Shock Wave Turbulent Boundary Layer Interaction. AIAA Paper 844095,1984.

[31] Holden M S, Wadhams T P. A Database of Aerothermal Measurements in Hypersonic Flows in "Building – Block" Experiments for CFD Validation. AIAA Paper 2003 – 1137,2003.

[32] Gaitonde D V, Canupp P W, Holden M S. Evaluation of an Upwind – Biased Method in a Laminar Hypersonic Viscous – Inviscid Interaction. AIAA Paper 2001 – 2859,2001.

[33] Settles G S, Fitzpatrick T J, Bogdonoff S M. A Detailed Study of Attached and Separated Compression Corner Flowfields in High Reynolds Number Supersonic Flow. AIAA Paper 78 – 1167,1978.

[34] Dolling D S, Bogdonoff S M. An Experimental Investigationof the Unsteady Behavior of Blunt Fin – Induced Shock Wave Turbulent Boundary Layer Interactions. AIAA Paper 81 – 12S7,1981.

[35] Dolling D S, Murphy M. Wall – Pressure Fluctuations in a Supersonic Separated Compression Ramp Flowfield. AIAA Paper 82 – 0986,1982.

[36] Stalker R J. The Pressure Rise at Shock – Induced Turbulent Boundary Layer Separation in Three – dimensional Supersonic Flow. Journal Aeronautical Science,1958,(24):547.

[37] Stanbrook A. An Experimental Study of the Glancing Interaction Between a Shock Wave and a Turbulent Boundary Layer. ARC CP 555,1961.

[38] McCabe A. The Three – Dimensional Interaction of a Shock Wave with a Turbulent Boundary Layer. Aeronautical Quarterly,1966,17(3):231 – 252.

[39] Peake D J, Rainbird W J. The Three – Dimensional Separation of a Turbulent Boundary Layer by a Skewed Shock Wave and Its Control by the Use of Tangential Air Injection. AGARD CP – 168,1975.

[40] Cousteix J A, Houdeville R. Thickening and Separation of a Turbulent Boundary – Layer Interacting with an Oblique Shock. Recherche Aerospatiale,1976,(1):1 – 11.

[41] Korkegi R H. A Simple Correlation for Incipient Turbulent Boundary – layer Separation Due to a Skewed Shock Wave. AIAA Journal,1973,(11):1578 – 1579.

[42] Goldberg T J. Three – Dimensional Separation for Interaction of Shock Waves with Turbulent Boundary Layers. AIAA Journal,1973,(11):1573 – 1575.

[43] Holden M S. Experimental Studies of Quasi – Two – Dimensional and Three – Dimensional Viscous Interaction Regions Induced by Skewed – shock and Swept – Shock Boundary Layer Interaction. AIAA Paper 84 – 1677,1984.

[44] Shang J S, Hankey W L, Petty J S. Three – Dimensional Supersonic Interacting Turbulent Flow along a Corner. AIAA Paper 78 – 1210,1978.

[45] Shang J S, Hankey W L Jr, Law C H. Numerical Simulation of a Shock Waveturbulent Boundary Layer Interaction. AIAA Journal,1976,14(10):1451 – 1457.

[46] Settles G S, Horstman C C. Flowfield Scaling of a Swept Compression Corner Interaction: A Comparison of Experiment and Computation. AIAA Paper 84 – 0096,1984.

[47] Reshotko E, Tucker M. Effects of Discontinuity on Turbulent Boundary Layer Thickness Parameters with Applications to Shock – induced Separation. NACA TN 3435,1955.

[48] Scuderi L F. Expressions for Predicting 3D Shock Wave – Turbulent Boundary Layer Interaction Pressures and Heating Rates. AIAA Paper 78 – 162,1978.

[49] Horstman C C, Hung C M. Computations of Three – Dimensional Turbulent Separated Flows at Supersonic Speeds. AZAA Paper 79 – 2,1979.

[50] Chapman D R. A Theoretical Analysis of Heat Transfer in Regions of Separated Flow. NACA TN 3792,1956.

[51] Crawford D H. Investigation of the Flow over a Spiked – Nose Hemisphere – cylinder at a Mach Number of

6.8. NASA TN D - I18,1959.

[52] Bogdonoff S M, Vas I E. Preliminary Investigations of Spiked Bodies at Hypersonic Speeds. Journal Aeronautics and Space Sciences,1959,26(2):65 - 74.

[53] Holden M S. Experimental Studies of Separated Flows at Hypersonic Speeds. Part I:Separated Flows over Axisymmetric Spiked Bodies. AIAA Journal,1966,(4):591 - 599.

[54] Holden M S. Accurate Vehicle Experimental Dynamics Program:Studies of Aerothermodynamic Phenomena Influencing the Performance of Hypersonic Reentry Vehicles. Calspan Rept. AB - 6072 - A - 2, SAMSO TR - 7947,1979.

[55] English E A. Nose - tip Recovery Vehicle Postflight Development Report. Sandia Laboratories Report SAND7543059, 1976.

[56] Holden M S. A Review of Aerothermal Problems Associated with Hypersonic Flight. AIAA Paper 086 - 0267,1986.

[57] Widhopf G F, Victoria K J. Numerical Solutions of the Unsteady Navier - Stokes Equations for the Oscillatory Flow over a Concave Body. Proceedings of the 4th International Conference on Numerical Methods, Boulder, CO, June 1974.

[58] Holden M S. Studies of the Heat Transfer and Flow Characteristics of Rough and Smooth Indented Nose Shapes. Part I:Steady flows. AIAA Paper 086 - 0384,1986.

[59] Holden M S. Shock - shock Boundary Layer Interaction. From AGARD - R - 764, Special Course on the Three - Dimensional Supersonic - hypersonic Flows Including Separation,1989.

[60] Edney B. Anomalous Heat - transfer and Pressure Distributions on Blunt Bodies at Hypersonic Speeds in the Presence of an Impinging Shock. FFA Report 115, Aeronautical Research Institute of Sweden,1968.

[61] Holden M S, Sweet S, Kolly J, et al. A Review of the Aerothermal Characteristics of Laminar, Transitional, and Turbulent Shock - shock Interaction Regions in Hypersonic Flows. AIAA Paper 98 - 0899,1998.

[62] Holden M S, Kolly J M, Smolinski G J, et al. Studies of Shock - Shock Interaction in Regions of Laminar, Transitional and Turbulent Hypersonic Flows. Final Report for NASA Grant NAG - 1 - 1339,1998.

[63] Holden M S, Nowak R J, Olsen G C, et al. Experimental Studies of Shock Wave - Wall Jet Interaction in Hypersonic Flow. AZAA Paper 90 - 0607,1990.

[64] Holden M S, Sweet S J. Studies of Transpiration Cooling with Shock Interaction in Hypersonic Flow. AIAA Paper 94 - 2475,1994.

[65] Holden M S, Rodriguez K M, Nowak R J. Studies of Shock - Shock Interaction on Smooth and Transpiration - Cooled Hemispherical Nose Tips in Hypersonic Flow. AIAA Paper 914765,1991.

[66] Nompelis I, Candler G, Holden M, et al. Investigation of Hypersonic Double - cone Flow Experiments at High Enthalpy in the LENS Facility. AIAA Paper2007 - 203,2007.

[67] Gnoffo P. Private communication,2006.

[68] Holden M S, Wadhams T P, MacLean M, et al. Experimental Studies in LENS I and LENS X to Evaluate Real - gas Effects on Hypervelocity Vehicle Performance. AIAA Paper 2007 - 204,2007.

[69] Maus J R, Griffith B J, Szema K Y, et al. Hypersonic Mach Number and Real - gas Effects on Space Shuttle Orbiter Aerodynamics. AIAA Paper 83 - 0343,1983.

[70] Gnoffo P. CFD Validation Studies for Hypersonic Flow Prediction. AIAA Paper 2001 - 1025,2001.

[71] Marini M, Schettino A. MSTP Workshop 1996 - Reentry Aerodynamics and Ground - to - Flight Extrapolation Contributions to Hyperboloid Flare Test Cases I. c and III. b, CIRA, Capua, Italy(1996) Proceedings of the Aerothermodynamic Workshop held at Estec, Noordwijk, Netherlands,1996.

第7章 高超声速激波—边界层干扰数值模拟

Graham V. Candler

7.1 引言

高超声速流动即高马赫数流动,因而以强激波为主要特征,每个高超声速飞行器都在其前方形成一道弓形激波,该激波将气流限制在飞行器周围。在飞行器的迎风侧,弓形激波往往与飞行器表面的方向接近一致,激波与飞行器表面之间的距离也往往很小(相对于飞行器的特征尺寸),所以该激波层区域往往非常薄。为使对流换热的量级处于可管理范围,高超声速飞行器一般在很高的高度飞行,因而特征雷诺数往往很小、边界层往往很厚;此外,高超声速条件下边界层内的剪切加热使温度和黏度增大,也迫使边界层厚度增加。低雷诺数和高超声速条件下边界层的相对稳定性意味着许多实际的高超声速流动是层流或转捩流动;如果流动是湍流,也只是刚刚勉强形成的湍流。因而,高超声速流动特别容易受到激波—边界层干扰的影响。

高超声速飞行器设计,无论是星际再入飞船、高升力体再入飞行器(如航天飞机),还是高超声速冲压发动机推进的飞机,都面临气动加热的严重问题。星际再入飞船之类的钝头体因被厚厚的边界层包裹,从而避免了巨大热流的出现,因为厚边界层将飞行器与高温的驻点区流动隔离开,任何破坏这种隔离层的因素(如入射激波),对飞行器来说都可能是灾难性的。翼前缘或其他飞行器部件区域的激波干扰,对于飞行器也是破坏性的,特别是在高马赫数时,产生的气动加热特别严重。激波—边界层干扰可以引起流动分离,改变高超声速飞行器控制面的效率;在高超声速冲压发动机隔离段内,到处都是激波与湍流边界层的干扰,这些干扰使隔离段内压力增加,在发动机运行特性波动时可阻止发动机进入不启动状态。所以,激波—边界层干扰既可能破坏高超声速飞行器,也能为其高效运行服务。

在发展未来高超声速飞行器的工作中,需要依靠高保真度的模拟工具进行飞行器的设计和优化。目前的计算流体力学(CFD)方法可以预测许多实际的高超声速流动,但即使是目前最好的CFD方法,准确模拟激波—边界层干扰仍是一个严峻的挑战。本章讨论高超声速激波—边界层干扰流动的物理特征,着重分析这些物理特征如何影响流动的数值模拟。将讨论3个一般性的激波—边界层干扰类型,即压缩拐角干扰、前缘激波干扰、高焓流条件下的双锥几何体上的干扰。

文献中很多实例都表明高超声速激波—边界层干扰流动的准确模拟非常困难,即使流动是完全层流的,因具有相当大的长度尺度,往往是不稳定的,流动也是三维的。在高雷诺数条件下,剪切层开始转捩,从转捩到湍流之间经历再附。激波—湍流边界层干扰就更加难以预测,因为干扰是不稳定的,雷诺平均的 Navier-Stokes(RANS)湍流模型在描述这种流动时已经无能为力。前缘激波干扰,在强干扰条件下,不稳定性往往是其固有特性。所有这些问题,都使数值模拟结果对网格质量、设计细节、与激波方向的一致性以及其他强梯度现象极其敏感,也对数值方法本身非常敏感。实际上这些流动是对 CFD 方法的严苛考核。

因为很多原因,高超声速激波—边界层干扰流动的实验也很困难。为捕捉到很强的峰值,必须要求很高的测点密度;很多流动是不稳定的,必须非常小心地使自由流脉动达到最小,因为自由流脉动可以触发不稳定性,引起剪切层的提前转捩;流动对任何不理想的风洞内流行为都很敏感,所以,必须更加小心地校测风洞状态;激波发生器往往也会带来脉动,特别是在高马赫数条件下,激波角度会很斜,会使扰动放大。

7.2 高超声速激波—边界层干扰的物理特征

本节讨论几类高超声速激波—边界层干扰流动的主要特征,主要强调高超声速流动与低马赫数激波干扰现象的差异,特别关注激波干扰对热流的影响问题,因为气动加热往往是高超声速飞行器设计中的关键设计条件。在本节中,利用相对简单的二维干扰流动来描述这些问题,因为二维流动比较简单,有可能实现高分辨率的数值模拟,其结果可用来描述高超声速激波—边界层干扰的关键特征。虽然这些模拟并不能捕捉到流动中的所有关键物理现象(特别是当流动处于转捩和湍流状态时),但对于理解这种复杂流动的许多重要特征是有用的。我们会很小心地注意所提供模拟结果的局限性。

7.2.1 高马赫数条件下的激波—层流边界层干扰

最简单的激波—边界层干扰,是斜激波入射到一个层流边界层上的情况,这是一个经典问题,研究得非常广泛,本书其他章节有更详细介绍。在高超声速条件下,注意到这些流动具有以下关键特征:

(1) 在大多数条件下,入射到边界层上的激波斜度很大,这是因为在高超声速条件下激波层很薄,产生的都是斜激波。

(2) 波后压力随马赫数的平方变化,导致入射区产生很强的压力梯度。

(3) 强大的逆压梯度往往引发很大的分离区,分离区被一个很长的剪切层所包覆;在壁面边界层远未变成湍流之前,这个剪切层很可能已经转捩为湍流;一旦剪切层变成湍流,流动往往是不稳定的,激波入射点的加热量就可能达到转捩到湍流的水平。

(4) 大的分离区导致产生强分离激波,因而进一步强化了入射激波,逆压梯度的增加引发分离区和干扰强度之间的反馈。

(5) 激波入射导致很强的壁面法向压力梯度,该压力梯度导致边界层强烈压缩,因而产生极大的当地热流。

(6) 分离区尺寸受壁面温度条件的影响,也受气流中化学反应的影响。一般来说,比较低的壁面温度、化学反应的增加往往使分离区尺寸减小。

图 7.1 是计算模拟的一个结果,激波由一个 10°斜楔产生,入射到一个平板的层流边界层上,边界层外缘马赫数是 6、单位雷诺数是 $10^6/\mathrm{m}$,激波入射到距离平板前缘 1.5m 处,此处 $Re_x = 1.5 \times 10^6$,图中用等温线、合成纹影图(等密度梯度线)显示干扰流场。这是一个经典的激波—边界层干扰流场,入射激波从壁面反射,激波入射引起边界层分离,产生一道分离激波,分离激波穿透入射激波、与反射激波合并。对于这种层流边界层,分离区向上游延伸很远,在实际情况下,分离区边缘很长的剪切层会经转捩而转化为湍流,这个转化会使分离区长度减小。但 CFD 模拟无法给出这个过程,因为计算时假设流动是完全层流。CFD 还算出了分离区内的大尺度涡结构,这些涡结构产生的波系在两个图中都清晰可见。这些涡是瞬时现象,因而干扰区内会产生不稳定性。这种类型的激波—湍流边界层干扰也是高度不稳定的,也受到分离区上游同类不稳定性因素的驱动。

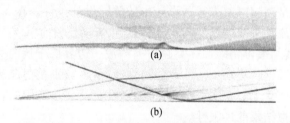

图 7.1　边界层与 10°斜楔激波发生器的 M6 干扰流场
(a)为温度;(b)为等密度梯度线表达的合成纹影。

图 7.2 给出的是计算获得的壁面压力和热流。我们注意到,在激波下游存在一个压力的急剧增加。在理想无黏情况下,干扰后的压比是 10.43,而这里因干扰导致的边界层以及复杂激波系统使流动的转向更大、压力增加更多。激波入射区边界层的压缩导致干扰点热流大大增加,在干扰的下游又因边界层膨胀而逐渐减小。

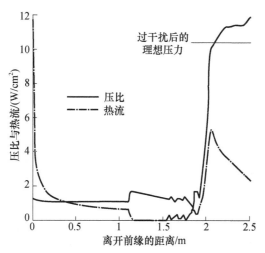

图 7.2　图 7.1 激波—层流边界层干扰的壁面压力和热流
（理想的激波入射点位于距离前缘 1.5m 处）

7.2.2　高超声速压缩拐角流动

类似的激波干扰还发生在压缩拐角、控制面以及机体表面角度发生改变的地方。在图 7.3～图 7.6 中给出了一个 15°斜楔的高马赫数流动的马赫数与合成纹影图。入流边界层为层流，拐角处雷诺数是 10^6，假设冷壁条件，采用完全气体空气模型。压缩拐角引起边界层分离，产生一道分离激波，分离激波穿透压缩拐角主激波。激波—边界层干扰的主要影响是使边界层受压缩、热流急剧增加。当自由流马赫数增加，分离略有减小，波角减小。在马赫数 12 条件下（图 7.6），分离激波很强，诱发了一道明显的二次激波—边界层干扰，进一步使压力增加，改变了边界层与压力梯度的匹配关系。

像图 7.1 马赫数 6 的简单边界层干扰那样，因为假设流动是层流的，预测的分离区非常大。高超声速压缩拐角的转捩或湍流流动也会有同样的基本干扰结构。

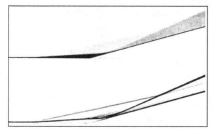

图 7.3　15°压缩拐角的 M6 流场
（单位雷诺数 10^6）
马赫数（上）与合成纹影（下）

图 7.4　15°压缩拐角的 M8 流场
（单位雷诺数 10^6）
马赫数（上）与合成纹影（下）

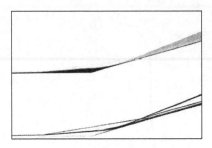

图7.5 15°压缩拐角的 M10 流场
（单位雷诺数 10^6）
马赫数（上）与合成纹影（下）

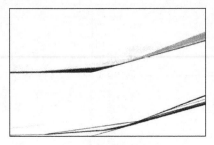

图7.6 15°压缩拐角的 M12 流场
（单位雷诺数 10^6）
马赫数（上）与合成纹影（下）

图7.7～图7.9 是10°、15°、20°压缩拐角在马赫数6～12情况下的壁面压力和热流系数，从这些图中得到一些重要结果。在10°压缩拐角条件下，无量纲的压升在马赫数6时最大，随马赫数的增加而减小；而15°和20°压缩拐角，在马赫数12时压升最大，这是分离区激波与主激波相互影响的结果，两者耦合作用产生更高的压升。此后，透射激波在壁面和主激波之间反射，造成如图7.8和图7.9所示的压力变化。

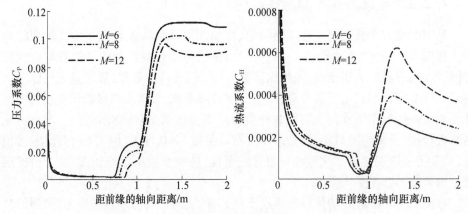

图7.7 10°压缩拐角上的压力系数和热流系数
（层流，单位雷诺数 10^6）

在上述所有情况下，斜楔上的增压明显大于无黏理论的预测结果。对于10°、15°和20°斜面，根据牛顿空气动力理论计算的压力系数分别是 0.060、0.134、0.234。模拟计算获得的更高压力是边界层使流动向外排挤的结果，如平板干扰情况一样，干扰产生了更复杂的激波系统。在拐角远下游处，压力水平回到比较低的理论值，压力系数近似与拐角角度平方成正比，与无黏理论预测结果一致。

给定压缩拐角的转角，分离区随马赫数增加而减小；在给定马赫数时，分离区随拐角的增加而增大。这是在预料之中的，因为压升的绝对量随马赫数和压缩拐角的增加是增大的，导致更强的逆压梯度和更强的分离。

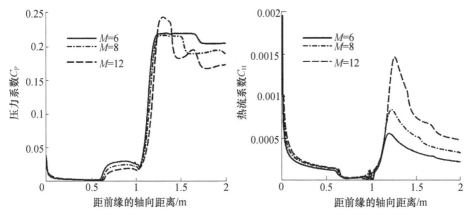

图 7.8　15°压缩拐角上的压力系数和热流系数
（层流,单位雷诺数 10^6）

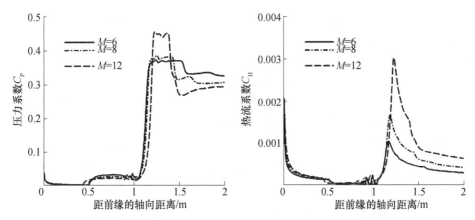

图 7.9　20°压缩拐角上的压力系数和热流系数
（层流,单位雷诺数 10^6）

热流系数随马赫数、拐角角度呈现一个简单的变化关系。在所有情况下,热流系数随着干扰强度的增大而增大,最大热流量出现在最强的边界层压缩区域,即拐角激波根部所在的位置。峰值与马赫数和拐角角度有很强的关联性,特别要强调的是,热流系数已经与 M^3 成比例关系。

7.2.3　高超声速激波—激波干扰

Edney[1,2]对激波—激波干扰现象的分类对于高超声速范围也是适用的。对于高超声速飞行器,当激波入射到前缘位置产生激波—激波干扰时,最具破坏性的干扰类型是Ⅳ类和Ⅴ类干扰,可能发生这些干扰的位置包括非设计条件下运行的发动机唇口前缘、升力体高超声速飞行器翼前缘。由于激波—激波干扰可能引起热流的大幅度增加,飞行器设计人员应小心预防或尽量减小这些干扰。在高超声

速范围,这些激波—激波干扰的主要特征包括:

(1) 强干扰类型(Ⅳ类和Ⅴ类干扰)导致钝头体上热流的大幅度增加,干扰现象破坏了壁面上的隔离层,这个隔离层通常可避免壁面产生高热流。

(2) 激波—激波干扰与激波—前缘干扰的特征是长度尺度非常小,在实验设备上很难测量,即使采用尺寸很小的薄膜热流传感器,其尺寸分辨率也不足以捕捉到峰值热流。

(3) Ⅳ类干扰在实验中呈现不稳定性,峰值热流的位置是变化的,可能是流动固有的不稳定性导致的,也可能是自由流扰动被斜激波发生器放大所致。

(4) 在高焓条件下,有限速率的化学反应可以影响干扰的强度,研究表明[3-5],激波干扰导致的离解改变了激波的强度,进而激波干扰强度减小、峰值热流降低。

看一个典型的圆柱前缘激波干扰情况。Holden 等[6,7,8] 的第 43 次实验结果就是很好的实例,他们在马赫数 13.94 的气流中研究了一个 10°斜楔产生的激波入射到一个半径 3.81cm(1.5in)圆柱表面的情况,自由流的雷诺数足够小(Re = 42600/m),确保流动在干扰中保持完全的层流状态。图 7.10 是系列模拟计算结果,计算时使入射激波的位置变化,而产生不同的干扰类型。在半个圆柱上使用了 1200 个网格单元,在圆柱法向方向使用了 800 个网格单元,对于捕捉流场具有足够的分辨率。D'Ambrosio[9] 利用更粗的网格获得了类似的结果。

图 7.10 中,入射激波对弓形激波产生很大的扰动,导致从三激波点发出一道很斜的激波,依据入射激波位置的差异,形成的气体射流可以从圆柱上部绕流过

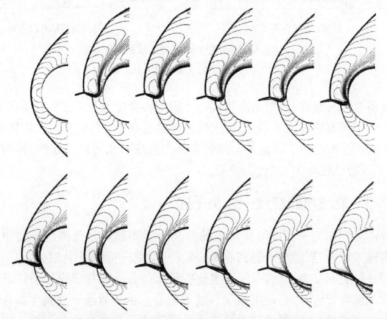

图 7.10　圆柱上的高超声速激波干扰等马赫数线(每图的激波入射位置均不同)

去、或者打到圆柱壁面上、或者从圆柱下部绕流过去。最具破坏性的条件发生在射流直接打到壁面上时,这时产生的一道正激波将热边界层压缩在壁面上,在图7.11中这个现象显示得更清楚,图中给出了两种干扰流场附近的几个变量图(第一个条件对应图 7.10 第二排左起第二张图,第二个条件对应图 7.10 第二排的第五张图)。第一个例子是Ⅳ类干扰,其中射流刚好在三波点下方形成,经过一系列斜激波,在壁面附近以一道正激波结束,在合成纹影图中该激波显示得更清楚,结果是射流中气体的熵没有增加到只经一道正激波后的水平,驻点压力损失小于只经一道正激波的水平,波后压力大大高于只经一道正激波的水平。这是激波入射后压力大大增加的原因。更重要的是,射流中正激波后很高的压力对圆柱壁面热边界层产生剧烈压缩(图 7.11 的温度等值线证实了这一点,热边界层被严重压缩,在图中所给的量值条件下都已经显示不出来了)。理所当然地,在干扰位置也产生一个热流的大幅度增加。第二个例子条件略有不同,其中射流以一定的斜度打在圆柱壁面上,令人不解的是,这时的峰值热流比壁面正射流时还要高。

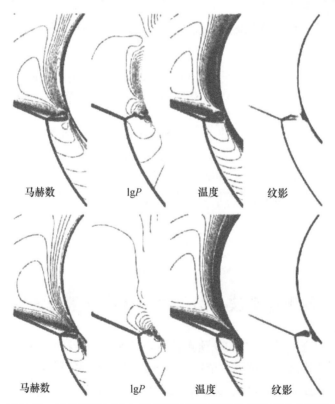

马赫数　　　lg$P$　　　温度　　　纹影

马赫数　　　lg$P$　　　温度　　　纹影

图 7.11　圆柱Ⅳ类(上)与Ⅴ类激波干扰(下)流场的流动变量图

图 7.12 给出的是上述实例的壁面压力和热流变化情况,用未扰时的驻点压力和热流进行了无量纲处理。随着入射点的降低(即向横坐标的负值方向移动),激

波干扰逐渐增强。首先形成的是强干扰(图 7.11 上图),然后最大压力和热流随之变化,直到发生最强干扰(图 7.11 下图),这种最坏情况产生的压力峰值约为未扰驻点压力的 16 倍,热流峰值为未扰驻点热流的 22 倍。这些峰值区很窄,其宽度与撞击射流中终结激波的长度尺度相当,峰值区的扩散很可能与柱面上热边界层的有限厚度有关,因此推测在更高雷诺数条件下压力和热流的峰区应该更窄。很明显,这些类型的干扰必须通过设计进行控制,才能避免热防护的失效。

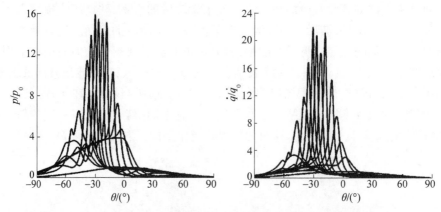

图 7.12　对应图 7.10 激波干扰流动的壁面压力和热流
(每条曲线代表不同的激波入射位置,以未受扰动滞止压力和热流进行无量纲处理)

这里没有给出与实验数据的比较,有兴趣的读者可以参考文献 [9] D′Ambrosio 的研究。一般来说,比较的结果不会特别好,计算模拟预测的压力峰值和热流峰值会高出 30%。D′Ambrosio 详细研究了压力和热流传感器的有限尺寸、壁面温度变化对比较结果的影响,考虑到这些非理想因素的影响,符合度可能会好一点,也说明了进行激波干扰实验的难度。此外,D′Ambrosio 的研究没有涉及流场不稳定性给实验带来的更多复杂性问题,这个问题更困难,因为流场变化的幅值和频率都是未知的。

7.3　高超声速激波—边界层干扰流动数值方法

即使是最先进的数值方法,在预测高超声速激波—边界层干扰、激波—激波干扰时也面临严峻挑战。在前面章节中已经介绍过产生困难的主要原因,这种流动的基本特征是长度和时间尺度范围宽,激波干扰产生的三波点求解困难,分离区产生非常复杂的流动、激波入射大大减小了边界层的长度尺度。

这里给出的模拟基于非常精细的网格(一般是 100 万个网格单元),对象是相对简单的二维流动。这种网格精细程度有点儿过分,但如果这些流动是三维的,很明显网格量的需求会急剧增加。使用的数值方法也非常重要,必须是高质量的、数值耗散比较低的,此外方法本身还必须是隐式的,才能允许在积分到稳态流场过程中使用大时间步长。

所以,用于高超声速激波干扰流动的数值方法的关键特征应该是:

(1) 无黏数值通量函数必须具有低数值耗散特性,方法必须至少是二阶精度、必须小心选择斜率限制器(slope limiters)以及其他用于控制求解的方法。

(2) 网格必须质量高、网格的空间变化必须光顺、在边界层和三波点附近分辨率必须很高;为了正确预测分离点,分离与再附点的流向及壁面法向流动都必须很好地得到求解;必须仔细研究网格收敛性,证明网格分辨率是足够的。

(3) 为获得稳态的结果,必须执行很多流动时间的模拟。分离区需要很长时间才能建立,必须注意证明解已经达到稳定状态,如果流动是分离的,在接近收敛时分离区尺寸变化很慢,必须作为收敛指标之一进行监视。此外,手头必须有实验数据,尽量使分离区尺寸与实验数据相符,才能降低 CFD 解的风险。某些情况下(比如,模拟中使用的物理模型未经过建模验证),很有可能模拟得到的分离区尺寸大于实验结果。

(4) 在进行时间积分时,使用当地时间步长方法或近似隐式方法时必须特别注意,因为网格尺寸非常小,时间域的近似处理可能在 CFD 计算中引起非物理解。

(5) 湍流激波—边界层干扰的模拟极其困难,应该采用适当限制条件的若干湍流模型进行计算,比较湍流模型对预测结果的影响。

(6) 分离区尺寸和峰值热流受数值模拟方法和网格分辨率的影响非常大,在对 CFD 结果的精度做出结论之前,充分研究这种敏感性影响是非常重要的。

数值耗散对激波干扰流动预测的影响不可轻描淡写。图 7.13 是采用几种最流行的数值方法和斜率限制器获得的分离区尺寸,几何体是一个 25°接 55°的双锥

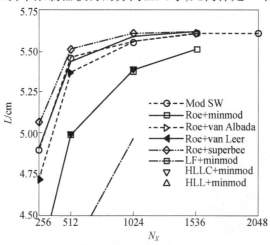

图 7.13 计算的分离区尺寸与轴向网格点数量的关系
(双锥,M12,广泛使用的迎风方法,采用不同的数值通量限制器[23])

(下节详细介绍这种流场)。这些方法的细节对于本部分的讨论并不特别重要,重要的是不同数值方法获得的分离区尺寸差别很大。另外,耗散方法(即在大量网格单元上进行梯度光滑处理)可能需要数量庞大的网格点来获得正确的渐近解。有意思的是本研究表明,在强梯度场附近,所选择的控制数值误差的斜率限制器是影响激波—边界层干扰预测方法精度的主要因素。因此,必须经过仔细研究才能证明激波干扰流动 CFD 模拟的正确性。

另一个令人关注的数值问题是,在模拟分离流动时如何使用局部时间推进方法(local time stepping method)。在文献中并未广泛认识到局部时间推进方法会引起人造的周期性涡脱落以及其他人造的数值假象。Gnoffo[10]在研究一个凹面体和双锥上的激波—边界层干扰分离流动时,清楚地描述了这一效应。其研究还表明,使用时间精度方法(time-accurate method)可消除这种现象,使 CFD 获得与实验观察结果一致的稳态解。所以必须非常注意在时间域中方程是如何积分的。

高超声速激波与湍流干扰的数值模拟仍然是 CFD 业界的突出难题。只是在最近,才用直接数值模拟(DNS)和大涡模拟(LES)对低雷诺数湍流边界层与激波干扰的流动进行了模拟[11-13]。对于实际雷诺数条件下的激波与湍流边界层干扰流动,我们还必须依赖 RANS 模拟。所有的 RANS 模型都使用了与当地应变率有关的湍流动能(TKE)生成项,在激波内该项数值非常大,往往得到非物理解。有证据[14,15]表明,湍流与激波的不稳定干扰实际上会抑制 TKE 生成,但在 RANS 模型的广泛使用中,该效应并没有被提及。MacLean 等[16]在马赫数 7.16 条件下对一个 33°尾裙上的湍流流动的比较研究证明了该效应的重要性,图 7.14 给出的是湍流与激波干扰的实验纹影照片和两个数值模拟的结果,第一个模拟结果采用了 Spalart-Allmaras(SA)一方程 RANS 基本型模型[17],没有预测到分离;第二个模拟结果采用 Rung 等[18]的应变匹配线性 SA 模型(strain-adaptive linear SA model),分离区与实验结果的符合情况大大改善。对该模型采取的改造措施是,限制流场中高应变率区域的湍流动能生成,该方法改善了分离区的压力分布,但没有显著改善热流的预测[16]。很明显,用于这些流动模拟的湍流模型非常需要改进。

(a) 实验照片(第 14 次)　　(b) 基本 SA 模型模拟结果　(c) 应变匹配线性 SA 模型模拟结果

图 7.14　计算与实验测量的分离区流场比较

(33°尾裙,M =7.16,RANS 湍流模型的影响[16])

超声速燃烧室冲压发动机隔离段内也存在与此相关的问题。隔离段通常是推进系统的一个等面积段,位于进气道出口与燃烧室之间。隔离段的功用是将进气道内的脉动与燃烧室条件隔离,减少发动机不启动的可能性,同时隔离段还负责在燃烧室上游提供更多的增压量。隔离段壁面的边界层往往是湍流的(不论是自然转捩还是诱导的湍流),所以隔离段内的激波干扰是与厚湍流边界层的干扰。激波来源于进气道非设计状态不理想的消波、进气道唇口、或者来自于湍流边界层本身位移量的变化。不论哪种情况,高马赫数隔离段流动的主要特征是激波与湍流边界层的干扰,这些干扰对隔离段的高效运行有重要影响,形成的激波串可以吸收燃烧室中的增压,不至于使压力通过隔离段边界层传播到隔离段上游而引起进气道的不启动。

关于如何预测隔离段流场,目前知之甚少。Waltrup 和 Billig[19]在其经典的实验工作中建立了柱形流道增压量的经验表达式,目前可能还是对这一问题的最好理解。由于湍流模型对湍流干扰模拟的影响很大,用 CFD 模拟预测隔离段的流动极其困难。前面谈到,对湍流模型很小的调整就会改变所获得的压缩拐角流场结构,流动可以从附着流变成分离流。在模拟隔离段流动时,湍流模型的影响会严重放大,因为在激波串长度内形成了很多的激波干扰,每经过一处激波与壁面边界层的干扰,湍流模型所含的非物理误差就会被放大一次。

7.4 验证 CFD 程序的双锥流动

双锥体上的激波—层流边界层干扰现象是另一个重要的干扰问题,这种干扰流动被用于验证计算程序[20-22]。图 7.15 是这种流场的示意图,自由流马赫数约为 12。从图中看到,从第一锥的头尖部产生一道附体激波,因第二锥而形成非附体激波,且形成三波点;透射激波入射到第二锥的锥面上,使流动分离,且产生一个很大的当地压升和热流的增加,这个压升使上游流动分离并制造出一个超声速的欠膨胀射流,射流在靠近第二锥锥面处流向下游,分离区尺寸取决于激

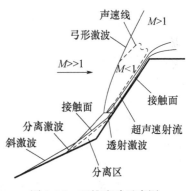

图 7.15 双锥流动示意图

波入射点的位置及激波强度。这种流场对风洞条件、CFD 程序中使用的物理模型以及数值预测方法的质量都非常敏感[20,23]。

将双锥体流动用于计算程序的验证是 NATO 研究与技术组织(RTO)工作组的研究工作,若干研究团队都对这种流场进行了模拟,CUBRC 公司(前身是卡尔斯本大学布法罗研究中心)的国家高能激波管风洞(LENS)提供了精心校测的高超声速流场条件[24,25]。这些实验采用一个大型模型,在模型表面安装了众多

的热流和压力传感器;使用氮气作为实验气体,以便将化学反应影响降低到最小;实验在低压力条件下进行,保证边界层和剪切层为层流。总体上看,实验结果与模拟结果的比较相符很好[26],但存在几个重要的差别,采用高质量数值方法和最精细网格的计算模拟所预测的分离区略偏大,所有模拟计算预测的分离上游附着区热流都偏大。图7.16是双锥体两个状态的典型结果,清楚地说明了上述问题,第一锥上的热流预测偏差高达20%,特别令人困惑的是该区域的压力预测结果非常准确。有很多工作试图解释CFD计算实例中产生的这种差别,他们找到的理由包括有限头部钝度(实验模型不是理想的尖锥)、模型轴线与风洞轴线不一致、反应速率的不准确性,但哪个理由都不能解释图7.16中的差别。

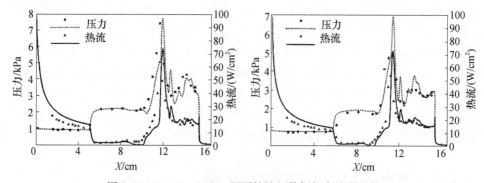

图7.16 Navier-Stokes预测的锥面数据与实验的比较

高超声速风洞中的自由流条件是很难确定的,因为设备喷管中可能存在非理想因素的影响。实验气体的加热和压缩是靠一道反射激波实现的,这道激波会引起振动激发和化学反应;之后气体在喷管内快速膨胀,在膨胀过程中,气体的热化学状态可能没有完全去激发,结果流经模型的气流可能处于非理想的热化学状态。在设计这些实验时,我们知道这些可能存在的问题,所以选择了氮气作为实验气体,就是要使化学反应减到最少;为进一步降低化学反应的影响,还使实验焓值保持低状态($H_0 < 4MJ/kg$),这样获得的实验气体在通过喷管膨胀之前实际上不存在化学反应,氮气振动模式的松弛非常慢。在这些条件下,风洞实验段内气体的振动能提高。喷管流动的有限速率振动模拟表明,在喉道温度附近($T_v = 2560K$)振动能模式是冻结的,产生两个主要影响:①动能通量减少约10%;②在多数金属表面氮气的振动能模式失效,不能将其能量传递给模型。这两个影响使热流减小约20%,大大改善了CFD与实验结果的符合度(图7.17)。关于双锥流动程序验证研究的详细情况,可参见文献[20]。

研究了双锥高焓流动条件,特别是流场中有限速率化学反应对激波干扰的影响。在程序验证研究中,进行了一系列高焓氮气和空气的双锥体实验[24],图7.18是对这些研究结果的总结,给出的是双锥体三种空气模型条件下的热

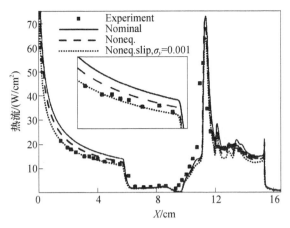

图 7.17 壁面热流的 Navier–Stokes 预测与第 35 次实验结果的比较
(自由流采用不同物理模型,考虑气壁干扰)

流[25,27,28],这些实验的自由流雷诺数和马赫数大致相同,总焓从 4.5 增加到 15.2MJ/kg(在 4.5MJ/kg 时,$Re=3.1\times10^5$/m;在 10.4MJ/kg 时,$Re=2.9\times10^5$/m;在 15.2MJ/kg 时,$Re=2.3\times10^5$/m)。

首先看计算结果(图中的实线)。随着自由流焓值的增加,模拟预测的分离区尺寸减小($X=10$cm 上游的低热流范围),这是因为流动能量增加使流动的化学反应水平增加,特别是分离区内化学反应水平增加。在空气条件下,反应是吸热的,使气流温度降低、混合物的分子量减小(即双原子分子,特别是氧气,离解为原子)。

为什么反应增加导致分离区尺寸减小?对于空气中的正激波情况,与完全气体的激波相比,化学反应的主要影响是使波后温度降低、波后密度增大,其次混合物分子量减小。这些变化的综合效果导致波后压力近似相同(因为压力是由过激波的动量通量平衡决定的),这种波后条件变化的结果是使钝头体激波的脱体距离减小(激波脱体距离反比于过弓形激波的密度增量)。相同的影响也发生在分离区内,化学反应的增加使分离区内密度大幅度增加,于是分离区尺寸减小。对高焓空气流的 CFD 模拟预测到了这个影响(图 7.18),CFD 预测到化学反应导致的热流减小,分离区减小使斜激波更斜、分离激波与第二锥弓形激波的干扰变弱、高焓值条件下干扰图像更模糊、热流峰值更低(用速度的立方或 $H_0^{3/2}$ 进行无量纲后)。

再看图 7.18 的实验结果(图中的点)。在最低焓值条件下,模拟计算结果与实验结果符合得很好,但不完美,CFD 预测的分离区比较小、上游干扰更强、上游影响范围也更大。在这种条件下,第一锥上的热流预测得好,表明喷管能量通量表征正确。在较高焓值条件下,两者的符合程度显著变差,在 10.4 MJ/kg 时预测的热流偏低、分离区也比测量结果小;在最高焓值条件下两者差异更大,测量的分离区尺寸是 CFD 预测结果的 2 倍。更严重的是,实验结果的趋势与 CFD 结果不同,

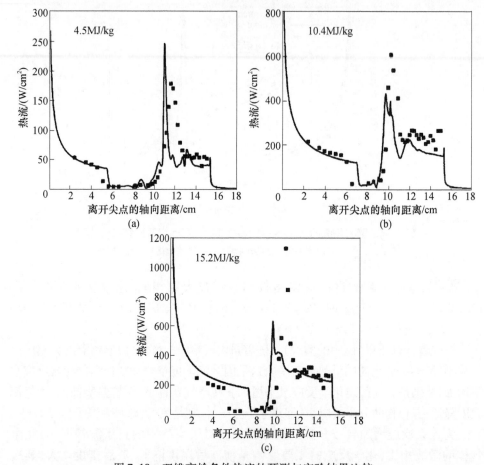

图 7.18 双锥高焓条件热流的预测与实验结果比较

测量到的最小分离区发生在 10.4 MJ/kg 焓值条件下,而 CFD 预测的结果是分离区尺寸单调减小。两个焓值条件下预测的锥体表面加热量的矛盾表明,这些模拟计算使用的自由流条件似乎是错误的[28]。

目前尚未理解 CFD 与实验测量结果之间的矛盾,但没有理由认为模拟中存在原理性问题,特别是氮气环境的低焓值双锥流动得到了准确的预测(只要有关物理现象被正确建模)。很明显,关于这些流动的模拟,有更多知识需要学习,最重要的是,要弄清楚反射型激波管中的高焓膨胀流应如何建模。关于建模不确定性问题的更详细情况,以及对上述差异的理解,可参阅文献[27,28]。

在 Holden、Wadhams 及 MacLean[25] 的相关工作中,用 LENS 的设备研究了航天飞机轨道器控制面效率问题,即 STS-1 首飞时轨道器第一次再入遇到的问题[29,30],预测的空气动力性能与飞行获得的性能差别非常大。Maus 等[31] 证明差别主要来自于马赫数与真实气体效应,Weilmeunster 等[32] 用更成熟的 CFD 方法证明真实气体效应使体襟翼上的分离区尺寸减小,因而改变了压力分布和俯仰力矩。

Holden 等[25]新的实验进一步证明了上述发现,表明在相同雷诺数和总焓条件下,空气中的分离区尺寸比无反应的氮气环境小,随着焓值的增加这种影响增大。除了体襟翼上激波—边界层干扰的改变,空气化学反应(主要是氧气的离解)使轨道器机翼的后部凹形膨胀面上的压力降低,进一步改变了俯仰力矩。

由上述讨论,关于高焓条件对高超声速激波干扰影响问题,得到几个结论。由于分离区是缓慢移动的区域,气体在分离区内倾向于达到热力学平衡和化学平衡状态,这种高水平的化学反应将能量吸收、转化为内能和化学能,通过改变温度和气体成分而影响流动的气体动力学性质,因而改变了分离区尺寸,就像真实气体效应使激波脱体距离减小的道理一样。图 7.18 的实验数据与期望的趋势不一致,CFD 结果倒是与期望的趋势相同。当然还有很多其他微妙的影响,很难归类,如化学反应使气流黏度改变、温度降低导致密度增大而影响剪切层的卷携速率、真实气体效应使激波角改变,这些过程也影响分离区尺寸,因而影响分离激波与第二锥脱体激波的干扰强度,进而改变第二锥上的加热量峰值水平。CFD 预测到了分离区尺寸减小导致的干扰热流的减小。

7.5 结论

跨声速、超声速以及高超声速激波—边界层干扰有一些共性特点,即由于长度尺度非常大,在所有马赫数条件下这种干扰都导致复杂的流场结构。但高超声速干扰还有不同于跨声速和超声速干扰的特点,最主要的是高超声速干扰破坏了高超声速飞行器壁面厚边界层对加热的隔离,使高能外流直接撞击到壁面上,因而壁面压力和热流可以剧烈增加。所以必须不惜一切代价、在最大可能程度上避免强激波干扰(即 Edney 的Ⅳ类和Ⅴ类干扰)。

高超声速干扰的另一个重要特点是,入射激波一般以大斜角与边界层相互干扰,即使是弱激波也可以产生很大的逆压梯度,导致流动的分离。在层流边界层条件下,分离区一般会向上游延伸很远,在分离区边缘生成一个很长的剪切层,该自由剪切层是不稳定的,有转捩倾向(雷诺数很低的情况除外),所以层流分离有使剪切层变为湍流的倾向,因而在再附位置产生转捩或湍流的加热水平。目前,传统的 CFD 方法还不能捕捉复杂的转捩流动物理细节。

关于压缩拐角上的高超声速激波干扰,如果流动保持层流、自由流条件准确、流场中没有或极少有化学反应,则 CFD 可以准确计算。正如用高超声速双锥绕流所做的程序验证研究所证明的,如果 CFD 方法的耗散不严重、网格不是很大,CFD 可以预测这种限定条件严格的很窄范围的流动。这些流动很难模拟,因为任何物理建模或控制方程求解方面的误差都会被分离区放大。太小的分离区会导致比较弱的干扰和比较小的压升,逆压梯度也减小,分离区尺寸进一步减小。所以在数值模拟误差放大或自由流条件准确性方面,存在一个反馈环。吸热化学反应及其他内能激发过程使过激波的温升降低、密度增量增加，一般情况下会使激波层变薄、分离区变小。但在相应的高焓条件下组织实验是非常困难的，这种实验要求使流动保持层流、准确给定自由流条件。目前的实验数据存在一定程度的不确定性，CFD 尚不能复现这些流动。

对于数值模拟来说，高超声速条件下的激波与湍流边界层干扰仍是主要的困难。大多数 RANS 湍流模型建立在不可压文献资料的基础上，为解释可压缩流动的非均匀密度效应，添加了简单的可压缩修正。对于模拟高超声速流中巨大的密度变化，如果寄希望于这种修正，是太乐观了（也不现实）。在实际工作中，RANS 模型可能会被修正，以获得与实验数据合理的符合（针对条件很窄的干扰流动条件），但真正的预测能力目前并不存在。在超声速燃烧室冲压发动机隔离段中，激波与湍流边界层的干扰特别重要，因为激波串形成一系列的与边界层的干扰，所以湍流模型误差得以积累，用目前的 CFD 方法预测的隔离段内压升，效果很差。

致　　谢

本章多数工作受到（美国）空军科学研究办公室（AFOSR）的资助，根据合同 FA9550 - 04 - 1 - 0114 及 FA9550 - 04 - 1 - 0341 完成。作者感谢 John Schmisseur 博士在程序验证研究方面给予的长期支持，本章观点与结论属作者个人意见，不代表 AFOSR 官方或美国政府的意见。

参 考 文 献

[1] Edney B E. Anomalous Heat Transfer and Pressure Distributions on Blunt Bodies at Hypersonic Speeds in the Presence of an Impinging Shock. FFA Report 115, Aeronautical Research Institute of Sweden, Stockholm, 1968.

[2] Edney B E. Effects of Shock Impingement on the Heat Transfer around Blunt Bodies. AIAA Journal, 1968, 6(1): 15 - 21.

[3] Sanderson S R. Shock Wave Interaction in Hypervelocity Flow. Ph. D. thesis, California Institute of Technology, USA, 1995.

[4] Sanderson S R, Hornung H G, Sturtevant B. Aspects of Planar, Oblique and Interacting Shock Waves in an Ideal Dissociating Gas. Physics of Fluids, 2003, 15(5):1638.

[5] Sanderson S R, Hornung H G, Sturtevant B. The Influence of Non - equilibrium Dissociation on the Flow Produced by Shock Impingement on a Blunt Body. Journal Fluids Mechanics, 2004, 516(1).

[6] Holden M S, Moselle J, Martin S. A Database for Aerothermal Measurements in Hypersonic Flow for CFD Validation, AIAA Paper 1996 - 4597.

[7] Holden M S. Real Gas Effects on Regions of Viscous - Inviscid Interaction in Hypervelocity Flows. AIAA Paper 1997 - 2056, 1997.

[8] Holden M S, Sweet S, Kolly J, et al. A Review of Aerothermal Characteristics of Laminar, Transitional, and Turbulent Shock/shock Interaction Regions in Hypersonic Flows. AIAA Paper 1998 - 0899, 1998.

[9] D'Ambrosio D. Numerical Prediction of Laminar Shock/shock Interactions in Hypersonic Flow. AIAA Paper 2002 - 0582, 2002.

[10] Gnoffo P A. On the Numerical Convergence to Steady State of Hypersonic Flows over Bodies with Concavities. In: Zeitoun D. E., Periaux J., Desideri A., and Marini M. (eds): West - East High - speed Flow Fields 2002., Barcelona, Spain CIMNE, 2002.

[11] Loginov M S, Adams N A, Zheltovodov A A. Large - Eddy Simulation of Shock - Wave/ Turbulent Boundary Layer Interaction. Journal of Fluids Mechanics, 2006, (565):135.

[12] Wu M W, Martin M P. Direct Numerical Simulation of Supersonic Turbulent Boundary Layer over a Compression Ramp. AIAA Journal, 2007, 45(4):879 - 889.

[13] Wu M W, Martin M P. Analysis of Shock Motion in Shockwave and Turbulent Boundary Layer Interaction Using Direct Numerical Simulation Data. Journal of Fluid Mechanics, 2008, (594):71.

[14] Sinha K, Mahesh K, Candler G V. Modeling Shock Unsteadiness in Shock/Turbulence Interaction. Physics of Fluids, 2003, 15(8):2290.

[15] Sinha K, Mahesh K, Candler G V. Modeling the Effect of Shock Unsteadiness in Shock/Turbulent Boundary Layer Interactions. AIAA Journal, 2005, 43(3):586 - 594.

[16] MacLean M, Wadhams T, Holden M S, et al. A Computational Analysis of Ground Test Studies of the HIFIRE - 1 Transition Experiment. AIAA Paper 2008 - 0641, 2008.

[17] Spalart P R, Allmaras S R. A One - Equation Turbulence Model for Aerodynamic Flows. AIAA Paper 1992 - 0439, 1992.

[18] Rung T, Bunge U, Schatz M, et al. Restatement of the Spalart - Allmaras Eddy - viscosity Model in Strain - Adaptive Formulation. AIAA Journal, 2003, 41(7):1396 - 1399.

[19] Waltrup P J, Billig F S. Structure of Shock Waves in Cylindrical Ducts. AIAA Journal, 1973, 11(10):1404 - 1408.

[20] Gaitonde D V, Canupp P W, Holden M S. Heat Transfer Predictions in a Laminar Hypersonic Viscous/Inviscid Interaction. Journal of Thermophysics and Heat Transfer, 2002, 16(4):481.

[21] Holden M S, Wadhams T P, Harvey J K, et al. Experiments and DSMC and Navier - Stokes Computations for Hypersonic Shock Boundary Layer Interactions. AIAA Paper 2003 - 1131, 2003.

[22] Nompelis I, Candler G V, Holden M S. Effect of Vibrational Nonequilibrium on Hypersonic Double - Cone Experiments. AIAA Journal, 2003, 41(11):2162 - 2169.

[23] Druguet M - C, Candler G V, Nompelis I. Effect of Numerics on Navier - Stokes Computations of Hypersonic Double - Cone Flows. AIAA Journal, 2005, 43(3):616 - 623.

[24] Holden M S, Wadhams T P, MacLean M. Experimental Studies to Examine Viscous/Inviscid Interactions and Flow Chemistry Effects of Hypersonic Vehicle Performance. AIAA Paper 2005 - 4694, 2005.

[25] Holden M S, Wadhams T P, MacLean M. Experimental Studies to Examine Viscous/Inviscid Interactions and Flow Chemistry Effects of Hypersonic Vehicle Performance. AIAA Paper 2005 - 4694, 2005.

[26] Harvey J K, Holden M S, Candler G V. Validation of DSMC/Navier - Stokes Computations for Laminar Shock Wave/Boundary Layer Interactions, Part 3. AIAA Paper 2003 - 3643, 2003

[27] Nompelis I, Candler G V, MacLean M, et al. Numerical Investigation of High Enthalpy Chemistry on Hypersonic Double - Cone Experiments. AIAA Paper 2005 - 0584, 2005.

[28] NompelisI, Candler G V, MacLean M, et al. Investigation of Hypersonic Double - Cone Flow Experiments at High Enthalpy in the LENS Facility. AIAA Paper 2007 - 0203, 2007.

[29] Underwood J M, Cooke D R. A Preliminary Correlation of the Orbiter Stability and Control Aerodynamics from the First Two Space Shuttle Flights STS - 1 & 2 with Preflight Predictions. AIAA Paper 1982 - 564, 1982.

[30] Young J C, Perez L F, Romere P O, et al. Space Shuttle Entry Aerodynamic Comparisons of Flight 1 with Pre-

flight Predictions. AIAA Paper 1981 - 2476, 1981.
[31] Maus J R, Griffith B J, Szema K Y, et al. Hypersonic Mach Number and Real - Gas Effects on Space Shuttle Orbiter Aerodynamics. Journal of Spacecraft and Rockets, 1984, 21(2):136.
[32] Weilmeunster K J, Gnoffo P A, Greene F A. Navier - Stokes Simulations of Orbiter Aerodynamic Characteristics Including Pitch Trim and Body Flap. Journal of Spacecraft and Rockets, 1994, 31(3):255.

第8章　上层大气高超声速激波—边界层干扰

John K. Harvey

8.1　引言

许多高超声速飞行器的轨道都要进入密度很低的上层大气,由于此处的飞行速度特别大,气动加热仍然是设计面临的关键问题。例如,美国航天飞机轨道器在约74km高度遭遇了最大气动加热量,尽管此处的大气密度只比海平面密度的百万分之一多一点。流动中的激波—边界层干扰处几乎总是强加热出现的位置。所以,正确预测加热水平对于避免飞行器结构破坏、或者避免因过度防护而付出不必要的重量代价非常重要。

在飞行器轨道的上层大气部分,随着高度的增加,环境密度降低的速率比速度增加的速率快,所以雷诺数会下降到很低的值,流动的大部分(如果不是全部的话)是层流,激波—边界层干扰很可能引起分离。但做流动预测时可能是一直算到底的,因为这样做可以回避确定转捩位置方面的不确定性以及选择合适湍流模型的问题。据观察,在50~60km以上,测量的流场数据与Navier-Stokes流动解预测结果开始出现偏差。刚开始,随着高度增加这些差别还很小,利用壁面边界条件修正、考虑速度滑移和温度跳跃,可以消除这种差别;在更高高度时,密度继续减小,两者差别变得非常大,上述方法已经不能消除这种差别。Navier-Stokes预测的固有偏差来自于"稀薄气体效应",建立Navier-Stokes方程的基础不再严格适用。稀薄效应导致流场构建的基础发生根本改变,也严重影响到激波—边界层干扰流场发展的方式。一般来说,气体变稀薄可以降低气动加热的严重程度;但另一方面,其影响也是非常有害的(例如可以降低控制面的效率),所以准确定量这种影响极其重要。

在介绍稀薄效应对激波—边界层干扰影响的具体实例之前,本章先概述稀薄流场的一般特性,讨论几个可以预测稀薄效应的方法。熟悉这些背景知识的读者可以直接阅读介绍激波—边界层干扰流动的8.4节。

8.2　稀薄流的预测技术

原则上,所有气体都是由粒子组成的,这些粒子可以是原子、分子或者它们的混合物。在传统的连续流空气动力学中,流体的这种粒子特性是被忽略的,这时流场的物理尺度(一个有代表性的长度 L,如物体的长度或直径。或者在某些情况下,如研究激波结构时,更倾向于使用流动中的当地梯度作为长度尺度,如 $\rho/(d\rho/ds)$,其中 ρ 是密度,s 是距离)远远大于分子的平均自由程 λ。克努森(Knudsen)数定义为

$$Kn = \lambda/L \tag{8.1}$$

这是描述稀薄程度的重要参数,如果该参数超过 10,在壁面附近的气体中极少发生粒子碰撞,这时流动称为"无碰撞"流(be collisionless)或者"自由分子流(be free molecular , - FM)"。这种流动很容易分析,相应的求解方法也研究得很明白[1],这些方法给出的解也很有用,因为这些解明确了稀薄流动在极端低密度条件下的行为特征。在另一个极端,即连续流条件的低密度边界上,克努森数极小,对于高超声速流,连续流条件最好采用克努森数小于 10^{-3}(根据自由流分子平均自由程计算)的假设。对于在上层大气飞行的飞行器,克努森数往往超过这一数据(在地球大气的 81 km 高度上,平均自由程约为 0.005m),所以必须认识到这时的非连续流特征,并且在飞行器设计时考虑稀薄效应的影响。

即使密度很低,也不可能通过追寻每个粒子的运动来获得这些流动的准确解,因为需要求解的粒子数量实在太大。好在有其他备选方法,原则上应该选择"气体经典动力学理论"及其相关的数值方法。关于这个主题,Vincenti - Kruger[2]、Chapman - Cowling[3] 以及 Cercignani[4] 提供了很好的解释,建议读者进一步阅读他们的报告。多数情况下,在求解实际空气动力问题方面,动力理论分析方法并不成功(当然,几乎没有什么方法能够成功解决激波—边界层干扰之类的复杂流动求解问题),但这个理论的重要性并不应因此而被低估,因为该理论提供了理解稀薄流动物理机制的基础,也是成功设计数值粒子模拟方法所依赖的基础。在这些模拟方法中,Bird[1] 发明的强大的 Monte Carlo 直接模拟(DSMC)方法是预测实际稀薄流最成功的工具。如果读者对气体动力学理论和 DSMC 方法不熟悉,可以参阅附录 A。

本章关于激波—边界层干扰的多数讨论都基于 DSMC 计算,尽管也提供了一些实验结果,但缺乏可靠的测量数据。组织稀薄流的风洞实验是相当困难的,测量仪器的信号水平很低、流动对探针的介入又十分敏感,稀薄效应还会引起独特的测量误差;另外,提供合适的实验环境也是一个特大难题,难以获得准确校测的无梯度风洞气流;传统的流动显示技术,如纹影和阴影技术,用于稀薄流时灵敏度往往不够。低密度条件下可以采用其他非侵入(非接触)式光学诊断方法,如广泛使用的电子束荧光技术可以提供流场的密度信息,光谱方法可提供转动、振动和平动温度信息,附录 A 中图 8.A.1 和图 8.A.3 的测量数据就是使用这些技术获得的。总体上看,传统的热流测量方法(即薄膜电阻量热计)还是令人满意的,但存在低水平信号的数据处理问题。静压测量的问题比较大,如果在模型表面使用传统的小孔技术,测量误差很大,原因是低密度流动中分子呈现非平衡性。在测孔上方向测

孔方向运动的气体分子速度分布函数(即入射分布,incident distribution)不同于由测孔内反射出来、以相反方向运动的分子,后者的温度与物体温度一致,而粒子流量的分布函数与温度相关;由于在物面的平面上没有净流动,各方向的粒子流量必须相等;但由于它们的速度分布函数不同,在压力测点入口周围将形成压力梯度,所以记录的压力值是不正确的。随着克努森数的增加,这些误差变大,也更难以定量,因为这些误差取决于小孔上方气流中粒子的未知速度分布。采用与壁面平齐安装的薄膜式压力计可以避免上述误差。虽然很难获得有足够灵敏度的小型传感器,但在实验中也用到过(见8.4节)。

8.3 稀薄流特征

8.3.1 稀薄流中的非平衡性

当气流密度减小,分子碰撞频率降低,于是内能交换、离解、复合、化学反应以及电离过程都变慢,因为这些过程是粒子碰撞的结果。所以,与连续流情况相比,稀薄流的特征是分子和热力学的非平衡程度增大,这种特征表现在气流热力学特性的各方面。例如粒子平动速度产生的热分布以及内能分布可能偏离平衡态量值(即 f_0 与 $f_{\varepsilon i}$),这些模态之间的能量可能是不平衡的,于是,在部分流动中能量等分的概念不再适用;高温空气中发生的多数反应取决于振动能激发和平动动能的水平,如果这些模态之间的能量平衡发生变化,反应概率也将发生变化,因而直接影响到气体中的组分浓度;碰撞频率的降低还可引起每个模态内量子能级总量的变化,使反应速率进一步偏离连续流(即 Arrhenius)化学反应数据。所以,确定稀薄流中的热力学变化与化学反应是很困难的,只有指望研发强大的粒子模拟方法,甚至是在量子物理水平上处理化学反应问题的方法,指望这些先进方法在解决实际问题方面取得实质性进步。

8.3.2 稀薄流中的流场结构变化

除了稀薄流中分子非平衡程度显著增加,还观察到流动结构也发生了独特而深刻的变化,这些变化是连续流理论所无法解释的,也严重影响到激波—边界层干扰流动的发展。为解释这些现象,先以两个简单的高超声速流动为例,考察稀薄流的诸特征,这些特征对低密度激波—边界层干扰的形成有严重影响。

在连续流的经典平板零攻角超声速黏性流中,由于起始于平板前缘的边界层的增长,引起边界层排挤效应,进而生成一道斜激波。激波与边界层的干扰或强或弱,取决于两者的相互耦合程度。例如,Mikhailov[5]对该经典流动的分析,在一阶近似假设下,强干扰时沿平板的压力正比于以下黏性干扰参数:

$$\bar{\chi} = M_\infty^3 \sqrt{C_\infty} / \sqrt{Re_{x,\infty}} \tag{8.2}$$

式中:C_∞ 来自于黏性—温度关系近似表达式 $\mu/\mu_\infty = C_\infty T/T_\infty$;$M_\infty$ 为来流马赫数;$Re_{x,\infty}$ 为以离开前缘距离 x 计算的雷诺数。

基于连续流假设的方程(8.2),意味着压力正比于 $x^{-1/2}$,在前缘处趋于非物理的无穷大值。当然,在实际情况下,在前缘建立起来的是与之不同的流动,而流动的特征只能通过流体的粒子性知识来理解。图 8.1 描述了高超声速平板前缘的流动结构,标示出若干区域,每个区域呈现不同的物理结构,基于自由流条件和离开前缘距离计算的克努森数是区分这些区域流动特征的最好尺度。在图 8.1 的远右端,是一个存在强黏性干扰的连续流区域;在其上游,存在明显的克努森数增加、壁面边界条件异常(即速度滑移和温度跳跃),因改变了边界层进入干扰区时的特征,这两个效应对稀薄区的激波—边界层干扰结构都有影响,例如使分离延迟。本章将详细讨论这些影响。

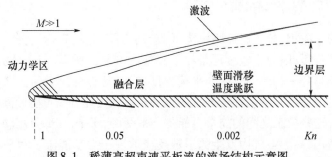

图 8.1　稀薄高超声速平板流的流场结构示意图

在图 8.1 的中心区域,边界层与激波相交,在交点上游,两者相互"融合",因内部流动结构改变而使激波强度减小,尽管激波斜度实际上没有改变,但这部分流动不再满足 Rankine-Hugoniot 条件。在其他情况下也发生融合现象,而激波不满足 Rankine-Hugoniot 条件,是稀薄流不同于连续流低雷诺数流动的独特特征。激波的融合现象和激波强度的减弱,使平板上的压力和热流水平降低,低于强干扰理论的预测值。压力和热流的降低首先发生在克努森数大约为 0.005 左右时,在该点上游,动力学理论或者粒子模拟方法是仅有的能够正确分析流动的可行方法。在稀薄区,激波融合及激波强度减弱是激波—边界层干扰强度减弱的主要影响因素。

在前缘附近,克努森数增加到 1,这时最好将流动理解为围绕平板尖前缘的气体分子云,分子碰撞极少,它们的速度也不会改变。在这个称为"动力学区"的区域,激波完全失去了原特性。

随着向前缘的靠近,流动特性的变化使压力分布和热流分布严重偏离了连续流数值。图 8.2(a)是用 DSMC 方法获得的一个典型压力分布,并与强干扰理论结果做了对比,图中曲线是压力分布数据随克努森数倒数的变化,即沿物理流线方向的变化。图 8.2(b)是较高马赫数时平板上的热流分布,给出了前缘附近更详细的变化。压力和热流在前缘尖部附近都达到峰值,然后在动力学区当 $1/Kn<10$ 时又下降。

第二个稀薄流的例子是一个平端面圆柱绕流,圆柱轴线与来流方向一致,流动主要呈现出融合现象,同样提示在低密度条件下,激波严重增厚、占据了流场中的有限空间,其典型厚度是入射气体平均自由程的 10~20 倍,所以激波不再被认为是间断。图 8.3 是针对此物体绕流获得的三套 DSMC 计算数据,表达了从近连续流向自由分子区靠近的稀薄程度增加过程中,流场内密度分布随之而变化的情况,这些计算结果得到相同流动类似计算的支持和验证(见本章附录 A,预测结果与实验数据符合很好)。图中结果表明,沿驻点流线的密度变化是自由流参数的函数,其中 x 是从圆柱迎面计算起的自由流方向的坐标,n 是粒子数密度,克努森是以圆柱半径 $R(0.01\text{m})$ 计算的克努森数,其他流动条件为 $T_\infty=43\text{K}$、$n_0=3\times10^{21}/\text{m}^3$、$T_\infty/T_\text{w}=0.135$,气体为氮气。

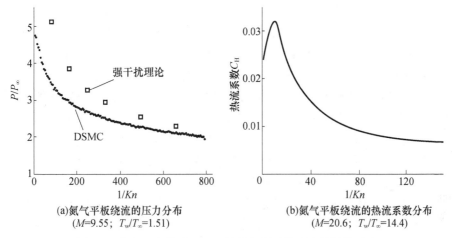

(a) 氮气平板绕流的压力分布
($M=9.55$; $T_\text{w}/T_\infty=1.51$)

(b) 氮气平板绕流的热流系数分布
($M=20.6$; $T_\text{w}/T_\infty=14.4$)

图 8.2 氮气平板绕流 DSMC 计算与强干扰理论结果的对比

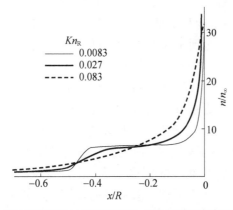

图 8.3 不同克努森数时沿钝端面圆柱驻点线的密度剖面比较(马赫数 23)

在密度最大的情况下($Kn=0.0083$),激波(这里表现为粒子数密度急剧上升的现象)形成于 $x/R=-0.45$ 处,尽管在这个克努森数条件下气流接近连续流边界,激波的有限厚度及内部结构是很明显的,激波下游粒子数密度的平台表明该激波与圆柱迎风面的黏性流是分离的。除了激波增厚,流动结构呈现出与连续流条件冷壁外流类似的结构特征。

在中等密度条件下($Kn=0.027$),激波下游不再能够分辨出真正的平台,这是激波与圆柱迎风面黏性流相互融合的结果,也不可能准确描述激波的终结位置。但从结构上明显看出,这时的激波比前一个例子厚得多。

最后一个情况(最小密度,$Kn=0.083$),克努森数是第一个例子的 10 倍。很明显在上述很窄的克努森数范围内,流动结构已经完全改变,这时已经没有了激波的踪迹,而是在沿靠近壁面的方向,粒子数密度产生一个光滑单调的增加。如果环境密度进一步减小,将会维持差不多相同的流动结构,但物体迎风面干扰层的厚度随克努森数的增加而减小。这种新的流动结构可以用等价"近自由分子流"概念去理解,粒子在向壁面流动的入射过程中不会有大量碰撞,只有当气体粒子几乎到达物体表面时,粒子才聚集到壁面上一个致密层中,然后再沿径向流走。在图中的最低密度条件下(即 $Kn=0.083$ 的情况)情况类似,尽管气体中的碰撞发生在物体"远"前方、流动不是真正的自由分子流,但物体迎风面的压力和热流系数却接近自由分子流的数据、高于相应的连续流数据。稀薄条件下形成的激波—边界层干扰流场中,至少物体上的主激波可以产生与上述情况类似的特征,这些特征将影响干扰的结果。需要再次提醒,流动结构变化很快,一旦进入稀薄区域,在克努森数增加不超过一个量级时,这种变化就发生了。

在大多数高超声速连续流情况下,振动温度是冻结的,转动温度因少量分子碰撞会有所变化,并随平动温度的变化而变化。但在稀薄流中就不是这样,在多数流动中转动温度也滞后于平动温度的变化,这是碰撞频率减小造成的。而在激波内,温度的变化非常快,钝端面圆柱绕流数据明确表明了这一点,图 8.4 给出了对应图 8.3 的中等密度和最低密度条件的两条图线,两条曲线都表明只有在物面附近两个温度才达到平衡,这里流动致密、不产生快速变化。在 $Kn=0.027$ 的流动中,两个温度的平衡发生在 $x/R=-0.25$ 处,而在更稀薄的条件下发生在更靠近壁面处。振动温度的变化需要更多的碰撞,在上述两个例子中都是冻结的(只有在非常靠近壁面处有变化),这里没有给出振动温度曲线。还注意到在数密度开始变化的远上游位置,平动温度就已经开始增长,这是少量粒子从激波层内的高密度区域反射出来、向上游穿透到低密度入流中的结果,这两套粒子的相对速度比较高、相互碰撞强度增大,进而提高了平动温度。附录 A 的图 8.A.4(a) 钝锥结果也证实了这一效应,在高焓流动中,这个效应可在主激波上游的气体中造成化学成分的变化。

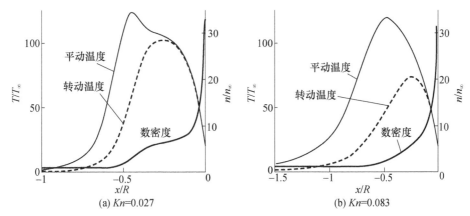

图8.4 钝端面圆柱轴线上的数密度和温度曲线（DSMC计算结果）

8.4 稀薄流高超声速激波—边界层干扰实例

8.4.1 简介

由上述内容得知，随着克努森数的增加，低密度时流动结构将发生变化，其流动结构将明显区别于连续流情况；随着气体密度的继续降低，最终变成自由分子流。上述变化可部分归结为黏性现象（可以看作低雷诺数效应）的相对重要性逐渐占据主导地位、影响范围增加的影响，但还出现了其他现象，如速度滑移、温度跃升、激波融合与弱化，这些都是严格意义上的稀薄流效应，稀薄流效应使整个流动的物理结构发生根本变化。在稀薄流条件下，一般都会存在一定程度的分子非平衡性，且随着克努森数的增加这种非平衡性增大，导致气流热力学性质和化学组分发生变化。

本节详细介绍两个激波—边界层干扰的实例，用以说明当飞行高度到达上层大气、经历密度降低过程时，流动结构将如何变化。因为只有在高速时才可能进入高层大气，所以本章讨论仅限于高超声速的马赫数范围。

8.4.2 中空柱—裙体上的激波—边界层干扰

第一个实例是中空柱—裙体模型绕流。这是一个理想化的流动类型，出现在带尾裙的导弹柱体后部，是平板—斜楔体（或襟翼）绕流的轴对称等价流场，北约（NATO）的技术研究组织（RTO）第十工作组对这种流动进行了大量研究。之所以选择这种构型的绕流，是因为适合于计算流体力学程序验证工作，该工作是针对高超声速黏性—无黏干扰复杂流动而组织的大范围专题研究的一个组成部分。在美国空军科学研究办公室（AFOSR）的支持下，组织了若干轮详细的实验研究和DSMC、Navier-Stokes方法的数值研究工作[6]，RTO程序验证工作所选的尾裙角度是30°,目的是确保在所研究的马赫数和雷诺数范围内出现分离。

尽管柱—裙体的构型很简单,但能够产生一个含激波—激波干扰和激波—边界层干扰的复杂流场。事实证明,这种流场是鉴定评估 CFD 程序的很好的受试课题,该挑战激发了一个世界性研究者团体的创造力,他们参加了这个研究并提供了实验数据和计算结果。因验证工作的最低密度实验条件也只涉及中等稀薄程度,为此,本章提供更多的计算结果,用以说明扩展到自由分子流范围的问题。选择轴对称体是为了回避二维构型带来的实验结果不确定性,因为二维构型绕流中总是存在三维流动成分。多数测量工作是在 CUBRC 的激波风洞中完成的,全套结果进入了数据库 CUBDAT[7],Holden 和 Wadhams 的文章也介绍了这些结果[6]。实验的名义马赫数是9.5、11.4 和15.7,所提供的雷诺数范围能够保证每个实验的流动维持完全的层流状态,所有实验的实验介质都是氮气。圆柱外径 $R = 32.5\text{mm}$(1.25in),裙上游的圆柱长度为101.7mm(4.0in)。在法国 ONERA 的 R5Ch 风洞组织了进一步的实验[8,9]。

图8.5给出了流动的主要特征。圆柱的前缘为空气动力学尖,从内侧斜切出空心,使从模型中间流过的气流保持超声速。由于边界层的增长,在圆柱的外表面上形成一道弱的弓形激波;流动在接近拐角时分离(如果裙角足够大),然后在裙面上再附;在分离点形成第二道激波,与弓形激波相交,使弓形激波强度增强、斜度变陡,第二道激波压缩主激波与分离泡之间的气流,在自由流马赫数为12、裙角为30°时,第二道激波后马赫数减小到4.5;回流区尺寸随雷诺数、马赫数和裙角的变化而发生显著变化,但会保持类似的流动结构(除非分离被抑制)。如果环境密度下降,在柱面上出现速度滑移和温度跃升,将推迟分离的出现,因而使分离泡尺寸减小。

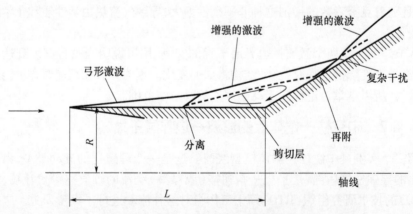

图8.5 连续流条件下的空心柱—裙体绕流流场结构示意图

如果裙面足够长,则分离区在裙面上实现再附,再附导致流动偏折而产生一系列压缩波,这些压缩波很快汇聚为第三道激波,第三道激波也与弓形激波相交,使弓形激波向远离物面的方向偏转、强度显著增大。所形成的激波—激波干扰类型取决于裙角与流动条件,在小裙角条件下,干扰形成两道激波和一条剪切层;如果干扰更强,将出现两个三波点和三波点之间的一小段平面激波。无论哪种情况,干扰生成的激波都指向壁面并入射到裙面的边界层上。这时壁面附近的流体已经经过了四道激波,或者四套压缩波系,于是密度和温度都急剧增加,这个过程使裙面上的边界层变薄,在再附点下游局部制造出压力和热流分布的强峰值。在飞行中,强加热可以严重危及到机体结构。

图8.6和图8.7是RTO研究中获得的最低密度条件的计算和测量的压力系数(C_p)与Stanton数(St)分布,基于长度L计算的克努森数为0.00087,该实验条件位于稀薄流的高密度端。图中的测量结果来自于CUBRC实验[7],DSMC计算结果由Markelov等用自己开发的软件完成[10],两个系数都绘成与沿物体外表面距离s的关系。在图8.6中,在$s \approx 3.5$in(即90mm、$x/L = 0.874$)处存在压力的小幅增长,表明这里出现分离;在流动上游,强黏性干扰出现,引起前缘附近压力升高;在分离点后,观察到压力的一个小平台;进入裙部(即$s > 4$in(101.6mm))后,压力和热流都快速增加,在再附点下游达到很高的峰值。从这些曲线可以看到,不可能准确辨识出再附点位置。在峰值点下游,压力和热流都快速恢复到30°锥的层流水平,证明实验中没有出现向湍流的转捩。

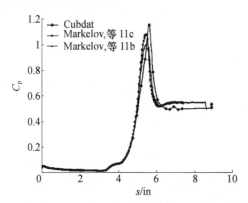

图8.6 空心柱—裙体氮气绕流的压力系数分布

(柱—裙交线位于4in处,$M = 12.4$,$Kn = 0.00087$,$n_\infty = 1.197 \times 10^{22}$,$T_\infty = 95.6K$,$T_w = 293K$

实验结果来自于CUBDAT[7],DSMC计算结果来自于Markelov[10])

特别是热流数据,证实了计算和测量数据之间的关系。利用Bird的DSMC程序[11],Moss和Bird也获得很好的结果[12],但这里没有给出。这是包含分离、再附、激波—激波干扰、激波—边界层干扰的复杂流动,实验与计算结果符合得相当漂亮。能否获得正确的解,取决于分离和再附点位置预测的精度,历史证明,用CFD获得与实验一致的结果是需要奋斗的。

为这种研究组织实验必须非常小心,因为压力和热流的绝对量非常低,需要采用与壁面平齐安装的压力传感器才能消除膨胀效应可能引起的误差。可以看到,图8.7热流曲线上峰值区的两个测量点偏离了曲线趋势,实验者相信,这就是实验误差造成的异常。

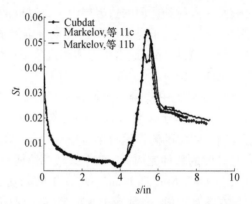

图8.7 空心柱—裙体绕流与图8.6对应的 St 数分布

图 8.8 给出的是计算获得的压力分布随克努森数逐渐增加而变化的情况,该计算使用了 Bird 的 DSMC 程序。计算时保持其他流动参数不变,通过减小密度使克努森数增大,所以雷诺数也是下降的。在图中密度最大的算例中,$Kn = 0.0017$,是图 8.6 和图 8.7 克努森数的 2 倍,密度减小引起分离点向下游移动,几乎到达裙部的起始位置;克努森数的增大使激波增厚、柱面上的速度滑移水平增加;压力分布中依然存在很强的峰值,但量值略有降低,峰值位置几乎与较低克努森数情况相同,但分离泡小得多、再附也更靠近拐角。再附激波由激波—激波干扰处向壁面反射而引起压力峰值,所以推测,随着分离泡尺寸的收缩,压力峰值位置应向上游移动;即使分离完全被抑制,也会在柱—锥的连接处形成一道压缩波,该压缩波也会与主激波相交。克努森数的增加引起激波增厚、黏度增加、流场特性变温和,流动中参数梯度减小,特别是主激波内参数梯度减小,因为流动中主激波上游的密度是最低的。随着克努森数的增加,这种气流结构的"融合"效应使压力峰值降低且向下游移动,最终导致激波与物体表面黏性流的完全"融合"。所以,是两个因素影响着峰值位置,对于克努森数增加到 0.0017 的情况,两个因素的作用大致是平衡的;进一步增大克努森数,峰值向下游移动并且很快衰减;图中的最稀薄情况(即克努森数为 0.128),压力分布中已经没有峰值,而是很像自由分子流的分布,尾裙上的自由分子流压力分布是一个常数(等于0.65),而且只取决于壁面的倾斜度。图 8.8 给人最深刻的印象是,流动结构从连续流样式变化到相似于自由分子流的过程是多么快!一般情况下,流动结构的这种过渡发生在克努森数 $10^{-3} \sim 10^{-2}$ 范围内。

图 8.9 给出的是这种流动的气动加热绝对量随稀薄程度的变化情况。由于密度的减小,总的加热水平下降,同样热流峰值也逐渐消失,与在压力曲线上看到的

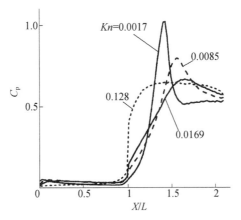

图 8.8 克努森数变化对空心柱—裙体绕流压力分布的影响(氮气)
($M=12.4, T_\infty=95.6\text{K}, T_\text{w}=293\text{K}$)

变化趋势是一致的。正如期望的那样,在每个流动条件下,压力和热流峰值的位置在裙面上都是重合的。图 8.10 是 Stanton 数形式的热流数据,数据表明随着密度的减小(即克努森数增加、雷诺数减小),该无量纲数总体是上升的,与连续流观察到的层流边界层热流—雷诺数关系一致。从该图还更清晰地看到,随着克努森数从 0.0017 增加到 0.0169,峰值沿裙面后退;但在最稀薄的情况下($Kn=0.128$),不再观察到反射激波造成的下游热流峰值,这时可能只有弥散波撞击到裙面上。虽然从压力分布看,这种流动似乎具有自由分子流的特征,但热流分布并未证实是自由分子流,在自由分子流情况下,裙面上 Stanton 数应该是定值(等于 0.28),但图中数据却沿 x 方向呈下降趋势,所以说,计算获得的热流分布还保持了一些连续流特征。上述情况说明,在所给的克努森数范围内,过渡态的流动特性相当复杂。

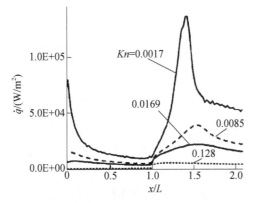

图 8.9 克努森数变化对空心柱—裙体热流的影响(氮气)
($L=0.102\text{ m}, M=12.4, T_\infty=95.6\text{K}, T_\text{w}=293\text{K}$)

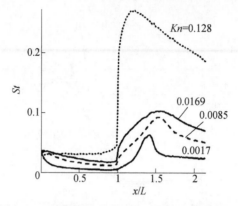

图 8.10 稀薄程度对空心柱—裙体 St 数的影响
$L=0.102\,\mathrm{m}, M=12.4, T_\infty=95.6\mathrm{K}, T_\mathrm{w}=293\mathrm{K}$

8.4.3 速度滑移与温度跃升效应

图 8.11 是空心柱—裙体靠近壁面的计算单元获得的速度数据,表述为与自由流速度的比值。图中给出了不同稀薄度的结果,明显看出,如果密度很低,滑移速度 u_slip 就很显著,偏离通常假设的"无滑移"壁面条件,使边界层较低流层内流体的阻滞效应减小,因而使分离延迟。当发生激波—边界层干扰时,这种现象会很重要。

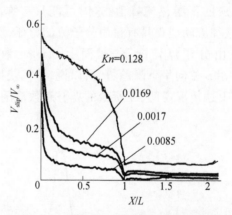

图 8.11 双锥表面边界层内的滑移速度

密度降低时,速度滑移与温度跃升效应往往是影响激波—边界层干扰的首要稀薄现象。如果干扰前的壁面相对于自由流的倾斜度比较小,边界层内的压力和密度水平也很低,速度滑移与温度跃升效应的重要性就增大。如果没有低密度流动粒子特性的知识,这两个因素的影响都无法理解。由于这些知识很重要,以下给予详细介绍。

例如平板壁面上形成的边界层流动,参见图 8.12, $u=f(y)$ 是 x 方向的速度, y

是壁面法向的坐标。假设在靠近壁面但 y 略大于当地平均分子自由程 λ 的位置上,速度梯度为常数,即 $du/dy = k$,该常数取决于上述区域上方边界层的剪切能力。在壁面上方一个平均分子自由程范围的区域,其中的流动由粒子构成,粒子的速度等于平均速度加上一个热运动随机分量,所以一些粒子向着壁面运动(即入射流),一些粒子与壁面碰撞后背离壁面运动(即反射流)。考察一个因随机热运动而朝向壁面运动的入射粒子,当它进入距离壁面一个平均自由程范围内时,平均来看,在到达壁面之前并不经历进一步的碰撞而改变其速度,于是它携带着最后一次在气体中碰撞获得的动量,在 x 方向以正的有限速度到达壁面,速度量值取决于 k 与 λ。每一个到达壁面的粒子适应壁面条件后返回气流,对于"实际的工程壁面",可以假设这些粒子返回时完全适应了壁面条件,且以漫反射形式反射到气流中,好像它们来自于壁面之下的驻止气体,以壁面温度和壁面压力释放出来。设 v 是朝外的 y 向速度分量,T_w 是壁温,当 $v>0$ 时,反射粒子的速度与驻止气体的平衡分布 $f_0(c, T_w)$ 一致。所以,再发射粒子的平均切向速度为零。壁面的流动速度是入射流与反射流特性的叠加结果,总的结果是在壁面的 x 方向具有一个有限速度,称为"滑移速度"。这与连续流中通常假设的无滑移边界条件相矛盾。发生这种情况的区域厚度大约是离开壁面一个平均自由程的厚度范围,称为克努森(Knudsen)层。速度滑移伴随着温度跃升效应,即在壁面温度和邻近的流体温度之间存在的一个差值,速度滑移与温度跃升的数值取决于稀薄程度、边界层内的温度梯度及剪切力,往往使剪切应力和热流降低。

实际上,这些效应存在于所有边界层中,但大多数情况下,平均自由程太小,影响范围很小,一般可以忽略,在克努森数小于 10^{-4} 时可以采用无滑移条件。超过这一数值时,连续流计算应该改变壁面边界条件,采用半经验表达式确定速度滑移与温度跃升效应。但这种方法只在克努森数较小时可以接受,随着克努森数的增加,这种近似越来越不可靠,真实影响只能利用动力学理论或者粒子模拟来分析,至少在壁面附近需要这样做。尽管速度滑移和温度跃升引起的边界层剖面内的变化最可能发生在前缘附近或头尖部(克努森数最高的地方),但可以严重影响边界层的后续发展,进而影响下游发生的激波—边界层干扰。

速度滑移效应一直是动力学理论研究的课题,即如何适当考虑克努森层内的粒子碰撞,实践证明解决这个问题非常困难。但 Cercignani 采用忽略温度梯度的线性化近似,提供了成功的结果[4],给出的壁面附近速度剖面为

$$u(y) = k\left[x + \zeta - \frac{\pi^{-\frac{1}{2}}\lambda}{2}I\left(\frac{y}{\lambda}\right)\right] \tag{8.3}$$

式中:ζ 为滑移系数,等于 1.01615λ;k 为紧靠克努森层外缘的边界层内的平均速度梯度;函数 $I(y/\lambda)$ 为 Cercignani 绘制的曲线(越靠近壁面,其值越大),在克努森层之外该函数实际上等于零。

上述表达式给出的速度剖面见图 8.12,尽管克努森层只有一个平均自由程厚

度,但确实是粒子之间的碰撞导致了图中的曲线型速度分布。还有其他分析工作对动力学理论进行了完善,但大多数无法提供与测量数据相符的结果。最近的 DSMC 数值模拟证实了 Cercignani 的结果[13],从图中看出,对于克努森层之外的 Navier-Stokes 计算,真实的壁面滑移速度的确不是最适合的外推边界条件数值,而是一个更高的数值(图中记为 u^*)更合适。在合适的条件下,该数值可以在连续流计算中用作壁面边界条件,表达式为

$$u^* = \sigma_p \frac{\mu}{p} \left(\frac{2\hat{k}T}{m} \right)^{\frac{1}{2}} \frac{\partial u}{\partial y} \bigg|_e \tag{8.4}$$

式中:u^* 为固壁处气体的有效切向速度;μ 为气体黏度;p 和 T 分别为当地压力和温度;m 为气体分子量;$\hat{k}$ 为 Boltzmann 常数。速度滑移的程度正比于克努森层外缘(即下标 e)的剪切应力,常数 σ_p 是另一个速度滑移系数,由 Maxwell 于 1879 年提出[32],但该数据不准确。为在实际中能够应用这一理论,Sharipov 等[14,15] 总结并提供了该系数的选取建议,其建议适合不同情况,包括气体混合物。这些作者还讨论了温度跃升的相应表达式。

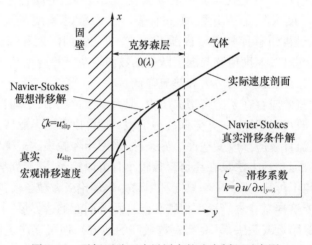

图 8.12 平板近壁面边界层内的速度剖面示意图

图 8.12 的速度剖面与黏度一致,因为在如此短的距离内没有什么其他原因可以使剪切应力发生显著改变,在克努森层内,越靠近壁面黏度越小。Torczynski 等[16]的 DSMC 结果证实了这一点,结果表明有效黏度和热传导都严重下降,与 Chapman-Enskog[33] 的连续流结果相比,在很靠近壁面处衰减达 50%。这些结果再一次强调,使用 Navier-Stokes 方法研究稀薄效应时,需要非常小心,因为在该方法中没有体现这些输运系数的变化。

推出方程(8.3)的动力学理论假设与克努森层相邻的气体处于当地分子平衡状态,通常该假设在连续流中是正确的,但在低密度高超声速条件下,边界层在靠

近壁面处应该存在一定程度的非平衡性,例如因流动中发生化学反应而出现非平衡的情况,这时使用 Navier–Stokes 方法加滑移边界条件不能正确求解。在发展速度滑移理论时,一般还假设从壁面反射的气体处于壁面温度下的完全平衡态,这是一个不稳妥的假设,有两个原因:①物面处气体的内能模态调节往往是不彻底的,如文献[17]预测的氮气转动模态调节系数在某些情况下只有 0.35(1.0 表示完全调节到壁面条件),因此推测振动模态的调节系数更小;②对于化学反应流,壁面类型非常重要,如果壁面不是完全催化的,气体的反射就不是完全的化学平衡态。这些因素对速度滑移和温度跃升现象的影响程度尚未得到研究,也不可能轻易得到定量。

8.4.4 尖双锥体上的激波—边界层干扰

体现稀薄效应对激波—边界层干扰物理结构影响的第二个例子是双锥绕流。与空心柱—裙体绕流有很多共同之处,但本例的流动偏折更大、产生的干扰更强。双锥体也是 RTO 软件验证工作使用的构型[6,18]。

图 8.13 所示是高超声速连续流条件下这种物体绕流的主要特征。分离发生在两锥衔接线上游,大致以衔接点为中心形成回流区。为进行软件验证,前后锥的角度分别取为 25°和 55°,确保流动分离且稳定(而在空心柱—裙体上,回流区范围是随克努森数、雷诺数和马赫数而变化的)。

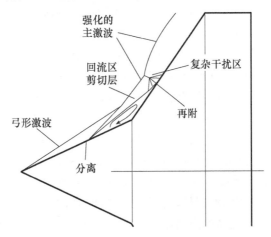

图 8.13 双锥绕流的流动结构示意图

图 8.14 给出的是 DSMC 模拟获得的双锥干扰区附近的流线与等值线,克努森数为 0.0024,马赫数为 10,对应 CUBDAT 数据库的工况 7 条件,实验气体为氮气。本节讨论的其他结果也限于氮气,主要是为了回避复杂的化学反应影响。图 8.14 中主激波形状可以根据靠外部暗色区的边界推断。

如空心柱—裙体绕流一样,在紧靠分离点的上游形成第二道激波,该激波入射

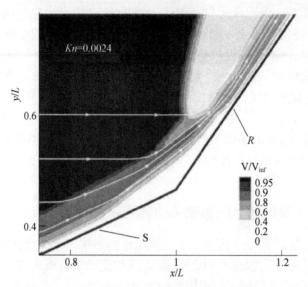

图 8.14 双锥拐角区附近 DSMC 模拟的速度与流线
（克努森数为 0.0024，马赫数为 10，CUBDAT 数据库的工况 7 条件，氮气）

到弓形激波上,使弓形激波得到增强并向远离壁面方向偏折,分离激波的迹象表现在 $x/L=0.95$ 附近流线的弯折及主激波斜度的变化;在再附点附近,发生类似于空心柱—裙体绕流的复杂干扰,相比之下,此处物面使流动偏折更大,因而干扰更强;从分离泡边界的流线形状看,很明显,在紧靠再附点 R 的上游位置,剪切层发生凹曲,因而此处从壁面发射出一套汇聚的压缩波系,这些压缩波往往(但不总是)在与主激波干扰之前汇聚为一道激波,汇聚后的压缩波与弓形激波相交而形成激波—激波干扰,与 Edney 分类[19]中的斜激波入射到钝前缘弓形激波的情况类似。虽然本例中形成的干扰类似于 Edney Ⅲ 类激波干扰,但需注意的是,双锥上也可能产生Ⅳ类干扰。图 8.15(a)给出了这种干扰在稀薄程度相似时的结构,是 Moss 等[20]用 DSMC 模拟获得的一道斜激波入射到圆柱体时的结果,由马赫数等值线可以清楚地看到激波结构,激波干扰形成的两个三波点 TP 之间出现一道近乎平面的斜激波,下游形成一道超声速射流,射流直接流向壁面,在前缘造成很强的当地热流和压力峰值。第 7 章讨论过高超声速流中的这种干扰结构。密度降低对 Edney Ⅳ 类干扰的影响与 Moss 等计算的结果类似,见图 8.15(b)。与前面给出的实例一样,稀薄程度增加使干扰强度减弱、激波厚度增加、流动结构变模糊,制造高速射流的两个三波点已经无法分辨,壁面的压力与热流峰值大大减小。双锥绕流没有呈现出准确的 Edney 干扰流动结构,但在图 8.14 中可以清楚地看到一道非常高速的射流,即流向后锥壁面的暗色条带,该射流中的速度高达入流速度的 75%,该射流不像 Edney 干扰流动那样直接流向壁面,而是平行于锥面行进很长一段距离,如果沿包覆该射流的流线向上游追踪,就可发现射流内流体先前流经几道斜激波,包括主激波、分离激波、再附区激波(或压缩波系)。就像在多波系超声速进气道中那样,通过流经多激波的方式获得高压,因为这样的压缩过程接近等熵压缩。图 8.16 的压力等值线图证实了这一点,在激波—激波干扰下游立即生成一个压力峰值,是自由流压力的 650 多倍,在紧靠该区域的上游,主激波产生明显偏折,实际上变成一道正激波,因为其下游流动减速为亚声速。从图 8.14 可以测量出低速区范围,强压缩耦合射流的高剪切作用,在后锥体上生成一个很薄的边界层,在所给的克努森数条件下,压力和热流分布在再附点出现幅值很高的尖峰(图 8.17 和图 8.18)。在压力分布的第一峰值后,因干扰的扰动而出现沿锥面的压力振荡,热流分布也证实存在这个扰动影响(但振荡比较小),本例给出的这些曲线对应 CUBDAT 数据库工况 7 的条件,与实验数据符合很好(这里没有提供实验测点)。

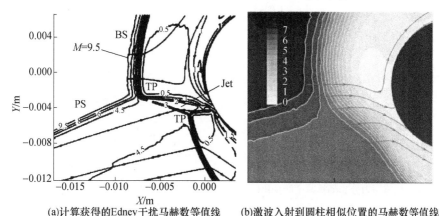

(a) 计算获得的 Edney 干扰马赫数等值线 ($Kn_{\infty,D}=0.0067$)

(b) 激波入射到圆柱相似位置的马赫数等值线 ($Kn_{\infty,D}=0.0049$, $M=7.71$)

图 8.15　稀薄程度对斜激波—圆柱体干扰结构的影响

BS—弓形激波;PS—入射主激波;TP—三波点(Moss 等[20])。

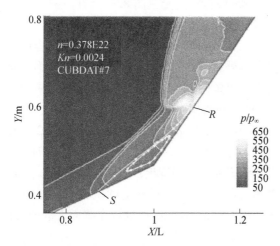

图 8.16　双锥拐角区的无量纲压力等值线图(CUBDAT 实验工况 7,氮气)

$Kn=0.0024, M=10, T_\infty=94\text{K}, T_w=293\text{K}$

在相同马赫数和气流温度条件下，还针对双锥计算了三个更高克努森数的情况。随着稀薄程度的增加，因雷诺数减小和第一锥面上速度滑移增加的影响，分离延迟（与空心柱—裙体绕流相比，速度滑移的影响比较小，因为壁面的密度比较高）。流线结构证明，在克努森数增加到 0.029 时，还有分离发生，之后分离仅仅发生在两锥衔接处；当 $Kn = 0.0899$ 时，分离被抑制。随着克努森数的增加，激波—边界层干扰的强度逐渐减弱直至消失，像空心柱—裙体绕流一样，激波增厚、流场结构融合、速度滑移和气流黏度增加都对降低干扰强度起作用。壁面压力和绝对热流分布随克努森数的增加而减小，压力振荡受到抑制。

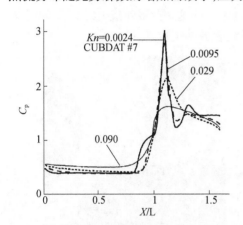

图 8.17　尖双锥体压力分布随稀薄度的变化（氮气）
（$M = 10, T_\infty = 94K, T_w = 293K$）

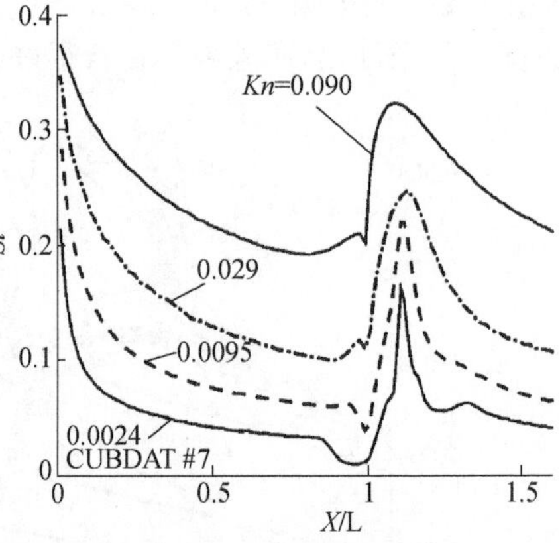

图 8.18　尖双锥体 St 数分布随稀薄度的变化
（$M = 10, T_\infty = 94K, T_w = 293K$）

图 8.19 是克努森数 0.029 时拐角附近的流线和速度等值线图。与上一个例子相比，干扰更不清晰，主激波远不是一个间断面，而是类似于钝端面圆柱前方出现的压缩波结构（克努森数相当时，参见图 8.3 和图 8.4）。在其他位置也出现流动总体结构的融合现象，导致壁面热流峰值减小，也没有出现强激波—激波干扰结构。但在等值线图中增加了一个更暗的条带，其中心位于自由流速度的 30% 左右处，表明是边界层所在之处；可以推断，由此位置开始，在第二锥的壁面上方气流中，不再出现更低克努森数条件下（图 8.14）观察到的激波—激波干扰引起的高速射流；进而，再附点下游的壁面压力峰值减小，流动结构变化更平缓。图 8.17 表明，克努森数从 0.0024 增加到 0.0899，压力最大值下降 1/2。图 8.18 给出了克努森数增加对热流的影响，像空心柱—裙体绕流一样，随雷诺数下降，热流的总体水平增加，但第二锥上热流峰值的尖锐程度却减小，随稀薄程度的增加热流峰值区所占范围扩展（前面解释过原因）。由于锥面上的压力水平高于空心柱—裙体绕流，最稀薄的情况（即 $Kn = 0.09$）也是如此，所以两个锥面上的曲线值都不接近自由分子流的常数值。

图 8.20 是 $Kn = 0.029$ 时的无量纲压力 p/p_∞ 等值线，可以直接与图 8.14 对

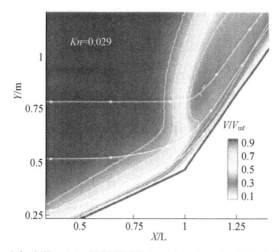

图 8.19 克努森数 0.029 拐角附近的 DSMC 流动解（流线与速度等值线）

比,此处克努森数是图 8.14 的 10 倍。很明显,所有强压缩区域都消失了,其中的 p/p_∞ 最大值只有图 8.14 的 1/2,但拐角流动的压缩仍然足够强,以至于主激波在再附区上游偏折为一道近正激波。

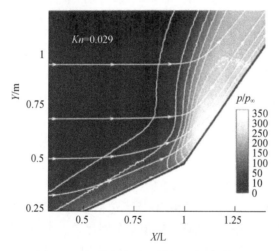

图 8.20 双锥拐角区无量纲压力（氮气）
($Kn = 0.0029, M = 10, T_\infty = 94\text{K}, T_w = 293\text{K}$)

图 8.21 表明,在这类流动中,像预期的那样,存在一定程度的分子非平衡性。由于流动介质是纯氮气,振动模态被冻结,非平衡性只能表现为平动与转动温度之间的差异。图中给出的是沿 $y/L = 0.62$ 线（比再附激波与主激波交点离开双锥轴线的距离略远）的平动与转动温度曲线,$Kn = 0.0024$、0.029,$y/L = 0.62$ 线穿过图 8.19 的低速区。对比是明显的,在密度较高的流动中,在 $x/L = 1$ 处的尖峰是激波

的稠密特征,转动温度略滞后于平动温度,之后流动很快变为平衡态,平衡态一直保持到壁面。克努森数仅仅增加一个量级,激波特性发生彻底改变,激波变得非常弱,图 8.21 中的曲线与图 8.4(b)钝端面柱体的曲线相似,转动温度远滞后(低于)于平动温度,并且,只有在靠近壁面的较高密度区才能获得平衡态。

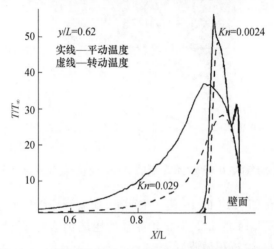

图 8.21　再附区沿 $y/L=0.62$ 线的平动与转动温度曲线

8.4.5　含有化学反应的流动

到目前为止,所有例子都是氮气流动,其中只存在与内能交换有关的真实气体效应。但实际的高超声速流动介质是空气,或者其他行星大气,这些介质中会发生离解与化学反应。本节介绍伴随这些现象时,稀薄效应如何影响激波—边界层干扰流动。研究的目的不是全面描述离解与化学反应对激波—边界层干扰的影响,而是描述稀薄效应与化学反应的相互作用。这里还是使用 25°/55°双锥构型,假设流体是理想空气,即 80%氮气与 20%氧气的混合物。因为没有合适的稀薄状态实验数据,只能由 DSMC 计算结果得出结论,包括可能出现的全部反应(但不包括电离)。假设物面对于氮—氧复合反应是完全催化的。由于 DSMC 方法以粒子碰撞为基础,所以对反应的模拟很细致,并计入了这种流动中分子非平衡度增加对化学反应概率的影响。计算的克努森数范围覆盖了 8.4.4 节双锥绕流实例的克努森数,但为使驻点焓足以诱发化学反应,提高了入流速度和温度,但保持入流马赫数与那些实例近似一致。

稀薄度增加引起的"拱化效应"是碰撞频率减小的结果,因为所有化学反应都是分子碰撞的直接结果,所以可以预计,稀薄度增加将使这些过程减慢,有效降低反应速率,同时,激波变厚、变弱;由于反应需通过介质温度的升高而启动,所以反应也更温和,特别是在激波—激波干扰区。在所给驻点焓条件下,以上两个因素的综合作用导致化学反应水平随稀薄度的增加而降低,反应区也扩散得更大。随着密度的降低,初次反应产物出现在更下游的位置上。碰撞频率的降低还影响所有反应产物的复合反应,因为启动复合反应需要三体碰撞。

图 8.22 和图 8.23 给出的是两锥交界附近一氧化氮分数的等值线,反映了双锥绕流克努森数增加对流动中化学反应的影响情况。空气的驻点焓为 10MJ/kg,克努森数分别为 0.0015 和 0.048(参见图 8.16 和 8.20 的压力等值线图,尽管图 8.16 和 8.20 是氮气的结果,而且克努森数并不与本例严格相等,但可以从中看到清晰的激波—激波干扰流动结构)。在图 8.22 中,密度较大,一氧化氮出现在紧靠激波—激波干扰的下游位置,该组分是流动中化学反应的有效标志物,是氧、氮离解后原子交换反应(或原子组分直接复合)的结果;氮气和氧气的离解反应是强吸热过程,可以降低无反应流动的峰值温度,但随着流动靠近物面,因温度下降而发生逆向反应,又把热量还给气流或物面;因物面是完全催化的,于是氮和氧在物面上完全复合。事实上,似乎所有复合反应都发生在流体到达物面之前(取消壁面复合反应设置的计算结果表明,实际上峰值区附近的热流分布相同,证实该现象仅发生于流体到达壁面之前),图 8.22 中 $Kn=0.0015$ 的情况表明,一氧化氮出现在紧靠激波—激波干扰的下游,并在外部激波与锥面之间、射流上方的流动中一直存在,流动中一氧化氮的离解很慢,其浓度沿第二锥面长度方向大致保持不变。

图 8.23 反映的是密度降低对一氧化氮浓度的影响,$Kn=0.048$,保持驻点焓不变,等值线标尺与图 8.22 一致。图中较低的浓度值证实,一氧化氮的生成延迟且减少。在激波—激波干扰(干扰区范围更大、其中存在离解)与反应物首次出现的位置之间,存在物理分离,这是碰撞频率减少的直接结果。

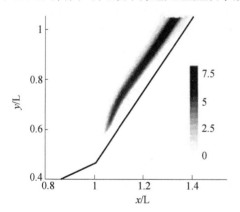
图 8.22 两锥衔接线下游的 NO 分数(%)等值线
($Kn=0.0015$,驻点焓值 10MJ/kg,实线表示锥面)

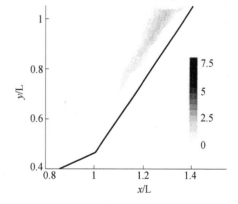
图 8.23 两锥衔接线下游的 NO 分数(%)等值线
($Kn=0.0048$,驻点焓值 10MJ/kg)

图 8.24 ~图 8.28 给出了改变驻点焓对反应流物面流动特性的影响。首先考察 $Kn=0.0015$ 时再附点附近的压力分布和热流分布情况,尽管存在一些稀薄效

应影响,但这个克努森数靠近连续流边界。图 8.24 中包括三个焓值条件的压力系数,如预期一样,入流能量增加使压力峰值水平增大、使分离延迟、使回流区范围减小,峰值位置向两锥交线($x/L=1$)附近移动。图中还给出了无反应氮气流动的结果(驻点焓为 2.1MJ/kg),与 3MJ/kg 的空气流结果相比较可以证实,从惰性的氮气到反应气体的变化,导致流动结构的改变,最引人注意的是,随着分离点向上游移动,回流区尺寸增加,C_p 峰值向后方移动。

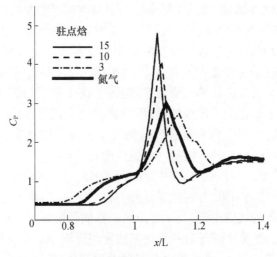

图 8.24 再附区压力分布
(空气, $Kn=0.0015$)

图 8.25 表明,密度降低一个量级,已经大大影响到这些分布。这时除了分离位置,其他位置的总体分布对焓值不敏感,随焓值的增加,分离被推迟。该趋势与密度较大的情况一致。在该稀薄度条件下,焓值增加(从 10MJ/kg 增加到 15MJ/kg)对压力峰值影响甚微(与最低焓值条件相比)。

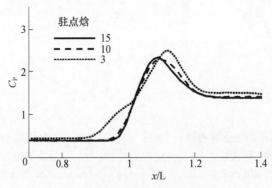

图 8.25 再附区压力分布
(空气, $Kn=0.015$)

图 8.26 和图 8.27 给出了相应的热流分布情况,焓值与克努森数条件与图 8.24、图 8.25 相同,分布趋势也与压力曲线一致。在克努森数为 0.0015 时,强加热出现在再附点下游;尽管 15MJ/kg 焓值条件下的热流峰值很高,也只有 3MJ/kg 条件的 3 倍多,这是因为吸热反应将能量吸收、能量从壁面向外传输的结果。但该峰值仍然是高超声速飞行器结构完整性的严重威胁,仍需强调,应尽可能精确地预测流动。密度降低、克努森数增加一个量级(0.015)时,对热流的影响与对压力的影响相似,对驻点焓的敏感度同样降低,不同的是,当驻点焓从 3MJ/kg 增加到 15MJ/kg,热流峰值增加 35% 左右,而压力几乎完全不受影响。由于碰撞频率的降低、激波—激波干扰变弱,化学反应产生直接影响的位置大幅度向下游移动,远离了激波—边界层干扰区。

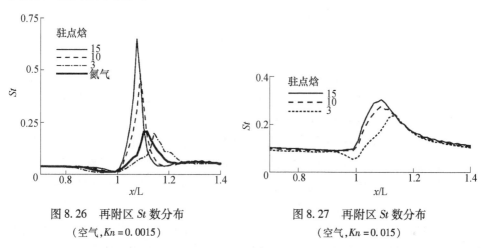

图 8.26 再附区 St 数分布
(空气,$Kn=0.0015$)

图 8.27 再附区 St 数分布
(空气,$Kn=0.015$)

图 8.28 总结了稀薄程度对反应流壁面热流的影响,其中克努森数跨度是两个量级。克努森数增加等价于减小雷诺数,所以 Stanton 数总体水平增加,在第一锥

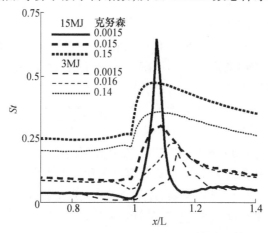

图 8.28 不同克努森数条件下双锥空气绕流再附区的 St 数分布

面上($x/L<1$)该趋势总是很明显。该图增加了 $Kn\approx0.14$ 的结果,是接近自由分子流的条件,这里没有给出其压力分布,但其压力在两个锥面上都是恒值,并非常接近自由分子流的数据,而且只取决于壁面的倾斜度。但热流却不同于自由分子流的情况,仍然在拐角附近存在明显的峰值,该峰值超过第二锥面的自由分子流绕流数据,反映了无反应流的壁面热流变化倾向(图 8.18)。

8.5　结论

本章研究了稀薄效应对高超声速激波—边界层干扰物理结构的影响,从两个含激波—边界层干扰的构型绕流实例,观察到随克努森数的增加,流动结构从典型连续流结构向自由分子流流动结构的稳定演化过程。在过渡区条件范围,要影响这种变化,只需要克努森数少量的增加,表面上看,该过程的初始表现(如分离区的延迟或者抑制)可以看作低雷诺数效应;但随着密度的进一步降低,稀薄区独特现象的重要性越来越显著,在流动结构变化方面起决定作用。从一个空天飞行器设计者的角度看,一个重要的变化是,壁面压力尖峰和热流尖峰变得很平缓(而在连续流中再附区存在很大的压力和热流尖峰)。本章试图表明何时以及为什么发生这种情况,观察到流动条件还远未接近自由分子流边界之前就发生了这种变化。与双锥绕流相比,空心柱—裙体绕流中的这种变化更明显,在双锥绕流中,更强的弓形激波造成的压缩推迟了向自由分子流的过渡,使自由分子流边界处于更高的克努森数条件下。

随克努森数的增加,稀薄流的几种独特现象都影响着激波—边界层干扰的发展情况,壁面边界上的速度滑移和温度跃升、以及因与邻近的黏性层相互融合而导致的激波增厚与强度减弱,都对激波—边界层干扰的发展有显著影响。同时,因稀薄程度增加、碰撞频率降低,出现一个"拱化效应",整个流动中的分子非平衡度和化学反应的非平衡度增加。实际的包含激波—边界层干扰现象的高超声速流动,大多数情况下是高焓流动,存在很强的化学反应和真实气体效应,碰撞频率的减小使化学反应的启动进一步向下游延迟,在远下游,因温度升高而启动化学反应。在激波—激波干扰和激波—边界层干扰再附区中,因温度急剧增加而触发化学反应的现象更显著。在更稀薄的情况下,壁面压力和热流系数分布对焓值增加的敏感性大大降低,这不是连续流 CFD 方法可以准确预测的结果,也更凸显了粒子模拟方法(如 DSMC 方法)在稀薄流预测中的价值。

本章的结论主要来自于计算,假设计算结果代表了真实流动。尽管存在风险,但验证研究证明,DSMC 结果是准确的,至少对于无反应流是准确的。目前还没有可用的实验数据来评价含化学反应流的计算程序。

附录 A 动力学理论与 DSMC 方法

动力学理论的主要任务是,用显式或隐式形式,在给定的边界条件下,确定分子的速度分布函数 $f=f(c,x^*,t)$,该函数决定着一个粒子在时间 t、位置 $x(=x,y,z)$、拥有特定速度 $c(=u,v,w)$ 的概率。正如文献[1-4]所解释的,流动的所有宏观特性都可以从函数 f 导出。如果气体是多组分的,或者具有几种内能模态,则分布函数 f 需要更复杂的函数表达形式。

稀薄气体中,碰撞只涉及两个粒子,因此可以从 Boltzman 方程[3]中求解出 f 的控制方程。这是非常难解的积分—微分方程,即使对于最简单的流动,实际上都是不可能直接求解的,除了几个孤立的、没什么价值的流动,所有解都是依靠近似方法获得的。最成功的方法基于速度分布函数的 Chapman-Enskog 展开式,其形式为 $f_0(1+\varepsilon)$,其中 ε 是小量,f_0 是当地平衡速度分布。在一个等温容器中,静止气体必须松弛到平衡状态,速度分布由 Maxwellian 函数给出[2]:

$$f_0 = (\beta^3/\pi^{3/2})\exp(-\beta^2 c'^2) \tag{8.A.1}$$

式中:c' 为气体分子的随机热运动速度,且

$$\beta = (2RT)^{-1/2} = \sqrt{m/(2\hat{k}T)} \tag{8.A.2}$$

R 为气体常数;T 为平动温度;m 为分子质量;$\hat{k}$ 为玻耳兹曼常数($=1.38066 \times 10^{-23}$ J/K)。

对于具有转动与振动内能分量的多原子气体,这些内能模态相应的平衡态分布为

$$f_{\varepsilon_i} = \varepsilon^{\frac{\zeta}{2}-1}\exp(-\varepsilon_i \hat{k}T_i) \tag{8.A.3}$$

式中:ε 为与每个模态对应的内能;ζ 为与之相关的内部自由度维数。

这些近似方法获得的解严格局限于分子偏离当地平衡态很小的流动。高空的高超声速流动往往不是这种情况,严格讲,该求解方法是不适用于实际情况的。为获得进一步的信息,读者可参考本章所列文献[2-4]。

气体的四个传输系数(黏性、热传导、质量扩散和热扩散系数)的形式,在动力学理论中用 Chapman-Enskog 近似评估过,只有分子少量偏离当地平衡态时,这些系数的使用是严格有效的(参见文献[2]第 10 章第 7 节)。对于连续流也是正确的。但如果克努森数超过 10^{-3},由于碰撞频率的降低,可能出现不满足这个要求的流动区域,这时使用这些系数是不妥的,这也是为什么 Navier-Stokes 方程不能满意地预测实际稀薄流的一个解释。

A.1 粒子模拟方法

发展了许多数值方法,可直接顺便解出速度分布函数。做气流模拟,这些方法采用粒子来模仿真实气体中原子和分子的运动与碰撞。但即使在低密度流动中,

粒子的数量也大得惊人,不可能跟踪计算每一个粒子,只能用少量模拟粒子从统计意义上代表完整的流体。当模拟粒子通过计算区域时,必须复现真实气体原子和分子的特性,并且以可接受的真实性模拟粒子间的相互碰撞及与固壁的碰撞。对于高超声速流动,气流温度很高,碰撞模型还必须复现流动中和在壁面上发生的内能交换、离解、复合以及化学反应。对于焓值更高的流动,电离也是可能发生的,如果有很大的等离子电荷分离的话,还需要特殊的方法来处理带电粒子之间产生的长程库伦力(long-range Coulomb forces)。

这些数值方法回避了对$f(c,x,t)$的显式评估,但以统计意义给出与粒子速度分量、组分、各模态内能分量等物理量的空间和时间分布相关的信息(当模拟粒子通过计算区域时,模拟粒子的数量就是这些统计信息的母体)。在这类方法中,对于空气动力学研究,DSMC方法是最成功的,被证明是异常强大的通用预测工具。也有其他粒子模拟方法,例如物理学家偏爱的 Particle in Cell 程序,这些方法对于特定的应用是成功的,但更适合于有带电粒子和电磁场的情况,对于气体动力学问题,必须应付复杂的物体形状和流动结构,这些方法都没有 DSMC 方法的良好表现。DSMC 方法处理这些问题所向披靡,具有非常大的计算灵活性和效率,对于许多复杂流动问题,能够通过捕捉粒子实现准确的数值求解,说 DSMC 方法彻底变革了稀薄气体动力学毫不夸张。

A.2 DSMC 方法

DSMC 方法是 1970 年由 Graeme Bird 教授[21]最先完成公式描述的,该方法是从直觉出发、依靠大量的物理推理发展出来的。该方法[22]发表在正式的数学证明之前 25 年,完全求解计算可以得出与玻耳兹曼方程相同的解,为此,实验验证重点放在证明方法的准确性上[23]。图 8.A.1 给出了一个令人印象深刻的比较结果,计算与测量结果符合得非常好,模型是 70°球头钝锥(典型的行星探测再入飞船的构型[24]),给出的是氮气绕流结果。图中数据表明,计算的密度等值线与 ONERA

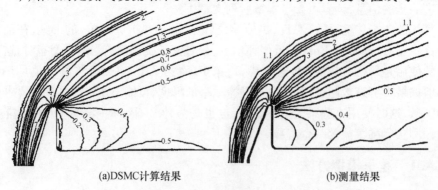

(a)DSMC计算结果　　　　　　　(b)测量结果

图 8.A.1　零攻角 70°球头钝锥绕流的密度等值线(氮气)
($M=20, Kn=0.0045$)

R5Ch 风洞用非侵入电子束荧光技术测量的结果相符,两个图使用了相同的等值线间隔,为清晰起见,在测量的曲线中取消了 7 倍于自由流密度以上的数据线。

这些结果揭示了流场结构、在更敏感的细节上对程序能力进行了评估,与壁面压力或热流反映的信息相比,密度信息反映了程序捕捉流场物理细节的能力。测量与计算结果的一致性给人以深刻印象,很明显,计算精确捕捉到了流动的大部分重要特征。尽管最开始人们不是很喜欢这个方法,但很快就证明了 Bird 的 DSMC 方法的广泛适用性,随即发明了一些方法,使之成功适用于包括离解、化学反应、电离、分子高度非平衡性在内的复杂问题计算,目前已经形成了若干成熟的程序,能够解决多组分反应流和复杂几何形状绕流问题。这里只对 DSMC 方法做简单概述,文献[21]对此方法有全面介绍,Bird 在这篇经典文章中系统而实际地解释了他自己的程序,以及程序所依赖的理论基础。关于动力学理论的更详细解释,可参阅 Cercignani 的文章[4]。

DSMC 计算是实时推进的,用时间步长 Δt 跟踪一批模拟粒子,时间步长应小于当地平均碰撞时间。模拟粒子有三个速度分量,即使被计算流场不是三维的也采用三个速度分量。Bird 方法的特点是将粒子运动与碰撞解耦,方法是分别模拟运动和碰撞两个过程,图 8.A.2 是对这个方法的描述。稀薄气体的 Boltzmann 方程[3]表达为

$$\frac{\partial f}{\partial t} + v \cdot \nabla_x f = \frac{1}{\varepsilon} Q(f) \tag{8.A.4}$$

式中:v 为速度;Q 为碰撞算子,是一个复杂的函数,用来确定 f 如何随分子间碰撞的结果而改变。在一个小的时间增量 $[n\Delta t, (n+1)\Delta t]$ 上,先计算方程左侧(即$\partial f/\partial t + n \cdot \nabla_x f = 0$),这个阶段允许所有模拟粒子自由移动,并采用式(8.A.5)的近似,有

$$x_i((n+1)\Delta t) = x_i(n\Delta t) + v_i(n\Delta t)\Delta t v_i \quad v_i((n+1)\Delta t) = v_i(n\Delta t) \tag{8.A.5}$$

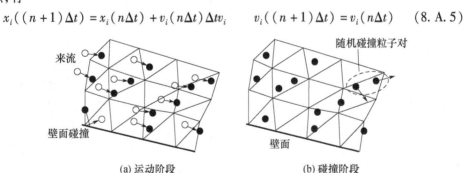

图 8.A.2 二维 DSMC 计算的两步法图示

图 8.A.2(a)是对该阶段情况的描述。如果在这个阶段中一个模拟粒子遇到固体壁面,则粒子以一个新的速度分量返回到流动中,该速度分量用一个假设的壁面散射模型计算程序确定。在该过程中,入流边界上有新的模拟粒子进入,新粒子

是从进入计算域的流体状态分布与速度分布中随机选取的。进入每个时间步长的粒子数量根据模拟粒子与真实流动的密度比设定。

下一个时间步（图 8.A.2(b)）模拟 Boltzmann 方程的右侧，即 $\partial f/\partial t = Q(f)$。从空间域的微小局部域 Δx 中，选取合适数量的"碰撞粒子对"，这些小空间必须小于当地平均自由程。如果该微小空间中粒子对的选择是随机的，$Q(f)$ 就可以为空间光滑算子 $Q^{\Delta x}(f)$ 所替代；也可以通过改进算子的光滑性，确定最相邻的碰撞粒子对。设计了高效数值格式来实现上述方法，也大大改进了结果精度，特别是改进了较大密度流动的计算精度。在完成每个碰撞的模拟之后，采用合适的相互作用表达式描述所确定的两个粒子的新特性。任何时候，每个微小空间内只需要 10～20 个模拟粒子。以上两步计算反复很多次，当模拟粒子通过很小的计算样本区域时，获取模拟粒子的数量信息，从粒子数量信息中确定流动特性。Bird 设计时间步分裂推进方法的动机是大幅度提高 DSMC 数值方法的效率，使之超过其他粒子模拟方法（如分子动力学计算）的效率（DSMC 方法的效率取决于模拟中的粒子数量 N，而分子动力学方法取决于 N^2）。虽然图 8.A.2 描述的是二维流动，该方法可方便地扩展到三维流动。

计算的实时推进是分步随即启动的，所以，对于有稳态解的边界条件，在开始取样之前，必须设定一个启动过渡阶段，一般情况下，模拟粒子数量在 10^7 量级时，可顺利完成求解计算。在计算中必须多次调用粒子碰撞程序，因而限制了可容忍的程序复杂程度。通常采用现象学模型，从适当的预定分布中随机取样，确定碰撞后的特性。可以有多种方法确定每个时间步所允许的碰撞次数，但常用的是非时间计数器方法[21]。

在模拟的碰撞过程中，分子的行为取决于对分子间力的选择，模型的复杂程度不等，从简单的硬质球、能量反转表达法（inverse-power representations），到包括真实分子长程引力（long-range attraction）与短程斥力（short-range repulsion）的 Morse 和 Lennard-Jones 位势表达法[25]。后两个模型对于工程应用来说计算量太大，因而设计了既好用、计算效率又高的比较简单的方法，最常用的是 Koura 与 Matsumoto 的 Variable Soft Sphere 模型[26]。对于多原子粒子，还必须考虑能量从内能模态的传入与传出，最普遍使用的是 Borgnakke 与 Larsen 的随机模型[27]，实践证明该模型对于描述气体能量的宏观分布是成功的，即便对每一次碰撞的处理不够严格，也无妨碍。由于真实的分布总是存在不确定性，所以要求采用隐式的当地平衡假设，只能从每一次碰撞的不同平衡分布中取样，确定碰撞后的特性。经验证据表明，该模型对于无反应流计算是很好的，可能因为在这些相互作用中，所有现存的能量状态都倾向于无特别优先的数量分布，所以仅需少量碰撞就快速获得能量平衡。但在化学反应流中，碰撞一般不可能产生这种效果。对于存在化学反应的流动，使用该模型的正确性并不明显，因为当地平衡假设不会总是适合反应产物。就这一适应性还没有确切地试验过。

图 8.A.3 是使用 Borgnakke 与 Larsen 模型的一个计算结果,证明对于低密度无反应流是成功的。物体是一个钝端面圆柱,气流是马赫数 25 的氮气绕流,圆柱轴线与来流方向相同,图 8.3 和图 8.4 也引用了这个结果。图 8.A.3 给出了沿驻点线的转动温度分布,也给出了电子束荧光技术的实验结果提供比较,计算与实验结果非常接近,清楚地表明使用该模型准确预测出了平动与转动模态之间的能量传递。

计算时要求所有的计算单元都小于当地平均自由程,每个单元中保持大致相等的粒子数量。在目前的计算机资源条件下,这些要求限制了 DSMC 方法能够计算的密度条件。但 DSMC 预测方法还是少量覆盖了 Navier – Stokes 方法适用的密度范围,于是,通过两种方法之间的对比,以及与实验数据的对比,可以进行内容丰富的验证工作。一项包括激波—边界层干扰的流动研究[28]证明,DSMC 方法能够准确预测连续流区域低密度端的流动。

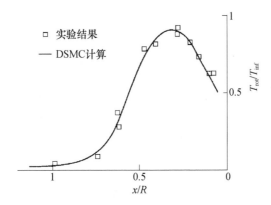

图 8.A.3　转动温度沿钝端面圆柱驻点线的分布(氮气)
($M = 20.6$,　$T_\infty = 52$ K,　$Kn = 0.02$)

DSMC 技术不同于连续流 CFD 方法之处是程序中采用的离解、化学反应、电离计算模型的复杂程度。这些过程的复杂程度则取决于每次碰撞中每个粒子各模态能量分量的分配。连续流程序一般使用 Arrhenius 总包平衡反应速率,结合简化的平动—振动温度关系(如 Park 模型[29]),计算化学过程引起的变化。粒子模拟程序则通过考虑每个粒子碰撞前的能量状态,有可能使用更实际的反应模型,包括那些在壁面上发生的反应。

图 8.A.4 给出了反应流中使用 DSMC 方法的典型结果[30],气体是空气,考虑所有可能的化学反应和电离反应。采用成熟的模拟方法,计算了钝球头空气减速飞行器再入地球大气时,在高度 83km、速度 9.848km/s 条件下驻点区的情况,基于飞行器头部半径的 $Kn = 0.005$。在图 8.A.4(a)中,给出了沿驻点流线的平动温度与振动温度分量的结果,并与 Greendyke 等用 Navier – Stokes 方法计算的结果[31]进行了比较,图中气流由右侧向左流动,驻点为横坐标原点。图中结果表明,两套

结果的差别很大,特别是振动温度,在整个流动范围内,DSMC 结果比 Navier – Stokes 方法预测的结果大很多。有理由相信,DSMC 结果更接近真实结果。由于空气中发生的大多数化学反应都受到振动能的强烈影响,所以以上述差别需要引起足够重视。图 8.A.4(b)给出了 DSMC 方法预测的组分摩尔分数,结果表明,在激波主体的上游,温度就开始升高,在这里就启动了离解反应。这个位置距离物体的距离是 Navier – Stokes 方法预测的激波位置($x = 0.15\mathrm{m}$)的两倍。在此位置的上游区域,用连续流方法没有预测到化学反应。

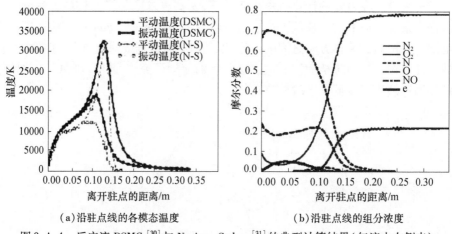

(a)沿驻点线的各模态温度   (b)沿驻点线的组分浓度

图 8.A.4 反应流 DSMC [30] 与 Navier – Stokes [31] 的典型计算结果(气流由右侧来)

参 考 文 献

[1] Bird G A. Molecular Gas Dynamics and the Direct Simulation of Gas Flows, Clarendon Press, Oxford, 1994.

[2] Vincenti W G, Kruger C H. Introduction to Physical Gas Dynamics. Wiley, New York, 1967.

[3] Chapman S, Cowling T G. The Mathematical Theory of Non – Uniform Gases, 3rd edition. Cambridge University Press, London, 1970.

[4] Cercignani C. Rarefied Gas Dynamics. Cambridge University Press, London, 2000.

[5] Mikhailov V V, Neiland V YA, Sychev V V. The Theory of Viscous Hypersonic Flow. Annual Review in Fluid Mechanics, 1971, (3): 371 – 396.

[6] Holden M S, Wadhams T P. Code Validation Studies of Laminar Shock – Boundary Layer and Shock – Shock Interaction in Hypersonic Flow. Part A: Experimental Measurements. AIAA Paper 2001 – 1031, 2001.

[7] Holden M S, Wadhams T P. A Database of Aerothermal Measurements in Hypersonic Flows in "Building – Block" Experiments for CFD Validation. AIAA Paper 2003 – 1137, 2003.

[8] Chanetz B, Benay R, Bousquet J – M, et al. Experimental and Numerical Study of the Laminar Separation in Hypersonic Flow. Aerospace Science and Technology, 1998, 2(3): 205 – 218.

[9] Chanetz B, Coet M – C. Shock Wave – Boundary Layer Interaction Analyzed in the RSCh Wind Tunnel. Aerospace Research, 1993, (5): 43 – 56.

[10] Markelov G N, Ivanov M S, Gimelshein S F, et al. Statistical Simulation of Near – Continuum Flows with Sepa-

ration. Rarefied Gas Dynamics: 23rd International Symposium, AIP Conference Proceedings, 2003, (663): 457-464.

[11] Available online at www. aeromech. usyd. edu. au/dsmc-gab/.

[12] Moss J N, Bird G A. DSMC Simulation of Hypersonic Flow with Shock Interactions and Validation with Experiments. AIAA Paper 2004-2585, 2004.

[13] CercignaniC. Knudsen Layer Theory and Experiment. In Recent Developments in Theoretical and Experimental Fluid Mechanics, Müller, U., Rosner, K. G., Schmidt, B., (eds.), pp. 187-95, Springer-Verlag, Berlin, 1979.

[14] Sharipov F, Seleznev V. Data on Internal Rarefied Gas Flows. Journal of Physical Chemistry Ref: Data, 27, 1998, 657.

[15] Sharipov F, Kalempa D. Velocity Slip and Temperature Jump Coefficients for Gaseous Mixtures. I: Velocity Slip Coefficients. Physics Fluids, 15(6), 1800-6(2003); see also Velocity slip and temperature jump coefficients for gaseous mixtures. 11: Thermal slip coefficients. Physics of Fluids, 2004, 16(3): 759-764.

[16] Torczynski J R, Gallis M A, Rader D J. DSMC Simulations of Fourier and Couette Flow: Chapman-Enskog Behaviour and Departure Therefrom. Rarefied Gas Dynamics. AIP Conference Proceedings #762, 2005, 620-625.

[17] Takeuchi H, Yamamoto K, Hyakutake T. Behaviour of Reflected Molecules of a Diatomic Gas at a Solid Surface. Rarefied Gas Dynamics. AIP Conference Proceedings #762, 2005, 987-992.

[18] Holden M S, Wadhams T P, Harvey J K, et al. Comparisons Between Measurements in Regions of Laminar Shock Wave Boundary Layer Interaction in Hypersonic Flows with Navier-Stokes and DSMC Solutions. Technologies for Propelled Hypersonic Flight, RTO-TR-AVT-007-V3, pp. 4-1-56, Research and Technology Organisation [NATO], 2006.

[19] Edney B. Anomalous Heat Transfer and Pressure Distributions on Blunt Bodies at Hypersonic Speeds in the Presence of an Impinging Shock. Aeronautical Research Institute ofSweden, FFA Report 115, Stockholm, 1968.

[20] Moss J N, Pot T, Chanetz B, et al. DSMC Simulation of Shock-Shock Interactions: Emphasis on Type IV Interactions. Proceedings of the 22nd International Symposium on Shock Waves, London, 1999.

[21] Bird G A. Direct Simulation of the Boltzmann Equation. Physics of Fluids, 1970, 13(11): 2676-2682.

[22] Wagner W. Monte Carlo Methods and Numerical Solutions. Rarefied Gas Dynamics, Capitelli, M (ed.), AIP Conference Proceedings, 2005, (762): 459-466.

[23] Harvey J K, Gallis M A. Review of Code Validation Studies in High-Speed Low-Density Flows. Journal of Spacecraft and Rockets, 2000, 37(1): 8-20.

[24] Coron F, Harvey J K, Legge H. Synthesis of the Rarefied Flow Test Cases. In *Hypersonic Flows for Reentry Problems Part III*, Abgrall, R., Desideri, J-A., Glowinski, R., Mallet, M., Periaux, J. (eds.), Springer Verlag, Berlin, 1992.

[25] Macrossan M N. Diatomic Collision Models Used in the Direct Simulation Monte Carlo Method Applied to Rarefied Hypersonic Flows. Ph. D. Thesis, University of London, 1983.

[26] Koura K, Matsumoto H. Variable Soft Sphere Molecular Model for Inverse-Power-Law or Lennard Jones Potential. Physics of Fluids A, 1991, 3(10): 2459-2465.

[27] Borgnakke C, Larsen P S. Statistical Collision Model for Monte Carlo Simulation of Polyatomic Gas Mixtures. Journal of Computational Physics, 1975, (18): 405-420.

[28] Harvey J K, Holden M S, Wadhams T P. Code Validation Studies of Laminar Shock-Boundary Layer and Shock-Shock Interaction in Hypersonic Flow. Part B: Comparison with Navier-Stokes and DSMC Solutions. AIAA Paper 2001-1031, 2001.

[29] Park C. Nonequilibrium Hypersonic Aerothermodynamics. Wiley, New York, 1990.

[30] Gallis M A, Harvey J K. The Modelling of Chemical Reactions and Thermochemical Non – Equilibrium in Particle Simulation Computations. Physics of Fluids, 1998, 10(6): 1344 – 1358.

[31] Greendyke R B, Gnoffo P A, Lawrence R W. Calculated Electron Number Density Profiles for the Aero – Assisted Flight Experiment. Journal of Spacecraft and Rockets, 1992, (29)621.

[32] Maxwell J C. On Stresses Arising in Rarefied Gases from Inequalities in Temperature. Phil. Trans. Roy. SOC. 1978, (170): 231 – 256.

[33] Chapman S, Cowling T G. The Mathematical Theory of Non – Uniform Gases, Cambridge University Press, London, 1940.

第 9 章 激波—湍流边界层干扰中的激波不稳定性

P. Dupont, J. F. Debiève, J. P. Dussauge

9.1 引言

在激波—边界层干扰中，如果激波强度很大、足以导致分离，流动的不稳定性几乎是不可避免的（不包括层流和高雷诺数高超声速斜楔诱导分离流动，在这些情况下，没有看到相关不稳定性探测的报告），这种不稳定性往往导致干扰区远下游产生很强的流动振荡，有时振荡非常严重，可以使飞机机体或者发动机的结构遭到破坏。一般业界称之为"周期性振荡"或者简称不稳定性，其频率很低，一般情况下至少比入流边界层中高能涡的频率低两个量级。因这种振荡的存在而提出两个问题：①其原因是什么；②有没有一般性的方法来理解这种振荡。

根据几何形状和流动是否分离，激波—边界层干扰可分为几种不同类型，流动不稳定性可能也会分为几种不同的基本类型。Dussauge[1]、Dussauge 和 Piponniau[2] 用图 9.1 的描述提出了一种分析，该结构图的上半枝描述的是无分离流，下半枝描述的是分离流，无论是哪种情况，激波都将流动划分为两个空间区域，即上游边界层和下游边界层区，于是可将激波看作两个条件的接触面，其位置和运动随这些条件而做出相应变化。记住这些变化的要素，就可以从上下游条件的观点来分析激波的运动。本章讨论和评述图 9.1 上下两枝问题中的流动结构及其他相关现象。

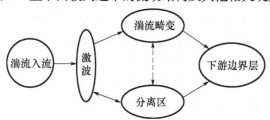

图 9.1 激波—边界层干扰分类的图示

9.2 无分离流动

本节总结平均流动和湍流流场的发展，它们是产生激波运动的关键要素，即使未发生分离,入流湍流在通过激波时也会产生很强的畸变。对于下游流动来说,流动过激波后生成了新的初始条件,随着受扰边界层的松弛,流动演化形成新的平衡态。如果发生了分离,就必须考虑边界层通过激波时的畸变,因为分离对湍流度是非常敏感的。无论是分离流动还是不分离流动,上游湍流特性的变化可以由当地理论(即只考虑一个点上发生的事件)给予充分的描述。

一般情况下,激波是不稳定的,但会有一定的频率响应,这种特定的频率响应取决于激波形状和激波周围的流动[3,4]。在特定情况下,如在 Sajben 和 Kroutil 的跨声速实验中[5],激波呈现选择性频率特性,但传输函数一般是未知的,且与流动条件相关。如果激波呈现任何形式的频率选择性,总趋势明显与低通滤波器行为相像,预计会对低频更敏感,并拒绝比较高的频率。在实验中观察到这种特性,远离边界层处的激波似乎并不运动,只有淹没在湍流边界层内的激波根部才会运动。类似地,在激波的数值模拟中也发现,处于湍流边界层内的激波根部呈现出不稳定性,在外流中没有发现扰动,因为扰动在沿斜激波切向速度方向向外传播时被阻尼了(参见文献[6,7])。

首先回顾一下关于激波对平均流动和湍流场作用的研究结果。对于平均流动,激波作用的总效果是改变入流边界层的平均速度分布,使边界层速度剖面更线性(或者说,使靠近壁面处的边界层能量更低)。湍流与激波相遇被畸化,且经过激波后湍流度一般会放大,在此过程中其各向异性也发生改变。如果畸变过程足够快,非线性效应就可以忽略,湍流的演化可以用快速畸变的线性理论描述,这种理论有若干版本,共同特征是都采用了一套线性化方程,差别在于所采用关系式的复杂程度不同。比较简单的版本假设激波是稳定的,即便如此,预测的下游湍流度水平也有相当的准确性(参见文献[8-10])。其他方法(如文献[11])考虑了激波形状与入流边界层湍流的适配性,能够提供对激波运动的描述。构造这些理论的依据是弱变形激波假设,并产生与上下游流动相适应的条件。这些理论还可以描述通过激波时热力学场与运动学场的转化,例如激波与熵斑的干扰可以产生涡(机制类似于湍流的斜压生成),或者涡在遭遇激波后可以辐射出噪声。Ribner 对这些问题都进行了研究,Kovasznay 模式理论(Kovasznay[12];Chu,Kovasznay[13])对这些情况也做出了描述。采用线性化模拟方法或者完全 Navier-Stokes 方程组,也对上述问题做了数值研究,结果表明,对于弱激波情况(参见文献[14-17]),线性化理论与数值模拟的结果相符,甚至符合得很好。

在无分离的情况下,或者在距壁面较远的激波—湍流干扰情况下,实验与数值结果证明,激波运动与入流湍流直接相关。Debiève 和 Lacharme 在其实验中证明[18],激波与各向同性湍流干扰时,激波振荡范围的量级与入流湍流的积分尺度一致。Lee 等[15]在其数值模拟中也发现类似结果,此外计算模拟还证明,激波振荡的幅度取决于上游湍流度水平(在预料之中)。所以对于弱激波—边界层干扰,入流湍流是激波不稳定性的主要原因,相应的振荡频率远高于分离流中的振荡频率(参见9.3节)。

如果激波—边界层干扰流动中不存在远下游反馈的影响,流动行为与上述观察到的激波与各向同性湍流干扰情况相似,这时激波下游的流动不给上游施加任何特殊条件,允许激波按照入流湍流条件形成运动。湍流通过激波时被放大,但在紧靠激波的下游不形成特殊动力学条件的湍流结构,与气流转折压缩(如 Poggie 和 Smits 的研究[19])的情况相当。Poggie 和 Smits 研究的流动由凹槽上方发展出来的剪切层构成,剪切层在一个斜平面上再附,流体介质可以自由地向下游流动。测量结果清楚地表明,产生的平均压力梯度和脉动压力谱与剪切层内发展起来的湍流相干结构尺度成比例关系。

最后,畸变的湍流向下游流动,对干扰后失衡边界层的形成起促进作用。如果可能存在远距离耦合,该畸变的湍流可能会间接影响激波的运动。这里提及的畸变影响问题,仅仅是为了阐述的全面性,如果边界层发生分离,下游扰动就更剧烈,在跨声速条件下就有可能有效地与上游流动产生耦合影响。

总之,在无声学耦合的条件下,无分离干扰的主要发现是激波不稳定性主要取决于入流湍流的扰动。对于分离流情况,上游扰动的影响仍然存在,但分离造成的强制性条件是更主要的影响因素。

9.3 分离流动

9.3.1 简介

本节考虑激波足够强、可以引起边界层分离的情况。在图9.1中,下半枝图示是用双箭头表示的,意思是下游流动有可能对激波运动起控制作用,即在下游边界层与激波之间可能存在耦合作用。

9.3.2 远下游反馈影响下的分离流

本节考虑一个特殊的干扰类型,即存在下游耦合作用、且作用距离远大于入流流动长度尺度的干扰类型。如果激波下游流动以亚声速为主(如管流中的激波—壁面干扰、或跨声速机翼上的激波—边界层干扰),就会出现这种干扰,这时的激波运动受控于干扰区远下游的湍流流动。跨声速颤振可能也属于这类干扰,按照经典的解释,在机翼尾缘流动与激波之间存在一个声学反馈[20],最近的解释提示[21]可能还与全场流动的不稳定特性相关。双凸面机翼绕流是一个典型的实例依据,其流动产生了若干离散的频率。这种远场影响(在很远距离的下游施加某些条件)可能导致产生激波的运动。某些风洞实验中就存在这种典型的远下游影响,这种实验采用下游旋转风机在实验段内制造出激波的运动(如 Galli 等[22]的实验、Bruce 和 Babinsky 的实验[23])。在跨声速范围的风洞实验中,如果在喷管—扩压器流动中存在足够强的脉动,可能会促使实验段内的激波向上游运动。这些流动代表着一类特殊的、产生非常低频脉动的流动。

例如跨声速流中的机翼颤振情况(图9.2),机翼尾缘流动与激波之间存在声学耦合作用,图中 l 是该问题的空间尺度,本例为机翼的弦长。以下标"2"表示激波下游条件,反馈环的周期约为

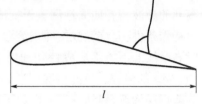

图9.2 跨声速条件下的机翼

$$T \approx l/(a_2 - u_2)$$

频率为

$$f_{\text{buf}} \approx (a_2 - u_2)/l$$

在上述近似下,f_{buf} 与上游边界层尺度无关,只与机翼的特征尺寸有关,该频率与9.4节观察到的激波—边界层干扰其他特征尺度下的频率相当。

9.3.3 无远下游反馈影响的分离流

1. 一般结构

本节考虑覆盖有限距离的分离流情况,压缩斜楔、入射激波反射、钝支板、过膨胀喷管的分离后再附的流动都是此类典型情况,过膨胀喷管的这种情况在喷管研究中称之为受限激波分离(Restricted Shock Separation, RSS)流型。分离可以是刚刚发生(即初始分离),也可以是完全发展的。完全发展的分离指在某个特定区域全部是反向速度,维持足够长的时间,生成一个平均意义上的分离泡;初始分离指生成独立且间歇的流体斑,内含反向速度的流体,但不形成平均意义上的分离结构。初始分离和完全发展的分离流可以产生不同的激波动力学结果。图9.3 是Piponniau 等[24]在马赫数为2.3、不同激波强度条件下测量的平板斜激波反射流动的结果,当激波足够强时(气流偏折9.5°和8°的情况),边界层分离、反射激波处于不稳定状态;在最弱激波的情况下,气流偏折5.5°,没有探测到平均分离的出现,但存在间歇的分离斑。在图9.3 中,气流偏折9.5°和8°的情况给出的是壁面压力谱,气流偏折5.5°情况给出的是热线谱(热线风速仪探针置于不稳定激波的平均位置处),但作者证明这两种测量提供的信息相同,因而由两种测量技术获得的信号频率具有可比性。

本例中,激波不稳定性的主频定义为放大功率谱的最大值 $fE(f)$,其中 f 是频率,$E(f)$ 是归一化的功率谱密度。在分离流情况下(气流偏折9.5°和8°的情况)没有探测到单频脉动,但两个气流偏折情况都测得了在一个范围内波动的特征低频(200~500Hz),这些低频信号与激波的大幅度运动有关。

对于初始分离的情况,则没有发现这种低频率的波动,在9kHz 附近出现的一个明显峰值是热线测量时设置了量程上限的结果,超出此频率的信号被截止,所

以超过此频率后的信号呈现下降趋势。从信号看出，还是存在与上游高能涡尺度相关的低频成分，但已经不是主控频率。这些信号提示，激波的三维运动被限制，主要是小幅抖动产生的高频信号。以前在数值模拟中也观察到这些小且不稳定的波动（文献[7,17,25]），在无分离情况下，激波的微小抖动与入流湍流相关（文献[6,15,18]），湍流导致激波以高频运动。

可以推测，在初始分离情况下，这两种频率的构成是叠加在一起的，多数情况下流动保持附着状态，相应产生上游影响为主的高频激波运动。发生分离时，分离区在时间和空间上出现随机分布，与分离现象有关的动力学机制随着激波的大幅度长时间运动而发展，造成图9.3的低频信号成分。上述结果似乎与Souverein等[26]用粒子速度成像（PIV）在马赫数1.7观察的初始分离结果一致。

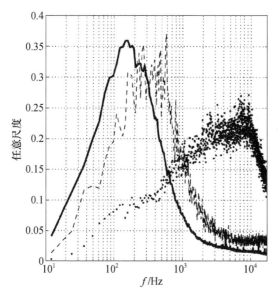

图9.3 斜激波入射时不稳定激波根部及外流中的脉动谱
实线—壁面压力，流动偏折9.5°；虚线—壁面压力，流动偏折8°；点—热线风速仪，外流，流动偏折5.5°。

从分离区出来的流体，与来自上游的湍流（经过激波系发生畸变）相互淹没，在干扰区下游形成新的边界层。当存在一个障碍物或者大分离区时，下游条件往往会在控制激波运动方面起主导作用，Dolling和Smith的实验[29]清楚地证明了这一点，实验用垂直于平板的圆柱产生干扰流动，发现激波不稳定性的主频是随圆柱直径而变化的，且反比于圆柱直径。斜激波反射干扰也发现类似的结果。

Dussauge等[28]将不同类型干扰的结果进行综合分析，获得了更系统的理解，其总结见图9.4，图中给出的是在激波根部记录的激波不稳定性无量纲主频Strouhal数，是主频f用干扰区长度和前支激波下游的外流速度无量纲化处理的结果，定义见式(9.1)：

$$S_L = \frac{fL}{U_\infty} \tag{9.1}$$

其中干扰长度 L 与几何条件有关,定义为分离激波的平均位置与某个几何体特征位置之间的距离。对于激波入反射情况,干扰长度定义为与入射激波延长至壁面位置之间的距离;对于压缩斜楔情况,干扰长度定义为与拐角线、或者与再附点(如果能够确认再附位置)之间的距离;对于障碍物情况,定义为与障碍物起始位置间的距离。

不同干扰流动(即激波反射、压缩斜楔、钝体、管流)的频率数据与马赫数之间的关系没有呈现很好的一致性,数据散布约为20%;除了Thomas等[30]的压缩斜楔数据以外,也没有观察到随马赫数变化的特定趋势。在压缩斜楔干扰的数据中,有一个点比其他点的频率高很多,由于该点的气流马赫数是1.5,推测应该存在跨声速效应。数据的不一致性(即使只是部分不一致)令人疑惑,因为"主频与流动几何特征有关"的期望应该是合理的,不同流动情况的不稳定性起源应该具有一些共同的特征,数据的散布说明还有一些细节没有被很好地描述。但数据证明,多数实验的Strouhal数集中在0.03~0.04。对于完全发展的干扰流动,特征长度 L 远大于边界层厚度 δ,很明显,不稳定性的频率比入流边界层(典型尺度为 δ)高能涡频率 U_∞/δ 低几个量级。

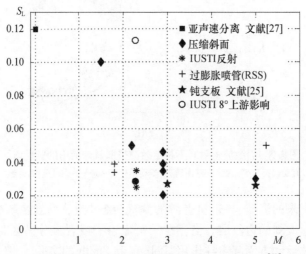

图9.4 不同构型上激波振荡的无量纲频率(S_L)[28]

再看激波振荡的幅值。文献[28,2]表明,在许多激波—边界层干扰中,激波会以低频运动,运动的纵向长度为 L_{ex},在整个干扰长度中占据可观的比例(一般 $L_{ex}/L \approx 0.3$)。不同干扰流动(压缩斜楔、入射激波、钝支板)都获得了相似的结果(图9.5)。

激波速度 U_s 可由激波运动范围与式(9.2)的频率范围确定:

$$U_s/U_\infty = 2L_{ex}f/U_\infty \approx S_L/2 \tag{9.2}$$

由于 $S_L \ll 1$，即 $U_s \ll U_\infty$，在超声速条件下，意味着激波是准静态的，附加速度 U_s 不足以产生明显的附加动力学效应（即可以认为激波强度与激波速度无关），这与跨声速情况不同，跨声速时激波强度一般与激波速度是相关的（参见文献[23]）。

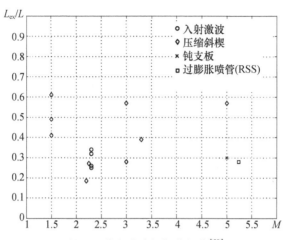

图 9.5　分离激波的振荡幅值[28]

这些干扰流动还有其他一些特性。首先考察不同流动在分离刚开始时的共性特征，在这个区域观察到高水平的速度脉动，湍流强度的最大值位于离开壁面一定距离处，可参考图 9.6 的激波反射干扰流动给出的信息。

Smits 和 Dussauge 用"快速畸变近似"评估了 24°压缩斜楔流动中过激波的湍流度放大情况，评估中假设扩张效应占主导，并使用了 Debiève 关系式[9]（对于图 9.6 的 8°激波反射干扰，这是评估湍流水平的合适方法）。Smits 和 Dussauge 观察到，所产生的湍流水平与线性放大机制不一致，而是与混合层内湍流水平一致（例如 $u'/\Delta U \sim 10\%$）。图 9.6 的流动空间结构与亚声速分离流观察到的现象[27,32]类似，这种空间结构与起始于分离线的混合层发展有关，平均速度剖面从该处开始发生强烈变形（就像平面混合层观察到的情况），高湍流水平是 Kelvin-Helmholtz 型大相干涡结构[56]发展的结果。对亚声速流的研究表明，在分离区的第二部分，这些大涡脱落、进入再附边界层，在再附下游很长距离内都能观察到这些脱落的涡。

在激波诱导分离流中也观察到相同的流动结构，Dupont 等人对马赫数 2.3 的斜激波反射流动做了 PIV 测量[33]，参见图 9.6，测量结果揭示了大涡结构在干扰区第一部分的发展情况。在干扰区的第二部分，这些大涡向下游脱落（与亚声速分离流观察的情况一样），对下游边界层远离壁面位置的高湍流强度做出贡献，并持续若干个干扰长度的距离。图 9.7 是在 PIV 测量中应用 Graftieaux 等[34]的涡探测器获得的结果，探测到了伴随着涡的脱落和脱落涡进入再附边界层而形成的混合层发展过程。

综合各种干扰情况的不同特性,可将它们分为五种脉动类型,每种类型具有不同的频率构成与幅值。

(1) 上游边界层的湍流脉动。主要是高频的($f \sim U_\infty/\delta$),尽管也发现低频的极大尺度结构(超级结构)[35,36],量级为30δ,但这些超级结构对信号能量贡献不大。

(2) 入流湍流过激波的线性放大脉动。该机制对所有条件下的湍流都起作用,不论分离还是不分离,频率范围与上游边界层相同,用快速畸变理论可以评估放大效应。

(3) 与分离区剪切层内大涡发展相关的脉动。这种脉动(的幅值)远大于快速畸变理论的结果,产生的频率与纵向位置有关。

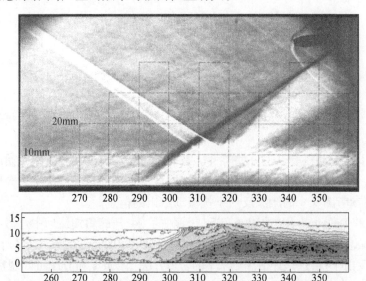

图 9.6　马赫数 2.3 的斜激波反射干扰纹影照片(流动向下偏折 8°)与垂直速度脉动的 RMS 等值线

(4) 在下游流动中离开壁面的位置(一般是 $y/\delta \sim 0.5$)观察到的大湍流度稳定脉动。在很靠近壁面处,松弛过程很快,时间尺度为 $t \sim (\partial u/\partial y)^{-1}$;但在离开壁面稍远处,观察到的湍流度最大值很大,而且在若干个干扰长度范围内都很稳定(图 9.6),这是干扰区脱落的大相干结构扩散、传输的结果(图 9.7)。

(5) 与激波运动相关的脉动。产生间歇性信号,不是通常意义上的湍流信号,可以用间歇性信号组(intermittent boxcar signal)描述。在不稳定激波的中间位置观察到脉动均方根(rms)最大值为 $\Delta q/2$,Δq 为所关心物理量(如压力、速度)过激波的当地增量[37]。这些间歇性脉动是低频的,构成干扰不稳定性问题的核心。

2. 分离流的频率组成

本节向读者展示,激波干扰的频率构成可能很强地依赖于尺寸和几何形状。

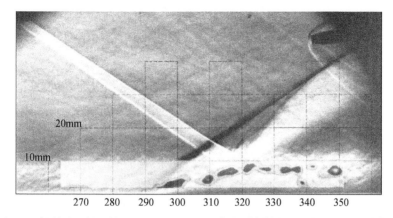

图9.7 斜激波反射干扰的近壁面区 PIV 测量的涡等值线与纹影照片的重叠图像
(马赫数2.3,流动偏折8°)

预测这种频率需要掌握干扰的平均结构,即依赖于掌握分离点位置的正确信息,但分离点很难准确确定。本书第4章、第5章以及一些文献发表的实验结果给出了一些实例,结果表明分离点位置对流动非常敏感。如喷管流动,在高雷诺数条件下,分离起始点似乎与雷诺数无关(Zukoski[38],Reijasse[39]);而压缩斜楔和斜激波入射干扰,在中等雷诺数条件下,分离起始点对雷诺数却很敏感。到目前为止,对于很多湍流模型来说,当干扰足够强、引起流动分离时,分离和再附的数值预测还是很大的难题,回流区的准确范围和尺寸一般也很难评估,但由模拟结果可做宏观观察。

回忆一个经典实例(如 Chapman 自由干扰理论[57]),关于分离区上游形成的前支激波强度,按照 Delery 和 Marvin[40]以及 Haddad[41]的观察,其强度与下游条件无关,即与压缩斜楔绕流中的斜楔角度或者斜激波入射流动中的入射激波角无关。还观察到,壁面压力开始抬升的位置始于分离激波平均位置的上游,过去将这个现象称为"对上游的干扰"。但按照 Dolling 的解释[42],更像是因为激波前后运动引起的间歇性变化,这种间歇性现象似乎不依赖于产生干扰的特殊条件,而是非常一般性的现象,因而推测,这是一个可用于解释激波振荡主频问题的共性特征。

再讨论不同类型脉动的频率组成问题。首先详细考察入流湍流的影响,如图9.1所示。有证据表明,上游湍流可以影响激波的运动,前面提到过上游边界层内存在很长结构的证据(对于亚声速边界层,参见文献[35,43];对于超声速流,参考文献[43])。可以尝试确定这些上游超级结构的频率范围,检验一下它们是否与观察到的 Strouhal 数一致。假设这些结构的长度为30δ,对流速度为$0.75U_\infty$,产生的频率应该是$f = 0.75U_\infty/(30\delta)$,相应的 Strouhal 数为$S_L=0.025L/\delta$,这种结构产生的脉动正是$L/\delta \sim 1$干扰所对应的 Strouhal 数。对于压缩斜楔和斜激波反射流动,L/δ的这种低比值一般对应无分离干扰或者初始分离,绝对不可能是完全发展的分离区流动。Dupont 等[45,46]研究的斜激波入射类的干扰流动,其 $L/\delta \approx 5 \sim 7$, $S_L \approx 0.03 \sim 0.04$;对于分离的压缩斜楔流动,$M > 2$ 时,获得的典型 $S_L \approx 0.02 \sim 0.05$(Dussauge 等,文献[28])。

Piponniau 等人[47]用层析显示技术,记录了斜激波反射流动不同流动偏折角情况下的干扰照片,获得了更进一步的认识。在比较小的流动偏折情况下($4° \sim 5°$),流动不分离,反射激波也不发生明显运动;随着偏折角度的增大,特别是发生分离时,激波振荡的幅值相应增加,最大振荡发生在实验的最大偏折角情况下,相应地产生了最长的分离区。实验还发现,随着干扰区长度的增加(即激波强度增大),脉动频率减小。从这个简单的实验可以得出结论,在相同的入流边界层(也就是相同的入流大涡结构)条件下,激波的不稳定性可以变化很大。只有两个可能的解释:①更强的分离为激波提供更大的激励;②可能与激波强度相关的激波传输函数发生了变化,但不认为后一种解释是主导机制。前面讨论过,对于大多数分离流情况,反射激波处的平均壁面压力,当用上游压力无量纲处理后,与气流总偏折无关,所以特大结构的低频信号无法解释激波反射干扰流动中观察到的不稳定性,一般也不能回答分离流中激波不稳定性的起源问题,必须找到激波不稳定性的另一个原因。在激波诱导分离情况下,由于激波可看作连接上下游条件的交界面,所以唯一可以考虑的可能性就是前支激波下游的分离区。

首先详细讨论一下分离泡内大涡发展的动力学问题。这些大相干结构的主频可由壁面不稳定压力测量获得,图 9.8 根据 Dupont 等人[46]的结果总结了这些数据,并与亚声速结果进行了对比,图的纵坐标是 Strouhal 数的倒数,横坐标是 $X^* = (X - X_0)/L$,其中 X_0 是分离激波的位置,L 是干扰长度。在图的中间位置还给出了 $14°$ 压缩斜楔的马赫数 1.5 流动[30]测量结果。从图中很容易区分出以下几个不同的区域:

(1) $0 < X^* < 0.5$,是混合层的发展区。

(2) $0.5 < X^* < 0.8$,是大涡结构的涡脱落区。

(3) $0.8 < X^* < 1.2$,对于激波反射情况,在该区观察到与大涡向下游脱落相关的频率的增加。在该区域,流动先向下方转折、再折回与壁面平行方向,该区域的频率明显依赖于干扰的几何条件,而在压缩斜楔和亚声速流中似乎与几何条件无关。

(4) $X^* > 1.2$,无论几何条件如何,频率与再附边界层内的涡有关,这些涡从上一个区域脱落、在再附边界层内维持很长距离。

图 9.8 清楚地表明,不同干扰流动条件下,与大涡结构相关的 Strouhal 数在流向的变化,总体上是相似的,但亚声速、超声速和跨声速条件下的实际数值差别很大。在 $M = 2.3$ 的激波反射流动中,无量纲的脱落频率与不可压数据相比降低约 40%,由于混合层对于可压缩效应非常敏感,曾试图在频率与流动特征马赫数之间建立联系(Dupont[46]),得出以下结果。将 Strouhal 数改写为式(9.3)的形式,

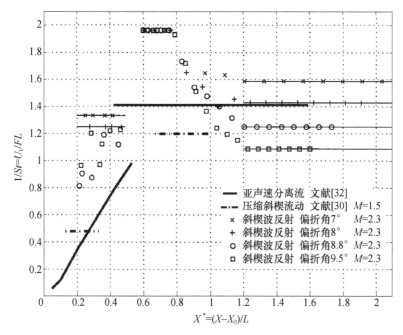

图 9.8 亚声速与超声速分离中的 Strouhal 数的纵向发展

$$S_L = \frac{fL}{U_\infty} = \frac{U_C}{U_\infty}\frac{L}{\delta_w}\frac{f\delta_w}{U_C} = \frac{U_C}{U_\infty}\frac{L}{\delta' x}S_\delta \approx \frac{U_C}{U_\infty}\frac{S_\delta}{\delta'}X^{*-1} \tag{9.3}$$

式中:$S_\delta = f\delta_w/U_C$;$\delta_w = \delta' x$;δ' 为混合层的扩散速率;U_C 为大涡结构的对流速度。

在涡脱落处(即 $x \sim L/2$ 处),方程(9.3)变为

$$S_{L,\text{shed}} = 2\frac{U_C}{U_\infty}\frac{S_\delta}{\delta'} \tag{9.4}$$

标准的平面混合层的扩散速率可以表达为[48]

$$\delta' = \delta'_{\text{ref}}\frac{\Delta U}{U_C}\Phi(M_C) \tag{9.5}$$

式中:ΔU 为混合层两侧的速度差;δ'_{ref} 为亚声速混合层的扩散速率(等密度条件),低速侧 $U = 0$;$\Phi(M_C)$ 为对流马赫数的下降函数,基于大相干结构对流速度 U_C 和外流速度 U_1、U_2(文献[48])构造,表示混合层扩散速率在卷携过程中随对流马赫数的增加而急剧下降。

在不可压流中,对流速度由式(9.6)评估:

$$\frac{U_C}{U_\infty} = \frac{1+r\sqrt{s}}{1+\sqrt{s}} \quad \text{或} \quad \frac{\Delta U}{U_C} = \frac{(1-r)(1+\sqrt{s})}{1+r\sqrt{s}} \tag{9.6}$$

式中:$r = U_2/U_1$;$s = \rho_2/\rho_1$。

以上表达式由经典等熵关系导出[48],对不可压或可压混合层都适用。于是,无量纲对流速度与马赫数无关,只与速度比、密度比有关。这些关系的一般性还是有争

议的问题,本章后面会涉及这些争议。对于不可压缩流动(即 $M_C < 0.3$、$\Phi(M_C) \approx 1$),可以对关系式(9.5)做出评估,在标准的亚声速流动条件下,$S_\delta \approx 0.22$,$\delta'_{ref} \approx 0.16$。逆流中的最大速度往往是很低的,所以发现,对于等密度流动,$\Delta U \approx U_\infty$、$U_C \approx U_\infty/2$,于是得到 $S_{L,shed} \approx 0.7$,与 Cherry 等的测量结果[32]符合非常好(图 9.8)。

当考虑可压缩情况时,方程(9.4)结合等熵近似的式(9.6),意味着与脱落过程相关的 Strouhal 数主要随比值 S_δ/δ' 变化,参考实验结果或线性稳定性分析发现,该比值随对流马赫数变化不大,保持接近 1 的数值(Blumen[49],Muscat[50]),结果表明涡脱落频率的 Strouhal 数主要取决于速度比与密度比。这与图 9.8 的结果相矛盾,图 9.8 表明在不同马赫数条件下涡脱落频率 Strouhal 数差异很大。若干实验研究表明[51,52],当对流马赫数大于 0.5 时,结果就与等熵关系发生很大的偏离,当混合层在壁面附近发展时,一般都会发现这种情况(文献[53,54])。因此,针对马赫数 2.3 的激波反射流动,直接测量了大尺度涡的对流速度,以评估关系式(9.6)的有效性。根据壁面不稳定压力的多点测量结果,得到 $U_C/U_\infty \approx 0.3$,这个结果与等熵关系式(9.6)的结果 $U_C/U_\infty \approx 0.45$ 偏差很大(约 40%),但与图 9.8 的实验结果一致。如果考察图 9.8 中 Thomas 的马赫数 1.5 的压缩斜楔流动[30],估计其对流马赫数更小(一般在 0.5 左右),这时等熵关系更合适,涡脱落的 Strouhal 数应与亚声速类似,该推测得到实验数据的证实(图 9.8)。

最后回到式(9.3),发现与频率 f_{shed} 相关的波长 $\lambda_{shed} = U_C/f_{shed}$(即两个连续涡之间距离)的表达式:

$$S_{L,shed} = \frac{f_{shed}L}{U_\infty} = \frac{U_C}{U_\infty}\frac{L}{\lambda_{shed}}$$

于是,有
$$\frac{\lambda_{shed}}{L} = S_{L,shed}^{-1}\frac{U_C}{U_\infty} = \frac{1}{2}\frac{\delta'}{S_\delta} \approx \frac{1}{2} \tag{9.7}$$

由于涡脱落 Strouhal 数的变化与比值 U_C/U_∞ 相关,关系式(9.7)表明,无论马赫数如何,典型的波长约为 $L/2$,图 9.9 的虚线表达的就是这个数据,与分离区后半部分(即 $0.5 < X^* < 1$)的测量值一致。

由上述分析说明了分离区的主频问题。这些流动与相应的亚声速流动具有很多共同特征,特别是回流区并不产生某一个频率,而是沿纵向距离、随着流动发展,产生一个频率范围。亚声速实验揭示,分离泡内存在非常低频的扰动,但可以预测随着速度增加到一定程度、对流马赫数超过 0.5,就会与此产生很大差别。图 9.8 表明,相关的 Strouhal 数远大于激波的 Strouhal 数(参见图 9.4),激波频率比混合层大相干结构不稳定性的频率低一个量级。这样低的频率是混合层摆动的结果,或者是分离泡"周期性振荡"的结果,亚声速分离典型的 Strouhal 数是 0.12。

根据马赫数 5 压缩斜楔的实验结果,Erengil 和 Dolling[55]可能首次提出,亚声速低频脉动($S_L = 0.12$)不能与低频激波运动($S_L = 0.03$)直接比较。Dussange 等[28]的系统实验数据(图 9.4)也证明,对于任何几何形状,都可以得出类似的结

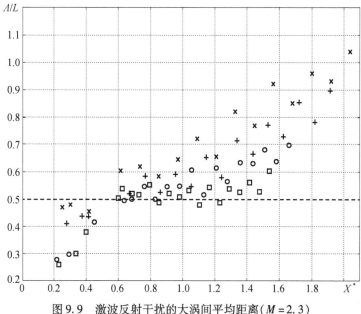

图9.9　激波反射干扰的大涡间平均距离($M=2.3$)

论。在激波诱导分离流动中,如果外流马赫数大于2,与亚声速对应问题相比,激波运动的频率至少减小到后者的1/4;此外,针对低频分离泡的"周期性振荡"和激波运动($S_L \approx 0.03$)都观察到频率的降低。Dupont等[33]在分离区的壁面压力脉动谱中发现了这些低频信号(尽管能量不是最高的),激波根部和回流区壁面压力的脉动频率相关性很高,一般为0.8(Dupont等[46])。后来Piponniau等对分离泡尺寸进行了测量[24],发现分离泡尺寸是强间歇性的,其中存在少量强逆流穿透分离泡的事件,测量清楚地表明,这些事件造成混合层很大的垂直脉动振幅,而混合层脉动与激波的纵向大范围运动有关。Piponniau等还对不稳定性起因进行了分析,推测激波大幅度跳动与分离泡边缘的混合层摆动密切相关,见图9.10,根据对该混合层的空气卷携过程分析,提出了一个不稳定性起因的解释。

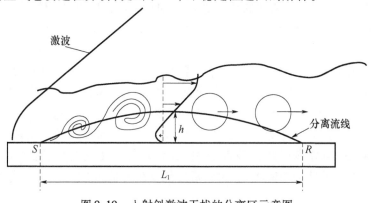

图9.10　入射斜激波干扰的分离区示意图

他们的目的是发现激波运动频率的参数关系,而不是做出完整的理论描述。Piponniau 等认为,剪切层的低频摆动必定与出入分离区的质量不平衡相关,图 9.10 描绘了这种机制。在干扰区初始部分($X^* < 0.5$),大涡结构边发展、边从回流中卷携质量;在干扰区的第二部分,大涡结构脱落,向下游进入边界层,引起分离区内的质量亏损。据此推测,评估了分离泡内的质量总量和质量卷携速率,两者的比值反映一个时间尺度,即分离区有明显质量排出所需的间隔时间,该时间的倒数反映新的空气注入回流区的频率量级。Piponniau 假设,混合层的扩散速率与密度比、速度比、以及与对流马赫数的依赖关系,与标准混合层是相同的,由此模型自然引入的长度尺度似乎就是分离泡的高度 h,该分析提出一个基于分离泡高度的 Strouhal 数:

$$S_h \equiv fh/U_\infty = \Phi(M_C)g(r,s) \tag{9.8}$$

其中 $\Phi(M_C)$ 还是混合层的无量纲扩散速率,函数 g 反映密度比与速度比(分别为 r 和 s)对扩散速率和质量卷携速率的贡献,是 r 和 s 的弱函数,与绝热壁边界层分离数据相差不大。假设混合层的速度剖面遵循一个误差函数,提出了一个函数 g 的表达式:

$$g(r,s) = \frac{\delta_{\text{ref}}}{2} \frac{(1-r)(1+\sqrt{s})}{1+r\sqrt{s}} \left[(1-r)C + \frac{r}{2} \right], \quad C \approx 0.14$$

在低速时,密度为常数,$r=0$,$g(0,1) \approx 0.02$。

方程(9.8)意味着,在分离条件下,主频变化可能是 $1/h$,如果 h 很小,则分离泡内的质量很小,混合层能够将这些质量快速排出,因而造成高频脉动。实际情况下,很难通过实验确定 h,大多数测量只涉及分离区或干扰区长度 L。由式(9.8)直接导出基于长度的 Strouhal 数:

$$S_L = \Phi(M_C)g(r,s)\frac{L}{h} \tag{9.9}$$

由该式看出,S_L 正比于分离泡的特征比 L/h,如果分离泡特征比为常数,意味着 S_L 随对流马赫数的变化与混合层扩散速率的变化相像,图 9.11 的数据支持了这一假设。

在本章研究的大多数干扰情况下,混合层内大涡结构的对流马赫数都接近 1,对应的 $\Phi(M_C)$ 值约为 0.2,意味着分离泡的特征比约为 6,与已知的分离泡几何特征一致。所以,似乎该简单模型提供了更具一般性的不稳定性表达式。当然,该模型局限于存在再附点的二维情况,如喷管的 RSS 流动。由前面的分析还可以推测,S_L 与分离区几何条件相关,如果分离泡变化明显,则 Strouhal 数也会有不同的值。虽然模型简单,但为分析其他情况和研究如何控制分离流指出了主要因素。

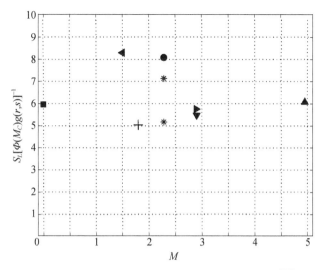

图 9.11　对 Strouhal 数的可压缩效应修正(Piponniau[24])

9.4　结论——不稳定性及其频率的分类

现在可以总结激波—边界层干扰不稳定性性质的主要特征。本章说明的一个重要性质是,不稳定性的频率范围取决于干扰流动的性质。前面各节的描述划分了三种典型的干扰情况,即存在声耦合的跨声速干扰、分离型超声速干扰、不分离的超声速干扰。跨声速干扰的实例是机翼上激波与尾缘之间的声耦合干扰,正如9.3.2 节中注意到的,这种情况产生的频率为

$$f_{\text{buf}} \approx (a_2 - u_2)/l \tag{9.10}$$

其中,l 具有翼型弦长的量级。

在分离型的超声速干扰中,由式(9.8)导出频率为

$$S_{ss} \approx \frac{U_\infty}{h} \Phi(M_C) g(r,s) \tag{9.11}$$

对应分离泡质量守恒要求。

为比较这三种情况的频率,用上游湍流高能涡频率 f_{ec} 做无量纲处理,上游湍流涡的典型尺度是 δ,涡的对流速度是 U_∞ 的量级,于是 $f_{ec} = U_\infty/\delta$,表 9.1 总结了这些无量纲结果。在无分离的超声速干扰中,认为主要激励源是入流湍流,所以无量纲频率的量级为 1。

跨声速干扰的无量纲频率是这样导出的,首先

$$\frac{f_{\text{buf}}}{f_{ec}} = \frac{a_2 - u_2}{l} \frac{\delta}{u_\infty} = \frac{\delta}{l}\left(\frac{1}{M_2} - 1\right)\frac{u_2}{U_\infty} \tag{9.12}$$

假设机翼上的激波可以近似为一道正激波,且接受以下近似:

表 9.1　不同类型干扰不稳定性频率的比较

流动类型	现象	频率	无量纲频率	量级
跨声速干扰	声耦合	$(a_2 - u_2)/l$	$\dfrac{\delta}{l}(M_\infty - 1)$	$<10^{-2}$
分离型超声速干扰	质量守恒	$\dfrac{U_\infty}{h}\Phi(M_C)g(r,s)$	$\dfrac{\delta}{h}\Phi(M_C)g(r,s)$	$<10^{-1}$
无分离超声速干扰	涡对流	U_∞/δ	1	1

$$M_\infty M_2 \approx 1 \tag{9.13}$$

注意到 $u_2/U_\infty < 1$，得到以下近似：

$$\frac{f_{\mathrm{buf}}}{f_{\mathrm{ec}}} < \frac{\delta}{l}(M_\infty - 1) \tag{9.14}$$

比值 δ/l 的量级与边界层扩散速率（一般为 10^{-2}）一致，对于跨声速机翼，压缩激波上游的典型马赫数是 1.4，于是 $(M_\infty - 1) < 1$，$u_2/U_\infty \approx 0.6$，频率比就远小于 10^{-2}。

在很多分离型超声速干扰中，$\delta/h \sim 1$ 或 $\delta/h < 1$，根据文献[24]，相应的 $\Phi(M_C) \sim 0.2$、$g(r,s) \sim 0.02$，所以表 9.1 中的评估结果可能比较保守。

对这些典型干扰类型的观察结果，可以推广应用到其他流动情况，例如皮托型超声速进气道上游的激波跳动，很可能受控于声耦合，于是可以将机翼颤振频率的评估方法应用于此。

初始分离情况的评估很困难，因为这种流动的物理性质非常复杂，这时尚未形成平均的分离，而是许多间歇性的分离斑，需要对这种情况进行进一步的物理分析。图 9.3 给出的谱线提示，在这种特殊情况下，频率范围与入流湍流的尺度是匹配的，有证据表明存在低频成分。这里仅考虑了一些简单情况，其他参数（如热交换、质量交换、雷诺数、层流—湍流转捩、三维几何条件）对不稳定性可能会有影响。所考察的实例清楚地表明了简单流动中观察到的变化趋势，但并不妨碍这样的事实，即在实际情况下，影响不稳定性的许多因素可以同时存在，不存在唯一的不稳定激励源，激波对所有的影响都产生响应。激波能够诱发边界层分离，但在不稳定性问题中，激波似乎扮演一个被动的角色，这些分析提示，是回流区给流动施加了脉动（激励）。

也许更吸引人的结果是，在大多数情况下，干扰中可以由高频对流因素（如入流湍流或者 Kelvin – Helmholtz 型结构）产生低频扰动，这些扰动的频率往往比其他流动成分低 2~3 个量级，扰动的起源位于有限的流动区域内，但整个下游流场都能够感受到其影响。

参 考 文 献

[1] Dussauge J P. Compressible Turbulence in Interactions of Supersonic Flows. Proceedings of the Conference TI, Springer Verlag, Berlin, 2006.

[2] Dussauge J P. Piponniau S. Shock – Boundary Layer Interactions: Possible Sources of Unsteadiness. Journal of Fluids and Structures,2008,24(8):1166 – 1175.

[3] Culick F E C,Rogers T. The Response of Normal Shocks in Diffusers. AIAA Journal,1983,21(10):1382 – 1390.

[4] Robinet J C,Casalis G. Shock Oscillations in a Diffuser Modelled by a Selective Noise Amplification. AIAA Journal,1999,37(4):1 – 8.

[5] Sajben M,Kroutil J C. Effect of Initial Boundary Layer Thickness on Transonic Diffuser Flow. AZAA Journal,1981,19(11):1386 – 1393.

[6] Garnier E. Simulation des Grandes échelles en Régime Transsonique. Thèse de Doctorat, Univ. Paris XI Orsay, Paris,France,2000.

[7] Wu M,Martin M P. Analysis of Shock Motion in Shockwave and Turbulent Boundary Layer Interaction Using Direct Numerical Simulation Data. Journal of Fluid Mechanics,2008,(594):71 – 83.

[8] Ribner H S,Tucker M. Spectrum of Turbulence in a Contracting Stream. NACA TN 2606,1952.

[9] Debiève J F, Gouin H, Gaviglio J. Evolution of the Reynolds Stress Tensor in a Shock – Turbulence Interaction. Indian Journal of Technology,1982,(20):90 – 97.

[10] Jacquin L,Cambon C,Blin E. Turbulence Amplification by a Shock Wave and Rapid Distortion Theory. Physics of Fluids A,1993,(5):2539 – 2550.

[11] Ribner H S. Convection of a Pattern of Vorticity Through a Shock Wave. NACA TN 2864,1953.

[12] Kovasznay L S G. Turbulence in Supersonic Flow. Journal of Aeronautical Sciences,1953,(20):657 – 674.

[13] Chu B T,Kovasznay L S G. Nonlinear Interactions in a Viscous Heat – Conducting Compressible Gas. Journal of Fluid Mechanics,1958,(3):494 – 514.

[14] Anyiwo J C,Bushnell D M. Turbulence Amplification in Shock Wave Boundary Layer Interactions. AIAA Journal,1982,(20):893 – 899.

[15] Lee S,Lele S K,Moin P. Direct Numerical Simulation of Isotropic Turbulence Interacting with a Weak Shock Wave. Journal of Fluid Mechanics,1993,(251):533 – 562.

[16] Hannapel R,Friedrich R L. Direct Numerical Simulation of a Mach 2 Shock Interacting With Isotropic Turbulence. Applied Science Research,1995,(54):205 – 221.

[17] Garnier E,Sagaut P,Deville M. Large Eddy Simulation of Shock – Homogeneous Turbulence Interaction. Computer and Fluids,2002,(31):2245 – 2268.

[18] Debiève J F,Lacharme J P. A Shock Wave – Free Turbulence Interaction. In Turbulent Shear Layer – Shock Wave Interactions,J. DClery(ed.)Springer Verlag,Berlin,1985.

[19] Poggie J,Smits A J. Shock Unsteadiness in a Reattaching Shear Layer. Journal Of Fluid Mechanics,2001,(429):155 – 185.

[20] Lee B H K. Self – Sustained Shock Oscillations on Airfoils at Transonic Speeds. Progress in Aerospace Sciences,2001,(37):147 – 196.

[21] Crouch J D, Garbaruk A, Magidov D. Predicting the Onset of Flow Unsteadiness Based on Global Instability. Journal of Computational Physics,2007,224(2):924 – 940.

[22] Galli A,Corbel B, Bur R. Control of Forced Shock Wave Oscillations and Separated Boundary Later Interaction. Aerospace Science and Technology,2005,9(8):653 – 660.

[23] Bruce P J K,Babinsky H. Unsteady Shock – Wave Dynamics. Journal of Fluid Mechanics,2008,(603):463 – 473.

[24] Piponniau S,Dussauge J P, Debiève J F, et al. Simple Model for Low Frequency Unsteadiness in Shock – Induced Separation. Journal of Fluid Mechanics,2009,(629):87 – 108.

[25] Touber E. Sandham N. Oblique Shock Impinging on a Turbulent Boundary Layer: Low Frequency Mecha-

nisms. AZAA Paper 2008 - 4170,2008.

[26] Souverein L J, van Oudheusden B W, Scarano F, et al. Unsteadiness Characterization in a Shock Wave Turbulent Boundary Layer Interaction Through Dual PIV. AIAA Paper 2008 - 4169,2008.

[27] Kiya M, Sasaki K. Structure of a Turbulent Separation Bubble. Journal of Fluid Mechanics,1983,(137):83 - 113.

[28] Dussauge J P, Dupont P, Debiève J F. Unsteadiness in Shock Wave Boundary Layer Interactions With Separation. Aerospace Science and Technology,2006,(10):85 - 91.

[29] Dolling D S, Smith D R. Unsteady Shock - Induced Separation in Mach 5 Cylinder Interactions. AZAA Journal, 1989,27(12):1598 - 1706.

[30] Thomas F, Putman C, Chu H. On the Mechanism of Unsteady Shock Oscillation in Shock Wave - Turbulent Boundary Layer Interaction. Experiments in Fluids,1994,(18):69 - 81.

[31] Smits A J, Dussauge J P. Turbulent Shear Layers in Supersonic flows. Springer Verlag, New York,2006.

[32] Cherry N J, Hillier R, Latour M M E. Unsteady Measurements in a Separated and Reattaching Flow. Journal of Fluid Mechanics,1984,(144):14 - 46.

[33] Dupont P, Piponniau S, Sidorenko A, et al. Investigation by Particle Image Velocimetry measurements of Oblique Shock Reflection with Separation. AIAA Journal,2008,46(6):1365 - 1370.

[34] Gdaftieaux L, Michard M, Grosjean N. Combining OIV, POD, and Vortex Identification Algorithms for the Study of Unsteady Turbulent Swirling Flows. Measurement Science and Technology,2001,(12):1422 - 1429.

[35] Adrian R J, Meinhart C D, Tomkins C D. Vortex Organization in the Outer Region of the Turbulent Boundary Layer. Journal of Fluid Mechanics,2000,(422):1 - 53.

[36] Ganapathisubramani B, Clemens N T, Dolling D S. Large - Scale Motions in a Supersonic Turbulent Boundary Layer. Journal of Fluid Mechanics,2006,(556):271 - 282.

[37] Dupont P, Haddad C, Debiève J F. Space and Time Organization in a Shock - Induced Separated Boundary Layer. Journal of Fluid Mechanics,2006,(559):255 - 277.

[38] Zukoski, E. E. Turbulent Boundary Layer Separation in Front of a Forward - Facing Step. AIAA Journal,1967, 5(10):1746 - 1753.

[39] Reijasse P. Aérodynamique des Tuyères Propulsives en Sur - Détente: Décollement Libre et Charges Latérules en Régime Stabilise. Thèse de Doctorat, Univ. Paris VI, Paris, France,2005.

[40] DClery J, Marvin J G. Shock Wave - Boundary Layer Interactions. AGARD ograph 280, NATO, Neuilly sur Seine, France,1986.

[41] Haddad C. Instationnarités, Mouvements d'Onde de Choc et Tourbillons à Grande ? 俪 chelle Dans Une Interaction Onde de Choc - Couche Limite Avec Décollement. Thèse de Doctorat, Université de Provence, Marseille, France,2005.

[42] Dolling D S. Fifty Years of Shock Wave - Boundary Layer Interactions: What Next? AIAA Journal,2001,39 (8):1517 - 1531.

[43] Ganapathisubramani B, Longmire E K, Marusic I. Characteristics of vortex packets in turbulent boundary layers. Journal of Fluid Mechanics,2003,(478):35 - 46.

[44] Ganapathisubramani B, Clemens N T, Dolling D S. Planar Imaging Measurements to Study the Effect of Span Wise Structure of Upstream Turbulent Boundary Layer on Shock - Induced Separation. AIAA Paper 2006 - 324,2006.

[45] Dupont P, Haddad C, Ardissone J P, et al. Space and Time Organisation of a Shock Wave - Turbulent Boundary Layer Interaction. Aerospace Science and Technology,2005,(9):561 - 572.

[46] Dupont P, Haddad C, Debiève J F. Space and Time Organization in a Shock - Induced Separated Boundary Layer. Journal of Fluid Mechanics,2006,(559):255 - 277.

[47] Piponniau S, Dupont P, Debiève J F, et al. Unpublished Work, IUSTI, 2007.
[48] Papamoschou D, Roshko A. The Compressible Turbulent Shear Layer: An Experimental Study. Journal of Fluid Mechanics, 1988, (197):453 – 477.
[49] Blumen W. Shear Layer Instability of an Inviscid Compressible Fluid. Journal of Fluid Mechanics, 1970, (40): 769 – 781.
[50] Muscat P. Structures à Grandes Échelles dans Une Couche de Mélange Supersonique. Analyse de Fourier et Analyse en Ondelettes. Thèse de Doctorat, Université de la Méditerranée (Aix – Marseille II), Marseille, France, 1998.
[51] Papamoschou D. Structure of the Compressible Turbulent Shear Layer. AZAA Journal, 1991, (29):5.
[52] Barre S, Dupont P, Dussauge J P. Estimation de la Vitesse de Convection des Structures Turbulentes à Grande Échelle dans les Couches de Mélange Supersonique. Aerospace Science and Technology, 1997, 1(4):355 – 366.
[53] Tam C K W, Hu F Q. The Instability and Acoustic Wave Modes of Supersonic Mixing Layers Inside a Rectangular Channel. Journal of Fluid Mechanics, 1989, (203):51 – 76.
[54] Greenough J A, Riley J J, Soetrisno M, et al. The Effect of Walls on a Compressible Mixing Layer. AZAA Paper, 89 – 0372, 1989.
[55] Erengil M E, Dolling D S. Unsteady Wave Structure Near Separation in a Mach 5 Compression Ramp Interaction. AlAA Journal, 1991, 29(5):728 – 735.
[56] Wu Jie – Zhi, Ma Hui – Yang, Zhou Ming – De. Vorticity and Vortex Dynamics, Springer Verlag, Berlin Heidelberg, 2006.
[57] Chapman D, Huehn D, Larson H. Investigation of Separated Flows in Supersonic and Subsonic Streams with Emphasis on the Effect of Transition. NACA TM 3869, 1957.

第10章 激波—边界层干扰的分析方法

George V. Inger

10.1 引言

10.1.1 在计算机时代做分析研究的动机

尽管强大的 CFD 软件在预测复杂气动流场方面已经取得很大成功,但分析方法仍然是研究黏性—无黏干扰问题的宝贵工具,原因如下:

(1) 通过描述问题的基本机制和精细尺度特征(包括相似参数)[1],分析方法能够显著提高人们对物理机制的洞察和领悟。在激波—边界层干扰问题上,"三层结构"理论的先驱们(包括 Lighthill[2],Stewartson 和 Williams[3],以及 Neiland[4])对上游影响和自由干扰现象提出的基础理论解释,就是实证。

(2) 通过分析工作可以加深对基本概念的理解,因而在设计实验研究方案、对数据结果进行关联与解释方面都能够发挥指导作用。例如,关于壁面粗糙度对激波—湍流边界层干扰影响的最近一项研究工作,用两层分析理论揭示了这个问题的关键特征和相应的尺度特性,这些分析研究的结果被应用于设计和评估该项目中的实验计划[5]。

(3) 采用分析解,可以大大提高大规模数值模拟软件的效率、降低计算成本[6]。一方面,对于用其他方法难以准确定义的远场边界条件,分析解可以提供准确的边界条件表述;另一方面,在数值模拟的全场计算中,分析解可成为嵌入式局部求解单元,用来捕捉关键的小尺度物理结构。最近的一个实例是,在一个包括无黏流与边界层的全场流场计算中,应用了跨声速正激波—湍流边界层干扰的小扰动理论[7],所生成的混合方法程序,在相关设计的参数化研究中,节约计算成本超过 100 倍。

(4) 特别显著的好处是,可以帮助熟练的实验研究人员对实验数据做出比较深刻的解释。比如用当地压力分布拐点准则判断初始分离,在实验研究人员中得到广泛应用。

上述实例有力地说明了一个问题,即只要有可能,就应该让强有力的分析方法成为流体力学研究的一部分,对于激波—边界层干扰研究当然也适用。将分析方法、数值计算方法和实验方法结合起来,互相补充,就形成了最强大的复杂物理现象研究策略。

10.1.2 本章的研究范围

本章有以下五个特点：①局限于稳定流，主要是理想气体二维高雷诺数流动；②只考虑无分离流动条件，不考虑含逆流的分离泡发展与湍流模拟之类的问题；③不考虑大范围全局干扰问题，比如高超声速流中的钝前缘熵层效应[8]、全局边界层位移厚度增长[9]、急剧代数分叉扰动[10]，只关注紧邻激波—边界层干扰区的小范围当地事件；④主要从工程师的角度，而不是从数学家的角度，提供一个包括层流、湍流干扰基础分析的全面评估，揭示干扰的物理实质，所以对分析理论更深奥的方面（比如渐进匹配的某些错综复杂过程、边界层内激波折反射的超精细解）讲得不多，只是从工程师的角度提供一般性的理解；⑤并不否认存在其他分析方法，本章介绍的干扰区"三层结构"模型只是一个最一般性的分析模型，在其理论框架内，可以用统一的、从跨声速到高超声速马赫数范围都适用的方法，获得层流与湍流干扰的不同特征，包括壁面换热影响。

10.1.3 内容组成

10.2 节是对干扰过程的定性描述，包括基本的三层结构、层流与湍流边界层对外源性入射激波或壁面压缩拐角激波产生响应的本质性物理区别。10.3 节一步一步地详细分析三层结构各层内的层流或湍流非绝热扰动流动，分析它们如何相互匹配，之后讨论干扰区无黏外层的不同马赫数条件的情况；总结了一套规范的无量纲三层结构关系式，给出了相应干扰流动的尺度律因子。为给初学者提供背景知识，10.3 节还提供了比文献内容更多的关于三层结构理论的中间细节和解释。

10.4 节是上述理论在层流干扰中的应用，包括绝热壁超声速流动、非绝热壁高超声速流动、跨声速流动，特别强调了自由干扰机制、上游影响和初始分离问题，还简单回顾了将三维干扰简化为"准二维"的分析工作，即后掠和轴对称体的三维效应问题。10.5 节是各马赫数范围湍流干扰的类似讨论。10.6 节总结"三层结构"理论方法在实践中的各种局限性。

10.2 激波—边界层干扰的定性特征

10.2.1 层流与湍流的高雷诺数行为

层流边界层与湍流边界层在物理特性、与雷诺数的依赖关系[11,12]方面有很大差别，特别是，湍流边界层的剖面比层流更加"饱满"（参见图 2.12），除了非常靠近壁面的部分（即 $y/\delta_0 \leqslant 0.01$）以外，气流速度与边界层外缘的数值偏差不太大。经典的湍流边界层壁面速度亏损律、速度剖面尾迹律（参见 2.3.1 节和图 2.13）描述了这种速度剖面。

在高雷诺数时,由于$C_{f,0}$非常小,量级只有10^{-3},所以摩擦速度比$\varepsilon_\tau \equiv U_\tau/U_{0,e}$远远小于1,因而也是适用于大雷诺数极限条件的渐进分析小扰动参数。例如,无量纲速度亏损$[U_{0,e} - U_{0,e}(y)]/U_{0,e}$的量级与$\varepsilon_\tau$相同,而相应的边界层厚度被证明[13]只有$\delta_0/L \sim \varepsilon_\tau$的量级,底部的层流亚层厚度更小,是$\varepsilon_\tau \exp[1/\varepsilon_\tau]$的量级。这些参数在量值和雷诺数依赖关系方面都与纯粹的层流情况不同,层流的量级是$C_{f,0} \sim Re_L^{-1/2} \sim \varepsilon_L^4$、$\delta_0/l \sim \varepsilon_L^4$,层流渐近分析的小扰动参数为$\varepsilon_L \equiv Re_L^{-1/8}$。

描述速度剖面形状的一个有用的辅助参数是不可压形状因子H_i,其定义是位移厚度与动量厚度的比值(参见第2章2.3.1节)。对无分离湍流边界层,在特大雷诺数极限时($\varepsilon_\tau \to 0$),H_i的典型数值为1.0,在普通雷诺数条件下($10^5 \leqslant Re_L \leqslant 10^8$)$H_i$的典型数值为$1.3 \sim 1.6$;而平板层流边界层的不可压形状因子数值很大,为2.6。将H_i绘成图时(参见图2.14),明显看到湍流边界层的剖面饱满度比层流边界层大,同时也表明,H_i的少量减小意味着速度亏损的显著减小,或者湍流剖面更加饱满。因此,H_i对于实际雷诺数条件下的湍流边界层干扰[14]有很大影响是必然的。

图2.12中的剖面说明了决定入流边界层对干扰响应的另一个重要特征,即在剖面内的声速点高度。层流时声速点位于边界层外缘附近,湍流时则因速度剖面十分饱满而位于边界层的深部,典型数值是$y_{sonic}/\delta_0 < 0.01$(参见图2.16)。由于激波仅存在于边界层的超声速部分,所以在很短的湍流边界层干扰区范围内,分辨激波折反射的细节是一个重要问题,而对于纯粹的层流干扰则显得不那么重要。

10.2.2 无分离激波—边界层干扰的一般情形

壁面上边界层的存在,使一道入射斜激波的反射变得比较复杂,成为分散开的一组波系[15],而不是一道简单的"无黏"激波。同样,入流边界层也使壁面上斜楔引发的压缩流场中出现分散的波系,而不是直接形成一道拐角激波。上述两种干扰的特点有很大共性[16],同时,边界层状态(是层流还是湍流)也严重影响着这些干扰流场,因为每种边界层的流向尺度、声速点高度以及形状因子都不同。

1. 入射斜激波

当一道弱斜激波入射到层流边界层上时,观察到的典型流动结构如图10.1所示,包括以下三个主要特征:

(1) 一个很大的上游影响区$lu \sim (10 \sim 20)\delta_0$,其根源在于在流向呈扇形散开的外行压缩波系,该压缩波系起始于入射激波上游,似乎从边界层靠外侧的部分发射出来。

(2) 在入射激波与边界层外缘相交处附近,生成一组外行膨胀波扇。

(3) 在后续的下游区域,一组离散的外行压缩波系克服了上游的膨胀效应,在远场汇合为一道激波,好像是入射激波由其壁面入射点下游处反射出来的。

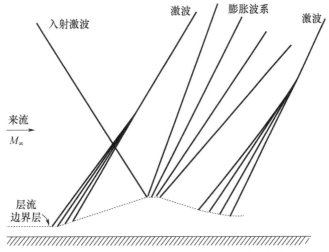

图10.1 入射激波与层流边界层干扰的流动结构

在层流边界层速度剖面上,由于声速线处于靠近外缘处,入射激波的当地反射就像是从等压面反射那样(即反射为膨胀波),所以膨胀特征非常显著,膨胀过程在边界层边缘有效地消除了外流激波的压力跃升。从建立理论模型的观点看,所有这些特征综合作用的结果是,层流干扰的波系在流向和横向平滑地分散开,所以在靠近边界层外缘很薄的超声速区内,就不必仔细分辨入射激波的折反射过程。

与层流无分离干扰流动结构相比,典型的无分离湍流干扰从两个方面表现出完全不同的物理结构(参见图2.22和图2.23):①上游干扰区非常短($lu \sim \delta_0$),外行的弯曲压缩波起自边界层深部;②由于声速线埋得较深,入射激波在边界层内的穿透深度较大,从声速线反射出离散的膨胀波系,膨胀波系外行到外流后,与上游形成的压缩波系相互干扰。与层流情况不同,在干扰的流向方向上,这些特征更紧凑地汇聚在一起,所以,分辨边界层内的激波折反射,对于理论建模非常重要。

2. 压缩拐角

压缩拐角弱激波与层流入流边界层相遇产生的上游干扰结构与斜激波—层流边界层干扰的情况类似,存在一个很大的上游干扰区 $lu \gg \delta_0$,外行的压缩波系起自边界层外缘(图10.2),在拐角下游,压缩波汇聚为一道斜激波,这道斜激波好像起自拐角上游,其激波角接近此斜楔拐角无黏激波的激波角。与入射激波干扰情况类似,总体激波系统是缓慢分散的,可以不关心边界层边缘很薄超声速区内的激波结构细节。

对于湍流边界层与压缩拐角相遇的情况(参见图2.29、图2.44),上游干扰也与入射激波干扰情况类似,上游干扰区很短($lu \sim \delta_0$),外行压缩波系起自边界层深部的声速线。在下游,流动由位于声速线上方有旋流中的相交波系构成,包括弯曲的拐角激波在边界层内的反射波系,这些波系在外流中汇聚成一道斜激波,该斜激

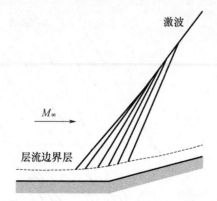

图 10.2 斜楔与层流边界层干扰的流动结构

波似乎起自拐角上游。这些结构在很短的流向距离内对边界层产生严重影响,决定着拐角后的压力场和理论分析模型所需要的精细尺度($\Delta x \ll \delta_0$)。这种干扰行为与层流更分散的干扰完全不同。

10.2.3 干扰区的基本结构

1. 三层结构的一般特征

在高雷诺数条件下,当完全发展的边界层遭遇突然变化的外流条件(比如一道外源性入射激波)或壁面边界条件时(比如压缩拐角),对完全 Navier–Stokes 方程可以建立严格的、适用于层流[3]和湍流[17,18]的渐近分析方法。在这些条件变化区,当地扰动流场形成垂直方向上的一种分层结构,或者称为"三层"结构(参见图2.18),这些流层是:

(1) 位于边界层上方的无黏外区,激波和干扰波系的无黏部分位于该区域中。

(2) 中间层,可以忽略剪切应力的作用,是有旋无黏干扰流动,占据了入流边界层厚度90%的部分(甚至更多)。

(3) 内层,是剪切应力干扰为主的底层,包括层流应力和湍流涡应力(即雷诺应力)的贡献,通过内层,可形成相互作用的壁面摩擦扰动(以及可能的初始分离)和干扰的上游影响区。

在本问题中,无黏激波与"强迫函数"相关联,是边界层上方外层流动的产物;中间层使外层与内层响应相耦合,可以在一定程度上改变扰动场;而在很薄的内层中,流动速度缓慢,却能对上面各层产生的压力梯度扰动产生强烈反响。对于非极端雷诺数范围的流动($Re_L = 10^5 \sim 10^8$),Gadd[19]、Lighthill[2]以及 Honda[20]也定性地建立了这三层结构,并且得到大量实验证据和完全 Navier–Stokes 方程数值研究的支持[21,22]。

三层理论包括每层受扰流动的系统分析和各层的匹配分析,前者用一个适当选取的基本小量做出主要近似,后者是要形成一个相互影响、自协调的一套方程,将适当相似处理的强迫函数关联起来。这套方程的解将描述干扰的各重要性质,如与自由干扰行为有关的上游影响、干扰区(可能包括初始分离)压力、壁面摩擦、热流沿流向的快速变化、下游的"波"行为。本章在讨论一般性的三层结构概念时,考虑了层流与湍流的显著差别。

根据10.2.1节描述的总体特征,当入流边界层遭遇一道激波时,湍流比层流边界层具有更大的抵抗能力,按照 Lighthill 最早的理论研究[2](得到实验[19,20,23-27]和渐近分析[17,18][28-33]的确证),湍流干扰区呈现以下特点:

(1)速度剖面的亏损部分表现出近似无黏的行为特征(尤其是上游)。
(2)内层区的垂直速度排挤作用极小,而层流内层的黏性排挤影响却很大。
(3)对上游的干扰范围小得多,干扰区的总长度也比较小,只有很弱的黏性影响。
(4)强迫函数(如入射激波强度)的量级比较大,能够诱发局部的初始分离。

所以湍流与层流边界层干扰的三层结构细节内容差别相当大,图10.3总结了分析所揭示的(参见10.3.6节)层流与湍流干扰三层结构在垂直与流向的尺度,用这些小尺度特征,进一步强调层流干扰与湍流干扰的差别。

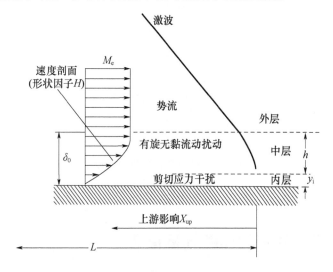

超声速流动渐近理论分析数据		
	层流	湍流
h/L	δ_0/L	δ_0/L
x_{up}/L	$(\delta_0/L)^{3/4}$	$(\delta_0/L)^{3/2}$
y_i/L	$(\delta_0/L)^{5/4}$	$(\delta_0/L)^2$
δ_0/L	$(Re_L)^{-1/2}$	$C_{f,0}$

图10.3 干扰区的基本三层结构

2. 局部细节

垂直的三层结构是为了解决激波—边界层干扰区流场所有明显物理特征的问题,层流激波—边界层干扰扰动场是光滑分散的(参见10.2.2节),而湍流干扰的流向物理现象更紧凑(汇聚在很小的尺寸范围内),需分辨边界层深部的折反射激波。对于湍流干扰,要分析与激波紧邻的壁面附近的干扰压力和壁面摩擦,必须研究清楚很小流向尺度上(甚至小于 δ_0)的局部事件。渐近分析[28,31,34]表明,这种局部事件的亚尺度在 x 方向至少是比 δ_0 小 $\varepsilon_\tau^{1/2}$ 倍的量级,在 y 方向是 y_{sonic} 量级(图10.4)。实际上需要更小的内嵌亚尺度,才能完全分辨声速线附近 $x \to 0^+$ 位置上的某些主要现象。本书只简单介绍这些问题,建议读者更详细地参阅本书引用的文献。

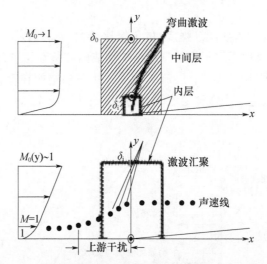

图10.4 分辨湍流干扰当地激波结构所需更小尺度的区域
(下图是内层的放大图)

10.3 三层结构的详细分析特征

10.3.1 中间层

1. 一般特征

中间层是三层结构的主要部分,该层忽略了黏性和湍流应力(即雷诺应力)干扰,也就是说沿流向,应力被"冻结"为上游未扰流的数值。对于高雷诺数无分离情况,这是个很好的近似,因为激波—边界层干扰区范围很小[35-37]。但如果发生分离,伴随干扰区延长,湍流涡应力关系发生改变,该近似就存在问题了。所以中间层的控制方程可设计为等熵有旋无黏流的方程。

假设流动中的扰动是在入流边界层无扰动状态(以下标 0 表示)基础上的增量,该增量正比于某个小量参数 ε(可能与雷诺数存在依赖关系),于是可以写出:

$$u = U_0(x,y) + \varepsilon u'(x,y) \tag{10.1}$$

$$v = v_0(x,y) + \varepsilon v'(x,y) \tag{10.2}$$

$$p = p_0(x) + \varepsilon p'(x,y) \tag{10.3}$$

$$\rho = \rho_0(x,y) + \varepsilon \rho'(x,y) \tag{10.4}$$

$$T = T_0(x,y) + \varepsilon T'(x,y) \tag{10.5}$$

$$H = H_0(y) + \varepsilon H'(x,y) \tag{10.6}$$

其中, $H \equiv c_p T + u^2$ 是总焓,随等压比热 $c_p = \gamma R/(\gamma-1)$ 变化。如果在很短的干扰区范围内,进一步忽略基本流动在流向的变化,将流动处理为等压平行剪切流,即 $U_0 = U_0(y)$、$\rho_0 = \rho_0(y)$、$T_0 = T_0(y)$、$p_0 = \mathrm{const.} = p_{0,e}$、$v_0 = 0$,于是一般扰动场的基本量级是 ε,由以下有旋无黏扰动方程确定:

连续方程

$$\rho_0 \frac{\partial u'}{\partial x} + \frac{\partial \rho'}{\partial x} U_0 + \frac{\partial}{\partial y}(\rho_0 v') = 0 \tag{10.7}$$

x 方向的动量方程

$$U_0 \frac{\partial u'}{\partial x} + v' \frac{\partial U_0}{\partial y} \approx -\frac{1}{\rho_0} \frac{\partial p'}{\partial x} \tag{10.8}$$

法向动量方程

$$U_0 \frac{\partial v'}{\partial x} \approx -\frac{1}{\rho_0} \frac{\partial p'}{\partial y} \tag{10.9}$$

状态方程

$$p'/p_{0,e} \approx \frac{\rho'}{\rho_0} + \frac{T'}{T_0} \tag{10.10}$$

稳态绝热方程

$$U_0 \frac{\partial H'}{\partial x} + v' \frac{\mathrm{d} H_0}{\mathrm{d} y} \approx 0 \tag{10.11}$$

其中 $H' = (\gamma R T')/(\gamma-1) + U_0 u'$。联立方程(10.7)、方程(10.8)、方程(10.10)、方程(10.11),可以得出以下垂直速度关系:

$$\frac{\partial(v'/U_0)}{\partial y} \approx \frac{(1-M_0^2)}{\gamma M_0^2} \frac{\partial(p'/p_{0,e})}{\partial x} \tag{10.12}$$

式中: $M_0^2(y) = \rho_0(y) U_0^2(y)/\gamma p_{0,e}$ 为未扰入流边界层剖面的马赫数分布。

将式(10.12)跨边界层积分(从内层的有效边缘 $y = y_\mathrm{i}$ 积分到入流边界层边缘 $y = \delta_0$),假设 $\partial p'/\partial y \approx 0$,可以得到

$$\frac{v'_\mathrm{e}}{U_{0,\mathrm{e}}} = \left(\frac{v'}{U_0}\right)(y_\mathrm{i}) + \frac{\partial p'/\partial x}{\gamma p_{0,e}} \int_{y_\mathrm{i}}^{\delta_0} \left[\frac{(1-M_0^2)}{M_0^2}\right] \mathrm{d}y \tag{10.13}$$

式(10.13)描述了跨中间层的流线斜率变化(称为流线发散效应),该式将外

层的流线偏折与内层的垂直位移联系起来,因此该式很重要。由此,可以进一步积分法向动量方程(10.9),获得跨中间层的横向(y 向)压力变化:

$$\frac{p'_e - p'_w}{\rho_e U_{0,e}} \approx \int_{y_i}^{\delta_0} \left(\frac{M_0}{M_{0,e}}\right)^2 \frac{\partial (v'/U_0)}{\partial x} dy \tag{10.14}$$

该值很小,除非干扰的流向(x 方向)尺度远小于已经很小的横向(y 方向)尺度 δ_0。所以,与流向的压力快速变化相比,干扰区的横向压力变化的影响可以忽略,除非对边界层内更精细的波结构细节感兴趣[32]。所以,后面只将 p' 看作 x 的函数。

方程(10.13)与流向动量方程(10.8)相结合(如果关心热交换情况,还要结合能量方程),作为主要关系式,将中间层的底部(即内层的顶部)与外层受扰流动联系起来。若想进一步研究靠近物体的流动行为,则需要更详细地考虑速度剖面和流动的尺度特性,这两者都强烈地依赖于流动是层流还是湍流。

2. 纯层流流动

在纯粹的层流情况下,选择的扰动参数是 $\varepsilon_L = Re_L^{-1/8}$,有证据表明[3,14,30,38],干扰区的整个长度取决于内层的垂直位移效应,就像方程(10.13)右侧第一项所表达的那样,中间层由接近平行的受扰流线构成。用方程(10.13)给出的 $v'_i/U_0(y_i)$ 替代相应的部分,得出动量方程(10.8)和能量方程(10.11)在靠近壁面处 $y \rightarrow y_w$ 的形式:

$$\lim_{y \rightarrow y_w} \left(\frac{\partial u'}{\partial x}\right) = -\left(\frac{v'_e}{U_{0,e}}\right)\left[\frac{dU_0}{dy}\right]_{y \rightarrow y_w} + \frac{dp'/dx}{\gamma p_{0,e}} \left\{\left[\frac{dU_0}{dy}\right] I_m(y) - \frac{U_0(y)}{M_0^2(y)}\right\}_{y \rightarrow y_w} \tag{10.15}$$

$$\lim_{y \rightarrow y_w} \left(\frac{\partial H'}{\partial x}\right) = -\left(\frac{v'_e}{U_{0,e}}\right)\left[\frac{dH_0}{dy}\right]_{y \rightarrow y_w} + \frac{dp'/dx}{\gamma p_{0,e}} \left\{I_m(y) \left[\frac{dH_0}{dy}\right]\right\}_{y \rightarrow y_w} \tag{10.16}$$

式中:$\rho_0 U_0 = \gamma p_{0,e} M_0^2/U_0$,并且

$$I_m(y) \equiv \int_y^{\delta_0} \left[(1 - M_0^2)/M_0^2\right] dy \tag{10.17}$$

在干扰理论中,$I_m(y)$ 是一个重要的边界层马赫数剖面的积分。对方程右侧的指示极限 $y \rightarrow y_w$ 做合适的处理,方程(10.15)和方程(10.16)可为内层求解提供外边界条件,也与外层建立联系,在这个联系中,方程中的 dp'/dx 项代表中间层流线发散效应(参考方程(10.13)),除非外部流动是强高超声速条件,该项可以忽略。

3. 高雷诺数湍流流动

在非常高的雷诺数条件下,合适的扰动参数为 $\varepsilon_T = U_\tau/U_{0,e}$,湍流边界层在垂直方向的干扰很少。与层流情况不同,在中间层关系式中产生的各优势项,用于入射激波下游和上游条件时,具有显著差别。研究表明[17,18,28-33],在入射激波上游,内层产生的垂直速度扰动非常小($v'_i/U_{0,e} = \varepsilon_T^2$),在研究干扰时可以忽略。所以对于 $\varepsilon_T \rightarrow 0$ 的第一步近似,方程(10.13)和方程(10.17)可简化为以下干扰方程:

$$\frac{v'_e}{U_{0,e}} \approx \frac{dp'/dx}{\gamma p_{0,e}} I_m(y_i) \tag{10.18}$$

只要确定了内层高度和外层压力偏折角关系,由该式就可以发现压力分布 $p'(x)$。此外,在湍流中间层所占据的边界层亏损区[12]内,由于 $U_{0,e} - U_0$、$\rho_{0,e} - \rho_0$、dU_0/dy、dH_0/dy 每一项都正比于 ε_T,对方程(10.8)和方程(10.11)所做的内层主近似达到 ε_T 的一阶量级,忽略含 v'_i 的各小量项,得

$$\lim_{y \to y_w}\left(\frac{\partial u'}{\partial x}\right) \approx -\frac{1}{(\rho_{0,e}+\ldots)}\frac{dp'/dx}{(U_{0,e}+\ldots)} \quad (10.19)$$

$$\lim_{y \to y_w}\left(\frac{\partial H'}{\partial x}\right) \approx 0 \quad (10.20)$$

这些方程可以认为是绝热无黏小扰动平行流动的控制方程。

在激波下游,湍流中间层的情况非常不同,因为该区的干扰必须受控于强迫函数(如入射激波的压升),在 $v'_e/U_{0,e}$ 项中必须包括强迫函数。所以,尽管垂直速度影响仍然很小,这里却不能省略,动量方程(10.8)中必须通过再次使用式(10.15)和式(10.16),来保留垂直速度影响,只不过这里使用的是高雷诺数湍流的入流边界层特性数据。于是,得到 $x > 0$ 的内层条件为

$$\lim_{y \to y_w}\left(\frac{\partial u'}{\partial x}\right) = -\frac{dp'/dx}{\rho_{0,e}U_{0,e}} - \left(\frac{v'_e}{U_{0,e}}\right)\lim_{y \to y_w}\left(\frac{dU_0}{dy}\right) + \frac{dp'/dx}{\gamma p_{0,e}}\lim_{y \to y_w}\left(I_m\frac{dU_0}{dy}\right) \quad (10.21)$$

$$\lim_{y \to y_w}\left(\frac{\partial H'}{\partial x}\right) = -\left(\frac{v'_e}{U_{0,e}}\right)\lim_{y \to y_w}\left(\frac{dH_0}{dy}\right) + \frac{dp'/dx}{\gamma p_{0,e}}\lim_{y \to y_w}\left(I_m\frac{dH_0}{dy}\right) \quad (10.22)$$

其中方程(10.21)右侧的前两项是主要的,在下游,中间层与内层之间存在很大的干扰(这与上游的扰动流动不同)。如果入流边界层是非绝热的,这种下游干扰情况同样存在。

10.3.2 内层

1. 一般描述

内层很薄,受控于压力梯度和无滑移条件下沿壁面的总剪切应力(以及壁面热流)扰动的共同作用,该层内的流动很像忽略横向压力梯度和流向扩散效应的边界层特性。在纯粹的层流流动中,剪切应力完全是由分子黏性引起的;湍流入流边界层则遵循壁面律和尾迹结构律的组合律[11,12](参见图2.13),其扰动应力场是分子黏性应力和涡黏性应力(即雷诺应力)的总和,所以内层包括两层,极薄的层流应力层(即层流亚层)及其上方近壁面的雷诺应力层(即混合层)。

在写流动控制方程时,假设内层处于入流湍流边界层的壁面律区(实际上还重叠了少量亏损区的内侧部分),用无分离流著名的 Van Driest 涡黏性模型[12]处理湍流雷诺应力和热流;此外,在无分离干扰的有限距离内,忽略未扰流的流向变化影响(该假设与主层分析所做的近似一致)。

为描述可能存在的与上游入流流动有关的当地壁面形状畸变 $y_w(x)$(如"突起"或压缩拐角),通过以下变换,将内层方程改写为更为方便的形式:

$$z \equiv y - y_w \quad (10.23)$$

$$w \equiv v - u \cdot (dy_w/dx) \quad (10.24)$$

分别为相对于畸变表面的垂直距离和相对于沿 y_w 无黏流线的垂直速度。应用 Prandtl 变换定理[39],在上述变换后,获得的连续方程、动量方程和能量方程的形式不变。另外,引入以下 Howarth – Dorodnitzn 变换[40],可以方便地囊括这类问题的可压缩效应:

$$\begin{cases} U(X,Z) \equiv u(x,z) \\ W(X,Z) \equiv U\dfrac{\partial Z}{\partial X} + \rho w(x,z)/\rho_{0,w} \\ dZ \equiv \rho dz/\rho_{0,w} \\ X = x \end{cases} \quad (10.25)$$

变换后,连续方程变为不可压形式:

$$\frac{\partial U}{\partial X} + \frac{\partial W}{\partial Z} = 0 \quad (10.26)$$

对于剪切应力作用的层流部分,采用 Chapman – Rubensin 近似[40], $\rho\mu = \text{const.} = \rho_{0,w}\mu_{0,w}$,由变换式(10.23)和式(10.25),假设扰动可以表达为 $u' = u - U_0(y)$、$H' = H - H_0(y)$,可压缩动量方程和能量方程变换为以下形式:

$$(U_0 + u')\frac{\partial u'}{\partial X} + W'\left(\frac{dU_0}{dZ} + \frac{\partial u'}{\partial Z}\right) + \frac{1}{\rho_0}\frac{dp'}{dX} = \frac{\partial}{\partial Z}\left[v_{0,w}\frac{\partial u'}{\partial Z} + 2\left(\frac{\rho_0}{\rho_{0,w}}\right)\frac{\mu_{T_0}}{\rho_{0,w}}\left(\frac{\partial u'}{\partial Z}\right)\right] \quad (10.27)$$

$$(U_0 + u')\frac{\partial H'}{\partial X} + W'\left(\frac{dH_0}{dZ} + \frac{\partial H'}{\partial Z}\right) \cong \frac{\partial}{\partial Z}\left[\frac{v_{0,w}}{P_R}\frac{\partial H'}{\partial Z} + \frac{\mu_{T_0}}{P_R}\left(\frac{\rho_0}{\rho_{0,w}}\right)\frac{\mu_{T_0}}{\rho_{0,w}}\left(\frac{\partial H'}{\partial Z} + \frac{dH_0}{dU_0}\frac{\partial u'}{\partial Z}\right)\right] \quad (10.28)$$

上述方程是减去未扰流的结果,在方程(10.28)右侧忽略了 $(1 - P_R)/\partial/\partial y[(\partial(u^2/2)/\partial y)]$ 的微小影响。未扰背景流动遵循壁面律关系[12]:

$$\left[v_{0,w} + \frac{\rho_0}{\rho_{0,w}}\frac{\mu_{T_0}}{\rho_0}\right]\frac{dU_0}{dZ} = \frac{\tau_{0,w}}{\rho_{0,w}} \equiv U_\tau^2 \quad (10.29)$$

$$\left[\frac{v_{0,w}}{P_R} + \frac{1}{P_{RT}}\left(\frac{\rho_0}{\rho_{0,w}}\right)\frac{\mu_{T_0}}{\rho_{0,w}}\right]\frac{dH_0}{dZ} = -\frac{\dot{q}_{w,0}}{\rho_{0,w}} \quad (10.30)$$

受扰流和基本流动的涡黏性分别为

$$\varepsilon'_T \cong \left[\left(\frac{\partial u'}{\partial z}\right)\bigg/\left(\frac{dU_0}{dZ}\right)\right]\mu_{T_0} \quad (10.31a)$$

$$\frac{\mu_{T_0}}{\rho_{0,w}} = \left[kD\frac{\rho_0}{\rho_{0,w}}\left(\frac{z}{Z}\right)Z\right]\frac{dU_0}{dZ} \quad (10.31b)$$

式中: D 为 Van Driest 阻尼因子。

$$D \equiv 1 - \exp(-\mu_{T_0}Z/2v_{w,0}) \quad (10.32)$$

这些方程求解时,在壁面所有 X 处使用无滑移条件,即在 $Z = 0$ 处 W'、u'、H' 都为零;或在层流亚层(以下讨论)外侧使用等价条件;在 $Z \to \infty$ 处使用 u'、H' 的外边界层条件,强迫匹配前面提到的中间层重叠区的内侧流动行为。在近壁面动量方程(10.3)~方程(10.27)中衔接压力梯度时,跨内层的可变密度系数 $\rho_0^{-1} = RT/p_0 \cong (T_0/T_w)\rho_{0,w}^{-1}$ 可以表达为以下在 Z 方向的 Taylor 展开(注意 $U_{0,w} = 0$):

$$\frac{\rho_{0,w}}{\rho_0} = \frac{\left[T_{0,w} + \left(\frac{\partial T_0}{\partial Z}\right)_w Z + \cdots\right]}{T_{0,w}} \cong 1 + \frac{1}{H_{0,w}}\left(\frac{\partial H_0}{\partial Z}\right)_w Z \tag{10.33}$$

式(10.33)表示,在很薄的内层中,当入流边界层是绝热流动时,或者当 $(\partial H_0/\partial Z)_w Z/H_{0,w}$ 相对于 1 可忽略时,ρ_0 可以取常数。

尽管我们至少知道中间层的垂直尺度($y_m \sim \delta_0$),但对于内层和扰动流的垂直尺度却事先一无所知,为确定这些尺度,必须引入以下无量纲变量,定义 $\hat{x} \equiv X/X_R$、$\hat{z} \equiv Z/Z_R$、$\hat{u} \equiv u/u_R$、$\hat{w} \equiv W'/W_R$、$\hat{\rho} \equiv \rho/\rho_R$、$\hat{p} \equiv p'/\rho_{0,e}U_{0,e}^2\pi_R$ 以及 $\hat{H} \equiv H/H_R$,其中下标 R 指所发现的尺度因子参考参数。将这些变量代入以上控制方程,要求选择 U_R、W_R 等参数,使产生的无量纲项都具有相同的 1 的量级,于是(例如)连续方程(10.26)变为

$$\frac{\partial \hat{u}}{\partial \hat{x}} + \frac{\partial \hat{w}}{\partial \hat{z}} = 0 \tag{10.34}$$

若设

$$W_R/U_R = Z_R/x_R \tag{10.35}$$

以下介绍动量方程和能量方程的处理,并引入详细的湍流模型。

2. 层流边界层动量和能量方程的处理

对于层流边界层,假设在近壁面处 u' 与 U_0 具有相同量级,于是保留了完全非线性对流加速效应。在方程(10.27)中引入前面提到的尺度因子,要求压力梯度和剪切项的每一项都像对流加速项一样具有 1 的量级,可以得到以下两个相似尺度关系:

$$\pi_R = (\rho_{0,w}/\rho_e)(U_R/U_{0,e})^2 \tag{10.36}$$

$$v_{0,w}X_R = U_R Z_R^2 \tag{10.37}$$

简化的无量纲层流—湍流内层动量方程为

$$(\hat{U}_0 + \hat{u}')\frac{\partial \hat{u}'}{\partial \hat{x}} + \hat{w}'\left(\frac{d\hat{U}_0}{d\hat{z}} + \frac{\partial \hat{u}'}{\partial \hat{z}}\right) + \frac{\rho_{0,w}}{\rho_0}\frac{d\hat{p}}{d\hat{x}} = \frac{\partial}{\partial \hat{z}}\left(\frac{\partial \hat{u}'}{\partial \hat{z}}\right) \tag{10.38}$$

相应地处理能量方程(10.28)得

$$(\hat{U}_0 + \hat{u}')\frac{\partial \hat{H}'}{\partial \hat{x}} + \hat{w}'\left(\frac{d\hat{H}_0}{d\hat{z}} + \frac{\partial \hat{H}'}{\partial \hat{z}}\right) = \frac{\partial}{\partial \hat{z}}\left(Pr^{-1}\frac{\partial \hat{H}'}{\partial \hat{x}}\right) \tag{10.39}$$

式中:$\hat{H}_0 \equiv H_0/H_R$。

用方程(10.39)去除方程(10.30)而做出的对 $d\hat{H}_0/d\hat{U}_0$ 的评估表明,如果 H_R 按照下式选择,就可获得 1 的量级:

$$H_R = (-\dot{q}_{w,0} U_R P_R)/(\rho_{0,w} u_{\tau_0}^2) \tag{10.40}$$

在壁面沿 $\hat{z} = 0$ 使用无滑移条件 $u_w = 0$、$T = T_w$,以及由合适的内层—中间层匹配关系提供的外边界条件,方程(10.38)和方程(10.39)就可以求解。

3. 湍流边界层动量和能量方程的处理

在非常高的雷诺数条件下,入流湍流边界层的层流亚层变得极其薄(指数薄),内层可以忽略,可以认为直至壁面都是湍流,可以使用渐进方法,将 $U_\tau/U_{0,e} = \varepsilon_T$ 作为小扰动参数,且在入流边界层的亏损区,流向速度被认为是在 $U_{0,e}$ 基础上的小扰动,具有 ε_τ 量级,所以一级近似 $\rho u(\partial u'/\partial x) \cong \rho_{0,e} U_{0,e}(\partial u'/\partial x)$。注意到,对于这种完全湍流流动 $D = 1$、$(dU_0/dy) \cong kU_\tau/z$,再次引入无量纲变量,在压力梯度项中采用 $p_{0,w} = p_{0,e}$ 和完全湍流内层流动的主近似条件下,方程(10.27)变为以下无量纲动量方程(其中 $\hat{z} \approx 0(1)$):

$$\frac{\partial \hat{u}'}{\partial \hat{x}} + \pi_R \frac{U_{0,e}}{U_R} \frac{d\hat{p}}{d\hat{x}} \cong \frac{2k^2 X_R U_R}{Z_R U_{0,e}} \frac{\partial}{\partial \hat{z}} \left((f_D \hat{z})^2 \frac{dU_0}{d\hat{z}} \frac{\partial \hat{u}'}{\partial \hat{z}} \right) \tag{10.41a}$$

$$f_D \equiv (\rho_0/\rho_{0,w})^{3/2} z/Z \tag{10.41b}$$

其中省略了一项 $(\hat{w}/U_{0,e}) dU_0/d\hat{z}$(与 $\partial \hat{u}'/\partial \hat{x}$ 相比很小,有证据表明[28-32],是可以忽略的二阶项)。类似地,方程(10.28)变为以下相应的一阶近似形式:

$$\frac{\partial \hat{H}}{\partial \hat{x}} \cong \frac{k^2}{Pr_t} \frac{X_R U_R}{Z_R U_{0,e}} \frac{\partial}{\partial \hat{z}} \left\{ (f_D \hat{z})^2 \left[\frac{\partial \hat{H}'}{\partial \hat{z}} + \left(\frac{d\hat{H}_0}{d\hat{U}_0} \right) \frac{\partial \hat{u}'}{\partial \hat{z}} \right] \right\} \tag{10.42}$$

在未扰流动方程(10.29)~方程(10.32)中, $D = 1$,忽略层流黏性项,在渐进极限情况下,速度尺度为:

$$U_R = U_\tau = \varepsilon_\tau U_{0,e} \tag{10.43}$$

令 $d\hat{U}_0/d\hat{z}$、$d\hat{H}_0/d\hat{U}_0$ 具有 1 的量级,则

$$\frac{d\hat{U}_0}{d\hat{z}} = [kf_D \hat{z}]^{-1} \tag{10.44}$$

$$\frac{d\hat{H}_0}{d\hat{u}_0} = \frac{-\dot{q}_{w,0} Pr_t U_R}{\rho_{0,w} u_{\tau_0}^2 H_R} \tag{10.45}$$

考察方程(10.41)~方程(10.45),应选择以下合适的渐近尺度关系:

$$\pi_R = \varepsilon_T \tag{10.46}$$

$$Z_R = k\varepsilon_T X_R \tag{10.47}$$

$$H_R = -\dot{q}_{w,0} Pr_t/\rho_{0,w} \varepsilon_\tau U_{0,e} \tag{10.48}$$

令 $d\hat{H}_0/d\hat{U}_0 = 1$,方程(10.41a)和方程(10.42)的最终简化形式分别为

$$\frac{\partial \hat{u}'}{\partial \hat{x}} + \frac{d\hat{p}}{d\hat{x}} \cong 2 \frac{\partial}{\partial \hat{z}} \left((f_D \hat{z})^2 \frac{\partial \hat{u}'}{\partial \hat{z}} \right) \tag{10.49}$$

$$\frac{\partial \hat{H}'}{\partial \hat{x}} \cong \frac{1}{Pr_t} \frac{\partial}{\partial \hat{z}} \left\{ (f_D \hat{z})^2 \left[\frac{\partial \hat{H}'}{\partial \hat{z}} + \frac{\partial \hat{u}'}{\partial \hat{z}} \right] \right\} \qquad (10.50)$$

这里的湍流干扰流向尺度为 $X_R = \delta_0 \sim \varepsilon_T l$,从方程(10.47)可以推出内层厚度尺度为 $Z_R = \varepsilon_T \delta_0 \sim \varepsilon_T^2 l$,说明内层的厚度尺度极小。

由于这些方程彻底忽略了层流亚层,其解不能代表沿全部壁面的流动,所以必须在某个非零的高度 z_c 上采用合适的内层滑移条件替代壁面的无滑移条件,该高度位于速度亏损区的内侧部分,并且包括了真正的壁面无滑移条件对整个层流亚层的宏观影响。经典的湍流边界层壁面对数律也少量覆盖了亏损区(图2.13),实际上为在很宽条件范围内计算这些特征提供了一个很好的工程方法,即使存在中等逆压梯度时,只要没有发生很大分离,该方法就适用。所以,我们可以在干扰区局部使用对数律,沿着高度 $z_c \cong 60 v_{0,w}/U_\tau$(即层流亚层外侧的亏损区底部)可以使用对数律,沿着未扰边界层边缘(即 $dU_0/dy = 0$、$dH_0/dy = 0$)也可以使用对数律。如附录10.A所示,该过程产生一对当地扰动关系,将所需的沿 z_c 的滑移速度、相应的壁面摩擦扰动与重叠干扰扰动场联系起来。在引入无量纲变量后,这些关系变为

$$\hat{u}'(\hat{x}, \hat{z}_c) = -(B_i/B_0)\hat{p}(\hat{x}) \qquad (10.51)$$

$$\tau'_w(\hat{x}) \cong -2\tau_{0,w}\hat{p}B_0^{-1} \qquad (10.52)$$

式中:B_i 与 B_0 为入流边界层的壁面律参数(定义见附录A)。

对于温度的壁面律做类似处理,得到相应的一对当地总焓滑移和扰动加热量关系(详见附录A):

$$\hat{H}'(\hat{x}, z'_c)/c_P T_R = -(B_t - k_t^{-1})\hat{p}B_0^{-1} - B_i[(\dot{q}_w)'/\dot{q}_{w,0}] \qquad (10.53)$$

$$(\dot{q}_w)'/\dot{q}_{w,0} = -\lambda_{q1}\hat{p}B_0^{-1} + \lambda_{q2}\varepsilon_T U_{0,e}^2/(c_P T_R) \qquad (10.54)$$

其中,$T_R = \dot{q}_{w,0}/(Pr_T c_P u_{\tau,0})$,系数 B_t、k_t、λ_{q1}、λ_{q2} 定义见附录A。这些滑移关系应用于干扰区所有的 $\hat{x}$ 位置,包括下游。

10.3.3 中间层与内层的匹配

现在我们有了4个关系式,含8个未知的无量纲参数,所以需要补充一些信息,其中部分信息靠内层和中间层的强制匹配来获得。

1. 层流边界层

内层求解要求的外边界条件与中间层的底部事件相关联(参考10.3.1节),可采用 Van Dyke[41] 的一阶匹配原则,即内层外边界与中间层内边界用相同坐标表达(这里取 Z),内层解的外边界值与中间层解的内边界值相等,写成表达式为

$$u(X, Z \to 0) = u_0(Z \to 0) + u'(X, Z) \cong \left(\frac{dU_0}{dZ}\right)_w Z + u'(X, Z) \qquad (10.55)$$

$$H(X, Z \to 0) = H_0(Z \to 0) + H'(x, Z) \cong H_{0,w} + \left(\frac{dH_0}{dZ}\right)_w Z + H'(x, Z) \qquad (10.56)$$

用方程(10.15)和方程(10.16),即中间层关系的流向积分获得的 u' 和 H' 替代式中相应项,获得内层解的以下外边界条件:

$$\lim_{\hat{z}\to\infty}[\hat{u}_{\text{INNER}}(\hat{x},\hat{z})] \cong \lim_{\hat{z}\to 0}[\hat{u}_{\text{MIDDLE}}(\hat{x},\hat{z})]$$

$$= \frac{Z_R(\mathrm{d}U_0/\mathrm{d}Z)_w}{U_R}\left\{\hat{z} - \frac{\int_{-\infty}^{\hat{x}}(v'_e/U_{0e})\mathrm{d}\hat{x}}{Z_R/X_R} + \frac{\pi_R M_e^2 \hat{p}}{Z_R}\lim_{z\to 0}\left[I_m(z) - \frac{z}{M_0^2(z)}\right]\right\} \quad (10.57)$$

$$\lim_{\hat{z}\to\infty}[\hat{H}_{\text{INNER}}(\hat{x},\hat{z}) - \hat{H}_{0,w}] \cong \lim_{\hat{z}\to 0}[\hat{H}_{\text{MIDDLE}} - \hat{H}_{0,w}]$$

$$= \frac{Z_R(\mathrm{d}H_0/\mathrm{d}Z)_w}{H_R}\left\{\hat{z} - \frac{\int_{-\infty}^{\hat{x}}(v'_e/U_{0,e})\mathrm{d}\hat{x}}{Z_R/X_R} + \frac{\pi_R M_e^2 \hat{p}}{Z_R}\lim_{z\to 0}I_m(z)\right\} \quad (10.58)$$

研究揭示,如果用 $v'_e \sim (Z_R/X_R)U_{0,e}$ 进行相似处理,并采用以下关系,上述关系式可以得到最好的简化:

$$U_R \equiv Z_R(\mathrm{d}U_0/\mathrm{d}Z)_w \quad (10.59)$$

$$H_R \equiv U_R(\mathrm{d}H_0/\mathrm{d}U_0)_w \quad (10.60)$$

其中的壁面梯度数据采用的是层流可压缩平板边界层数据。在层流边界层中,由于 $(\mathrm{d}H_0/\mathrm{d}U_0)_w = -\dot{q}_{w,0}Pr/(\rho_w U_\tau^2)$,方程(10.60)与方程(10.40)严格一致,所以不需要更多的信息。采用方程(10.57)与方程(10.58)最后一项的极限数据(见附录10.B),这些外侧边界条件简化为

$$\lim_{\hat{z}\to\infty}[\hat{u}_{\text{INNER}}(\hat{x},\hat{z})] \cong \hat{z} - X_R Z_R^{-1}\int_{-\infty}^{\hat{x}}(v'_e/U_{0,e})\mathrm{d}\hat{x} + \pi_R M_e^2 \hat{p} Z_R^{-1}\lim_{z\to 0}I_m(z_i/\delta_0) \quad (10.61)$$

$$\lim_{\hat{z}\to\infty}[\hat{H}_{\text{INNER}}(\hat{x},\hat{z})] \cong \lim_{\hat{z}\to\infty}[\hat{u}_{\text{INNER}}(\hat{x},\hat{z})] \quad (10.62)$$

2. 湍流边界层

采用10.3.1节中的中间层关系匹配原则,给出上游和下游的不同结果。当 $x<0$ 时,将无量纲变量、方程(10.43)和方程(10.46)引入方程(10.19)和方程(10.20),并且关于 x 积分,获得以下内层求解的外边界条件:

$$\lim_{\hat{z}\to\infty}[\hat{u}'_{\text{INNER}}(\hat{x}<0,\hat{z})] \cong -\hat{p} \quad (10.63)$$

$$\lim_{\hat{z}\to\infty}[\hat{H}'_{\text{INNER}}(\hat{x}<0,\hat{z})] \cong 0 \quad (10.64)$$

从方程(10.46)的观点考虑方程(10.18),发现合适的流向尺度是 $X_R = \delta_0$,因而得到

$$(v'_e/U_{0,e})/\varepsilon_T = I_m(Z_i/\delta_0)M_e^2\left(\frac{\mathrm{d}\hat{p}}{\mathrm{d}\hat{x}}\right) \quad (10.65)$$

该式表示应该将 $v'_e \sim \varepsilon_T U_{0,e}$ 作为无量纲尺度,就像以后所确证的那样。

再看干扰区更下游的区域 ($x \geq 0$),将无量纲变量引入方程(10.21)和方程(10.22),并且关于 x 积分,采用 $\mathrm{d}U_0/\mathrm{d}Z \cong U_\tau/kZ$,得到以下边界条件:

$$\lim_{\hat{z}\to\infty}[\hat{u}'_{\text{INNER}}(\hat{x}>0,\hat{z})] \cong -\hat{p} - \frac{1}{\hat{z}}\int_{0^+}^{\hat{x}}\left(\frac{v'_e/U_{0,e}}{k^2\varepsilon_T}\right)d\hat{x} + k^{-2}M_{0,e}^2\frac{\hat{p}}{\hat{z}}I_m(z_i/\delta_0) \quad (10.66)$$

$$\lim_{\hat{z}\to\infty}[\hat{H}'_{\text{INNER}}(\hat{x}>0,\hat{z})] \cong -\frac{dH_0/dU_0}{H_R/U_\tau}\left\{\frac{1}{\hat{z}}\int_{0^+}^{\hat{x}}\left(\frac{v'_e/U_{0,e}}{k^2\varepsilon_T}\right)d\hat{x} + \frac{M_{0,e}^2\hat{p}}{k^2\hat{z}}I_m(z_i/\delta_0)\right\} \quad (10.67)$$

v'_e 流向积分的低限估计是从 $x=0^+$ 开始,与上游区域忽略该项影响的设定一致。方程(10.66)表示尺度 $v'_e \sim \varepsilon_T U_{0,e}$ 对于下游区域也是合适的,而方程(10.67)表明渐近湍流情况下合适的焓值无量纲尺度为

$$H_R \equiv U_R(dH_0/dU_0) = \varepsilon_T(dH_0/dU_0)_w U_{0,e} \quad (10.68)$$

利用方程(10.29)和方程(10.30),则与前面方程(10.48)的结果完全一致。此外,如10.2.1节中讨论的那样,现在顺便详细检查一下在 $x\to 0^+$ 附近更精细尺度上的激波结构,把注意力放在 $x\sim\delta_0$ 尺度范围内发生的事件上,前面提到的边界条件就可简化为

$$\lim_{\hat{z}\to\infty}[\hat{u}'_{\text{INNER}}(\hat{x}>0,\hat{z})] \cong -\hat{p} - \frac{1}{\hat{z}}\int_{0^+}^{\hat{x}}\left(\frac{v'_e/U_{0,e}}{k^2\varepsilon_\tau}\right)d\hat{x} + \varepsilon_T M_{0,e}^2 f(\hat{z})\hat{p} \quad (10.69)$$

$$\lim_{\hat{z}\to\infty}[\hat{H}'_{\text{INNER}}(\hat{x}>0,\hat{z})] \cong \lim_{\hat{z}\to\infty}[\hat{u}'_{\text{INNER}}(\hat{x}>0,\hat{z})] + \hat{p} \quad (10.70)$$

在获得式(10.70)的最后一项时,在式(10.47)中采用 $Z_R/\delta_0 = k\varepsilon_T$,且

$$f(\hat{z}) \equiv (k\hat{z})^{-1}\int_{\hat{z}_i}^{k\varepsilon_T^{-1}}\{[1-M_0^2(\hat{z})]/M_0^2(\hat{z})\}d\hat{z} \quad (10.71)$$

是修正的马赫数分布函数,假定其量级为 1。方程(10.69)右侧的 v'_e 流向积分对于下游问题具有重要意义,因为该项包含了驱动整体干扰的强迫函数(详见10.3.4节)。按照层流情况考虑最后一项 $\sim M_0^2\hat{p}$,则可作为高阶项忽略,除非是马赫数很大的高超声速流。

10.3.4 外层无黏压力与流动偏折的关系

要写出三层结构的关系式、确定其余的尺度关系,需要考虑外层行为,提供外层底部的压力扰动场与流线偏折 $v'_e/U_{0,e}$ 之间的关系。尽管该关系的独特性质主要与外部马赫数有关,但由于无黏激波(无论是外源性激波,还是壁面压缩拐角形成的激波)的强制性作用,压力扰动场 $p'(x)$ 的构成一般包括[42,43]无黏激波压升 Δp_s 和局部黏性位移诱导的干扰分量 p'_{INTER}:

$$p'(X) = J\Delta p_s + p'_{\text{INTER}} \quad (10.72)$$

式中:J 为引入的阶跃函数,$x<0$ 时 $J=0$,$x\geq 0$ 时 $J=1$,以匹配 $X=0$ 处的压升 Δp_s(参见图2.24)。对于小折角 θ_w 压缩拐角流动,在中等超声速马赫数条件下,$\Delta p_s \cong \rho_e U_e^2\theta_w/\beta$,而对于弱斜激波产生的激波入射压升强度 Δp_i,$\Delta p_s \cong 2\Delta p_i$。$p'_{\text{INTER}}$ 正比于中间层外边界当地干扰流线的偏折角,在干扰区的远上游和远下游为零,所以需要给出关于 p'_{INTER} 与 $v'_e/U_{0,e}$ 关系的合理表达。这里的主要问题是,外层的流动马赫

数是多大。

当外流是超声速、超出了跨声速范围(大约 $M_e \geq 1.2$)时,对于工程目的,在整个超声速到高超声速范围,正切楔近似[8,9]和 Van Dyke 超声速—高超声速复合相似律[44]都非常令人满意,除非关心的是边界层上方的远场特征。于是得到

$$p'_{\text{INTER}}/(\rho_{0,e}U_{0,e}^2) \cong (v'_e/U_{0,e})\beta^{-1}\left[\sqrt{1+\kappa_H^2(v'_e/U_{0,e})^2}+\kappa_H(v'_e/U_{0,e})\right] \quad (10.73)$$

式中: $\kappa_H \equiv (\gamma+1)\beta/4$。当 $\kappa_H(v'_e/U_{0,e})$ 与 1 比是小量时,方程(10.73)简化为经典的线性超声速理论;而与 1 比为大量时,方程(10.73)变为经典高超声速小扰动理论的牛顿极限方程。对于这些目的,将方程(10.73)转化为下式更方便使用:

$$v'_e/U_{0,e} = \beta\left[p'_{\text{INTER}}/(\rho_e U_{0,e}^2)\right]/\sqrt{1+2\kappa_H\beta[p'_{\text{INTER}}/(\rho_e U_{0,e}^2)]} \quad (10.74)$$

通过式(10.72),就将这里似乎普遍存在的 $v'_e/U_{0,e}$ 的积分与总干扰压力 $p'(x)$ 的可比流向积分建立了联系。式(10.73)可应用于完全层流和完全湍流的内层流动渐近分析模型。

在跨声速范围,当全场流动都是纯粹的超声速时,式(10.73)必须用跨声速—超声速压力—偏折角关系替代[45]:

$$\frac{p'_{\text{INTER}}}{\rho_e U_{0,e}^2} \cong \frac{\beta^2}{(\gamma+1)M_{0,e}^4}\left\{1-\left[1-\frac{3}{2}\frac{(\gamma+1)}{\beta^3}M_{0,e}^4(v'_e/U_{0,e})\right]^{2/3}\right\} \quad (10.75)$$

当 $v'_e/(\beta^3 U_{0,e}) \ll 1$ 时,式(10.75)变为线性超声速理论的结果;当 $\beta \to 0^+$ 时,给出的是经典非线性跨声速结果 $p'/p_{0,e} \sim -[M_{0,e}^2/(\gamma+1)]^{\frac{1}{3}}(v'_e/U_{0,e})^{\frac{2}{3}}$。

式(10.75)的反向形式为

$$\frac{v'_e}{U_{0,e}} \cong \frac{(2/3)\beta^3}{(\gamma+1)M_{0,e}^4}\left\{1-\left[1-\frac{(\gamma+1)M_{0,e}^4}{\beta^2}\left(\frac{p'_{\text{INTER}}}{\rho_e U_{0,e}^2}\right)\right]^{3/2}\right\} \quad (10.76)$$

如果跨声速外流问题是跨正激波的超声速—亚声速混合情况(图 2.34,是实际情况下常遇到的情况),式(10.76)只能用于激波上游($X<0$)的超声速区域,而激波下游 $M_e = M_2 < 1$,必须用亚声速 Cauchy 积分关系替代:

$$\frac{v'_e}{U_{0,e}} \cong \frac{\sqrt{1-M_2^2}}{\pi\rho_e U_{0,e}^2}\int_{0^+}^{\infty}\left[\frac{p'(\xi)-J\Delta p_s}{x-\xi}\right]d\xi \quad (10.77)$$

对于正激波, $\Delta p_s/(\rho_e U_e^2) = 2\beta^2/[(\gamma+1)M_{0,e}^2]$。所以,跨声速问题的混合流动特征由非连续性关系 $p'_{\text{INTER}}(v'_e)$ 反映。

10.3.5 三层的综合匹配

1. 层流干扰

当外流是超声速、高超声速时,边界条件可以进一步简化。式(10.74)用无量纲压力表达,匹配条件中的 $(X_R/Z_R)(v'_e/U_{0,e})$ 项变为

$$\frac{X_R}{Z_R}(v'_e/U_{0,e}) = \frac{\beta\pi_R}{Z_R/X_R}\left[\frac{\hat{p}'_{\text{INTER}}}{\sqrt{1+\chi_H\hat{p}'_{\text{INTER}}}}\right] \quad (10.78)$$

其中，$\chi_H \equiv 2\kappa_H\beta\pi_R$ 是高超声速三层结构的干扰参数[46]，$\chi_H \ll 1$ 对应线性化超声速状态。如果采纳以下条件，该表达式可以获得最好的简化形式：

$$\beta\pi_R = Z_R/X_R \quad (10.79)$$

由方程(10.61)、方程(10.62)及方程(10.72)可以获得外边界匹配条件的以下最终形式：

$$\lim_{\hat{z}\to\infty}[\hat{u}_{\text{INNER}}(\hat{x},\hat{z})] = \hat{z} - \int_{-\infty}^{\hat{x}}\frac{\hat{p}-J\Delta\tilde{p}}{[1+\chi_H(\hat{p}-J\Delta\tilde{p})]^{1/2}}d\hat{x} + \frac{\delta_0\tilde{p}M_{0,e}^2}{\beta X_R}\lim_{\hat{z}\to 0}[I_m(z_i/\delta_0)] \quad (10.80)$$

$$\lim_{\hat{z}\to\infty}[\hat{H}_{\text{INNER}}(\hat{x},\hat{z})]_A = \lim_{\hat{z}\to 0}[\hat{u}_{\text{INNER}}(\hat{x},\hat{z})] \quad (10.81)$$

式中：$\Delta\tilde{p} = \Delta p_s/\rho_e U_{0,e}^2 \pi_R$ 为无量纲压升；$\hat{p}$ 为远下游使 $\hat{p}-J\Delta\hat{p}_s$ 为零的总的压力扰动场。预计 $\delta_0/X_R \sim \varepsilon_L$（参见10.3.6节），方程(10.80)的最后一项代表流线发散效应，在一次渐近近似 $\varepsilon_L \to 0$ 时可以忽略，除非流动是高超声速的 $(M_{0,e}^2 \gg 1)$。

对于跨声速流动，经类似的处理过程，但结果不同。当外流处处为超声速时，应用方程(10.76)，使 $J=0$，得

$$\frac{X_R}{Z_R}\frac{v'_e}{U_{0,e}} \cong \frac{2\beta^3}{3(\gamma+1)M_{0,e}^4}\frac{X_R}{Z_R}\left\{1-\left[1-\frac{(\gamma+1)M_{0,e}^4}{\beta^2}\pi_R\hat{p}\right]^{3/2}\right\} \quad (10.82)$$

Bodonyi 与 Kluwick 证明[47]，进行无量纲处理时最好引入独立的层流跨声速干扰参数：

$$\chi_T \equiv \beta^2/(\gamma+1)M_{0,e}^4\pi_R \quad (10.83)$$

选择

$$Z_R/X_R = \sqrt{(\gamma+1)M_{0,e}^4}\pi_R^{3/2}\chi_T^{1/2} = \beta\pi_R \quad (10.84)$$

将方程(10.82)用于方程(10.61)，得出以下外边界条件的形式：

$$\lim_{\hat{z}\to\infty}[\hat{u}_{\text{INNER}}(\hat{x},\hat{z})] = \hat{z} - \frac{2}{3}\chi_T\int_{-\infty}^{\hat{x}}\{1-[1-\hat{p}\chi_T^{-1}]^{3/2}\}d\hat{x} \quad (10.85)$$

其中省略了方程(10.61)的最后一项 $(\delta_0/\chi_R)\hat{p}$，因为在跨声速流中[47]该项具有小量的高阶量级 $(\varepsilon_L^{8/5})$。

当外流是含正激波的混合型跨声速流动时，上述结果也适用于激波上游区域（线性化的超声速方程在实际应用中精度往往是满足要求的），而下游区域适用方程(10.77)。采用方程(10.83)、方程(10.84)后，得到

$$\frac{X_R}{Z_R}\frac{v_e}{U_{0,e}} = \sqrt{\frac{1-M_2^2}{M_e^2-1}}\frac{1}{\pi}\int_0^\infty\left[\frac{\hat{p}_e(x)-J\Delta\hat{p}}{\hat{x}-\hat{\xi}}\right]d\hat{\xi} \quad (10.86)$$

其中,省略了方程(10.61)的最后一项,导出与式(10.85)形式相同的下游边界层条件,只是右侧以下式替代:

$$\hat{z} - \frac{\sqrt{1-M_2^2}}{\pi\beta}\int_0^{\hat{x}}\left\{\int_0^{\infty}\left(\frac{\hat{p}-J\Delta\hat{p}_s}{\hat{x}-\hat{\xi}}\right)\mathrm{d}\hat{\xi}\right\}\mathrm{d}\hat{x} \qquad (10.87)$$

2. 湍流干扰

在超声速到高超声速范围,采用方程(10.46)、方程(10.47)后,边界条件中出现的项 $v'_e/(\varepsilon_T U_{0,e})$ 具有以下无量纲形式:

$$v'_e/(\varepsilon_T U_{0,e}) = \frac{\beta\hat{p}'_{\text{INTER}}}{\sqrt{1+\chi_{H,A}\hat{p}'_{\text{INTER}}}} \qquad (10.88)$$

式中,$\chi_{H,A} \equiv 2\beta\kappa_H\varepsilon_T$ 为湍流高超声速干扰参数,在线性化超声速极限状态时 $\chi_{H,A} \ll 1$。

由于已经建立了渐近湍流模型所需 8 个尺度关系中的 6 个(而且无需选择 ρ_R 与 μ_R,参考以下的讨论),已经没有其他尺度需要选择。方程(10.88)表明,马赫数参数 β 可以不在这种 ($\varepsilon_T \to 0$) 缩尺问题之列,所以在上游的自由干扰区内($X<0$、$J=0$),边界条件取方程(10.63)和方程(10.64),压力关系来自方程(10.65)和方程(10.88):

$$\frac{\hat{p}}{\sqrt{1+\chi_{H,A}\hat{p}}} \cong I_m(z_i/\delta_0)M_{0,e}^2\beta^{-1}(\mathrm{d}\hat{p}/\mathrm{d}\hat{x}) \qquad (\hat{x}<0) \qquad (10.89)$$

该式说明,$\chi_{H,A}=0$ 时,压力在 $\hat{x}<0$ 范围呈指数衰减,与 β、$M_{0,e}^2$ 存在明确的依赖关系。在下游区域,由方程(10.69)~方程(10.72)以及方程(10.88),获得与 β 相关的边界条件:

$$\lim_{\hat{z}\to\infty}[\hat{u}'_{\text{INNER}}(\hat{x}\geq 0,\hat{z})] = -\hat{p} - \frac{\beta}{\hat{z}k^2}\int_{0^+}^{\hat{x}}\frac{\hat{p}-J\Delta\tilde{p}}{\sqrt{1+\chi_{H,A}(\hat{p}-J\tilde{p})}}\mathrm{d}\hat{x} + M_{0,e}^2 f(\hat{z})\hat{p} \qquad (10.90)$$

$$\lim_{\hat{z}\to\infty}[\hat{H}'_{\text{INNER}}(\hat{x}\geq 0,\hat{z})] = \hat{p} + \lim_{\hat{z}\to 0}[\hat{u}_{\text{INNER}}(\hat{x},\hat{z})] \qquad (10.91)$$

如果是纯超声速无粘流的跨声速流动,方程(10.76)的 $v'_e/(\varepsilon_T U_{0,e})$ 项可以表达为

$$v'_e/(\varepsilon_T U_{0,e}) = \frac{2}{3}\beta\chi_{T_i}\{1-[1-\hat{p}/\chi_{T_i}]^{3/2}\} \qquad (10.92a)$$

其中,$\chi_{T_i} \equiv \beta^2/(\gamma+1)\varepsilon_T M_{0,e}^4$ 是与式(10.83)的层流干扰参数相对应的湍流干扰参数,结合方程(10.65)与方程(10.92a)获得上游自由干扰的压力关系:

$$\frac{2}{3}\beta\chi_{T_i}\{1-[1-\hat{p}/\chi_{T_i}]^{2/3}\} = I_m M_{0,e}^2(\mathrm{d}\hat{p}/\mathrm{d}\hat{x}) \qquad (10.92b)$$

当 $\chi_{T_i} \to \infty$ 时,简化为 $\chi_{H,A}=0$ 的线性化超声速理论结果,即式(10.89);相应的上游外边界条件还是方程(10.65)。在下游区域,式(10.92b)不适用,从方程(10.69)、方程(10.76)得到以下边界条件:

$$\lim_{\hat{z}\to\infty}[\hat{u}'_{\text{INNER}}(\hat{x},\hat{z})] = -\hat{p} - \frac{2\beta\chi_{T_i}}{3\hat{z}k^2}\int_{-\infty}^{\hat{x}}\{1-[1-(\hat{p}\chi_{T_i}^{-1})]^{3/2}\}d\hat{x} \quad (10.92c)$$

如果是下游亚声速的混合型跨声速流动，方程(10.92c)右侧必须替换为

$$-\frac{\sqrt{1-M_2^2}}{\pi\hat{z}k^2\beta}\int_0^{\hat{x}}\left\{\int_0^{\infty}\left[\frac{\hat{p}-\Delta p_s}{\hat{x}-\hat{\xi}}\right]d\hat{\xi}\right\}d\hat{x} \quad (10.92d)$$

10.3.6 尺度特性总结与标准的三层方程形式

到目前为止，尺度参数 ρ_R 与 μ_R 还未确定，在缺乏进一步分析的条件下，可以基于方便的原则选取。如，从靠近壁面的内层角度看，可以基于未扰上游流动的壁面温度或者"参考温度"这种方便表述上游边界层特性的参数，本章采用后者，基于 Eckert 经验结果(该结果得到可压缩边界层基础理论[48]的支持)，对于空气：

$$T_R/T_\infty \cong 0.5 + 0.039M_\infty^2 + 0.05T_w/T_\infty \quad (10.93)$$

1. 层流干扰

总结上述对超声速、高超声速外流的分析结果，获得了以下含有 6 个尺度参数 (U_R、V_R、Z_R、X_R、π_R 以及 H_R) 的 6 个独立关系组成的一套方程组：

$$V_R = (Z_R/X_R)U_R \quad (10.94)$$

$$\pi_R = (\rho_R/\rho_e)(U_R/U_e)^2 \quad (10.95)$$

$$v_w X_R = Z_R^2 U_R \quad (10.96)$$

$$U_R = Z_R(dU_0/dZ)_w \quad (10.97)$$

$$Z_R/X_R = \beta\pi_R \quad (10.98)$$

$$H_R = Z_R(dH_0/dZ)_w = U_R(dH_0/dU_0)_w \quad (10.99)$$

当我们为两个壁面梯度 $(dU_0/dZ)_w$、$(dH_0/dZ)_w$ 提供了合适的关系式，上述方程组就可以求解。以层流的三层基本小参数 $\varepsilon_L \equiv Re_L^{-1/8}$ 和未扰入流流动参数的形式表述，引入层流可压缩平板边界层数据[49]得

$$(dU_0/dZ)_w = \tau_{w,0}/\mu_{w,0} = (U_{0,e}\lambda/L)C_R^{-1/2}(T_e/T_R)\varepsilon_L^{-4} \quad (10.100)$$

$$(dH_0/dZ)_w = (H_{W,AD} - H_{0,w})C_R^{-1/2}P_R^{1/3}(\mu_e/\mu_R)\lambda\varepsilon_L^{-4}/L \quad (10.101)$$

式中：$\lambda = 0.332$；$\mu = \mu_R(T/T_R)^\omega$；$C_R \equiv \mu_R T_e/(\mu_e T_R)$。

由方程(10.94)~方程(10.99)获得以下结果：

$$X_R/L = C_x\varepsilon_L^3 \quad (10.102)$$

$$Z_R/L = C_z\varepsilon_L^5 \quad (10.103)$$

$$\pi_R = C_\pi\varepsilon_L^2 \quad (10.104)$$

$$U_R/U_{0,e} = C_u\varepsilon_L \quad (10.105)$$

$$H_R = C_H\varepsilon_L \quad (10.106)$$

$$V_R/U_{0,e} = C_v\varepsilon_L^3 \quad (10.107)$$

在附录 C 中给出了其中 6 个马赫数—壁面温度关系系数 C_x、C_y、C_z、C_u、C_H 及 C_v，

方程(10.78)中的高超声速干扰参数 χ_H 具有以下形式：

$$2\chi_H = \beta^2(\gamma+1)\pi_R = (\gamma+1)C_R^{1/4}\sqrt{\lambda/\beta}(\beta\varepsilon_L)^2 \qquad (10.108)$$

可以看到，即使在中等强度的高超声速流动中，χ_H 的重要性在二阶量级（$\sim \varepsilon_L^2$）上，所以在当代"三层理论"文献中，都忽略了前面提到的对边界条件的影响，因而使该理论大大简化。在高马赫数条件下可能比较重要的其他参数，即方程(10.80)最后一项中的 $\hat{p}$ 的系数，应用上述尺度，并取 $\delta_0/L = C_\delta \varepsilon_L^4$、$C_\delta = 5.2 C_R^{1/2}(T_R/T_e)$，可以得到以下形式：

$$\frac{\delta_0}{\beta X_R}M_e^2 I_m = \varepsilon_L S I_m \qquad (10.109)$$

式中：$S = C_\delta M_e^2/C_x\beta$。

尽管形式上具有 ε_L 的量级，并在一般超声速速度下可以忽略，但在高超声速条件下观察到这个流线发散项可以是很大的[50]，因为系数 $S \sim M_{0,e}$ 的量值很大，特别是当对热流的影响（通过 I_m 产生影响，参考附录 B）感兴趣时[51]。最后，当方程(10.102)~方程(10.107)的数据被应用于方程(10.33)右侧的热交换因子时，该因子变为

$$(Z_R/H_w)(\mathrm{d}H_0/\mathrm{d}Z)_w \hat{z} = \varepsilon_L C_M(H_{0,w} - H_w)\hat{z}/H_w \qquad (10.110)$$

式中：$C_M \equiv P_R^{1/3} C_Z C_R^{1/2} \lambda(\mu_e/\mu_R)$。跨整个内层（$\hat{z} \leq 0(1)$）时，该项是 ε_L 的高阶量级，除非在入流边界层中存在异常强烈的壁面冷却（即 $(H_{0,w} - H_w)/H_w \leq \varepsilon_L^{-1}$）。所以，在实际应用中，是可以忽略的[46]。

回到纯超声速的跨声速外流情况。这时有五个尺度关系，即方程(10.94)~方程(10.98)，方程(10.98)被其跨声速形式 $Z_R/X_R = \sqrt{\gamma + 1/M_{0,e}^4}\pi_R^{3/2}$ 所替代，结合方程(10.100)和方程(10.101)，导出以下 ε_L 不同幂次的最终尺度关系：

$$X_R/L = k_x \varepsilon_L^{12/5} \qquad (10.111)$$

$$Z_R/L = k_z \varepsilon_L^{24/5} \qquad (10.112)$$

$$\pi_R = k_\pi \varepsilon_L^{8/5} \qquad (10.113)$$

$$U_R/U_{0,e} = k_u \varepsilon_L^{4/5} \qquad (10.114)$$

$$V_R/U_{0,e} = k_v \varepsilon_L^{16/5} \qquad (10.115)$$

附录 C 给出上述 5 个系数 k_x、k_z、k_π、k_u 和 k_v，假设方程(10.83)中的层流干扰参数 χ_T 具有以下形式：

$$\chi_T = \lfloor (M_{0,e}^2 - 1)/(\gamma+1)M_{0,e}^4 k_\pi \rfloor \varepsilon^{-8/5} \qquad (10.116)$$

该式清楚地表明，前面的数据是渐近大量，以此为标准，高超声速项 χ_H、$\delta_0 M_e^2 \hat{p}/X_R$ 都是可忽略的高阶量 $\varepsilon_L^{8/5}$。

对内层方程(10.38)和方程(10.39)采用这些简化，并 $\rho_0 \approx \rho_w$，以 $\hat{u} = \hat{u}_0 + \hat{u}'$ 为变量将方程写为

第 10 章 激波—边界层干扰的分析方法

$$\hat{u}\frac{\partial \hat{u}}{\partial \hat{x}} + \hat{w}'\frac{\partial \hat{u}}{\partial \hat{z}} + \frac{\partial \hat{p}}{\partial \hat{x}} = \frac{\partial^2 \hat{u}}{\partial \hat{z}^2} \tag{10.117}$$

$$\hat{u}\frac{d\hat{H}}{d\hat{x}} + \hat{w}'\frac{\partial \hat{u}}{\partial \hat{z}} + \frac{d\hat{H}}{d\hat{x}} = Pr^{-1}\frac{\partial^2 \hat{H}}{\partial \hat{z}^2} \tag{10.118}$$

这些方程在补充壁面边界条件后是可解的。边界条件包括,在温度已知的固壁上取壁面边界条件 $\hat{u}(\hat{x},0) = \hat{v}(\hat{x},0) = 0$;以及根据方程(10.80)和方程(10.81),或者方程(10.85)和方程(10.87),并使 $\chi_H = 0$,获得以下外边界(即中层—外层匹配)条件:

$$\lim_{\hat{z}\to\infty}[\hat{u}(\hat{x},\hat{z})] = \hat{z} - I_u(\hat{x}) \tag{10.119}$$

$$\lim_{\hat{z}\to\infty}[\hat{H}(\hat{x},\hat{z})] = \lim_{\hat{z}\to\infty}[\hat{u}(\hat{x},\hat{z})] \tag{10.120}$$

其中:

$$I_u(\hat{x}) \equiv \int_{-\infty}^{\hat{x}}[\hat{p} - J\Delta\tilde{p}]d\hat{x} + \varepsilon_L SI_m\hat{p} \quad (\text{超声速、高超声速}) \tag{10.121}$$

$$= \frac{2}{3}\chi_T \int_{-\infty}^{\hat{x}}\{1 - [1 - \hat{p}\chi_T^{-1}]^{3/2}\}d\hat{x} \quad (\text{跨声速}, M_2 > 1 \text{ 时所有 } \hat{x} \text{ 范围};$$

$$\text{或 } M_2 < 1 \text{ 时 } \hat{x} < 0 \text{ 范围}) \tag{10.122}$$

$$= \frac{\sqrt{1-M_2^2}}{\beta}\frac{1}{\pi}\int_0^{\hat{x}}\left\{\int_0^{\infty}\left(\frac{\hat{p} - \Delta\hat{p}}{\hat{x} - \hat{z}}\right)d\hat{\xi}\right\}d\hat{x} \quad (\text{混合型跨声速流}, M_2 < 1 \text{ 的 } \hat{x} > 0$$

$$\text{范围}) \tag{10.123}$$

在跨声速条件下能量方程各项是被忽略的,在中等超声速条件下流线发散项 $\varepsilon_L SI_m\hat{p}$ 也可以忽略。

2. 湍流干扰

在湍流模型中,前面的分析建立了与外流情况无关的 5 个尺度关系:

$$X_R/L = \delta_0/L = \varepsilon_T K_\delta \tag{10.124}$$

$$Z_R/L = k(X_R/L)\varepsilon_T = kK_\delta\varepsilon_T^2 \tag{10.125}$$

$$\pi_R = \varepsilon_T \tag{10.126}$$

$$U_R/u_{0,e} = \varepsilon_T \tag{10.127}$$

$$H_R = \varepsilon_T(dH_0/dU_0)_w U_{0,e} = \varepsilon_T P_R^{0.6}[(H_{W,AD} - H_w)/(T_e/T_w)] \tag{10.128}$$

由于这些关系都直接涉及基本的小扰动参数 $\varepsilon_T \equiv U_\tau/U_{0,e} = \sqrt{(\rho_e/\rho_w)C_{f,0}/2}$,所以不需要进一步演化。

于是,适合于此模型的湍流高超声速干扰参数 $\chi_{H,T}$ 变为

$$2\chi_{H,T} = (\gamma + 1)\beta^2 \varepsilon_T \tag{10.129}$$

该参数可以看作 $O(\varepsilon_T)$ 的量级,所以在主项近似中呈现高阶效应,除非流动是非常强的高超声速,即马赫数 $M_e \geq 5$ 且 $\varepsilon_T M_\infty^2 \geq O(1)$。由于在这种马赫数条件下往往不会存在完全的湍流边界层,实际当中可以忽略该参数的影响。方程(10.69)最

后一项涉及正比于 $\varepsilon_\tau M_\infty^2$ 的 $\hat{p}$，也可忽略。最后，在内层中做无量纲化后（即方程 (10.124)和方程(10.128)），压力梯度项的变密度系数具有以下量级：

$$\frac{\rho_{0,w}}{\rho_0} - 1 \cong \left(\frac{H_{0,e} - H_w}{H_w}\right) Pr^{1/3} \varepsilon_T \tag{10.130}$$

对于 $\hat{z} \sim O(1)$ 可以忽略，除非存在很强的壁面冷却，即 $H_w \leq \varepsilon_T H_{0,e}$。

用 $\rho_0 \approx \rho_{0,w}(f_D = 1)$ 完成了这些简化后，对于很高雷诺数情况的主项近似，从方程(10.49)和方程(10.50)获得以下最终的内层方程形式：

$$\frac{\partial \hat{u}'}{\partial \hat{x}} + \frac{d\hat{p}}{d\hat{x}} = 2\frac{\partial}{\partial \hat{z}}\left(\hat{z}\frac{\partial \hat{u}'}{\partial \hat{z}}\right) \tag{10.131}$$

$$\frac{\partial \hat{H}'}{\partial \hat{x}} \cong Pr_t^{-1} \frac{\partial}{\partial \hat{z}}\left[\hat{z}\left(\frac{\partial \hat{H}'}{\partial \hat{z}} + \frac{\partial \hat{u}'}{\partial \hat{z}}\right)\right] \tag{10.132}$$

这些扩散型方程的内边界条件是滑移关系，即方程(10.51)和方程(10.52)，适用于整个干扰区的有效壁面位置，即 $\hat{z}_c \cong 60(T_w/T_e)^{\omega+1}/(kK_\delta Re_L \varepsilon_T^3)$。由与中间层匹配获得的外边界条件，取决于外流马赫数条件，在 $\hat{x} = 0$ 处不连续。综上所述，对于超声速和高超声速条件，上游($\hat{x} < 0$)边界条件为

$$\lim_{\hat{z} \to \infty}[\hat{u}'(\hat{x},\hat{z})] = -\hat{p} \tag{10.133}$$

$$\beta \hat{p} \cong I_m(z_i/\delta_0) M_{0,e}^2 \frac{d\hat{p}}{d\hat{x}} \tag{10.134}$$

$$\lim_{\hat{z} \to \infty}[\hat{H}'(\hat{x},\hat{z})] = 0 \tag{10.135}$$

下游($\hat{x} \geq 0$)边界条件为

$$\lim_{\hat{z} \to \infty}[\hat{u}'(\hat{x},\hat{z})] = -\hat{p} - \frac{\beta}{k^2 \hat{z}}\int_{0+}^{\hat{x}}(\hat{p} - J\Delta\hat{p})d\hat{x} \tag{10.136}$$

$$\lim_{\hat{z} \to \infty}[\hat{H}'(\hat{x},\hat{z})] = \lim_{\hat{z} \to \infty}[\hat{u}'(\hat{x},\hat{z})] + \hat{p} \tag{10.137}$$

这里还要再强调，该 $\hat{x} > 0$ 的关系式不能详细分辨 $0 \leq x \ll 1$ 范围内的激波折射效应。当外流是跨声速，且 $M_e > 1$ 时，用绝热流的边界条件替代方程(10.92a)。

10.4 在层流干扰中的应用

10.4.1 超声速绝热流动

1. 一般特征

对于绝热流动，忽略流向发散项 $\varepsilon_L SI_m \hat{p}$ 的标准三层方程(10.117)和方程(10.119)的分析解和数值解研究得很多[14,33]。图 10.5 所示是无分离斜楔绕流的压力和壁面摩擦分布典型预测结果，曲线上表现的先是与自由干扰相关的上游压力快速爬升与相应的壁面摩擦下降，之后是比较慢地进一步压缩和下游斜面上的

壁面摩擦恢复过程。将这些结果与非渐近干扰边界层理论的预测结果及实验数据进行仔细比较,表明在 $Re \leqslant 5 \times 10^5$ 的很宽雷诺数范围内[52,53],一级渐近近似的误差很大,主要原因是忽略了流线发散效应(图10.6),即使在渐近理论中考虑了二阶项,这种情况也不能得到改善[54]。

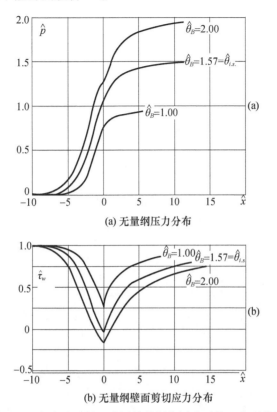

(a) 无量纲压力分布

(b) 无量纲壁面剪切应力分布

图 10.5 超声速三层理论评估的斜楔层流干扰区典型特征

还研究了超声速气流中的表面突起产生的干扰[55],流动先经历前向压缩,然后是下游的过膨胀过程,之后在尾迹中进行再压缩。突起必须非常小,其厚度小于入流边界层厚度,才能进行三层方程的线性化处理,进而对上游的自由干扰区和远下游尾迹的代数扰动衰减获得分析解(详见文献[55])。

2. 自由干扰与上游影响

"自由干扰"的术语最早由 Chapman 等提出[56],指在外来干扰(如入射激波)上游同时发生的无黏—黏性干扰过程,其中,当地的边界层增厚与相应的诱导压升相互增强,造成不同于入流未扰边界层的流动结构,其流动结构与干扰尺寸或干扰性质无关。这些不同于入流未扰边界层结构的现象也存在于无分离流动中,Oswatitsch 和 Wiegardt 最先确定了这些现象[57],后来 Lighthill[2]、Stewartson[3]、Neiland[4]分析了流动的特征,揭示了独特的尺度参数,之后得到实验的证实。

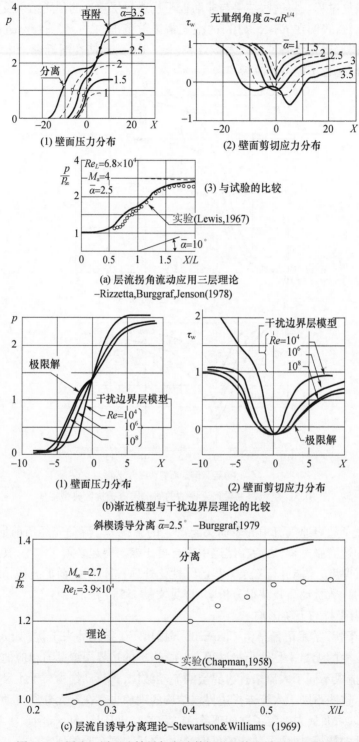

图 10.6 层流三层理论结果与实验数据及干扰边界层理论的比较

第 10 章 激波—边界层干扰的分析方法

由于在入流边界层速度剖面的近壁面处存在亚声速区,在压缩拐角或入射激波上游的小扰动区域,自发出现自由干扰。可以假设流动是对入流边界层($\hat{u} = \hat{z}$)的小扰动,对该过程的初始阶段进行分析研究,如果取 $\hat{u} \approx \hat{z} + \hat{u}'$,且 $\hat{u}'$、$\hat{w}'$ 是小量,内层方程变为以下线性化问题:

$$\frac{\partial \hat{u}'}{\partial \hat{x}} + \frac{\partial \hat{w}'}{\partial \hat{z}} = 0 \tag{10.138}$$

$$\hat{z}\frac{\partial \hat{u}'}{\partial \hat{x}} + \hat{w}' + \frac{\partial \hat{p}}{\partial \hat{x}} \approx \frac{\partial^2 \hat{u}'}{\partial \hat{z}^2} \tag{10.139}$$

且 $\hat{u}'(\hat{x},0) = \hat{w}'(\hat{x},0) = 0$。这些方程的解法是,对方程(10.139)求 $\hat{z}$ 的微分,用方程(10.138)消去 $\hat{w}'$,获得以下扰动涡量方程:

$$\hat{z}\frac{\partial}{\partial \hat{x}}\left(\frac{\partial \hat{u}'}{\partial \hat{z}}\right) = \frac{\partial^2}{\partial \hat{z}^2}\left(\frac{\partial \hat{u}'}{\partial \hat{z}}\right) \tag{10.140}$$

在 $\bar{x} < 0$ 范围寻找解(上游无解),且满足干扰的外边界条件:

$$\hat{u}'(\hat{x} \to \infty) = -\int_{-\infty}^{\hat{x}} \hat{p} \, d\hat{x} \tag{10.141}$$

同时,要求在 $\hat{z} \to \infty$ 时涡量 $\partial \hat{u}'/\partial \hat{z}$、扰动剪切应力为零。研究建议将 x 方向符合幂次特征的变量分离出来,设

$$\frac{\partial \hat{u}'}{\partial \hat{z}}(\hat{x},\hat{z}) = a e^{\kappa \hat{x}} S(\hat{z}) \tag{10.142}$$

$$\hat{p}(\hat{x}) = a e^{\kappa \hat{x}} \tag{10.143}$$

其中的无量纲幅值 a 由下游事件决定,正比于问题的强迫函数,而 κ 是所发现的通用上游影响因子。

然后,代入方程(10.140)给出涡剖面 $s(z)$ 的控制方程(Airy 方程):

$$zs = \frac{d^2 s}{dz^2} \quad \langle z \equiv \kappa^{1/3} \hat{z} \rangle \tag{10.144}$$

其解为(在 $z \to \infty$ 时无解)

$$s = CA_i(z) \tag{10.145}$$

其中 C 为常数。下一步,积分方程(10.142),并遵循零壁面滑移条件,得

$$\hat{u}'(x,z) = a e^{\kappa \hat{x}} (C/\kappa^{1/3}) \int_0^z A_i(z) \, dz \tag{10.146}$$

该结果与方程(10.143)一起,可以应用于匹配要求(方程(10.141))以及壁面兼容性条件,使 $z = 0$ 处满足动量方程(10.139)。这一过程得到以下关于 C 和 κ 的两个方程:

$$C = -\kappa^{-2/3} / \int_0^\infty A_i(z) \, dz \tag{10.147}$$

$$C = -\kappa^{-2/3} / [-A'_i(0)] \tag{10.148}$$

在这里我们注意到,这些关系是被强迫进行内层与外层耦合的,而耦合与干扰幅值或原因无关。用方程(10.147)和方程(10.148)消去 C,并采用已知的 Airy

微分函数性质 $A'_i(0) = -0.259$ 以及 $\int_0^\infty A_i(z)\mathrm{d}z = 1/3$，发现

$$\kappa = (0.259 \times 3)^{3/4} = 0.827 \quad (10.149)$$

这个上游影响因子是一个所有干扰的通用特征值，由流体内的"自由"干扰自确定，与下游事件无关。在很大的 $x<0$ 范围，上游压力的扰动场的压升具有指数形式（$a > 0$）：

$$\hat{p}(\hat{x}) = ae^{\kappa\hat{x}} = \hat{p}(\hat{x}_0)\exp[\hat{x}_{\text{eff}}/\hat{lu}] \quad (10.150)$$

式中：$\hat{lu} \equiv \kappa^{-1} = 1.29$ 为无量纲上游特征影响因子；$\hat{p}(\hat{x}_0) \equiv a\exp(\kappa\hat{x}_0)$；$\hat{x}_{\text{eff}} = \hat{x} - \hat{x}_0$ 为有效原始位移（参见图2.24），都由下游事件（如入射激波或压缩拐角）决定，或者给 a 强加任意一个小量来确定。在上游，当地壁面摩擦呈指数衰减，当 $x \to 0$ 时，$\tau_w \approx -1.209\hat{p}$，当地发生初始分离时（$\tau_w = 0$ 或 $\tau_w \approx -1$），$\hat{p} \approx 0.83$（对于完全非线性内层解，获得的更准确值是1.03）。在湍流中存在类似的行为，但尺度更短，这个问题在10.5.1节中讨论。

在向下游流动的过程中小扰动场是增长的，如果扰动已经足够大，自由干扰将演变为非线性行为，受控于完全三层方程，在 $x = 0$ 附近可能发生分离。如果不是在特定的入射激波或者物面偏折初始位置附近发生局部改变，而是允许向下游自由发展，流动的这种变化行为最终会通过分离区、达到一个压力平台。作为例子，图10.7给出了一个在上游给定一个任意的 Δa 而获得的这种解（"无约束"自由干扰解及其数值技术的进一步的讨论，详见文献[33,58]）。实验数据的确证明了自由干扰理论的这种概念，即上游（直到初始分离位置，甚至超过此位置）流动的物

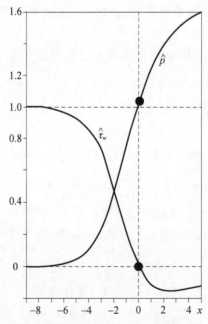

图10.7 非线性层流三层方程自由干扰数值解的典型特性

理特征是局部自确定的,与下游事件无关。此外,自由干扰理论还给出了马赫数、雷诺数对长度尺度以及干扰压力场幅值影响的关联定律。

反演流向尺度关系,即方程(10.102),得出超声速层流中上游影响距离 lu 的以下表达式:

$$\frac{lu}{L} \cong \frac{\hat{lu}}{\lambda^{5/4}} \frac{(T_R/T_e)^{3/2}(T_w/T_R)^{1+\frac{\omega}{2}}}{\beta^{3/4}Re_L^{3/8}} \tag{10.151a}$$

$$\frac{lu}{L} \cong \frac{\hat{lu}}{\lambda^{5/4}} \underbrace{\left\{\frac{(T_R/T_e)^{[1-3(1-\omega)/4]/2}}{\beta^{1/4}Re_L^{1/8}}\right\}}_{A} \underbrace{\left\{\frac{T_R/T_e}{[(M_\infty^2-1)Re_L]^{1/4}}\right\}}_{B} \tag{10.151b}$$

对于平板边界层 $\lambda=0.332$。其中方程(10.151(b))是基本三层方程(10.151(a))的另一种因式形式,写成这种形式是为了表明,只需因式 B 就能够成功建立层流干扰数据的关联关系[59](基于 Chapman 最早的自由干扰欠成熟分析,假设 x 方向尺度的量级是 $\sim O(\delta_0)$,参见 2.7.1 节);因式 A 显然是干扰长度略大时的修正因子,倍数量级是 $O(1/\varepsilon_L)$。由于所用因子 B 已经与实验相符得很好,可以将因子 A 看作马赫数、雷诺数影响带来的微小误差,这种误差发生在 $\varepsilon_L \to 0$、渐近理论用于一般雷诺数范围时[3]。无论如何,由方程(10.151)预测出了 lu 随马赫数的增加而减小的情况,并注意到 $\delta_0/L \sim Re_L^{1/2}$;由该方程还预测到,比值 lu/δ_0 随雷诺数的增加而缓慢增大。

3. 壁面压力分布和初始分离

反演压力尺度关系,即方程(10.104),得出以下压力系数分布的表达式:

$$\frac{p-p_\infty}{\rho_e U_{0,e}^2} = \lambda^{1/2} C_R^{1/4} \beta^{-1/2} Re_L^{-1/4} \hat{p}(\hat{x}) \tag{10.152}$$

其中,$\hat{p}(\hat{x})$ 是图 10.5 中的通用曲线。方程(10.152)清楚地揭示,对于层流干扰的压力分布,当以无量纲关系 $(p-p_\infty)\beta^{1/2}Re_L^{1/4}/(C_R^{1/4}\rho_e U_{0,e}^2) \sim \hat{x}$($\hat{x}$ 基于方程(10.151(b))的因式 B 获得)绘制时,理论结果和实验数据应该落到同一条通用曲线上。正如 2.7.1 节所介绍的,在很宽的马赫数和雷诺数范围内(参见图 10.5)的确如此。所以,渐近理论证实了 Chapman 自由干扰理论所建立的相似律。

完全非线性三层方程的数值解表明,在紧靠 $\hat{x}=0$ 上游的非线性区域,壁面剪切为零时(图 10.5),$\hat{p}_{i.s}=1.03$(对于斜楔诱导干扰,对应的无量纲斜楔角 $\hat{\theta}_w=1.57$),于是方程(10.152)预测到初始分离时的压力系数为

$$(C_p)_{i.s} = 2.06 C_R^{1/4}(M_\infty^2-1)^{-1/4} Re_L^{-1/4} \tag{10.153}$$

该结果得到大量超声速层流干扰实验数据的支持,这些实验覆盖了很宽的马赫数和雷诺数范围(文献[56,59,60,61],参见 2.7.1 节)。

4. 线性化解

当问题的特定强迫函数(如入射激波强度或者物体偏折角度)的量值(如记为

$\hat{h}$)足够小,可以避免发生分离时,三层方程可以进一步简化,将气流特性参数 $\hat{h}$ 按照幂次的阶次展开,如 $\hat{p}(\hat{x}) = \hat{h}p_1(\hat{x}) + \hat{h}^2 p_1(\hat{x}), \hat{u}(\hat{x},\hat{z}) = \hat{z} + \hat{h}u_1(\hat{x},\hat{z}) + \cdots + \hat{w} + \hat{h}w_1(\hat{x},\hat{z}) + \cdots$ 等),当用于干扰区所有 $\hat{x}$ 时,上述形式中的第一项就是对整个干扰流动物理结构的线性化近似,由于得到了简化的三层方程(方程(10.138)和方程(10.139)),在 $\hat{x}$ 方向可以采用 Fourier 变换方法进行解析处理。在上游,获得的解是指数形式的自由干扰,在10.4.1节中用幅值因子 $a(\sim \hat{h})$ 的准确数值解数据对此进行了描述,现在则根据特定的强迫函数(如入射激波、压缩拐角或者壁面突起)进行描述。由于傅里叶反演过程很复杂,对下游行为的数学描述也更复杂,但最终得到的是 $\hat{x}$ 方向压力和壁面摩擦分布在远尾迹中的指数衰减律,而指数取决于特定的问题。文献[55,62]和[63]给出了不同类型干扰流动的细节信息。

这些线性化解揭示了干扰问题的很多物理结构(甚至初始分离)特性,包括尺度特性以及与特殊类型强迫函数的关系。此外,线性化的三层理论可以作为有价值的指导,如在完全非线性问题的纯数值解中,可以为小幅值极限问题提供准确的参考解、建立合适的上游条件和下游尾迹条件(对于很多小扰动行为是必需的)。这些封闭形式的解对于某些问题的研究很重要,如对于水力学稳定性研究[55,62]。

10.4.2 高超声速非绝热流动

1. 流线发散效应

在方程(10.121)中,$\varepsilon_L S I_m \hat{p}$ 项代表流线发散效应。针对绝热高超声速干扰流动,Rizzetta 等[50]用数值方法研究了其影响,研究结果(图10.8)表明,该效应使初始分离时的无量纲上游影响距离 $\hat{l}u$ 和无量纲压力 $\hat{p}$ 均略有减小;之后研究了壁面冷却对这些结果的影响[60],研究结果表明其影响归结于壁面温度对马赫数剖面积分 I_m 的影响,对于所谓超临界入流边界层($M_{AV}^2 \gg 1$ 且 $I_m < 0$)的情况,发现冷却可以进一步减小 $\hat{l}u$ 并延迟分离的发生。也的确发现,当壁面冷却度足够大($T_w \ll T_{w,AD}$)时,可以彻底消除上游影响区和抑制初始分离。这些发现与冷却压缩拐角干扰的干扰边界层理论[64]数值研究结果一致。

2. 上游影响

在高超声速业界,习惯于用高超声速干扰参数 $\bar{\chi} \equiv M_e^3 (C_R/Re_L)^{1/2}$ 表达黏性—无黏干扰的分析结果,所以,对于高超声速条件,在上游影响距离方程(10.151a)中,$\beta \approx M_e$、$T_0 \approx (\gamma-1) M_e^2 T_e/2$,上游影响距离方程可以表达为以下形式:

$$\frac{lu}{L} \approx \frac{\hat{l}u}{\lambda^{5/4}} \left(\frac{\gamma-1}{2} \right)^{3/2} \left(\frac{T_w}{T_0} \right)^{1+\frac{\omega}{2}} C_i (\bar{\chi})^{3/4} \qquad (10.154)$$

其中 $C_i \equiv \{[(\gamma-1)/2]^{1/4} M_e^{1/2} T_R/T_0\}^{1-\omega}$ 的量级是 1(准确地说,当 $\omega=1$ 时为 1)。由于对 $\hat{lu}$ 的影响以及 (T_w/T_0) 的因素,根据方程(10.154),壁面冷却将大大减小上游影响的物理距离,该结果与现有高超声速压缩拐角干扰的实验证据(图 2.59)相符;研究还证明[65],无论是冷却壁面($T_w \approx 0.24T_0$)还是绝热壁面的压力数据,冷却效应对无量纲尺度 $\hat{x}$ 的影响可以有效地关联到一条曲线上(图 10.9)。按照方程(10.154),高超声速对 lu 的影响直接是 $\bar{\chi}^{3/4}$ 的函数,随马赫数的增加大大减小,当 $\omega=1$ 时,正比于 $M_e^{-3/4}$。

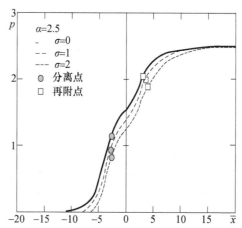

图 10.8 绝热高超声速层流干扰的流线发散效应

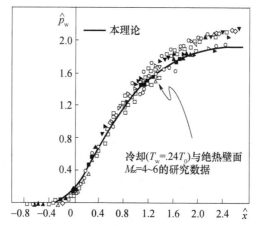

图 10.9 冷却壁面影响实验结果与三层理论的比较

3. 初始分离

基于对很宽条件范围的三层理论解的研究,以及对相关垂直速度场的分析,Inger[46]发现,无论流向位置如何,初始分离都发生在近似相同的无量纲当地偏折角 $\hat{\theta}_{i,s} \approx 1.57$ 条件下。注意到外部干扰流线的无量纲斜率必然正比于 $\hat{\theta}_{i,s}$,该观察

结果被总结为初始分离准则。采用正切楔关系,通过三层理论的相似变换,获得初始分离的以下物理压力关系:

$$\frac{p_{i.s} - p_\infty}{\gamma p_\infty} \approx C_4 \bar{\chi}^{\frac{1}{2}} \left\{ \sqrt{1 + \left[\left(\frac{\gamma+1}{4}\right)C_4 \bar{\chi}^{\frac{1}{2}}\right]^2} + \left(\frac{\gamma+1}{4}\right)C_4 \bar{\chi}^{\frac{1}{2}} \right\} \tag{10.155}$$

式中:C_4 是量级为 1 的常数。在中等超声速的弱干扰极限条件下,$\bar{\chi} \ll 1$,由该方程得

$$\frac{p_{i.s} - p_\infty}{\gamma p_\infty} \approx C_4 \bar{\chi} \tag{10.156a}$$

或

$$(C_p)_{i.s} \sim (C_R/Re_L)^{1/4}(M_\infty^2 - 1)^{-1/4} \tag{10.156b}$$

与方程(10.153)相符。反之,对于高超声速强干扰,$\bar{\chi} \gg 1$,预测的分离压力为

$$\frac{p_{i.s} - p_\infty}{\gamma p_\infty} \approx 0.5 C_4^2 (\gamma+1) \bar{\chi} \tag{10.157}$$

与式(10.156a)的弱干扰结果相比,体现了对 $\bar{\chi}$ 更强的依赖关系($\sim \bar{\chi}$)。这些预测结果得到了实验的证实,见图 10.10。在比较小的 $\bar{\chi}$ 条件下,观察到的初始分离压力正比于 $\bar{\chi}^{1/2}$,而当 $\bar{\chi}$ 较大时($\bar{\chi} \geq 1$),明显遵循式(10.157)的线性关系。初始分离压力与 $\bar{\chi}$ 的依赖关系在一定条件下发生的这种变化,最初是根据经验发现的,而根据三层理论渐进展开的当地主项近似,结合外部无黏流的正切楔近似,也得出了这一规律。

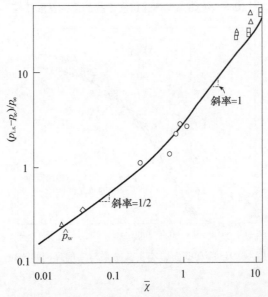

图 10.10 高超声速流初始分离压力的三层理论预测与实验数据的比较

4. 干扰热流

干扰区相应的热流扰动也是所关心的重要信息,对于采用冷却措施的高超声

速飞行器气动热力学设计,这些信息非常重要;对于理解干扰流动及其分离,热流还是重要的诊断数据(参见2.9.3节)。尽管积累了庞大的干扰热流实验数据库,还有 CFD 预测结果的数据库,但预测局部干扰热流的三层理论还远未完善。Rizzetta[66]用基于温度的能量方程、忽略黏性耗散影响,研究了中等超声速压缩拐角干扰流动;Inger[46]之后用总焓的方式重构热流问题,将其工作扩展到高速非绝热流动,详细研究了通过全部三层结构的各种高超声速效应,由此产生了 10.3 节讨论过的目前的 Howarth – Dorodnitzn 关系(式(10.25))。

图 10.11 是压缩拐角绕流当地干扰热流的典型解(用上游未扰流数据无量纲化),这些曲线(不适用于拐角下游发生的大范围高超声速黏性干扰效应)清楚地表明,受逆压的影响,随干扰强度的增加,热流增加量是如何减小的。只要流动保持不分离状态,就会在激波根部(即拐角处)存在最低热流值峰;对于比较强的干扰激发当地分离时,该最低值峰很快消失,形成宽而平滑的低值区。

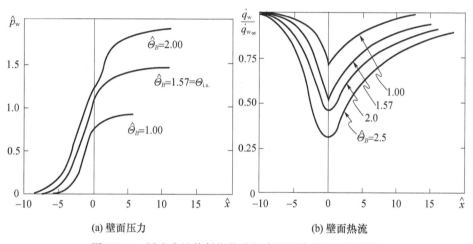

(a) 壁面压力 (b) 壁面热流

图 10.11 层流非绝热斜楔绕流的当地干扰热流预测结果

在高马赫数时,如果加入拐角下游增厚的边界层引起的大范围黏性—无黏效应(Stollery 给出了适用的理论[67]),就可以将理论预测与实验数据进行直接比较,见图 10.12,其中当地热流分布数据是 Needham[68]在马赫数 9.7 的拐角干扰流动中测量的,为与理论预测进行比较,测量了若干拐角角度的情况。关于拐角上游以及拐角处的干扰结构的小范围三层特征,可以看到,实验证实了热流随干扰强度增加而减小的预测趋势以及激波根部存在最低值峰的结果,实验也证实了发生分离后最低值峰会快速消失的理论预测。Needham 曾提出,这个特征实际上可以作为初始分离的评判准则,三层理论为该经验观察提供了理论支撑。

至于拐角下游干扰区,图 10.12 表明,在实验所处的真正高超声速条件下(马赫数 9.7),在小范围三层结构分析的尾迹部分,当地发展的大范围黏性—无黏干

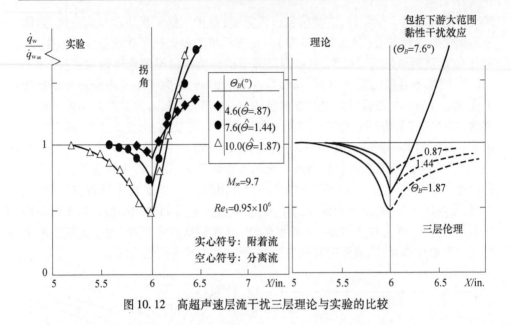

图 10.12 高超声速层流干扰三层理论与实验的比较

扰效应占据了绝对优势,进而产生了快速的压升和热流增长,这些预测结果与实验数据大致相符。与基本分析一致的这些特征表明,反压梯度作用下的高超声速边界层在受冷却时变薄,并产生相应的热流增长[67]。

上述结果再次说明,对于说明实验现象和 CFD 的计算结果,分析研究是非常有价值的,特别是当需要非常精细的网格求解当地热流时,更具有特殊价值。

10.4.3 跨声速流

由于层流边界层与近正激波($M_2<1$)的干扰流动[15]在 $M_1>1.05$ 时就已经分离,那么与在湍流情况下观察到的 $M_1<1.3$ 的正激波无分离流动模式(参见 2.5.3 节)相比,较低马赫数全超声速流场的层流干扰研究就没有什么实际意义,所以对跨声速层流干扰的理论研究主要解决纯粹超声速流中 $1<M_2<M_1$ 范围的弱激波干扰预测问题。Messiter 等的研究表明[69],该马赫数范围的非线性效应受控于层流跨声速干扰参数:

$$k_0 = (M_\infty^2-1)\varepsilon^{-8/5} = \lambda^{-2/5} C_R^{-1/5}(M_\infty^2-1)Re_L^{-1/5} \quad (10.158)$$

实际上与方程(10.83)中的参数 χ_T 一样,具有 1 的量级。继 Brilliant 和 Adamson 对无分离的研究[70]之后,Bodonyi 与 Kluwick[47]研究了纯超声速流场的跨声速三层结构方程的自由干扰解,包括有分离的情况。图 10.13 是他们研究 k_0 影响时获得的干扰压力场,可以看到,在扰动变弱的上游,压力高于线性化超声速干扰理论 $k_0 \to \infty$ 的预测结果。

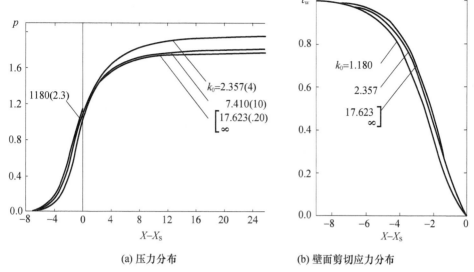

(a) 压力分布 (b) 壁面剪切应力分布

图 10.13 跨声速干扰参数对层流非线性自由干扰的影响

10.4.4 三维干扰

与大量的二维流动分析和数值研究相比,三维干扰的研究相对比较少,即使无分离流动也研究较少,这个现象本身就证明分析的难度,困难在于存在侧向干扰流动以及需要更复杂的压力—流动偏折角关系。但还是有一些特殊的例子,可以使问题简化,并借此实现对三维流动的分析。

最简单的情况是绕后掠压缩斜楔的准二维流动,相当于宽度无限的后掠翼(图 10.14),其中的流向流动分量是常数,所有干扰扰动发生在垂直于前缘的剖面上。继 Werle[71] 等早期基于干扰边界层理论对该问题的数值研究之后,Kluwick[72,73] 基于三层结构理论的渐近展开的主项近似也做了一个详细分析和数值研究,两种方法的研究都表明,后掠使上游干扰距离大大增加,使初始分离压力降低,并遵循以下关系:

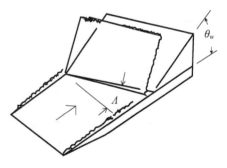

图 10.14 无限宽度的后掠斜楔干扰

$$\frac{lu}{(lu)_{\Lambda=0}} = \left(\frac{M_e^2-1}{M_e^2\cos^2\Lambda-1}\right)^{3/8}(\cos\Lambda)^{-3/8} \qquad (10.159)$$

$$\frac{p_{is}}{(p_{is})_{\Lambda=0}} = \left(\frac{M_e^2-1}{M_e^2\cos^2\Lambda-1}\right)^{1/4}(\cos\Lambda)^{7/4} \qquad (10.160)$$

这些结果得到实验的支持,确定了后掠原理的适用性,也就是说在垂直于斜楔前缘的剖面上,基于入流马赫数的法向分量考虑时,干扰流场是二维的。

还研究了更复杂的三维干扰问题,如轴对称尾裙的零攻角超声速流动(图 10.15(a)),探讨了无横向流的情况,Gitler 和 Kluwich[73]为该问题(柱体半径远大于边界层厚度)提供了一个详细三层结构理论。在尾裙的上游,分析结果表明,像预期的那样出现了三维补偿效应,即上游影响区减小,初始分离时的尾裙角度增加,大于二维斜楔干扰产生初始分离时的楔角。与有限无黏斜楔激波的二维流动观察数据相比,在尾裙下游,尾裙周围的轴对称扩散效应引起当地压力扰动减小、直至消失。在无黏流的外层部分,可以考虑有限雷诺数效应、采用线性化轴对称流动模型,该理论预测的压力分布与 LeBlanc – Ginoux[74]的实验数据基本相符(图 10.15(b))。还详细研究了横向曲率效应,即物体半径与边界层厚度比值对上游自由干扰行为的影响。

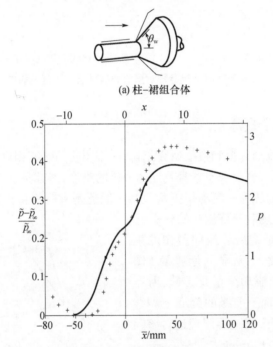

(a) 柱–裙组合体

(b) 柱—裙超声速流层流三层结构理论与试验数据的比较

图 10.15 柱—裙组合体超声速流层流干扰的预测结果

10.5 在湍流干扰中的应用

10.5.1 渐近理论中的超声速/高超声速干扰

1. 上游区域

干扰的核心问题是上游干扰,涉及一定流向距离上(量级为 δ_0)的自由干扰行为。方程(10.134)是这种流动当地干扰压力场的渐近展开主近似表达式,当 $\hat{x} = x/\delta_0$ 时具有指数形式的解:

$$\hat{p} = c\exp(\hat{x}/\hat{lu}) \tag{10.161}$$

其中,常数 c 取决于下游事件、正比于强迫函数的量值,$\hat{lu} \equiv lu/\delta_0$ 是用 δ_0 无量纲的上游影响距离:

$$\hat{lu} = (M_e^2/\beta)I_m = (M_e^2/\beta)\int_{z_i/\delta_0}^{1} \{[1 - M_0^2(z)]/M_0^2(z)\}dz \tag{10.162}$$

方程(10.162)是对应层流自由干扰特征值式(10.149)的湍流无量纲数据,与层流不同的是,该数据与马赫数和通过积分表达的剖面形状都有关系,只要低限不为零,当雷诺数很大时(参考附录B)积分的结果对此极限值的准确性并不敏感,于是自由干扰实际上是有旋无黏的,主要受控于入流边界层的马赫数剖面形状,并且仅受到下面湍流内层的轻微影响。方程(10.162)揭示,对于非常高雷诺数的无分离湍流干扰,上游影响量 lu/δ_0 只与雷诺数有微弱的关系(即 lu 的尺度大约是边界层厚度的量级)。当 $Re_L > 10^5$ 时,由于边界层非常薄,对于 lu 很小的弱干扰,难以用实验评估本预测方法,所有的实验数据都属于有分离的强干扰,lu/δ_0 都很大,lu/δ_0 随着 Re_L 的增加而逐渐减小。关于马赫数效应,方程(10.162)预测的 lu/δ_0 随着 M_e 的增加而减小,与实验一致。

在上游,内层实际上是一个无干扰的经典湍流边界层问题,受控于方程(10.161)中指数形式的压力梯度,并由方程(10.51)和方程(10.133)给出主渐近动量方程(10.131)的间断性边界条件。通过方程(10.52)和方程(10.161)可以获知剪切应力:

$$\tau'_w/\tau_{w,0} \approx -2\hat{p}B_0^{-1} \approx -2cB_0^{-1}\exp(\hat{x}/\hat{lu}) \tag{10.163}$$

所以,本层的问题简化为在给定的上、下边界条件之间确定(如果需要)速度分布。

上述的上游分析得到早期理论和实验研究的支持,如 Inger[76] 证明沿湍流干扰的某个压力分布 $p(\hat{x})$ 下,相应的壁面摩擦行为遵循以下一般关系:

$$\tau'_w/\tau_{w,0} = C_\tau \sqrt{C_{f,0}\beta} \frac{\hat{p}(x)}{\tau_{w,0}} \left[\frac{\frac{2}{3}(p')^{3/2}lu}{\int_\infty^x (p')^{3/2}dx} \right] \tag{10.164a}$$

其中常数 C_τ 只与雷诺数弱相关,但在上游影响区受方程(10.161)的控制,方程(10.164a)的方括号项准确地等于1,引入当前重新无量纲化的变量,得到

$$\tau'_w/\tau_{w,0} = C_\tau \sqrt{\beta}\hat{p}(\hat{x}) \tag{10.164b}$$

与方程(10.52)在定性上是一致的。用方程(10.164b)进一步预测,当发生初始分离时 $\tau'_w = -\tau_{w,0}$,$p_{is}/p_{0,e} \sim (\sqrt{C_{f,0}/C_\tau})(M_{0,e}^2/\beta^{1/2})$。由于典型情况下 $C_{f,0}^{1/12} \sim$

$Re_{\delta^*}^{-1/12[12]}$,在很宽的实际雷诺数范围($10^5 \leq Re_{\delta^*} \leq 10^8$,雷诺数随着马赫数的增长而适度增长)内,$p_{is}/p_{0,e}$近似等于常数;这些趋势与实验[76]、相似分析[59-61]的结果(详见2.7节)都是一致的。若以压力系数表达,则给出

$$(C_p)_{i.s} \sim C_{f,0}^{1/2}/(M_e^2 - 1)^{1/4} \tag{10.165a}$$

当采用经典湍流边界层数据 $C_{f,0} \sim Re_L^{-1/5}$ 时,得

$$(C_p)_{i.s} \sim (M_e^2 - 1)^{-0.25} Re_L^{-0.1} \tag{10.165b}$$

该结果与 Erdos 和 Pallone 提出的以下半经验关系[59]符合得相当好:

$$(C_p)_{i.s} \sim (M_e^2 - 1)^{-0.31} Re_L^{-0.1} \tag{10.165c}$$

对于非常高雷诺数的湍流压缩拐角干扰,现有的实验数据[27]表明,当只发生很小的分离时,与雷诺数的这种弱相关性实际上都会消失。

本讨论明确揭示,湍流干扰的压力分布数据可以根据自由干扰理论给出其关联关系,方式与前面讨论的层流情况类似。实际上,若干研究人员[59,77]已经成功地完成了这个工作,获得了通用的无量纲压力分布曲线,与层流分布类似(参见图2.53)。

用于上游干扰区的内层能量方程(10.132)可以改写为更有启发意义的形式,减去方程(10.131),采用 $\partial \hat{p}/\partial \hat{z} \approx 0$,得

$$\frac{\partial [\hat{H}' - (\hat{u}' + \hat{p}')]}{\partial \hat{x}} = Pr_T^{-1} \frac{\partial}{\partial \hat{z}} \left\{ \hat{z} \frac{\partial}{\partial \hat{z}} [\hat{H}' - (\hat{u}' + \hat{p})] + 2(1 - Pr_t)\hat{z} \frac{\partial \hat{u}'}{\partial \hat{z}} \right\} \tag{10.166}$$

采用外边界条件 $\hat{z} \to \infty$ 时 $[\hat{H}' - (\hat{u}' + \hat{p})] \to 0$、内层滑移条件式(10.51)与式(10.53),该方程可解。像壁面剪切应力那样,当地热流可由方程(10.54)获得。所以还剩下待解方程(10.166)的焓值剖面,求解过程类似于动量方程。一个重要的特殊解是 $Pr_t = 1$ 的情况,由方程(10.166)得出 Crocco 积分

$$\hat{H}'(\hat{x}, \hat{y}) = C_1 + \hat{u}'(\hat{x}, \hat{y}) + \hat{p} \tag{10.167}$$

其中外边界条件要求常数 $C_1 = 0$,内边界条件表明,该解实际上属于绝热壁情况。

2. 下游区域

在这里,激波的诱导压升明确地演变为边界条件,内层方程(10.131)和方程(10.132)仍然适用,但因方程(10.136)中的压力积分项,而与重叠的中间层部分相互干扰,如果忽略 $\varepsilon_T M_e^2$ 项,得到关于内层求解的外边界条件:

$$\lim_{\hat{z} \to \infty} [\hat{u}'_{\text{INNER}}(\hat{x}, \hat{z})] = -\hat{p} - \beta k^{-2} \hat{z}^{-1} \int_{0^+}^{\hat{x}} (\hat{p} - J\Delta \hat{p}) d\hat{x} \tag{10.168}$$

意味着相应的扰动速度 $\hat{\zeta} \equiv \partial \hat{u}/\partial \hat{z}$ 按照以下代数形式衰减:

$$\lim_{\hat{z} \to \infty} [\hat{\zeta}(\hat{x}, \hat{z})] = -\beta k^{-2} \hat{z}^{-2} \int_{0^+}^{\hat{x}} (\hat{p} - J\Delta \hat{p}) d\hat{x} \tag{10.169}$$

在远下游,当 $\hat{p} \to \Delta \tilde{p}_s$,这些关系式意味着 $\hat{u}'(\hat{x} \to \infty) = -\hat{p}(\hat{x} \to \infty) = -\Delta \hat{p}$,与外层流动的小扰动(包括激波)性质是一致的。

内层问题可以处理成速度的形式。对方程(10.136)取偏导数 $\partial/\partial z$,并注意到 ∂

$(\mathrm{d}\hat{p}/\mathrm{d}x)/\partial z = 0$,得到齐次偏微分方程：

$$\frac{\partial \hat{\zeta}}{\partial \hat{x}} = \frac{\partial^2}{\partial \hat{z}^2}(2\hat{z}\hat{\zeta}) \tag{10.170}$$

相应的内边界条件还是沿着 $\hat{z} = \hat{z}_c$ 的滑移速度关系，即方程(10.51)和方程(10.52)，以及沿着 $\hat{z}_c$ 满足原始动量方程(10.131)的兼容关系：

$$\frac{\partial \hat{u}}{\partial \hat{x}}(\hat{x},\hat{z}_c) + \frac{\mathrm{d}\hat{p}}{\mathrm{d}\hat{x}} = 2\kappa\left[\hat{\zeta}(\hat{x},\hat{z}_c) + \hat{z}_c\frac{\partial \hat{\zeta}}{\partial \hat{y}}(\hat{x},\hat{z}_c)\right] \tag{10.171}$$

与层流情况一样，该关系式为外部压力与内层底部之间的干扰提供了更多的联系。

Agrawal 与 Messiter[31] 为细长压缩斜楔干扰的下游问题提供了一个极好的渐近分析，该研究在拐角后很小的一个范围内($\hat{x}<1$)，对激波偏折—反射过程做了详细的研究。Melnick 等[34] 还在更细节上研究了该区域，特别是 $x \to 0^+$ 出现的奇点，尽管当地波后压力和壁面摩擦力分布的理论预测与实验结果相符，有的还符合得很好(图10.16)，因该理论的复杂性，尚不能实际应用，除了 $\hat{x} > 0(1)$ 的感兴趣区域[78]，压力扰动相对于最后的渐进值(即无黏斜楔的总压升)以 $(\hat{x})^{-1}$ 衰减。根据这个理解，针对 $\hat{x} \gg 1$ 范围，研究了现在的关系式，基于以下假设：

$$\hat{p} \approx \Delta\hat{p}_s(1 + C_A\hat{x}^{-1}) \tag{10.172}$$

式中：C_A 为无量纲常数，根据 $0^+ < \hat{x} \leq 0(1)$ 内的小尺度分析[31]中与下游极限(即 $\hat{x} = 1$ 处)的匹配而确定。由方程(10.136)，该假设得出外边界条件：

$$\lim_{\hat{z}\to\infty}[\hat{u}'(\hat{x},\hat{z})] = -\hat{p} - \beta\Delta\hat{p}_s k^{-2}[D_A + C_A\ln(\hat{x})]\lim_{\hat{z}\to\infty}(1/\hat{z}) \tag{10.173a}$$

其中常数 $D_A \equiv \int_{0^+}^{1}[(\hat{p} - \Delta\hat{p}_s)/\Delta\tilde{p}_s]\mathrm{d}\hat{x}$ 是已知的小尺度分析积分特性。对于任何一个 $\hat{x} > 1$ 的有限值，方程(10.173a)中最后的极限项为 0，于是，简化为

$$\lim_{\hat{z}\to\infty}[\hat{u}'(\hat{x}>1,\hat{z})] \equiv \hat{u}'_e(\hat{x}) = -\Delta\hat{p}_s[1 + C_A\hat{x}^{-1}] \tag{10.173b}$$

该式描述了无黏扰动速度 $\hat{u}'_e$ 的下游衰减，一直衰减到波后与 $\Delta\hat{p}_s$ 相关的速度值。在这种外层行为之下，假定 $\hat{x} > 1$ 范围相应的内层解为

$$\hat{u}'(\hat{x},\hat{z}) \approx -\Delta\hat{p}_s(1 + C_A\hat{x}^{-1}) + \hat{u}_i(\hat{x},\hat{z})\Delta\hat{p}_s \tag{10.174}$$

按照动量方程(10.131)，侧向扰动函数 u'_i 必须满足等压湍流扩散方程

$$\frac{\partial \hat{u}_i}{\partial \hat{x}} = 2\frac{\partial}{\partial \hat{z}}\left(\hat{z}\frac{\partial \hat{u}_i}{\partial \hat{z}}\right) \tag{10.175}$$

取外边界条件 $\hat{u}_i(\hat{x},\hat{z}\to\infty) = 0$。如果需要，由方程(10.51)和方程(10.174)给出与 x 相关的 $\hat{z} = \hat{z}_c$ 内层边界条件后，方程(10.175)的解还可提供跨内层的详细速度剖面。相应的壁面剪切应力分布由方程(10.52)和方程(10.172)给出：

$$\tau'_w/\tau_{w,0} \approx -2\Delta\hat{p}_s B_0^{-1}(1 + C_A\hat{x}^{-1}) \quad (\hat{x} \gg 1) \tag{10.176}$$

该式描述了 $\tau'_w/\tau_{w,0}$ 在下游向其终值(负值)趋近的过程，其终值与过激波的总压升有关。尽管上式只在 $\hat{x} \gg 1$ 范围严格有效，还是发现[78]直到 $\hat{x} \geq 2$ 的远场也给出

了很好的结果,这些结果定性上与Kluwich与Stross类似的下游分析结果[32]一致。对能量关系做类似的处理,可以导出$\hat{x}>1$范围的非绝热壁当地热流分布。

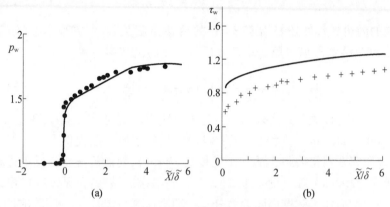

图10.16 斜楔下游渐近湍流干扰理论预测与实验数据的比较

10.5.2 渐近理论中的跨声速流动

1. 小尺度特征

对于非常高雷诺数湍流跨声速干扰的最早分析揭示,问题涉及双极限过程,$\varepsilon_T \to 1$ 和 $M_\infty \to 1$,干扰参数为 $\chi_T \sim (M_\infty^2 - 1)/\varepsilon_T \sim \beta^2/\varepsilon_T \sim \beta^2/\sqrt{C_{f,0}}$。这些工作研究了非线性跨声速干扰在很小流向尺度 $(\Delta x, \Delta y) \sim 0(\varepsilon_T \delta_0)$ 内产生的激波偏折结构的详细情况,文献[79,14]对此做了总结,χ_T 有三个极限情况,对应边界层内声速线处于不同位置(图10.17)。第一个极限情况是 $\chi_T \ll 1$,是激波非常弱的情况,声速线靠近边界层外缘;第二个极限情况是 $\chi_T \sim 0(1)$,是弱激波情况,声速线降低,进入速度亏损区;第三个极限情况是 $\chi_T \gg 1$,是中等强度激波情况,声速线位于边界层深处,进入了边界层内层。文献[14]指出,还存在第四种情况:$\chi_T \gg 1$,$\varepsilon_T \to 0$。

Adamson和Feo研究了第一种情况[28],激波结构的扩展范围很宽,干扰边界层变薄,激波弱化,激波不能穿透到边界层内部;Melnick和Grossman用有旋跨声速流动方程的数值解,研究了 $\chi_T \sim 0(1)$ 的第二种情况[80],通过入射激波的速度变化与通过边界层的速度变化量级相同;Adamson等分析了第三种情况[81],速度亏损很小,相当于 $(M_\infty - 1)$,几乎是正激波的入射激波穿透到边界层深部;第四种极限情况,$\chi_T \gg 1$,是比较强的正激波或者马赫数不接近1的超声速范围的斜激波,声速线很靠近壁面,若干研究者[82,83]用渐近方法分析了这种情况,还有人用小扰动理论[76]分析了这种情况,更详细的情况请参考相关文献。

2. 纯粹的超声速流

当掌握了比较大流向范围 $\Delta x \sim \delta_0$(物理上还是很小的范围)的流场时,应用渐近方程可以获得有价值的工程角度的研究结果。在上游的跨声速无黏流区域,自

由干扰压力扰动受控于方程(10.92a),其中用到湍流干扰参数

$$\chi_{T_i} \equiv \beta^2/(\gamma+1)M_e^4\varepsilon_T \sim (M_{0,e}^2-1)/\sqrt{C_{f,0}} \qquad (10.177)$$

对于 $\chi_{T_i} \gg 1$ 的极限情况,对应线性化超声速流动,具有指数形式的解(式(10.161))。另一方面,式(10.92b)是关于 $\hat{p}(\hat{x}/\hat{l}u)$ 的非线性方程,获得 $\hat{p} > \chi_{T_i}$ 的解只涉及单一参数 χ_T。

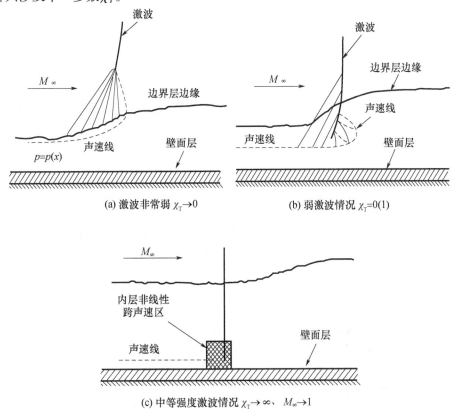

图 10.17 无分离的跨声速正激波—湍流边界层干扰

关于下游区域 $x > 0$,要求解干扰更复杂的内层,需满足式(10.92c)的边界条件:

$$\lim_{\hat{z}\to\infty}[\hat{u}'(\hat{x},\hat{z})] = -\hat{p} - \frac{2}{3}\beta\chi_T\left\{\frac{1-[1-\hat{p}/\chi_T]^{3/2}}{\kappa^2\hat{z}}\right\} \qquad (10.178)$$

采用方程(10.178)边界条件的内层动量方程(10.49)的解,到目前还未给出。

3. 超声速—亚声速混合流动

在激波上游的超声速流中,上述 $x > 0$ 区域的关系式还适用。在激波下游,无黏流是亚声速的(参见图 2.34),压力—流动偏折关系涉及 Cauchy 积分。从方程(10.92d)中获得外边界条件,得

$$\hat{u}'(x>0,\hat{y}\to\infty) = -\hat{p} - \frac{\sqrt{1-M_2^2}}{\beta\pi}\frac{\hat{z}}{k^2}\int_0^{\hat{x}}\int_0^{\infty}\frac{p(\xi)-\Delta\hat{p}_s}{\hat{x}-\hat{\xi}}\mathrm{d}\hat{\xi}\mathrm{d}\hat{x} \qquad (10.179)$$

其中的 $\sqrt{1-M_2^2}$ 项,像超声速上游的相应项一样,不能进行无量纲化处理。这里只要求下游扰动压力达到完全非线性正激波的压升值 Δp_s。

内层动量方程的不连续外边界条件,即方程(10.168)、方程(10.179),产生了不连续的边界值问题,这是一个很大的困难,Inger 和 Mason 利用更复杂的流向 Fourier 变换方法[84]解决了这个困难。

10.5.3 三维效应

由于在高速推进和外流空气动力问题中实际应用的重要性,三维激波湍流干扰得到广泛实验和计算研究,涉及各种基本流动构型(图10.18),Settles 与 Dolling[85]对三维干扰有一些详细的总结。由于三维效应非常复杂,仅有很少的三维

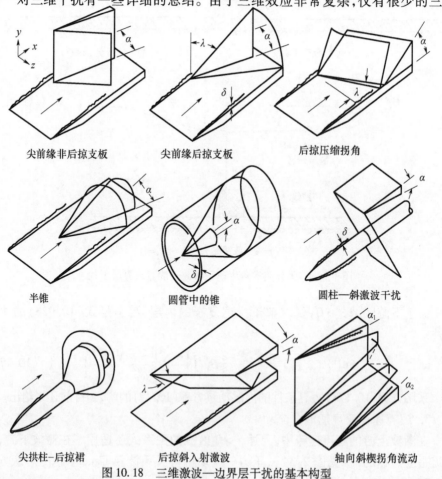

图 10.18 三维激波—边界层干扰的基本构型

流分析研究工作,多数是处理后掠效应的问题。其他研究则是 Migotski 和 Morkovin[86]早期关于无黏三维激波反射的理论研究,包括可能出现的马赫反射,研究的是平面激波与圆柱体的干扰以及锥形激波入射到平板表面的干扰流动。最近,Gai 等[87]对后者进行了实验研究,使马赫数 2 的锥形激波入射到壁面的湍流边界层上,作为研究的一部分,为获得的上游影响曲线构造了一个粗略的理论模型,对此问题(哪怕是比较简单的层流情况)还没有进行更彻底的分析研究,可能是无黏锥形激波大弯曲度的表面投影问题造成的困难。

关于后掠效应,Stalker[88]最早在马赫数 2.36 的后掠斜楔湍流实验研究中,采用了 Lighthill"准层流"干扰理论[2]的基本后掠原理,数据关联结果表明,垂直于前缘的干扰上游影响范围随着后掠角的增加而显著增大。最近出现了更多的关于不同后掠构型流动的研究[89,90],多数是关于诱导分离的激波强度问题,这些研究工作要求采用实验与 CFD 相结合的方法。但对无分离流动,分析研究还是可行的。在后掠激波问题中,对于存在明确原点或拐角的情况进行了理论分析,涉及的干扰过程是当地圆柱形的(即沿着平行于激波的流线,流动参数不变)或者是圆锥形的(即沿着从原点出发的射线,流动参数不变),对于圆锥形干扰,射线从拐角出发,呈放射状外行[91](图 10.19)。在设计、解释实验数据、关联实验数据的工作中,这种扰动的展向传播问题非常重要,特别是对于理解这种后掠流动的远场行为、为获得渐近分析的锥形状态而建立所需要的初始距离 L_i(图 10.20(a))非常重要。Inger[90]对三维干扰流动方程做了详细分析,所确定的 $L_i/\delta_0 \sim \tan\Lambda$ 关系与 Settles[91]的宽范围实验数据非常吻合。在 Settles 实验中,无黏附着型激波的强度、边界层的状态参数(图 10.20(b))范围很宽。

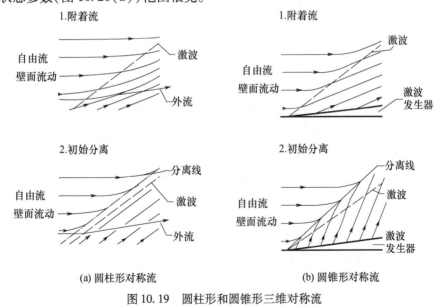

图 10.19　圆柱形和圆锥形三维对称流

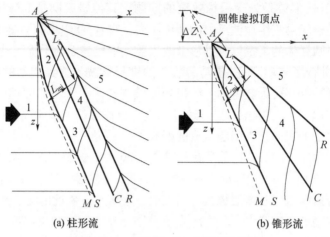

(a) 柱形流　　　　　　　　　　(b) 锥形流

图 10.20　三维流中的初始长度的定义

10.6　三层方法的局限性

10.6.1　层流

对于层流干扰预测,三层理论的重要缺点是要求雷诺数足够大,使 $\varepsilon_L = Re_L^{-1/8}$ 与 1 相比是小量,实际上就是要求 $Re_L \geqslant 10^6$(如果使 $\varepsilon_L < 0.18$),这时边界层往往是完全湍流的。在较低雷诺数下,才是层流流动,在低雷诺数条件下预测压力和壁面摩擦力分布时,三层理论的渐近近似方法在定量上存在很大的不准确性,主要原因是忽略了流向的发散效应,流向发散效应实际上在 $Re_L \geqslant 10^6$ 范围也还是很显著的。图 10.6 表明,自由干扰边界层理论和完全 Navier-Stokes 方程数值解捕捉到的有限雷诺数效应,使上游影响范围减小,获得的上游影响范围大大低于渐进分析的预测结果。文献[3]建议,为改进渐近分析精度,需要评估 $L' = L - lu$(而不是 L)为标志位置的上游影响雷诺数和入流边界层特性。此外,从逻辑上寻找了进一步改进的方法,即在渐近分析中留下二阶项[54]($\sim \varepsilon_L^2$),这样做增加了表达式的复杂性,但结果表明其精度还不如一阶。从实际应用角度看,更好的办法是基于干扰边界层理论的直接数值求解,但还是要强调,渐近分析方法具有重要的实际价值,利用该方法能够正确揭示干扰区内的局部速度和关键坐标尺度、指导纯粹的数值计算工作、正确预测流动结构在 $Re_L \to \infty$ 的极限行为特征。

从现代 CFD 能力的角度看,另一个实际困难(即使对于一阶的三层理论)是需要对所涉及的一般非线性偏微分方程进行数值求解。由于偏微分方程是隐式椭圆形方程,需要满足合适的下游条件,求解的难度不亚于(也许更困难)直接使用当代 Navier-Stokes 求解程序,而且也受雷诺数限制。一旦发生分离,采用渐近分析方法时,需要在分离区和再附区附近划分更多层,需要将当地流向尺度重新划分以获得更小的分辨区域,否则,当出现显著的回流区时,在三层理论解中将出现不稳定性。

三层理论求解的另一个实际应用局限性是 $\hat{x} \gg 1$ 范围的下游尾迹行为,即干扰压力和壁面摩擦力分布遵循代数幂次的缓慢衰减[55]规律。尽管在三层理论数值求解时,该特征有助于补充下游条件,但当需要在一个大范围全流场预测程序中,作为当地干扰模块而插入一个三层理论解时,就难以实现兼容。此外,在 $\hat{x} \geq 2$ 范围使用三层理论时,会在平行剪切流假设(即 $U_0(y)$ 与 x 无关)上遇到很大问题,因为实际上基本流动的流向发展变成了有势流动(influential)。在高超声速条件下,在尾迹部分,与基本流位移厚度的增长有关的黏性干扰效应在三层理论渐进解的尾迹中占主导优势(图 10.12)。

最后,注意到三层理论在预测远场行为方面具有局限性。Kluwick 指出[33],如果流动不是跨声速或强超声速的,上层无黏流动方程就是线性的,所以,如果边界层外的流动是超声速流,在远离干扰区的距离上,三层理论解并非都有效。线性理论的预测是,干扰过程产生的扰动沿着未扰马赫线传播;但众所周知,即使是小扰动,也可能在远离扰动源的距离处导致明显的马赫线畸变,所以为获得一致有效的结果,让计算与实验观察的该区域波系结构相符,必须考虑非线性远场效应。

10.6.2 湍流

如果流动是无分离的,干扰区很短,湍流模拟问题非常复杂,但发展湍流干扰三层理论并非无法实现,因为壁面律、尾迹律以及涡黏性概念为合理计及干扰物理过程提供了很好的工程方法。10.6.1 节提到的所有局限性也适用于湍流,只是湍流三层理论方程的数值解显然更麻烦,尤其是想捕捉到边界层内激波附近很小尺度($\Delta x, \Delta y \ll \delta_0$)上的流场细节,就特别困难。

在雷诺数 $10^6 \leq Re_L \leq 10^8$ 范围内的湍流情况下使用渐近理论方法,面临着 $\varepsilon_T \to 0$ 假设带来的精度问题。尽管在正确描述 $Re_L \to \infty$ 的极限行为和干扰流场的正确局部尺度(包括非常精细尺度上的事件,如边界层内激波的穿透深度)方面,这种严密渐进分析方法具有重要价值,但在实际的雷诺数范围,这种渐进分析的结果仍然是一种近似,得到的工程分析结果的精度往往低于详细构造的(或者是"不合理的")非渐近小扰动理论[76]分析。除了高超声速范围的近场无黏扰动流不能做线性化处理以外,非渐近方法在解决实际雷诺数范围的黏性—无黏干扰问题方面是一种可选的实用方法。

附录 A 壁面滑移边界条件

正如 3.2.3 节讨论的那样,在沿干扰区的 $z_c \approx 60 v_w / U_{\tau 0}$ 位置(层流亚层上方的壁面律与亏损律重叠区内侧的高度位置,参见图 2.13)采用当地壁面对数律,获得了完全湍流方程(10.49)和方程(10.50)的内边界条件。在进行分析时,采用参考温度方法处理因马赫数和壁面冷却产生的可压缩效应,因为所研究的问题(事件)非常靠近壁面,这是可接受的工程近似,这样做可以回避复杂的完全 Van Driest 壁面律可压缩性变换[12]问题,紧靠层流亚层外侧($z = z_c$)的受扰总速度场就可以写为

$$u_0(x, z_c) + u'(x, z_c) = (k^{-1}\ln 60 + B)[u_{\tau,0} + u'_\tau(x)] \qquad (10.180)$$

其中,常数 $B \approx 5$,包含了下方层流亚层与无滑移条件总的影响。减去未扰流动分量,获得滑移速度和壁面摩擦扰动的关系:

$$u'(x, z_c) \approx B_i u'_\tau(x) \qquad (10.181)$$

其中,$B_i = B + k^{-1}\ln 60$,而由定义 $\tau_w \equiv \rho_w u_\tau^2$ 还可获得小扰动关系:

$$\tau'_w(x) \approx 2[u'_\tau(x)/u_{\tau,0}]\tau_{w,0} \qquad (10.182)$$

根据方程(10.181),可得

$$u'(x, z_c) \approx B_i[\tau'_w(x)/\tau_{w,0}]u_{\tau,0}/2 \qquad (10.183)$$

为了提供第二个关系式,采用壁面律,但这次是沿着当地边界层的外缘 $z_e(x) \approx \delta_0$,此处 $\mathrm{d}U_0/\mathrm{d}y = 0$。忽略尾迹部分的扰动[16](被证明是二阶影响),利用结论 $\delta \sim \varepsilon_T$,得

$$\delta'/\delta_0 \approx (u'_\tau/U_{\tau,0}) - (u'_e/U_{0,e}) \qquad (10.184)$$

沿 $y = \delta$ 取对数律表达式,一阶扰动的关系式为

$$u'_e(x, z_e) \approx B_0 u'_\tau(x) \qquad (10.185)$$

其中 $B_0 \equiv B + k^{-1}\ln(u_{\tau,0}\delta_0/v_w)$,二阶项 $\sim (\varepsilon_r/\kappa)u'_e/U_{0,e}$ 被忽略,然后取方程(10.8) $y = \delta$ 处 $\mathrm{d}U_0/\mathrm{d}y = 0$ 的评估结果 $u'_e(x, \delta_0) = -p'(x)/\rho_{0,e}U_{0,e}$,方程(10.182)和方程(10.185)得出以下干扰区壁面摩擦的重要关系:

$$\frac{\tau'_w(x)}{\tau_{w,0}} \approx -\frac{2p'/(\rho_{0,e}U_{0,e}^2)}{B_0\varepsilon_T} \qquad (10.186)$$

利用方程(10.183),得出所需的内侧有效滑移速度为

$$u'(x, z_c) \approx -U_{0,e}(B_i/B_0)(p'/\rho_{0,e}U_{0,e}^2) \qquad (10.187)$$

可以采用类似的方法获得相应的总焓滑移,作为求解能量方程的内侧边界条件。由此,对壁面温度律进行了扰动分析:

$$T_w - \overline{T} = \left(\frac{\dot{q}_w}{\mathrm{Pr}c_p u_\tau}\right)\left[\frac{1}{k_t}\ln\left(\frac{zu_\tau}{v_R}\right) + B_t\right] \qquad (10.188)$$

式中:k_t 与 B_t 为方程(10.180)各参数的热对应项[92],在将温度与焓值关联时,注意到沿着内侧高度 z_c 的横切面速度非常小,动能 $u^2/2$ 的贡献可以忽略,所以 $H' \approx c_p T'$(该近似实际上与湍流的内层可压缩性效应的处理结果一致)。而沿边界层外缘 $\mathrm{d}H_0/\mathrm{d}y = 0$,受扰流动是绝热的,根据方程(10.11)得 $H' = 0$,所以 $c_p T' \approx -U_0 u'$。首先研究沿内侧边界 $z = z_c$ 的温度扰动场,包括伴随出现的热流扰动 $\dot{q}'_w$,方程

(10.188)得出以下一阶温度扰动关系：

$$\frac{T'(x,z_c)}{T_R} \approx (B_{t_i} - k_t^{-1})\frac{u'_\tau}{u_{\tau,0}} - B_{t_i}\frac{\dot{q}'_w}{\dot{q}'_{w,0}} \quad (10.189)$$

式中：$T_R \equiv \dot{q}_{w,0}/(\text{Pr}c_p u_{t,0})$ 是参考温度的壁面律；$B_{t_i} = B_t + k_t^{-1}\ln 60$，由方程(10.182)获得 $u'_\tau/u_{\tau,0}$。沿着外侧边界 $z = \delta_0 + \delta'$，dU_0/dz_0 和 dH_0/dz_0 都为零，再次将方程(10.188)应用于温度扰动 T'_e，并采用方程(10.184)后，获得第二个温度扰动方程：

$$\frac{T'_e(x,\delta_0)}{T_R} \approx (B_{t_0} - 2\kappa_t^{-1})\frac{u'_\tau}{u_{\tau,0}} + \kappa_t^{-1}\frac{u'_e}{u_{0,e}} - B_{t_0}\frac{\dot{q}'_w}{\dot{q}'_{w,0}} \quad (10.190)$$

式中：$B_{t_0} \equiv B_t + \kappa_t^{-1}\ln(u_{\tau,0}\delta_0/\upsilon_w)$；$u'_e/u_{0,e}$ 可由方程(10.185)获得。在此过程中，顺便获得了绝热无黏扰动流的关系：

$$\frac{T'_e(x,\delta_0)}{T_R} = -\left(\frac{u_{0,e}^2}{c_p T_R}\right)\frac{u_{\tau,0}}{u_{0,e}}\left[B_0 - \frac{2}{\kappa}\right] \quad (10.191)$$

方程(10.190)~方程(10.191)提供了一套含两个未知量 $T'(x,z)$ 和 $\dot{q}'_w$ 的关系式，求解这些关系式得到以下热流扰动：

$$\frac{\dot{q}'}{\dot{q}'_{w,0}} \approx \left(\frac{B_{t_0} - 2\kappa_t^{-1}}{B_{t_0}}\right)\frac{u'_\tau}{u_{t,0}} + \frac{\kappa_t^{-1}}{B_0}\frac{u'_e}{u_{e,0}} + \frac{u_{0,e}^2}{c_p T_R}\frac{u_{\tau,0}(B_0 - 2\kappa^{-1})}{u_{0,e}}\frac{1}{B_{t_0}} \quad (10.192\text{a})$$

$$= -\lambda q_1(p'/\rho_{0,e}u_{0,e}^2\varepsilon_T B_0) + \lambda q_2\varepsilon_T(u_{0,e}^2/c_p T_R) \quad (10.192\text{b})$$

其中：

$$\lambda q_1 \equiv \left(\frac{\kappa_\tau B_{\tau 0} - 2}{\kappa_\tau B_{\tau 0}}\right) + \varepsilon_T\left(\frac{B_0}{\kappa_\tau B_{\tau 0}}\right) \quad (10.192\text{c})$$

$$\lambda q_2 \equiv \left(\frac{\kappa B_0 - 2}{\kappa B_{\tau 0}}\right) \quad (10.192\text{d})$$

得出的靠近壁面的焓值滑移为

$$\frac{H'(x,z_c)}{c_p T_R} = -(B_t - \kappa_t^{-1})\frac{p'}{\rho_{0,e}u_{0,e}^2\varepsilon_T B_0} - B_{t_i}\frac{\dot{q}'_w}{\dot{q}_{w,0}} \quad (10.193)$$

附录 B 边界层剖面积分和相关问题的评估

B.1 层流干扰理论中的极限表达

在试图获得方程(10.57)右侧最后一项的极限表达时，注意到 $z\to 0$ 发生在近壁面马赫数剖面的线性区，所以，假设内层高度 z_i 也处于该线性区，可将该表达式写为

$$\lim_{z\to 0}\left[I_m(z) - \frac{2}{M_0^2(z)}\right] = \lim_{z\to 0}\left\{\int_z^{\delta_0}\left(\frac{1-M_0^2}{M_0^2}\right)dz - \frac{1}{[M'_0(0)]^2 z}\right\}$$

$$= \int_{z_i}^{\delta_0}\left(\frac{1-M_0^2}{M_0^2}\right)dz + \lim_{z\to 0}\left\{\int_z^{z_i}\frac{dz}{[dM_0/dz]_w^2 z^2} - (z_i - z) - \frac{1}{[dM_0/dy]_w^2 z}\right\} \quad (10.194)$$

$$= \int_{z_i}^{\delta_0}\left(\frac{1-M_0^2}{M_0^2}\right)dz - z_i + [dM_0/dz]_w^{-2}\lim_{z/z_i\to 0}\left\{\frac{1}{z}\left(1-\frac{z}{z_i}\right) - \frac{1}{z}\right\}$$

$$= I_m(z_i) - z_i$$

当 $z_i \sim \varepsilon_L \delta_0$ 时,由于 $I_m(z_i)$ 具有 δ_0 的量级,在做首项渐近近似时,方程(10.194)的最后一项可以忽略。

为回避的 $M_0 \to 0$ 的奇点问题(参考方程(10.197a)),在 z_i 的有效壁面值处[2],通过评估 I_m 的低限,对能量条件方程(10.58)右侧最后一项也可做出类似处理。

B.2 层流 I_m 的评估

无量纲马赫数剖面积分 I_m 非常重要,由方程(10.17)定义,可以用无量纲层流边界层速度剖面 $u_0/u_e(y/\delta_0)$ 及相应的温度剖面进行评估,温度剖面由修正的 Crocco 能量方程解给出:

$$\frac{T_0}{T_e} = \frac{T_w}{T_e} + \left(1 - \frac{T_w}{T_e}\right)\frac{u_0}{u_e} + r\left(\frac{\gamma-1}{2}\right)M_e^2\left(\frac{u_0}{u_e} - \frac{u_0^2}{u_e^2}\right) \quad (10.195)$$

其中 $r \cong Pr^{1/3}$ 是恢复系数;$M_0^2 = U_0^2/(\gamma R T_0^2) = M_e^2(u_0/u_e)^2(T_0/T_e)$,在被积函数中利用方程(10.195),可以将 $I_m(z_i)$ 表示为三个正的无量纲速度剖面积分:

$$I_m(z_i) = \frac{T_w/T_e}{M_e^2}\int_{z_i/\delta_0}^1\frac{d\eta}{[u_0/u_e(\eta)]^2} + \frac{T_{w,AD} - T_w}{T_e M_e^2}\int_{z_i/\delta_0}^1\frac{d\eta}{[u_0/u_e(\eta)]}$$
$$- \left[1 + r\left(\frac{\gamma-1}{2}\right)\right]\left(1 + \frac{z_i}{\delta_0}\right) \quad (10.196)$$

式中:$\eta \equiv z/\delta_0$;$T_{w,AD}/T_e = 1 + (\gamma-1)rM_e^2/2$ 为绝热壁温度,积分的下限非常小,位于速度剖面内层的线性部分,特别是该下限用 Lighthill 层流干扰黏性位移效应分析[2]可以做出精度很好的近似,给出的 z_i 为

$$z_i = \frac{y_{w,eff}}{\delta_0} \cong \left[\frac{0.78^3 \nu_w M_e^2}{\beta U'_0(0)[M'_0(0)]^2 \delta_0^4}\right]^{1/4} = \varepsilon C_L \quad (10.197a)$$

式中:$M'_0(0) = (dM_0/dz)_w$,且

$$C_L = \frac{0.830}{5.2}\frac{\mu_R}{\mu_e}\left(\frac{\rho_e}{\rho_w}\frac{T_w}{T_e}\frac{\mu_w}{\mu_R}\frac{1}{\beta C_R^{3/2}\delta_0^3}\right)^4 C_R^{-1/2}\frac{T_e}{T_R} \quad (10.197b)$$

B.3 湍流 I_m 的评估

采用 Crocco 能量方程积分的湍流形式,$r = r_{turb}$,仍采用方程(10.196)的形式,但速度剖面积分及其下限必须适合湍流边界层。为此,利用壁面律和尾迹律模型,

将积分表达为 $u_0^* = u_0/u_\tau$ 和 $y^* = u_\tau y/v_w$ 的形式,方程(10.196)可以重新写成

$$I_m(z_i) = \frac{T_w/T_e v_w}{u_e \delta_0} \left(\frac{u_e}{u_\tau}\right)^3 \int_{z_i^*}^{z_e^*} \frac{dz^*}{u_0^{*2}(z^*)} + \frac{T_{w,AD} - T_w}{T_e M_e^2} \left(\frac{u_e}{u_\tau}\right)^2 \left(\frac{v_w}{u_e \delta_0}\right) \int_{z_i^*}^{z_e^*} \frac{dz^*}{u_0^*(z^*)}$$

$$- \left[1 + r_t\left(\frac{\gamma-1}{2}\right)\right]\left(1 - \frac{v_w}{u_e \delta_0} \frac{u_e}{u_\tau} z_i^*\right)$$

(10.198)

选择 z_i 使之与 10.3 节定义的有效滑移高度相吻合,通过层流亚层外侧的 $u_0^*(z)$ 壁面律表达式,如简单的 $1/N$ 幂次律 $u^* = (u_e/u_\tau)[v_w z/(u_\tau \delta_0)]^{1/N}$ ($N \approx 5 \sim 7$),或者 White[12] 给出的更复杂的 Spalding – Kleinstein 表达式,可以很方便地评估方程(10.198)中出现的两个速度剖面积分。

在很高雷诺数的湍流干扰情况下,边界层剖面比层流丰满,内边界极限的准确性对 I_m 积分结果的影响甚微,例如在方程(10.198)中采用 $1/N$ 幂次律速度剖面时,内边界极限对积分结果的贡献就非常小。

附录 C 层流尺度关系中的常数

C.1 超声速—高超声速流动

在这个速度范围内,方程(10.102)~方程(10.107)涉及的 6 个尺度因子 C_x、C_z、C_π、C_u、C_v 及 C_H 取以下数值:

$$C_x = \frac{C_R (T_R/T_{0,e})^{3/2} (T_w/T_R)^{1+\omega/2}}{\beta^{3/4} \lambda^{5/4}} \tag{10.199}$$

$$C_z = \frac{C_R^{5/8} (T_R/T_{0,e})^{3/2} (T_w/T_R)^{1+\omega/2}}{\beta^{1/4} \lambda^{3/4}} \tag{10.200}$$

$$C_\pi = \lambda^{1/2} C_R^{1/4} \beta^{-1/2} \tag{10.201}$$

$$C_u = \lambda^{1/4} C_R^{1/8} (T_w/T_{0,e})^{1/2} \beta^{-1/4} \tag{10.202}$$

$$C_v = \lambda^{3/4} \beta^{1/4} C_R^{3/8} (T_w/T_{0,e})^{1/2} \tag{10.203}$$

$$C_H = P_R^{1/3} (H_{AD,w} - C_R T_w) C_R^{1/8} \lambda^{1/4} (T_w/T_e)^{1/2} \beta^{-1/4} \tag{10.204}$$

C.2 绝热无激波跨声速流动

这是一套明显不同于其他速域的 5 个尺度因子,即方程(10.111)~方程(10.115)中的 k_x、k_z、k_π、k_u 及 k_v,由以下各式给出:

$$k_x = C_R^{3/10} \lambda^{-7/5} (T_w/T_\infty)^{3/2} k_0^{-3/8} (T_w/T_R)^{1+\frac{\omega}{2}} \tag{10.205}$$

$$k_z = C_R^{3/5} \lambda^{-4/5} (T_w/T_\infty)^{3/2} k_0^{-1/8} (T_w/T_R)^{1+\frac{\omega}{2}} \tag{10.206}$$

$$k_\pi = C_R^{1/5} \lambda^{-2/5} k_0^{-1/4} \tag{10.207}$$

$$k_u = C_R^{3/10}\lambda^{-1/5}(T_w/T_\infty)^{1/2}k_0^{-1/8} \qquad (10.208)$$

$$k_v = C_R^{2/5}\lambda^{4/5}(T_w/T_\infty)^{3/2}k_0^{1/8} \qquad (10.209)$$

其中:

$$k_0 = \lambda^{-2/5}C_R^{-1/5}(M_\infty^2-1)\varepsilon_L^{-8/5}/(\gamma-1)M_{0,e}^4 \qquad (10.210)$$

附录 D　本章符号说明

D.1　基本符号

a	三层结构解的振幅因子,方程(10.145)、(10.146)
A_t	Airy 函数,方程(10.145)、(10.146)
B_i, B_0, B_t	壁面律参数
$C_f \equiv 2\tau_w/(\rho_{0,e}U_{0,e}^2)$	壁面摩擦系数
$C_p \equiv 2p'/(\rho_{0,e}U_{0,e}^2)$	压力系数
C	上游层流干扰解的积分常数
c	上游湍流干扰解的积分常数,方程(10.161)
$c_P = \gamma R/(\gamma-1)$	定压比热
C_i, C_4	方程(10.154)~(10.155)中的常数
$C_x, C_z, C_\pi, C_u, C_v, C_H$	层流超声速三层理论相似系数,方程(10.102)~(10.107)
$C_M \equiv P_R^{1/3}C_zC_R^{1/2}\lambda(\mu_e/\mu_R)$	方程(10.110)
$C_R \equiv (\mu_R/\mu_{0,e})(T_{0,e}/T_R)$	Chapman–Rubesin 参数
$C_\delta \equiv 5.2C_R^{1/2}(T_R/T_e)$	方程(10.109)
D	Van Driest 阻尼函数,方程(10.31b)
f_D	涡黏性中的变密度函数,方程(10.41)
$f(\hat{z})$	马赫数的积分分布函数,方程(10.69)、(10.71)
$\hat{h}$	缩尺的无量纲强迫函数的振幅,10.4.1 节
$H \equiv c_P T + u^2/2$	总焓
H_i	不可压形状因子
H_R	参考焓
I_m	边界层马赫数剖面积分,方程(10.17)
J	阶跃函数($x<0, J=0; x\geq 0, J=1$),方程(10.72)
k	Von Karman 湍流常数,方程(10.31b)
k_0	渐近分析的层流跨声速干扰参数,方程(10.158)
$k_H = (\gamma+1)\beta/4$	高超声速无黏流参数,方程(10.73)

(续)

$k_x \setminus k_z \setminus k_\pi \setminus k_u \setminus k_v$	层流跨声速三层结构尺度因子,方程(10.111)~(10.115)
lu	从 $x = L$ 计量的上游影响距离
$\hat{lu}$	$= \kappa^{-1}$
$\hat{lu}$	$\equiv lu/\delta_0$
L	参考长度(物体上的无黏激波位置)
$M = u/\sqrt{\gamma RT}$	马赫数
$M_1 \setminus M_2$	分别为正激波前后的超声速和亚声速马赫数
N	湍流边界层剖面的幂次指数($u \sim y^N$)
p	静压
Δp_s	过无黏激波的压升
$\Delta \hat{p}_s$	$= \Delta p_s/(\rho_e u_{0,e}^2 \pi_R)$,无量纲压升
P'_{INTER}	压力扰动场的干扰分量,方程(10.72)
$Pr \setminus Pr_T$	层流和湍流的普朗特数
$-\dot{q}_w$	单位面积的壁面换热率(热流)
R	分子常数($p = \rho RT$)
$\text{Re}_L \equiv \rho_{0,e} u_{0,e} L/\mu_{0,e}$	基于 L 的雷诺数
$\text{Re}_{\delta^*} \equiv \rho_{0,e} u_{0,e} \delta^*/\mu_{0,e}$	基于位移厚度的雷诺数
$S = C_\delta M_e^2/(C_x \beta)$	流线发散参数,方程(10.109)
$S(\hat{z})$	层流干扰的涡剖面,方程(10.142)
T	静温
T_R	$\equiv (-\dot{q}_{w,0})/(Pr_t c_P U_{\tau,0})$
u, v	流向和法向速度分量
$U_\tau \equiv U_{0,e} \sqrt{(\rho_e/\rho_w) C_f/2}$	湍流摩擦速度
$U \setminus V$	Howarth-Dorodnitzen 变换后的速度,方程(10.25)
w	Coles 尾迹函数
W	经变换的法向速度变量,方程(10.25)
$x \setminus y$	流向距离和相对于物体壁面的法向距离
y_i	内层高度
$y_{w,\text{eff}}$	湍流干扰的有效无黏壁面高度
$X \setminus Z$	Howarth-Dorodnitzen 变换后的坐标,方程(10.25)
$z \equiv y - y_w$	经变换的法向距离,方程(10.23)
$Z_{w,\text{eff}}$	对应于 $Y_{w,\text{eff}}$ 的 Z 坐标
β	$\equiv \sqrt{M_{0,e}^2 - 1}$
χ_{Ht}	$\equiv 2\beta K_M \varepsilon_T$,湍流高超声速干扰参数,方程(10.88)

(续)

χ_t	层流跨声速干扰参数,方程(10.83)或(10.84)	
χ_{Tt}	$=\beta^2/[(\gamma+1)M_{0,e}^2\varepsilon_T]$,湍流跨声速干扰参数,方程(10.92)	
$\bar{\chi}$	$=M_{0,e}^3(C_R/Re_L)^{1/2}$,高超声速黏性干扰经典参数	
δ	边界层厚度	
δ^*	边界层位移厚度	
Δ	湍流边界层内层外缘的 Z 值	
ε	一般化的小扰动参数	
ε_L	$=Re_L^{-1/8}$,层流干扰的渐近分析小量参数	
ε_τ	$U_{\tau,0}/U_{0,e}$,湍流干扰的渐近分析基本参数	
ε'_T	扰动涡黏性,方程(10.31a)	
γ	理想气体的比热比	
Λ	后掠角	
κ	通用无量纲影响因子,方程(10.142)和(10.143)	
λ	Blasius 平板边界层因子,$=0.332$,方程(10.100)	
μ	层流黏性系数	
μ_T	湍流涡黏性,方程(10.27)~(10.31b)	
$\nu=\mu/\rho$	运动学黏性	
ω	层流的黏性—温度关系的幂次指数,$\mu\sim T^\omega$	
π_R	干扰压力缩尺因子,$\hat{p}=p'/(\rho_{0,e}U_{0,e}^2\pi_R)$	
ρ	密度	
θ	物体偏折角	
τ_w	壁面摩擦应力	

D.2 角标

AD	绝热壁条件
AV	跨边界层的平均值
e	边界层边缘($y=\delta$)
0	未扰入流条件
is	初始分离
R	基于参考温度的数据,方程(10.93)
S	入射激波数据
w	物体的壁面条件

D.3 特殊符号

( )′	扰动量
(^)	三层结构理论的无量纲缩尺变量

参 考 文 献

[1] Malmuth D. Some Applications of Combined Asymptotics and Numerics in Fluid Mechanics and Aerodynamics. In: Cook, L. (ed.): Asymptotics and Numerics in Transonic Aerodynamics. (Philadelphia, PA: SIAM, 1993),65 – 88.

[2] Lighthill J. On Boundary – Layers Upstream Influence: II Supersonic Flows without Separation. Proceedings of the Royal Society, London, A, 1953, (217): 478 – 507.

[3] Stewartson K, Williams P G. Self – Induced Separation. Proceedings of the Royal Society, London, A, 1969, (312): 181 – 206.

[4] Neiland Y. Towards a Theory of Separation of a Laminar Boundary Layer in Supersonic Stream. Izvestia Akadmii Nauk SSSR, Mekhanika Zhidkostii Gaza, 4, 4(1969). see also Fluid Dynamics, 1969, 4(4): 33 – 35.

[5] Babinsky H, Inger G R. Effect of Surface Roughness on Unseparated Shock Wave – Turbulent Boundary Layer Interactions. AIAA Journal, 2002, 40(8): 1567 – 1573.

[6] Wilcox C. Perturbation Methods in the Computer Age. D. C. W. Indus – tries, La Canada, CA, 1995.

[7] Nietubicz J, Inger G R, Danberg J E. A Theoretical and Experimental Investigation of a Transonic Projectile Flowfield. AIAA Journal, 1984, 22(1): 35 – 71.

[8] Cox N, Crabtree L F. Elements of Hypersonic Gas Dynamics. Academic Press, New York, 1965.

[9] Hayes D, Probstein R F. Hypersonic Flow Theory. p. 277, Academic, New York, 1959.

[10] Neiland Ya. Propagation of Perturbations Upstream with Interaction between a Hypersonic Flow and a Boundary Layer. IZV. pp. 40 – 9, Akad. Nauk SSSR March. Zhid. Gaza 4, 1970.

[11] Kuethe M, Chow C Y. Foundations of Aerodynamics. 5th edition. J. Wiley & Sons, 1998.

[12] White F M. Viscous Fluid Flow. 2nd edition. McGraw – Hill, New York, 1991.

[13] Bush B, Fendell F E. Asymptotic Analysis of Turbulent Channel and Boundary Layer Flow. Journal of Fluid Mechanics, 1971, (158): 657 – 681.

[14] DClery J, Marvin J G. Shock – Wave – Boundary – Layer Interactions. AGARDograph #280, 1986.

[15] Shapiro H. In the Dynamics and Thermodynamics of Compressible Fluid Flow, Vol. II, pp. 1138 – 1148, Ronald Press, 1954.

[16] Green E. Reflexion of an Oblique Shock Wave by a Turbulent Boundary Layer. Pt. I. Journal of Fluid Mechanics, 1970, (140): 81 – 95.

[17] Yajnik K S. Asymptotic Theory of Turbulent Wall Boundary Layer Flows. Journal of Fluid Mechanics, 1970, (42): 411 – 427.

[18] Mellor L. The Large Reynolds Number, Asymptotic Theory of Turbulent Boundary – Layers. International Journal of Engineering Science, 10, 1972.

[19] Gadd E. D. Holder, Regan W J D. An Experimental Investigation of the Interaction between Shock Waves and Boundary Layers. Proc. Royal Society of London, Series A, Mathematics and Physical Sciences, 226, 1954, (1165): 227 – 253.

[20] Honda M. A Theoretical Investigation of the Interaction between Shock Waves and Boundary Layers. J. Aerospace Science,1958,25(11):667-677.

[21] Carter J E. Numerical Solutions of the Navier-Stokes Equations for Supersonic Laminar Flow over a Two-Dimensional Compression Corner. NASA TR R-385,July 1972.

[22] Shang J S,Hankey W L,Law H C. Numerical Simulation of Shock Wave-Turbulent Boundary Layer Interaction. AIAA Journal,1976,14(10):1451-1460.

[23] Tani I. Review of Some Experimental Results on the Response of a Turbulent Boundary Layer to Sudden Perturbations. Proc. A FOSR-IFP Stanford Conference on Computation of Turbulent Boundary Layers,1968,(1): 483-494.

[24] Green J E. Interaction between Shock-Waves and Turbulent Boundary Layers. Progress in Aerospace Science, II,1970:235-340.

[25] Bogdonoff S M,Kepler C E. Separation of a supersonic turbulent boundary layer. Journal of Aeronautical Science,1955,(22):414-424.

[26] Kuehn,D. M. :Experimental Investigation of the Pressure Rise for Incipient Separation of Turbulent Boundary Layers in Two-Dimensional Supersonic Flow. NASA Memo 1-21-59A,February 1959.

[27] Settles G S,Fitzpatrick T J,Bogdonoff S M. Detailed Study of Attached and Separated Compression Corner Flowfields in High Reynolds Number Supersonic Flow. AIAA Journal,1979,(17):579-585.

[28] Adamson T C,Feo A. Interaction between a Shock Wave and a Turbulent Layer in Transonic Flow. SIAM Journal of Applied Mathematics,1975,29(7):121-144.

[29] Sykes R I. An Asymptotic Theory of Incompressible Turbulent Boundary-Layer Flow over a Small Hump. Journal of Fluid Mechanics,1980,(101):647-670.

[30] Adamson Jr T C,Messiter A F. Analysis of Two-Dimensional Interactions between Shock Waves and Boundary Layers. Annual Review of Fluid Mechanics,1980,(12):103-138.

[31] Agrawal S,Messiter A F. Turbulent Boundary Layer Interaction with a Shock Wave at a Compression Corner. Journal of Fluid Mechanics,1984,(143):2346.

[32] Kluwick A,Stross N. Interaction between a Weak Oblique Shock Wave and a Turbulent Boundary Layer in Purely Supersonic Flow. Acta Mechanica,1984,(53):37-56.

[33] Kluwick A. Interacting Laminar and Turbulent Boundary Layers. In Recent Advances in Boundary Layer Theory,Springer XXIII,232-330(ed. A. Kluwick),1998.

[34] Melnick R B,Cusic R L,Siclari M J. An Asymptotic Theory of Supersonic Turbulent Interactions in a Compression Corner. In:Proceedings of IUTAM Symposium on Turbulent Shear Layer-Shock Wave Interaction,150-162,New York Springer,1986.

[35] Rose W C,Johnson D A. Turbulence in Shock Wave-Boundary Layer Interactions. AIAA Journal,1975,13(7):884-889.

[36] Davis R E. Perturbed Turbulent Flow,Eddy Viscosity and the Generation of Turbulent Stresses. Journal of Fluid Mechanics,1974,63(4):674-693.

[37] Deissler R G. Evolution of a Moderately-Short Turbulent Boundary Layer in a Severe Pressure Gradient. Journal of Fluid Mechanics,1974,(64):763-774.

[38] Stewartson K. Multistructured Boundary Layers on Flat Plates and Related Bodies. In Advances in Applied Mechanics,14. 145-239,Academic Press,Inc. ,New York,1974.

[39] Rosenhead L. Laminar Boundary Layers. Clarendon Press,Oxford,1963.

[40] Moore F K(ed). Theory of Laminar Flows. pp. 214-22,Princeton University. Press,Princeton,NJ,1964.

[41] Van Dyke M D. Perturbation Methods in Fluid Mechanics. Academic Press,New York,1975.

[42] Davis T, Werle M J. Numerical Methods for Interacting Boundary Layers. In Proceedings of the 1976 Heat Transfer and Fluid Mechanics Institute. pp. 317–39, Stanford University Press, Stanford, CA, 1976.

[43] Burggraf O R, Duck P W. Spectral Computation of Triple-Deck Flows. In Numerical and Physical Aspects of Aerodynamic Flows(ed. T. Cebeci), Springer-Verlag, 1982.

[44] Van Dyke M. The Combined Supersonic-Hypersonic Similarity Rule. Journal Of The Aeronautical Sciences, 1957, (18):499–500.

[45] Sirovich L, Huo C. Simple Waves and the Transonic Similarity Parameter. AIAA Journal, 1976, 14(8):1125–1127.

[46] Inger G R. Theory of Local Heat Transfer in Shock-Laminar Boundary Layer Interactions. Journal of Thermophysics and Heat Transfer, 1998, 12(3):336–342.

[47] Bodonyi R J, Kluwick A. Freely Interacting Transonic Boundary-Layer. Physics of Fluids, 1979, 20(9):1432–1437.

[48] Dorrance W H. In Viscous Hypersonic Flow. McGraw-Hill, New York, 1968.

[49] Stewartson K. Theory of Laminar Boundary Layers in Compressible Fluids. Oxford University Press, Oxford, 1964.

[50] Rizzetta D P, Burggraf O R, Jenson R. Triple-Deck Solutions for Viscous Supersonic and Hypersonic Flow Past Corners. Journal of Fluid Mechanics, 1978, (89):535–552.

[51] Kerimberkov R M, Ruban A I, Walker I D A. Hypersonic Boundary Layer Separatidn on a Cold Wall. Journal of Fluid Mechanics, 1994, (274):163–195.

[52] Burggraf O R, Rizzetta D M, Werle J, et al. Effect of Reynolds Number on Laminar Separation of a Supersonic Stream. AIAA Journal, 1979, 17(4):336–345.

[53] Hassaini M V, Baldwin B S, MacCormack R W. Asymptotic Features of Shock Wave Boundary Layer Interaction. AIAA Journal, 1980, 18(8):1014–1016.

[54] Ragab S A, Nayfeh A H. Second Order Asymptotic Solution for Laminar Separation. Physic of Fluids, 1980, 23(6):1091–1100.

[55] Smith F T. Laminar Flow over a Small Bump on a Flat Plate. Journal of Fluid Mechanics, 1973, 57(4):803–824.

[56] Chapman D R, Kuehn D M, Larson H K. Investigation of Separated Flows in Supersonic and Subsonic Streams with Emphasis on the Effects of Transition. NACA Report 1356, 1958.

[57] Oswatitsch K, Wiegardt K. Theoretishe Untersuchengen Uber Stationäre Postentialsfromangen und Grenzschichten. Bericht der Lilienthal-Gusellschaft für Luftahrtftirschung, 1941.

[58] Rothmayer A P, Smith F T. Free Interactions and Breakaway Separation. In Handbook of Fluid Dynamics, CRC Press, 1998.

[59] Erdos J, Pallone A. Shock Boundary-Layer Interaction and Flow Separation. In Proceedings of the Heat Transfer and Fluid Mechanics Institute, Stanford University Press, Stanford, CA, 1962.

[60] Hakkinen R J, Trilling G L, Abarbanel S S. The Interaction of an Oblique Shock Wave with a Laminar Boundary Layer. NASA Memo 2-18-59W, 1959.

[61] Inger, G R. Similitude Properties of High Speed Laminar and Turbulent Boundary Layer Incipient Separation. AIAA Journal, 1977, 15(5):619–623.

[62] Nayfeh A H, Reed L, Ragab S A. Flow over Plates with Suction through Porous Strips. AIAA Journal, 1982, 20(5):587–588.

[63] Inger G, Gnoffo P A, Analytical and Computational Study of Wall Temperature Jumps in Supersonic Flow. AIAA Journal, 2001, 39(1):79–87.

[64] Werle M J, Vatsa V N. Numerical Solution of Interacting Supersonic Boundary Layer Flows Including Separation

Effects. US. Air Force Report ARC – 73 – 01 62,1973.

[65] Lewis J E, Kubota T, Lees L. Experimental Investigation of Supersonic Laminar Two – Dimensional Boundary – Layer Separation in a Compression Corner With and Without Cooling. AIAA Journal,1968,6(1):7 – 14.

[66] Rizzetta D P. Asymptotic Solutions of the Energy Equation for Viscous Supersonic Flow Past Corners. Physics of Fluids,1979,22(1):218 – 223.

[67] Stollery J L. Hypersonic Viscous Interaction on Curved Surfaces. Journal of Fluid Mechanics,1970,(43):497 – 511.

[68] Needham D A. A Heat – Transfer Criterion for the Detection of Incipient Separation in Hypersonic Flow. AIAA Journal,1965,3(4):781 – 783.

[69] Messiter A F, Feo A, Melnik R E. Shock – Wave Strength for Separation of a Laminar Boundary – Layer at Transonic Speeds. AIAA Journal,1971,9(6):1197 – 1198.

[70] Brilliant H M, Adamson T C. Shock – Wave – Boundary – Layer Interactions in Laminar Transonic Flow. AIAA Journal,1974,12(3):323 – 329.

[71] Werle M J, Vatsa V N, Bertke S D. Sweep Effects on Supersonic Separated Flows: A Numerical Study. AIAA Journal,1973,11(12):1763 – 1765.

[72] Gittler Ph, Kluwick A. Interacting Laminar Boundary Layers in Quasi – Two Dimensional Flow. Fluid Dynamics Research,1989,(5):29 – 47.

[73] Gittler Ph, Kluwick A. Triple – Deck Solutions for Supersonic Flows Past Flared Cylinders. Journal of Fluid Mechanics,1987,(179):469 – 487.

[74] Leblanc R, Ginoux J. Influence of Cross Flow on Two – Dimensional Separation. Von Karman Institute for Fluid Dynamics Technical Note 62, Belgium,1970.

[75] Kluwick A, Gittler Ph, Bodonyi R J. Freely Interacting Axisymmetric Boundary Layers on Bodies of Revolution. Quarterly Journal of Applied Mathematics,1985,38(4):575 – 590.

[76] Inger G R. Nonasymptotic Theory of Unseparated Turbulent Boundary Layer – Shock Wave Interaction. In: Cebeci, T. (ed.): Numerical and Physical Aspects of Aerodynamic Flows, Springer – Verlag,1981.

[77] Carriere P, Sirieix M, Solignac J – L. Propriétés de Similitude Des Phènomènes de Décollement Luminaires ou Turbulents En Écoulement Supersonique Non Uniforme. In Proceedings of 12th International Congress of Applied Mechanics, Stanford University, (August 1968) and ONER TP No. 659F,1968.

[78] Messiter A F, Adamson Jr T C. A Study of the Interaction of a Normal Shock – Wave with a Turbulent Boundary – Layer at Transonic Speeds. In NASA Langley Research Center Advanced Technology Airfoil Research,1978,1(1):271 – 279.

[79] Melnik R E. Turbulent Interactions on Airfoils at Transonic Speeds: Recent Developments. AGARD CP291, Paper 10,1981.

[80] Melnick R E, Grossman B. Further Developments in an Analysis of the Interaction of a Weak Normal Shock Wave with a Turbulent Boundary Layer. In: Proceedings of Symposium Transonicum II, Springer – Verlag,1975.

[81] Adamson Jr T C, Liou M S, Messiter A F. Interaction between a Normal Shock – Wave and a Turbulent Boundary – Layer at High Transonic Speeds. NASA – CR – 3194,1980.

[82] Messiter A F. Interaction between a Normal Shock Wave and a Turbulent Boundary Layer at High Transonic Speeds. Part I: Pressure Distribution. Journal of Applied Mathematics and Physics(ZAMP),1980,31(2):204 – 226.

[83] Adamson T C, Liou M S. Interaction between a Normal Shock Wave and a Turbulent Boundary Layer at High Transonic Speeds. Part II: Wall Shear Stress. Journal of Applied Mathematics and Physics(ZAMP),1980,31(2):227 – 246.

[84] Inger G R, Mason W H. Analytical Theory of Transonic Normal Shock – Turbulent Boundary – Layer Interac-

tion. AIAA Journal,1976,14(9):1266-1272.

[85] Settles G S, Dolling D S. Swept Shock Wave Boundary Layer Interactions. In: Tactical Missile Aerodynamics, AIAA Progress in Astronautics and Astronautics, New York,1986.

[86] Migotsky E, Morkovin M V. Three-Dimensional Shock-Wave Reflection. Journal Aeronautical Sciences, 1951,18(7):484-489.

[87] Gai S I, Teh S L. Interaction between a Conical Shock Wave and a Plane Turbulent Boundary Layer. AIAA Journal,2000,28(7):804-811.

[88] Stalker R J. Sweepback Effects in Turbulent Boundary Layer Shock Wave Interaction. Journal Aeronautical Sciences,1960,8(5):348-356.

[89] Kubota H, Stollery J L. An Experimental Study of the Interaction between a Glancing Shock Wave and a Turbulent Boundary Layer. Journal of Fluid Mechanics,1982,(116):431-458.

[90] Inger G R. Spanwise Propagation of Upstream Influence in Conical Swept Shock-Boundary Layer Interactions. AIAA Journal,1987,25(2):287-293.

[91] Settles G S. On the Inception Lengths of Swept Shock Wave-Turbulent Boundary Layer Interactions. In: Proceedings of IUTAM Symposium on Turbulent Shear Layer-Shock Wave Interactions, Springer, New York,1986.

[92] Schetz J A. Boundary Layer Analysis, Prentice Hall, Englewood Cliffs, NJ,1993.

内 容 简 介

在很多实际情况下,如在跨声速飞机机翼上、高超声速飞行器及发动机中,激波—边界层干扰是非常常见的基本气体动力学现象。激波—边界层干扰可能给流场带来严重问题,已经证明,对于很多空天应用,激波—边界层干扰是必须认真对待的关键问题,甚至会影响到设计边界。

本书全面介绍了所有速域的激波—边界层干扰问题,描述了激波—边界层干扰问题的基本物理机制,分享了国际权威专家的最新研究结果,包括物理理解和对实际流动的影响。本书可供业内人士和空气动力专业的研究生使用,以便全面了解激波—边界层干扰特性。本书同时汇集了实验、计算和理论知识,为专业人士提供了宝贵的知识资源。